# 建筑防水卷材生产技术与质量检验

主　编　沈春林

副主编　王玉峰　高　岩　苏立荣
　　　　李　芳　杨　军　徐建月
　　　　杨炳元　沈　钢　徐长福
　　　　肖水生　茹国定　詹福民
　　　　陈伟忠　王　军　柳志国

中国建材工业出版社

图书在版编目（CIP）数据

建筑防水卷材生产技术与质量检验／沈春林主编．
—北京：中国建材工业出版社，2015.5
ISBN 978-7-5160-1021-1

Ⅰ.①建… Ⅱ.①沈… Ⅲ.①建筑材料—防水卷材—
生产技术 ②建筑材料—防水卷材—质量检验 Ⅳ.①TU57

中国版本图书馆 CIP 数据核字（2014）第 262343 号

## 内 容 简 介

　　本书是以沥青基防水卷材和合成高分子防水卷材的工业生产技术与质量检验为重点，系统地介绍了建筑防水卷材的概念、品种、物理力学性能、组成材料、沥青基防水卷材浸涂材料和高分子防水卷材基料的配方设计、卷材的生产工艺、卷材的生产设备、卷材的基本试验方法与质量检验等内容。

　　本书的编写依据现行国家标准、行业标准和相关企业标准，并收录了大量的图、表。本书资料翔实、内容丰富、实用性强，可为建筑防水卷材的科研、生产和检测人员、工厂设计和卷材生产管理人员、卷材防水工程的设计和施工人员，提供产品设计、生产、检测以及卷材防水层设计和施工的资料和指导。

**建筑防水卷材生产技术与质量检验**
主编　沈春林

出版发行：中国建材工业出版社
地　　址：北京市海淀区三里河路 1 号
邮　　编：100044
经　　销：全国各地新华书店
印　　刷：北京雁林吉兆印刷有限公司
开　　本：787mm×1092mm　1/16
印　　张：21.5
字　　数：530 千字
版　　次：2015 年 5 月第 1 版
印　　次：2015 年 5 月第 1 次
定　　价：88.00 元

本社网址：www.jccbs.com.cn　　微信公众号：zgjcgycbs
广告经营许可证号：京海工商广字第 8293 号
本书如出现印装质量问题，由我社网络直销部负责调换。联系电话：(010) 88386906

# 本书编写人员

褚建军　康杰分　宫　安　孟月珍　孙明海　邱益清
李文峰　谈玉龙　翁立林　郑凤礼　金剑平　金　人
马　静　冯国荣　李青云　王仁连　毛瑞定　王庆波
沈健华　黄平顺　孙雪钊　刘国宁　沈鸿杰　胡凤姣
韩春风　毛鸽平　李　伟　贾志荣

# 前　言

随着科学技术的不断进步，我国建筑防水卷材工业正以前所未有的速度向更宽的领域到了广泛的发展，从 20 世纪 50 年代开始应用沥青油毡以来，我国生产的建筑防水卷材一直是建筑防水材料的主导产品。随着现代科学技术的高速发展，我国生产的建筑防水卷材的主要产品和质量已有了突破性的发展，目前已向高聚物改性沥青防水卷材、合成高分子防水卷材的方向发展，产品结构开始发生变化，已从单一的普通沥青防水油毡发展为聚合物改性沥青防水卷材、合成高分子防水卷材、玻纤胎沥青瓦、金属防水卷材、柔性聚合物水泥防水卷材等多个大类、百余个小品种。随着我国国民经济的持续发展，建筑防水卷材的使用领域也在日益扩大，已从建筑物的屋面、墙地面地下防水等扩展到了水利、市政、路桥、隧道、机场、地铁等众多领域的防水。当今随着我国可持续发展战略的推进以及绿色环保理念的推广，人们对建筑防水卷材产品的绿色环保功能和产品生产中的环境保护意识已越来越重视，HJ 455—2009《环境标志产品技术要求　防水卷材》等一系列有关防水材料环境标志产品技术要求标准的发布，对我国建筑防水卷材等防水材料的健康发展起到了很好的规范和指导作用，同时也使绿色建筑防水材料的意识开始在建筑防水行业中得以推广。JC/T 1072—2008《防水卷材生产企业质量管理规程》等一系列标准的发布，使我国防水卷材的开发、生产、管理、施工走上了规范化的道路。

《建筑防水卷材生产技术与质量检验》一书主要以国家、行业最新颁布（截止 2014 年 10 月）的防水卷材基础标准、产品标准、检验标准、施工规范和规程以及相关的学术著作、产品介绍为依据，并结合产品的开发、生产和施工实践，以建筑防水卷材的工业生产技术为重点，并辅以基础理论，详细介绍了各类防水卷材的产品分类、性能和技术要求、生产工艺、生产线的设计、产品的试验、生产管理，所述内容详尽，可帮助读者更深入理解建筑防水卷材的工艺技术理论，为进行工业化生产打下基础，对各类建筑防水卷材的科研、生产、应用提供了技术性和实用性指导。

笔者在编写本书的过程中，参考了许多学者的著作文献、论文、标准资料，并得到了许多单位和同仁的支持帮助，在此对有关作者、编者致以诚挚的谢意，并衷心希望继续得到各位同仁广泛的帮助和指正。由于所掌握的资料和信息不够全面，加之编者水平有限，书中肯定存在着许多不足之处，敬请读者批评指正，以便及时纠正。

沈春林

2015. 1

# 目　　录

# 第1章 概　　论

建筑防水工程是建筑工程中的一个重要组成部分，是保证建筑物和构筑物不受水侵蚀，内部空间不受水危害的分项工程和专门措施。建筑防水工程的质量，在很大程度上取决于防水材料的性能和质量。建筑防水材料的质量和合理使用是防止建筑物的浸水和渗漏发生，确保其使用功能和使用寿命的重要环节。

## 1.1　建筑防水材料的性质

### 1.1.1　建筑防水材料的概念

建筑防水材料是指应用于建筑物和构筑物中起着防潮、防漏，保护建筑物和构筑物及其构件不受水侵蚀破坏作用的一类建筑材料。

建筑防水材料的防潮作用是指防止地下水或地基中的盐分等腐蚀性物质渗透到建筑构件的内部，防漏作用是指防止雨水、雪水从屋顶、墙面或混凝土构件的接缝之间渗漏到建筑构件内部以及蓄水结构内的水向外渗漏和建筑物、构筑物内部相互止水。建筑防水材料是各类建筑物和构筑物不可缺少的一类功能性材料，是建筑材料的一个重要的组成部分。目前已广泛应用于工业与民用建筑、市政建设、地下工程、道路桥梁、隧道涵洞、国防军工等领域。

我国防水材料在20世纪50年代以来，一直以纸胎石油沥青油毡为代表；但这类传统的防水材料存在着对湿度敏感，拉伸强度和延伸率较低，耐老化性能差的缺点，尤其是应用于外露防水工程，其高低温性能特征亦较差，容易引起老化、干裂、变形、折断和腐烂。针对传统防水材料的这些缺陷，经过20多年的努力已取得较大的发展。工程技术人员开发和应用了一批新型建筑防水材料及其相应的应用技术，取得了明显的技术经济效果。新型建筑防水材料是相对传统的石油沥青油毡及其辅助材料而言的，其"新"字一般来说有两层意思：一是材料"新"；二是施工方法"新"。改善传统建筑防水材料的性能指标和提高其防水功能，使传统防水材料成为防水"新"材料，这是一条行之有效的途径。例如对沥青进行催化氧化处理，沥青的低温冷脆性能得到了根本的改变使之成为优质氧化沥青，纸胎沥青油毡的性能得到了很大提高，在此基础上，再用玻璃布胎和玻璃纤维胎来逐步代替纸胎，从而进一步克服了纸胎强度低、伸长率差、吸油率低的缺点，从而提高了沥青油毡的品质。但是，仅靠改善传统建筑防水材料的性能指标和提高其防水功能，使之成为防水"新"材料这一途径还不够，为了尽快改善我国防水工程的现状，国家有关部门采取了一系列综合治理的措施，制定了发展、推广、应用建筑防水新材料和防水施工新技术的政策法规，为我国建筑防水新材料的研制指出了方向和开发目标。经过防水界广大科技工程技术人员的多年努力，目前，我国已基本上发展成门类齐全，产品规格档次配套、工艺装备开发已经初具规模的防水材料生产工业体系。许多新型建筑防水材料已逐步向国际水平靠拢，从品种而言高聚物改性沥青防水卷材、合成高分子防水卷材、高聚物改性沥青防水涂料、合成高分子防水涂料、合成高分子防水密封材料、刚性防水和堵漏止水材料等一系列国际上有的防水材料，我国基本上都已具备。国产的建筑防水材料已能基本上保证了国家重点工程、工农业建筑、市政设施到民用住宅等建筑工程对高、中、低不同档次防水材料的使用要求。

由于新型建筑防水材料大多由石油沥青或者其他有机高分子原料生产，因此，按照通常的规律，将其划在化学建材的范畴之内。

新型建筑防水材料在建筑总造价中的比例不大，在一般情况下为 3% ~ 5%（具体要视建筑物的用途、防水等级以及层高等因素来确定），但是作为防水功能，它的作用却是非同小可的，因此，防水材料的发展在世界上任何国家都受到重视，防水技术是一门综合性技术，它从某一方面代表着一个国家和地区的科技进步水平。

### 1.1.2　建筑防水材料的共性要求

建筑物和构筑物的防水是依靠具有防水性能的材料来实现的，防水材料质量的优劣直接关系到防水层的耐久年限。建筑防水材料的共性要求如下：

a. 具有良好的耐候性，对光、热、臭氧等应具有一定的承受能力；

b. 具有抗水渗透和耐酸碱性能；

c. 对外界温度和外力具有一定的适应性，即材料的拉伸强度要高，断裂延伸率要大，能承受温差变化以及各种外力与基层伸缩、开裂所引起的变形；

d. 整体性好，既能保持自身的粘结性，又能与基层牢固粘结，同时在外力作用下，有较高的剥离强度，形成稳定的不透水整体。

### 1.1.3　建筑防水材料的类别

随着现代科学技术的发展，建筑防水材料的品种、数量越来越多，性能各异。

建筑防水材料从性能上一般可分为柔性防水材料和刚性防水材料两大类。柔性防水材料主要有防水卷材、防水涂料等；刚性防水材料主要有防水砂浆、防水混凝土等。

依据建筑防水材料的外观形态，一般可将建筑防水材料分为防水卷材、防水涂料、防水密封材料、刚性防水和堵漏材料等四大系列，这四大类材料又根据其组成不同可划分为上百个品种，其分类情况如图 1-1 所示。

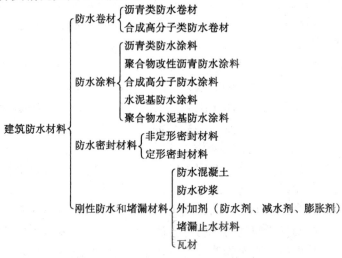

图 1-1　建筑防水材料的类别

## 1.2 建筑防水卷材

### 1.2.1 防水卷材的概念及分类

以原纸、纤维毡、纤维布、金属箔、塑料膜或纺织物等材料中的一种或数种复合为胎基，浸涂石油沥青、煤沥青、高聚物改性沥青制成的或以合成高分子材料为基料加入助剂、填充剂，经过多种工艺加工而成的长条片状成卷供应并起防水作用的产品称为防水卷材。

防水卷材在我国建筑防水材料的应用中处于主导地位，在建筑防水工程的实践中起着重要的作用，广泛应用于建筑物地上、地下和其他特殊构筑物的防水，是一种面广量大的防水材料。

建筑防水卷材目前的规格品种已由20世纪50年代单一的沥青油毡发展到具有不同物理性能的几十种高、中档新型防水卷材，常用的防水卷材按照材料的组成不同一般可分为沥青防水卷材、合成高分子防水卷材两大系列，此处还有柔性聚合物水泥防水卷材、金属防水卷材等大类产品，建筑防水卷材的分类如图1-2所示。

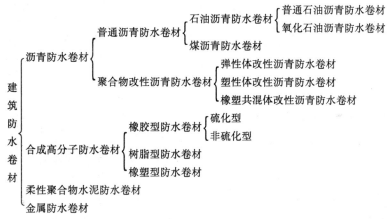

图1-2 建筑防水卷材的分类

建筑防水卷材按其施工工艺的不同，可分为两大类施工法：其一为热施工法，包括热玛琋脂粘结法、热熔法、热风焊接法等；其二为冷施工法，包括冷玛琋脂粘结法、自粘法、机械固定法等。这些不同的施工工艺方法均有各自的适用范围，大体来说，冷施工法可应用于大多数合成高分子防水卷材的粘贴，具有一定的优越性。

### 1.2.2 防水卷材的性能特点及适用范围

为了满足防水工程的要求，防水卷材必须具备以下性能：

a. 耐水性 即在水的作用和被水浸润后其性能基本不变，在水的压力下具有不透水性。

b. 温度稳定性 即在高温下不流淌、不起泡、不滑动；低温下不脆裂的性能。亦可认为是在一定温度变化下保持原有性能的能力。

c. 机械强度、延伸性和抗断裂性 即在承受建筑结构允许范围内荷载应力和变形条件下不断裂的性能。

3

d. 柔韧性 对于防水材料特别要求具有低温柔性，保证易于施工、不脆裂。

e. 大气稳定性 即在阳光、热、氧气及其他化学侵蚀介质、微生物侵蚀介质等因素的长期综合作用下抵抗老化、抵抗侵蚀的能力。

各类防水卷材的特点及适用范围可参见表1-1。

表1-1 各类防水卷材的特点及适用范围

| 卷材类别 | 卷材名称 | 特点 | 适用范围 | 施工工艺 |
|---|---|---|---|---|
| 沥青防水卷材 | 石油沥青纸胎防水卷材 | 是我国传统的防水材料，目前在屋面工程中仍占主导地位。低温柔性差，防水层耐用年限较短，但价格较低 | 三毡四油、二毡三油叠层铺设的屋面工程 | 热玛琋脂冷玛琋脂粘贴施工 |
| | 石油沥青玻璃布胎防水卷材 | 拉伸强度高，胎体不易腐烂，材料柔性好，耐久性比纸胎卷材提高一倍以上 | 多用作纸胎油毡的增强附加层和突出部位的防水层 | 热玛琋脂冷玛琋脂粘贴施工 |
| | 石油沥青玻纤毡胎防水卷材 | 有良好的耐水性、耐腐蚀性和耐久性，柔性也优于纸胎沥青卷材 | 常用作屋面或地下防水工程 | 热玛琋脂冷玛琋脂粘贴施工 |
| | 石油沥青麻布胎防水卷材 | 拉伸强度高、耐水性好，但胎体材料易腐烂 | 常用作屋面增强附加层 | 热玛琋脂冷玛琋脂粘贴施工 |
| | 石油沥青铝箔胎防水卷材 | 有很高的阻隔蒸汽的渗透能力，防水功能好，且具有一定的拉伸强度 | 与带孔玻纤毡配合或单独使用，宜用于隔汽层 | 热玛琋脂粘贴 |
| 高聚物改性沥青防水卷材 | SBS改性沥青防水卷材 | 耐高、低温性能有明显提高，卷材的弹性和耐疲劳性明显改善 | 单层铺设的屋面防水工程或复合使用 | 冷施工或热熔铺贴 |
| | APP改性沥青防水卷材 | 具有良好的强度、延伸性、耐热性、耐紫外线照射及耐老化性能，耐低温性能稍低于SBS改性沥青防水卷材 | 单层铺设，适合于紫外线辐射强烈及炎热地区屋面使用 | 热熔法或冷粘法铺设 |
| | PVC改性焦油防水卷材 | 有良好的耐热及耐低温性能，最低开卷温度为-18℃ | 有利于在冬季负温度下施工 | 可热作业亦可冷作业 |
| | 再生胶改性沥青防水卷材 | 有一定的延伸性，且低温柔性较好，有一定的防腐蚀能力，价格低廉，属低档防水卷材 | 变形较大或档次较低的屋面防水工程 | 热沥青粘贴 |
| | 废橡胶粉改性沥青防水卷材 | 比普通石油沥青纸胎油毡的拉伸强度、低温柔性均明显改善 | 叠层使用于一般屋面防水工程，宜在寒冷地区使用 | 热沥青粘贴 |

续表

| 卷材类别 | 卷材名称 | 特点 | 适用范围 | 施工工艺 |
|---|---|---|---|---|
| 合成高分子防水卷材 | 三元乙丙橡胶防水卷材 | 防水性能优异、耐候性好、耐臭氧性、耐化学腐蚀性、弹性和拉伸强度大，对基层变形开裂的适应性强，质量轻，使用温度范围宽，寿命长，但价格高，粘结材料尚需配套完善 | 屋面防水技术要求较高、防水层耐用年限要求长的工业与民用建筑，单层或复合使用 | 冷粘法或自粘法 |
| 合成高分子防水卷材 | 丁基橡胶防水卷材 | 有较好的耐候性、拉伸强度和伸长率，耐低温性能稍能低于三元乙丙防水卷材 | 单层或复合使用于要求较高的屋面防水工程 | 冷粘法施工 |
| | 氯化聚乙烯防水卷材 | 具有良好的耐候、耐臭氧、耐热老化、耐油、耐化学腐蚀及抗撕裂的性能 | 单层或复合使用，宜用于紫外线强的炎热地区 | 冷粘法施工 |
| | 氯磺化聚乙烯防水卷材 | 伸长率较大、弹性较好、对基层变形开裂的适应性较强，耐高、低温性能好，耐腐蚀性能优良，有很好的难燃性 | 适合于有腐蚀介质影响及在寒冷地区的屋面工程 | 冷粘法施工 |
| | 聚氯乙烯防水卷材 | 具有较高的拉伸强度和撕裂强度，伸长率较大，耐老化性能好，原材料丰富，价格便宜，容易粘结 | 单层或复合使用于外露或有保护层的屋面防水 | 冷粘法或热风焊接法施工 |
| | 氯化聚乙烯－橡胶共混防水卷材 | 不但具有氯化聚乙烯特有的高强度和优异的耐臭氧、耐老化性能，而且具有橡胶特有的高弹性、高延伸性以及良好的低温柔性 | 单层或复合使用，尤宜用于寒冷地区或变形较大的屋面 | 冷粘法施工 |
| | 三元乙丙橡胶－聚乙烯共混防水卷材 | 是热塑性弹性材料，有良好的耐臭氧和耐老化性能，使用寿命长，低温柔性好，可在负温条件下施工 | 单层或复合使用于外露防水屋面，宜在寒冷地区使用 | 冷粘法施工 |

## 1.2.3　建筑防水卷材的环境标志产品技术要求

HJ 455—2009《环境标志产品技术要求　防水卷材》国家环境保护标准对防水卷材提出了如下技术要求：

1. 基本要求

（1）产品质量应符合各自产品质量标准的要求。

（2）产品生产企业污染物排放应符合国家或地方规定的污染物排放标准的要求。

2. 技术内容

（1）产品中不得人为添加表 1-2 中所列的物质。

**表1-2 防水卷材产品中不得人为添加的物质**

| 类别 | 物质 |
|---|---|
| 持续性有机污染物 | 多溴联苯（PBB）、多溴联苯醚（PBDE） |
| 邻苯二甲酸酯类 | 邻苯二甲酸二辛酯（DOP）、邻苯二甲酸二正丁酯（DBP） |

（2）改性沥青类防水卷材中不应使用煤沥青作原材料。

（3）产品使用的矿物油中芳香烃的质量分数应小于3%。

（4）产品中可溶性重金属的含量应符合表1-3要求。

**表1-3 防水卷材产品中可溶性重金属的限值** （mg/kg）

| 重金属种类 | | 限值 |
|---|---|---|
| 可溶性铅（Pb） | ≤ | 10 |
| 可溶性镉（Cd） | ≤ | 10 |
| 可溶性铬（Cr） | ≤ | 10 |
| 可溶性汞（Hg） | ≤ | 10 |

（5）产品说明书中应注意以下内容：

a. 产品使用过程中宜使用液化气、乙醇为燃料或电加热进行焊接。

b. 改性沥青类防水卷材使用热熔法施工时材料表面温度不宜高于200℃。

（6）企业应建立符合GB/T 16483《化学品安全技术说明书　内容和项目顺序》国家标准要求的原料安全数据单（MSDS），并可向使用方提供。

HJ 455—2009《环境标志产品技术要求　防水卷材》标准适用于改性沥青类防水卷材、高分子防水卷材、膨润土防水毯，不适用于石油沥青纸胎油毡、沥青复合胎柔性防水卷材、聚氯乙烯防水卷材。

# 第2章　普通沥青防水卷材

沥青是一种应用广泛的防水、防潮、防腐和胶粘材料,以沥青为浸涂材料制成的防水卷材,在建筑防水工程中应用广泛。

我国生产的采用沥青作浸涂材料的防水卷材,根据采用的沥青材料的不同,分为普通沥青防水卷材和高分子聚合物改性沥青防水卷材两大类。

普通沥青防水卷材(即沥青油毡)是以原纸、纤维织物、纤维毡、塑料膜、金属箔等材料为胎基,以石油沥青、煤沥青、页岩沥青或非高聚物材料改性的沥青为基料,以滑石粉、板岩粉、碳酸钙等为填充料进行浸涂或辊压,并在其表面撒布粉状、片状、粒状矿质材料或合成高分子薄膜、金属膜等材料制成的可卷曲的片状类防水材料。

## 2.1　普通沥青防水卷材的主要品种

传统的沥青防水卷材主要是沥青纸胎防水卷材和沥青油纸。随着科学技术的发展,工程技术人员对胎体材料、沥青的不断改进,其品种已由单一的纸胎油毡、油纸发展成多品种的普通沥青防水卷材产品。

普通沥青防水卷材的品种繁多,其分类方法亦有多种。

根据卷材所选用的浸涂材料沥青的不同来源,可分为石油沥青防水卷材、煤焦沥青防水卷材、页岩沥青防水卷材。煤焦油类沥青防水卷材因存在着污染环境等原因,现已很少使用了。防水卷材所用的石油沥青考虑到其质量的稳定性,现多要进行氧化处理,故目前生产的普通沥青防水卷材多采用氧化石油沥青。氧化的工艺有普通氧化、催化或改性油氧化等多种。根据对浸涂材料采用不同氧化工艺所生产的卷材,可分为普通氧化沥青防水卷材和优质氧化沥青防水卷材。优质氧化沥青防水卷材是以催化氧化沥青、改性氧化沥青作为浸涂材料,以无纺玻璃纤维毡、加筋玻纤毡、黄麻布、铝箔及玻纤铝箔复合为胎体,以砂、页岩片等为覆面材料加工制成的一类防水卷材。优质氧化沥青防水卷材比普通氧化沥青防水卷材具有更好的低温柔性、延伸性和耐热度,因此可以用来生产较厚的品种。

根据卷材选用的胎基不同,可分为沥青纸胎防水卷材、沥青玻璃布胎防水卷材、沥青玻璃纤维胎防水卷材、沥青玻璃纤维胎铝箔面防水卷材(铝箔面油毡)、沥青石棉布胎防水卷材、沥青麻布胎防水卷材、沥青聚乙烯胎防水卷材。

根据卷材的隔离材料(表面材料、撒布材料)的不同,可分为矿质材料覆面沥青防水卷材、合成高分子薄膜覆面沥青防水卷材、金属膜覆面沥青防水卷材。矿质材料其形状有粉状、片状、粒状之分,据此矿质材料覆面的沥青防水卷材可再分为粉状矿质材料覆面的沥青防水卷材(粉毡)、片状矿质材料覆面的沥青防水卷材(片毡)、粒状矿质材料覆面的沥青防水卷材(砂面防水卷材)。砂面防水卷材又可细分为:细砂覆面油毡、粗砂覆面油毡、彩色矿物粒覆面油毡等。合成高分子薄膜覆面的防水卷材主要是聚乙烯膜覆面沥青防水卷材，金属膜覆面的防水卷材有铝箔面防水卷材等。

根据防水卷材的施工工艺的不同，可分为热铺沥青防水卷材、热熔沥青防水卷材、冷贴沥青防水卷材等。

根据卷材的特性，可分为一般沥青防水卷材和特种沥青防水卷材。特种沥青防水卷材其品种有耐低温沥青防水卷材、耐腐蚀沥青防水卷材、带楞防水卷材、带孔防水卷材、划线防水卷材、阻燃防水卷材等。

普通沥青防水卷材的分类如图2-1所示。

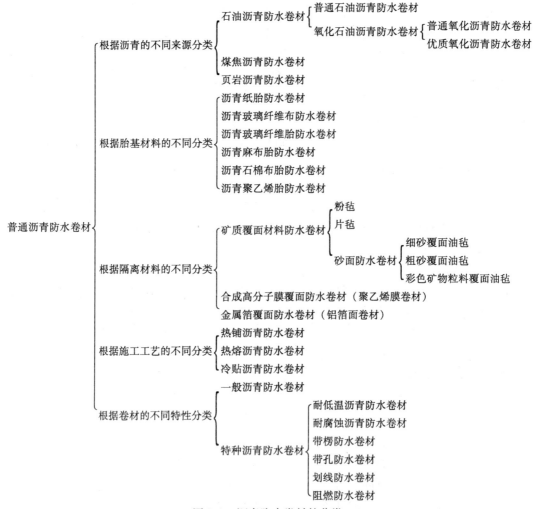

图2-1 沥青防水卷材的分类

## 2.1.1 石油沥青纸胎防水卷材

石油沥青纸胎防水卷材即石油沥青纸胎油毡，是指以石油沥青浸渍原纸，再涂盖其两面，表面涂或撒隔离材料所制成的一类防水卷材。已发布了 GB 326—2007《石油沥青纸胎油毡》国家标准。

1. 分类和标记

油毡按卷重和物理性能分为Ⅰ型、Ⅱ型和Ⅲ型。Ⅰ型和Ⅱ型油毡适用于辅助防水、保护隔离层、临时性建筑防水、防潮及包装等，Ⅲ型油毡适用于屋面工程的多层防水。油毡幅宽为 1000mm，其他规格可由供需双方商定。

产品按其产品名称、类型和标准号顺序进行标记，例如Ⅲ型石油沥青纸胎油毡的标记为：油毡Ⅲ型 GB 326—2007。

2. 技术要求

（1）卷重

每卷油毡的卷重应符合表 2-1 的规定。

表 2-1　石油沥青纸胎油毡的卷重

| 类型 | | Ⅰ型 | Ⅱ型 | Ⅲ型 |
|---|---|---|---|---|
| 卷重（kg/卷） | ≥ | 17.5 | 22.5 | 28.5 |

（2）面积

每卷油毡的总面积为 $(20 \pm 0.3)\,\mathrm{m}^2$。

（3）外观

1）成卷油毡应卷紧、卷齐，端面里进外出不得超过 10mm。

2）成卷油毡在 10℃ ~ 45℃ 任一产品温度下展开，在距卷芯 1000mm 长度外不应有 10mm 以上的裂纹或粘结。

3）纸胎必须浸透，不应有未被浸透的浅色斑点，不应有胎基外露和涂油不均。

4）毡面不应有孔洞、硌伤，长度 20mm 以上的疙瘩、浆糊状粉浆、水迹，不应有距卷芯 1000mm 以外长度 100mm 以上的折纹、折皱；20mm 以内的边缘裂口或长 20mm、深 20mm 以内的缺边不应超过 4 处。

5）每卷油毡中允许有 1 处接头，其中较短的一段长度不应少于 2500mm，接头处应剪切整齐，并加长 150mm，每批卷材中接头不应超过 5%。

（4）物理性能

油毡的物理性能应符合表 2-2 的规定。

表 2-2　石油沥青纸胎油毡的物理性能（GB 326—2007）

| 项目 | | 指标 | | |
|---|---|---|---|---|
| | | Ⅰ型 | Ⅱ型 | Ⅲ型 |
| 单位面积浸涂材料总量（g/m²）　≥ | | 600 | 750 | 1000 |
| 不透水性 | 压力（MPa）　≥ | 0.02 | 0.02 | 0.10 |
| | 保持时间（min）　≥ | 20 | 30 | 30 |
| 吸水率（%）　≤ | | 3.0 | 2.0 | 1.0 |
| 耐热度（%） | | (85 ± 2)℃，2h 涂盖层无滑动、流淌和集中性气泡 | | |
| 拉力（纵向）（N/50mm）　≥ | | 240 | 270 | 340 |
| 柔度 | | (18 + 2)℃，绕 φ20mm 棒或弯板无裂纹 | | |

注：本标准Ⅲ型产品物理性能要求为强制性的，其余为推荐性的。

### 2.1.2 石油沥青玻璃纤维胎防水卷材

石油沥青玻璃纤维胎防水卷材是以玻纤毡为胎基，浸涂石油沥青，两面覆以隔离材料制成的一类防水卷材，简称沥青玻纤胎卷材。其产品已发布了 GB/T 14686—2008《石油沥青玻璃纤维胎防水卷材》国家标准。

1. 产品的分类和标记

该产品按其单位面积质量可分为 15 号、25 号；按其上表面材料可分为 PE 膜、砂面；按其力学性能可分为Ⅰ、Ⅱ型。

该产品其规格：卷材公称宽度为 1m；卷材公称面积为 10m$^2$、20m$^2$。

产品按其名称、型号、单位面积质量、上表面材料、面积和标准编号顺序标记，面积 20m$^2$、砂面、25 号Ⅰ型石油沥青玻纤胎防水卷材标记示例如下：沥青玻纤胎卷材Ⅰ25 号砂面 20m$^2$—GB/T 14686—2008。

2. 产品要求

（1）尺寸偏差

宽度允许偏差为：宽度标称值 ±3%。

面积允许偏差为：不小于面积标称值的 −1%。

（2）外观

1）成卷卷材应卷紧、卷齐，端面里进外出不得超过 10mm。

2）胎基必须浸透，不应有未被浸透的浅色斑点，不应有胎基外露和涂油不均。

3）卷材表面应平整，无机械损伤、疙瘩、气泡、孔洞、粘着等可见缺陷。

4）20mm 以内的边缘裂口或长 50mm、深 20mm 以内的缺边不超过 4 处。

5）成卷卷材在 10℃ ～45℃的任一产品温度下，应易于展开，无裂纹或粘结，在距卷芯 1000mm 长度外不应有 10mm 以上的裂纹或粘结。

6）每卷接头处不应超过 1 个，接头应剪切整齐，并加长 150mm 作为搭接。

（3）单位面积质量

单位面积质量应符合表 2-3 规定。

**表 2-3 石油沥青玻璃纤维胎防水卷材单位面积质量**（GB/T 14686—2008）

| 标号 | 15 号 | | 25 号 | |
|---|---|---|---|---|
| 上表面材料 | PE 膜面 | 砂面 | PE 膜面 | 砂面 |
| 单位面积质量（kg/m$^2$） ≥ | 1.2 | 1.5 | 2.1 | 2.4 |

（4）材料性能

材料性能应符合表 2-4 规定。

**表 2-4　石油沥青玻璃纤维胎防水卷材的材料性能**（GB/T 14686—2008）

| 序号 | 项目 | | 指标 | |
|---|---|---|---|---|
| | | | Ⅰ型 | Ⅱ型 |
| 1 | 可溶物含量（g/m²）　≥ | 15 号 | 700 | |
| | | 25 号 | 1200 | |
| | | 试验现象 | 胎基不燃 | |
| 2 | 拉力（N/50mm）　　≥ | 纵向 | 350 | 500 |
| | | 横向 | 250 | 400 |
| 3 | 耐热性 | | 85℃ | |
| | | | 无滑动、流淌、滴落 | |
| 4 | 低温柔性 | | 10℃ | 5℃ |
| | | | 无裂缝 | |
| 5 | 不透水性 | | 0.1MPa，30min 不透水 | |
| 6 | 钉杆撕裂强度（N）　　　　　　≥ | | 40 | 50 |
| 7 | 热老化 | 外观 | 无裂纹、无起泡 | |
| | | 拉力保持率（%）　≥ | 85 | |
| | | 质量损失率（%）　≤ | 2.0 | |
| | | 低温柔性 | 15℃ | 10℃ |
| | | | 无裂缝 | |

### 2.1.3　石油沥青玻璃纤维布胎防水卷材

石油沥青玻璃纤维布胎防水卷材简称玻璃布油毡，其系采用玻璃纤维布为胎基材料，浸涂石油沥青并在两面涂撒矿物隔离材料所制成的可卷曲的片状防水材料。其产品已发布 JC/T 84—1996《石油沥青玻璃布胎油毡》行业标准。

玻璃布油毡幅度宽为 1000mm，其拉伸强度、柔韧性较好，耐腐蚀性较强，吸水率低，耐久性比石油沥青纸胎油毡提高一倍以上，适用于铺设地下防水防腐层，并用于屋面作防水层及金属管道（热管道除外）的防腐保护层。

1. 产品的分类和标记

玻璃布油毡按其物理性能分为一等品（B）和合格品（C）。产品按其名称、等级、本标准号依次标记，玻璃布油毡一等品标记示例如下：玻璃布油毡 B JC/T 84。

2. 技术要求

玻璃布油毡每卷重应不小于 15kg（包括不大于 0.5kg 的硬质卷芯）。

每卷油毡面积为（20±0.3）m²。

油毡的外观质量应符合下列要求：

（1）成卷油毡应卷紧。

（2）成卷油毡在 5℃～45℃ 的环境温度下应易于展开，不得有粘结和裂纹。

（3）浸涂材料应均匀、致密地浸涂玻璃布胎基。

（4）油毡表面必须平整，不得有裂纹、孔眼、扭曲折纹。

（5）涂布或撒布材料均匀、致密地粘附于涂盖层两面。

（6）每卷油毡的接头应不超过1处，其中较短一段不得少于2000mm，接头处应剪切整齐，并加长150mm备作搭接。

玻璃布油毡的质量执行JC/T 84—1996《石油沥青玻璃布胎油毡》行业标准，其物理性能应符合表2-5的规定。

**表2-5　玻璃布油毡的物理性能（JC/T 84—1996）**

| 项目 \ 等级 | | 一等品 | 合格品 |
|---|---|---|---|
| 可溶物含量（g/m²）　≥ | | 420 | 380 |
| 耐热度（85±2）℃（2h） | | 无滑动、起泡现象 | |
| 不透水性 | 压力（MPa） | 0.2 | 0.1 |
| | 时间不小于15min | 无渗漏 | |
| 拉力（25±2）℃时纵向（N）　≥ | | 400 | 360 |
| 柔度 | 温度（℃）　≤ | 0 | 5 |
| | 弯曲直径30mm | 无裂纹 | |
| 耐霉菌腐蚀性 | 质量损失（%）　≤ | 2.0 | |
| | 拉力损失（%）　≤ | 15 | |

### 2.1.4　铝箔面石油沥青防水卷材

铝箔面石油沥青防水卷材是以玻纤毡为胎基、浸涂石油沥青，其上表面用压纹铝箔、下表面采用细砂或聚乙烯膜作为隔离处理的一类防水卷材。其产品已发布JC/T 504—2007《铝箔面石油沥青防水卷材》行业标准。

1. 产品的分类和标记

产品分为30、40两个标号；其卷材幅宽规格为1000mm。

按其产品名称、标号和标准号的顺序标记。30号铝箔面石油沥青防水卷材标记为：铝箔面卷材30 JC/T 504—2007。

2. 产品要求

（1）卷重

卷材的单位面积质量应符合表2-6规定，卷重为单位面积质量乘以面积。

**表2-6　铝箔面石油沥青防水卷材单位面积质量**

| 标号 | | 30号 | 40号 |
|---|---|---|---|
| 单位面积质量（kg/m²）　≥ | | 2.85 | 3.80 |

（2）厚度

30号铝箔面卷材的厚度不小于2.4mm，40号铝箔面卷材的厚度不小于3.2mm。

（3）面积

卷材的面积偏差不超过标称面积的1%。

（4）外观

1）成卷卷材应卷紧卷齐，卷筒两端厚度差不得超过 5mm，端面里进外出不超过 10mm。

2）成卷卷材在 10℃～45℃任一产品温度下展开，在距卷芯 1000mm 长度外不应有 10mm 以上的裂纹或粘结。

3）胎基应浸透，不应有未被浸渍的条纹，铝箔应与涂盖材料粘结牢固，不允许有分层和气泡现象，铝箔表面应花纹整齐，无污迹、折皱、裂纹等缺陷，铝箔应为轧制铝，不得采用塑料镀铝膜。

4）在卷材覆铝箔的一面沿纵向留 70～100mm 无铝箔的搭接边，在搭接边上可撒细砂或覆聚乙烯膜。

5）卷材表面平整，不允许有孔洞、缺边和裂口。

6）每卷卷材接头不多于 1 处，其中较短的一段不应少于 2500mm，接头应剪切整齐，并加长 150mm。

（5）物理性能

卷材的物理性能应符合表 2-7 要求。

表 2-7　物理性能（JC/T 504—2007）

| 项目 | | 指标 | |
|---|---|---|---|
| | | 30 号 | 40 号 |
| 可溶物含量（g/m²） ≥ | | 1550 | 2050 |
| 拉力（N/50mm） ≥ | | 450 | 500 |
| 柔度（℃） | | 5 | |
| | | 绕半径 35mm 圆弧无裂纹 | |
| 耐热度 | | (90±2)℃，2h 涂盖层无滑动，无起泡、流淌 | |
| 分层 | | (50±2)℃，7d 无分层现象 | |

### 2.1.5　煤沥青纸胎防水卷材

煤沥青纸胎防水卷材即煤沥青纸胎油毡（简称油毡），系采用低软化点煤沥青浸渍原纸，然后用高软化点煤沥青涂盖油纸两面，再涂或撒布隔离材料所制成的一种纸胎可卷曲的片状防水材料。该产品已发布 JC 505—1992（1996）《煤沥青纸胎油毡》建材行业标准。

1. 产品的分类和标记

煤沥青纸胎油毡按可溶物含量和物理性能分为一等品和合格品两个等级。

煤沥青纸胎油毡其品种、规格按所用隔离材料分为粉状面和片状面两个品种。

煤沥青纸胎油毡幅宽分为 915mm 和 1000mm 两种规格，按原纸质量［每 1m² 质量（g）］分为 200 号、270 号和 350 号三种标号。

200 号煤沥青纸胎油毡适用于简易建筑防水、建筑防潮及包装防潮等；270 号煤沥青纸胎油毡和 350 号煤沥青纸胎油毡适用于建筑工程防水、建筑防潮和包装防潮等，与聚氯乙烯改性煤焦油防水涂料复合，也可用于屋面多层防水；350 号油毡还可用于一般地下防水。

产品按下列顺序标记：产品名称、品种、标号、质量等级、本标准号。标记示例如下：

a. 一等品（B）350 号粉状面（F）煤沥青纸胎油毡：

煤沥青纸胎油毡 F 350B JC 505；

b. 合格品（C）270 号片状面（P）煤沥青纸胎油毡：

煤沥青纸胎油毡 P 270C JC 505。

2. 技术要求

（1）每卷油毡的质量应符合表 2-8 的规定。

表 2-8 煤沥青油毡的质量要求 （kg）

| 标号 | 200 号 | | 270 号 | | 350 号 | |
|---|---|---|---|---|---|---|
| 品种 | 粉毡 | 片毡 | 粉毡 | 片毡 | 粉毡 | 片毡 |
| 质量 ≥ | 16.5 | 19.0 | 19.5 | 22.0 | 23.0 | 25.5 |

（2）外观质量要求如下。

1）成卷油毡应卷紧、卷齐。卷筒的两端厚度差不得超过 5mm，端面里进外出不得超过 10mm。

2）成卷油毡在环境温度 10℃ ~45℃ 时，应易于展开。不应有破坏毡面长度 10mm 以上的粘结和距卷芯 1000mm 以外、长度在 10mm 以上的裂纹。

3）纸胎必须浸透，不应有未浸透的浅色斑点；涂盖材料应均匀致密地涂盖油纸两面，不应有油纸外露和涂油不均的现象。

4）毡面不应有孔洞、硌（楞）伤，长度 20mm 以上的疙瘩或水渍，距卷芯 1000mm 以外长度 100mm 以上的折纹和折皱；20mm 以内的边缘裂口或长 50mm、深 20mm 以内的缺边不应超过 4 处。

5）每卷油毡的接头不应超过 1 处，其中较短的一段长度不应小于 2500mm，接头处应剪切整齐，并加长 150mm 备作搭接。合格品中有接头的油毡卷数不得超过批量的 10%，一等品中有接头的油毡卷数不得超过批量的 5%。

6）每卷油毡总面积为（20 ±0.3）m²。

（3）物理性能。油毡物理性能应符合表 2-9 的规定。

表 2-9 煤沥青油毡的物理性能要求

| 指标名称 | 标号 等级 | 200 号 | 270 号 | | 350 号 |
|---|---|---|---|---|---|
| | | 合格品 | 一等品 | 合格品 | 合格品 |
| 可溶物含量（g/m²） ≥ | | 450 | 560 | 510 | 600 |

实际表格如下：

| 指标名称 | | 200 号 | 270 号 | | 350 号 | |
|---|---|---|---|---|---|---|
| | 标号 等级 | 合格品 | 一等品 | 合格品 | 一等品 | 合格品 |
| 可溶物含量（g/m²） ≥ | | 450 | 560 | 510 | 660 | 600 |
| 不透水性 | 压力（MPa） ≥ | 0.05 | 0.05 | | 0.10 | |
| | 保持时间（min） ≥ | 15 | 30 | 20 | 30 | 15 |
| | | 不渗漏 | | | | |

续表

| 指标名称　　　　标号<br>　　　等级 | | 200 号 | 270 号 | | 350 号 |
|---|---|---|---|---|---|
| | | 合格品 | 一等品 | 合格品 | 一等品 | 合格品 |
| 吸水率（常压法）（%） ≤ | 粉毡 | 3.0 | | | | |
| | 片毡 | 5.0 | | | | |
| 耐热度（℃） | | 70±2 | 75±2 | 70±2 | 75±2 | 70±2 |
| | | 受热 2h 涂盖层应无滑动和集中性气泡 | | | | |
| 拉力（25±2℃）时（纵向）（N） ≥ | | 250 | 330 | 300 | 380 | 350 |
| 柔度（℃） ≤ | | 18 | 16 | 18 | 16 | 18 |
| | | 绕 φ20mm 圆棒或弯板无裂纹 | | | | |

## 2.2　普通沥青防水卷材的组成材料

普通沥青防水卷材是由胎基材料、浸涂材料、覆面隔离材料三部分组成，其组成参见表 2-10。普通沥青防水卷材之所以具有防水性能，主要是浸涂的沥青材料具有优异的防水功能，沥青防水卷材的浸涂材料可分为浸渍材料和涂盖材料两大部分。浸渍材料一般采用低标号的石油沥青（如 60 号石油沥青）或者是道路沥青，在使用前应先进行脱水，若技术性能达不到要求时，则还需要做氧化处理。涂盖材料一般是由高标号的石油沥青和 25% ~30% 的填充料并且经混合搅拌而成的。

表 2-10　普通沥青防水卷材的组成

| 名称 | 执行标准 | 胎基材料 | 浸涂材料 | | 隔离材料 |
|---|---|---|---|---|---|
| | | | 浸渍材料 | 涂盖材料 | |
| 石油沥青纸胎防水卷材 | GB 326—2007 | 纸胎 | 低软化点石油沥青 | 高软化点石油沥青 | 粉状或片状 |
| 石油沥青玻璃纤维胎防水卷材 | GB 14686—2008 | 玻璃纤维薄毡 | | 高软化点石油沥青 | 普通矿物粒（片）料：河砂<br>彩色矿物粒（片）料：彩砂<br>粉状材料<br>聚乙烯膜 |
| 石油沥青玻璃布胎防水卷材 | JC/T 84—1996 | 玻璃布 | 低软化点石油沥青 | 高软化点石油沥青 | 粉状 |
| 铝箔面防水卷材 | JC/T 504—2007 | 玻璃纤维薄毡 | 低软化点氧化沥青 | 高软化点氧化沥青 | 上表面：压纹铝箔<br>下表面：细颗粒矿物材料聚乙烯膜 |
| 改性氧化沥青聚乙烯胎防水卷材 | GB 18967—2009 | 高密度聚乙烯膜 | 低软化点氧化沥青 | 高软化点氧化沥青 | 聚乙烯膜 |
| 纸胎煤沥青防水卷材 | JC 505—1992（1996） | 纸胎 | 煤沥青 | | 粉状或片状 |

石油沥青的生产是由原油经蒸馏、溶剂沉淀、吹风氧化以及调合等基本方法生产的，

通过这些工艺得到的石油沥青产品还可以作为半成品或原料进一步进行调合、乳化或改性，再制成各种性能和用途的沥青产品。

生产普通沥青防水卷材所用的石油沥青主要是采用建筑石油沥青。建筑石油沥青只是一个技术标准范畴内的概念，石油沥青是否应用于建筑用途，其原因是多方面的，并不是根据某一种标准所决定的。按照石油沥青的用途分类，是我国工业技术部门广为采用的一种分类方法。依照这种分类方法，所谓建筑石油沥青就是针入度比较小的、软化点比较高的氧化沥青类石油沥青产品。

普通沥青防水卷材采用的胎基材料主要有纸胎、石棉布胎、玻璃布胎、玻璃纤维薄毡胎、麻布胎、高密度聚乙烯膜胎等。

覆面材料又称隔离材料、撒布材料，其目的是防止沥青卷材在生产和贮存时发生相互粘连和提高卷材的抗老化性能。常见的覆面材料主要有普通或彩色的矿物粒、片、粉状材料，聚乙烯膜、金属箔等。

### 2.2.1 沥青材料

沥青材料是含有沥青质材料的总称。沥青是一种有机胶结材料，它是由多种高分子碳氢化合物及其非金属衍生物组成的复杂混合物，其中碳占总质量的 80% ~ 90%。沥青具有良好的胶结性、塑性、憎水性、不透水性和不导电性，对酸、碱及盐等侵蚀性液体与气体的作用有较高的稳定性，遇热时稠度变稀和冷却时黏性提高直至硬化变脆，对木材、石料均有着良好的粘结性能。沥青在常温下为黑褐色或黑色固体、半固体或黏性液体，能溶于二硫化碳、氯仿、苯以及其他有机溶剂。它广泛应用于工业与民用建筑、道路和水利工程等，是建筑工程中的一种重要材料。应用于防水、防潮及防腐蚀（主要是防酸、防碱），是沥青基防水卷材、高聚物改性沥青防水卷材的重要组成材料，它的性能直接影响到防水卷材的质量。

#### 2.2.1.1 沥青材料的分类

沥青材料的分类如图 2-2 所示。

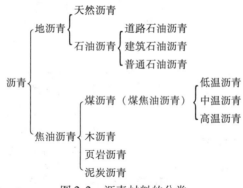

图 2-2 沥青材料的分类

依据图 2-2，沥青材料按其来源可分为地沥青和焦油沥青两大类。

地沥青按其产源又可分为石油沥青与天然沥青两种。石油沥青是从原油提炼出各种轻质油（如汽油、柴油等）及润滑油以后的残渣再经过加工而得到的副产品；天然沥青则存在于自然界，是从纯度较高的沥青湖或含有沥青的砂岩或砂中提取的，其性能与石油沥青相同。

焦油沥青俗称柏油，是指煤、木材、油田母页岩以及泥炭等有机物在隔绝空气条件下，受热而挥发出的物质，经冷凝后再经过分馏加工，提炼轻质物后而得到的副产品。焦油沥青按原材料的不同，又可分为煤沥青（煤焦油沥青）、木沥青、页岩沥青、泥炭沥青等。

目前常用的沥青有石油沥青和煤沥青，做屋面工程用石油沥青较好，煤沥青则适用于地下防水层或用作防腐材料。通常石油沥青又分成建筑石油沥青、道路石油沥青、普通石油沥青三种，建筑上主要使用建筑石油沥青和道路石油沥青制成的各种防水材料或在施工现场直接配制使用。煤沥青是炼焦或制造煤气时的副产品，煤焦油经过蒸馏加工提炼出各种油质后，就得到煤沥青，根据蒸馏程度的不同，煤沥青可分为低温沥青、中温沥青、高温沥青。

根据我国自然资源利用的情况和考虑到环境保护的要求，沥青防水卷材主要选用石油沥青作生产防水卷材的原料，煤焦沥青用量很少，至于采用页岩沥青做原料生产卷材的则更少。

### 2.2.1.2　石油沥青

石油沥青是由石油原油蒸馏出成品油后剩余的残渣经氧化制得。为多种复杂的碳氢化合物及其非金属（主要为氧、硫、氮等）衍生物组成的混合物，在常温下是黑色或黑褐色的黏稠的液体、半固体或固体，为原油加工过程的一种产品。

1. 石油沥青的化学成分及组分

（1）石油沥青的化学成分

石油沥青是性质及分子量不同的烃和烃的衍生物组成的混合物，其成分十分复杂，是很难用某一个分子式来表示的。沥青的主要成分是碳和氢，有时含有硫、氧、氮等，它们在沥青中所占的百分含量与沥青的产地、结构、加工工艺等有关，一般沥青中含碳量大致为 70% ~ 85%，含氢量不超过 15%，含硫在 5% 以下，含氧在 2% 以下，含氮 1% ~ 2%。

沥青中各种成分的比例不同，给沥青的性质带来了很大的差异，工业上经常以沥青内碳与氢两种元素含量之比（碳氢比）作为鉴定沥青组成的一种方法。虽然碳氢比单独不能给烃混合物一个完全饱和度的描绘，但已经发现它与沥青的物理性质关系十分密切，也关系到了沥青的组分的组成。

（2）石油沥青的组分

石油沥青一般分为矿物油、树脂、沥青质、沥青酸酐和沥青酸等 5 个组分，表 2-11 列出了上述各组分的特性；表 2-12 则列出了其物理常数。矿物油、树脂、沥青质等前三个组分为石油沥青的主要组分。

**表 2-11　沥青中各组分的特性**

| 组分 | 溶解性及吸附性 | 其他特性 | 含量（%） | |
| --- | --- | --- | --- | --- |
| | | | 天然沥青 | 石油沥青 |
| 矿物油（油分） | 溶于所有烃类，不为酸性白土所吸附 | 氧化聚合时生成焦油 | 45.1 ~ 47.6 | 66.0 |
| 树脂（胶质） | 溶于苯，能被硅胶或酸性白土所吸附 | 进一步氧化和聚合生成沥青质 | 31.7 ~ 38.7 | 16.1 |

| 组分 | 溶解性及吸附性 | 其他特性 | 含量（%） | |
| --- | --- | --- | --- | --- |
| | | | 天然沥青 | 石油沥青 |
| 沥青质 | 溶于苯，不溶于汽油及醇类 | 氧化或硫化时转变为半焦质或石墨质 | 15.6 ~ 15.7 | 16 |
| 沥青酸酐 | 溶于苯，不溶于醇 | 在苯液中被碱皂化 | 2.0 | 2.0 |
| 沥青酸 | 溶于醇，不溶于汽油 | 石油沥青中含量较少 | 3.0 ~ 0 | 0 |

表 2-12　石油沥青各组分物理常数

| 组分 | 平均相对分子质量 | 相对密度 | 黏度 | 颜色 |
| --- | --- | --- | --- | --- |
| 矿物油 | 100 ~ 500 | 0.6 ~ 1.0 | 黏稠液体 | 淡黄 |
| 树脂 | 300 ~ 1000 | 1.0 ~ 1.1 | 固体，易溶 | 黄褐 |
| 沥青质 | < 2000 ~ 6000 | 1.1 ~ 1.15 | 固体，不溶 | 从褐色到黑色 |

a. 矿物油（油分）

油分在常温下是液体，具有润滑油的黏度，带有荧光性，其密度小于1，油分是沥青中最轻的馏分，在170℃下长时间加热则可以挥发，它可以采用吸附剂从沥青树脂（胶质）中抽提出来，能溶解于二硫化碳、三氯甲烷、苯、四氯化碳、丙酮等有机溶剂，但不溶于乙醇。油分是沥青具有流动性的主要因素，沥青中油分的含量大时，沥青的黏度则低，沥青中油分含量的多少，在很大程度上决定了沥青的稠度，油分可以在一定的条件下转化为胶质，甚至是沥青质。油分在沥青中的含量通常在10% ~ 60%。

b. 树脂（胶质）

胶质是半液体或半固体的黑黄色或红褐色的黏稠状物质，其密度稍大于1，融化温度在100℃以下，能溶于苯、醚、氯仿等有机溶剂，但在丙酮内的溶解度很小，也不溶于乙醇。胶质的化学元素成分是碳84% ~ 85%、氢10% ~ 12%、氧4% ~ 5%、硫0.5% ~ 1.0%，胶质在一定条件下可以由低分子化合物转化为较高分子的化合物，以至成为沥青质和碳沥青。胶质在溶剂中能溶解形成真溶液，而不是胶体溶液，这是因为它的分子量和沥青质比起来不算大，一般小于1000，胶质对油分是亲液性的，可以用漂白土或硅胶提取出来，沥青内的胶质含量通常在15% ~ 30%，胶质在沥青中的含量大小影响沥青的延伸性和弹出。

c. 沥青质

沥青质是深褐色或黑色的固体，硬而脆，有光泽，其密度稍大于1，其分子量由数千至数万，加热至300℃以上，也不熔化，只分解为气体和焦炭，无任何馏分可得。它能溶解于苯、二硫化碳、四氯化碳、三氯甲烷等有机溶剂之中，但不溶于乙醇及石油醚。沥青质的化学成分是：碳85% ~ 87%、氢6% ~ 7%、氧6% ~ 7.2%、硫0.6% ~ 0.7%。沥青质可以在某些溶剂中无限溶解而不饱和，溶解后经过蒸发浓缩可以成半固体状态，而均匀性不变，对光的感性非常灵敏，感光后具有不溶性。沥青中沥青质含量越高，沥青的脆性就越大。沥青质是沥青中重要的组成部分之一，但对它的成因和本质有待于作进一步的研究，尤其是沥青质与胶质互相之间的关系、沥青质的物理—化学性能等问题。

将沥青的化学组分划分为油质、树脂质、沥青质等三个组分是沥青化学分类的划分方法之一，现在我们采用了较为简便的 4 组方法，即将沥青分为饱和分、芳香分、胶质和沥青质。饱和分和芳香分相当于油质，胶质相当于树脂质。

2. 石油沥青的分类

石油沥青有多种分类方法，通常采用按其用途分类的方法，各种石油沥青的分类方法详见表 2-13。

表 2-13　石油沥青的分类

| 分类方法 | 种类 | 说明 |
|---|---|---|
| 按用途分类 | 道路石油沥青 | 道路石油沥青主要使用直馏沥青、溶剂脱油沥青、半氧化沥青、调合沥青、乳化沥青、改性沥青等产品。用于铺设道路及制作屋面防水层的胶粘剂，制造防水纸及绝缘材料 |
| | 建筑石油沥青 | 建筑石油沥青主要使用氧化沥青、乳化沥青和改性沥青。与直馏沥青相比，氧化沥青的软化点高、针入度小，具有更好的粘结性、不透水性和耐候性，主要应用于建筑工程及其他工程的防水、防潮、防腐材料、胶结材料、涂料、绝缘材料 |
| | 专用石油沥青 | 专用石油沥青主要使用氧化沥青产品，由于更加强调用途和功能，因此品种多而牌号较少，多数品种都以软化点和针入度来划分牌号，同时按使用场合提出特殊的指标要求 |
| | 普通石油沥青 | 适用于道路、建筑工程及制造油毡、油纸等防水材料之用。由于普通石油沥青含有较多的石蜡（一般大于 5%，有的高达 20% ~ 30%），其温度稳定性、塑性较差，针入度较大，黏性较小，一般不宜直接用于建筑防水工程上，常与建筑石油沥青掺配使用，或经脱蜡处理后使用 |
| 按沥青产品在常温下的稠度分类 | 液体沥青 | 系常温下呈液体状态的沥青，一般以黏度划分为若干等级（标号） |
| | 黏稠沥青 | 系常温下呈固体、半固体状态的沥青，亦称半固体沥青和固体沥青，它是由液体沥青经氧化处理加工、减少油质、增加沥青质而制得，主要包括氧化沥青、蒸馏沥青和某些残留沥青 |
| 按石油沥青的加工方法分类 | 直馏沥青 | 将原油经常压蒸馏分出汽油、煤油、柴油等轻质馏分，再经减压蒸馏（残压 1.33 ~ 13.3kPa）分出减压馏分油，剩下的渣油成为沥青产品的称为直馏沥青 |
| | 溶剂脱沥青 | 非极性的低分子烷烃溶剂对减压渣油中的各组分具有不同的溶解度，利用溶解度的差异可以实现组分分离，因而可以从减压渣油中除去对沥青性质不利的组分，生产出符合规格要求的沥青产品 |
| | 氧化沥青 | 在一定范围的高温下向减压渣油或脱油沥青吹入空气，使其组成和性能发生变化，所得的产品称为氧化沥青。减压渣油在高温和吹空气的作用下会产生汽化蒸发，同时会发生脱氢、氧化、聚合缩合等一系列反应，这是一个多组分相互影响的十分复杂的综合反应过程，而不仅仅是发生氧化反应，但习惯上称为氧化法和氧化沥青，也有称为空气吹制法和空气吹制沥青。氧化沥青产品软化点高、针入度小，主要用作建筑沥青和专用沥青，常温下是固体状态，半氧化法用于生产道路沥青 |
| | 合成沥青 | 同一原油构成沥青的四个化学组分，按质量要求所需的比例进行重新调合，所得的产品称为合成沥青或重构沥青。采用调合法生产沥青，可以用同一原油的四个化学组分作调合原料，也可以用一原油或其他原油的一、二次加工的残渣或组分及各种工业废料等来做调合组分 |

| 分类方法 | 种类 | 说明 |
|---|---|---|
| 按原油的成分分类 | 石蜡基沥青 | 这类沥青系由含大量的石蜡基原油提炼而制得，沥青中的含蜡量一般大于5%，我国大庆油田、克拉玛依油田所产的原油为石蜡基原油，所产沥青均属石蜡基沥青（大庆沥青含蜡量为20%左右） |
| | 沥青基沥青 | 这类沥青系由沥青基石油提炼而制得，沥青中含有较多的脂环烃，含蜡质较小，一般小于2%，性能好，亦称无蜡沥青，我国的广东茂名沥青即属此类沥青 |
| | 混合基沥青 | 这类沥青系由蜡质介于石蜡基石油和沥青基石油之间的原油中提炼而制得，其含蜡量介于2%~5%之间，亦称少蜡沥青，我国的玉门沥青、兰州沥青等均为混合基沥青 |
| 按产地分类 | 玉门沥青 大庆沥青 茂名沥青 新疆沥青等 | 此种分类方法是依据原油的产地来命名，并进行分类 |

3. 石油沥青的主要技术性能和质量要求

（1）石油沥青的主要技术性能和质量指标

a. 防水性

石油沥青是憎水性材料，几乎完全不溶于水，而且本身构造很密实，加之它与矿物材料表面有很好的粘结力，能紧密粘附于矿物材料表面，所以石油沥青具有良好的防水性，是建筑工程中应用很广的防潮、防水材料。

b. 耐蚀性

石油沥青对于一般的酸、碱、盐类等侵蚀性液体和气体有一定的耐蚀能力，可广泛应用于有耐蚀要求的地坪、地基、池、沟以及金属结构的防锈处理。

石油沥青的耐蚀能力，一般情况是在常温条件下，对于浓度不大于50%的硫酸、不大于10%的硝酸及不大于20%的盐酸都是耐蚀的。对于强氧化剂，如浓硫酸、浓硝酸等则不耐蚀，还应当注意石油沥青能被苯、汽油、润滑油等所溶蚀，如同时有这类物质作用时，则不能采用石油沥青作防蚀材料。对于具体工程来说，采用沥青作为防蚀材料能否满足技术要求，应通过试验确定。

c. 黏性

石油沥青的黏性是在外力作用下抵抗变形的性能，是沥青性质的重要指标之一。黏性的大小与组分及温度有关，地沥青质含量较高，同时又含有适量树脂而油分含量较少者，则黏性较大。在一定温度范围内，当温度升高时，则黏性随之降低；反之，则随之增大。黏稠石油沥青的黏性（黏度）是用针入度值来表示的，针入度值越小，表明黏性越大。

d. 塑性

塑性是指石油沥青在外力作用时产生变形而不破坏的能力，也是沥青性质的重要指标之一。石油沥青的塑性与其组分有关。石油沥青中树脂含量增加，其组分含量又适当时，则塑性增大；膜层越厚，则塑性越大。在常温下，沥青的塑性很好，能适应建筑的使用要求。沥青对振动和冲击有一定吸收能力，塑性很好的沥青在产生裂缝时，也可能由于特有的黏塑性而自行愈合。石油沥青的塑性用延度（伸长度）表示，延伸越大，塑性越好。

e. 温度稳定性

温度稳定性是指石油沥青的黏性和塑性随温度升降而变化的性能。当温度升高时，沥青由固态或半固态逐渐软化，而最终成为液态。与此相反，当温度降低时又逐渐由液态凝固为固态甚至变硬变脆。但是在相同的温度变化间隔内，各种沥青黏性变化幅度是不同的，通常认为随温度变化而产生的黏性变化幅度较小的沥青，其温度稳定性较好。石油沥青中地沥青质含量较多者，在一定程度上能提高温度稳定性。在工程使用时，往往加入滑石粉、石灰石粉或其他矿物填料来提高其温度稳定性，沥青中石蜡含量较多时，则会使温度稳定性降低。温度稳定性用软化点来表示，软化点越高，温度稳定性越好。

f. 大气稳定性

大气稳定性是指石油沥青在大气因素作用下抵抗老化的性能。测定大气稳定性的方法是先测定沥青试样的质量及其针入度，然后将试样置于加热损失试验专用的烘箱中，在 160℃下加热 5h，待冷却后再测定其质量及针入度。计算蒸发损失质量占原质量的百分比，称为蒸发损失；计算蒸发后针入度占原针入度的百分数，称为蒸发后针入度比。蒸发损失百分数越小和蒸发后针入度比越大，则表示大气稳定性越高。

g. 溶解度和闪火点

溶解度是指石油沥青在苯（或四氯化碳或三氯甲烷）中的溶解百分率，用以表示沥青中有效物质的含量，即纯净程度。闪火点是指石油沥青在规定的条件下，加热至挥发出的可燃气体与空气的混合物达到初次闪火时的温度，这是保证施工安全的重要指标。

各牌号的石油沥青质量指标要求见表 2-14 ～ 表 2-18。

**表 2-14　建筑石油沥青技术要求**（GB/T 494—2010）

| 项目 | | 质量指标 | | | 试验方法 |
|---|---|---|---|---|---|
| | | 10 号 | 30 号 | 40 号 | |
| 针入度（25℃，100 g，5s）/(1/10mm) | | 10 ~ 25 | 26 ~ 35 | 36 ~ 50 | GB/T 4509 |
| 针入度（46℃，100g，5s）/(1/10mm) | | 报告[a] | 报告[a] | 报告[a] | |
| 针入度（0℃，200g，5s）/(1/10mm) | 不小于 | 3 | 6 | 6 | |
| 延度（25℃，5 cm/min）/cm | 不小于 | 1.5 | 2.5 | 3.5 | GB/T 4508 |
| 软化点（环球法）/℃ | 不低于 | 95 | 75 | 60 | GB/T 4507 |
| 溶解度（三氯乙烯）/% | 不小于 | 99.0 | | | GB/T 11148 |
| 蒸发后质量变化（163℃，5 h）/% | 不大于 | 1 | | | GB/T 11964 |
| 蒸发后 25℃针入度比[b]/% | 不小于 | 65 | | | GB/T 4509 |
| 闪点（开口杯法）/℃ | 不低于 | 260 | | | GB/T 267 |

a 报告应为实测值。

b 测定蒸发损失后样品的 25℃针入度与原 25℃针入度之比乘以 100 后，所得的百分比，称为蒸发后针入度比。

表 2-15　道路石油沥青技术要求（NB/SH/T 0522—2010）

| 项目 | | 质量指标 | | | | | 试验方法 |
|---|---|---|---|---|---|---|---|
| | | 200 号 | 180 号 | 140 号 | 100 号 | 60 号 | |
| 针入度（25℃，100g，5s）/(1/10mm) | | 200～300 | 150～200 | 110～150 | 80～110 | 50～80 | GB/T 4509 |
| 延度[注]（25℃）/cm | 不小于 | 20 | 100 | 100 | 90 | 70 | GB/T 4508 |
| 软化点/℃ | | 30～48 | 35～48 | 38～51 | 42～55 | 45～58 | GB/T 4507 |
| 溶解度/% | 不小于 | 99.0 | | | | | GB/T 11148 |
| 闪点（开口）/℃ | 不低于 | 180 | 200 | 230 | | | GB/T 267 |
| 密度（25℃）/(g/cm³) | | 报告 | | | | | GB/T 8928 |
| 蜡含量/% | 不大于 | 4.5 | | | | | SH/T 0425 |
| 薄膜烘箱试验（163℃，5 h） | | | | | | | |
| 质量变化/% | 不大于 | 1.3 | 1.3 | 1.3 | 1.2 | 1.0 | GB/T 5304 |
| 针入度比/% | | 报告 | | | | | GB/T 4509 |
| 延度（25℃）/cm | | 报告 | | | | | GB/T 4508 |

注：如25℃延度达不到，15℃延度达到时，也认为是合格的，指标要求与25℃延度一致。

表 2-16　重交通道路石油沥青技术要求（GB/T 15180—2010）

| 项目 | | 质量指标 | | | | | | 试验方法 |
|---|---|---|---|---|---|---|---|---|
| | | AH-130 | AH-110 | AH-90 | AH-70 | AH-50 | AH-30 | |
| 针入度（25℃，100g，5s）1/10mm | | 120～140 | 100～120 | 80～100 | 60～80 | 40～60 | 20～40 | GB/T 4509 |
| 延度（15℃）/cm | 不小于 | 100 | 100 | 100 | 100 | 80 | 报告[a] | GB/T 4508 |
| 软化点/℃ | | 38～51 | 40～53 | 42～55 | 44～57 | 45～58 | 50～65 | GB/T 4507 |
| 溶解度/% | 不小于 | 99.0 | 99.0 | 99.0 | 99.0 | 99.0 | 99.0 | GB/T 11148 |
| 闪点/℃ | 不小于 | 230 | | | | | 260 | GB/T 267 |
| 密度（25℃）/(kg/m³) | | 报告 | | | | | | GB/T 8928 |
| 蜡含量/% | 不大于 | 3.0 | 3.0 | 3.0 | 3.0 | 3.0 | 3.0 | SH/T 0425 |
| 薄膜烘箱试验（163℃，5h） | | | | | | | | |
| 质量变化/% | 不大于 | 1.3 | 1.2 | 1.0 | 0.8 | 0.6 | 0.5 | GB/T 5304 |
| 针入度比/% | 不小于 | 45 | 48 | 50 | 55 | 58 | 60 | GB/T 4509 |
| 延度（15℃）/cm | 不小于 | 100 | 50 | 40 | 30 | 报告[a] | 报告[a] | GB/T 4508 |

a 报告应为实测值。

表 2-17　防水防潮石油沥青［SH/T 0002—1990（1998）］

| 项目 | 质量指标 | | | | 试验方法 |
|---|---|---|---|---|---|
| | 3 号 | 4 号 | 5 号 | 6 号 | |
| 针入度（25℃，100g，5s）/(1/10mm) | 25～45 | 20～40 | 20～40 | 30～50 | GB/T 4509 |

| 项目 | | 质量指标 | | | | 试验方法 |
|---|---|---|---|---|---|---|
| | | 3 号 | 4 号 | 5 号 | 6 号 | |
| 针入度指数 | 不小于 | 3 | 4 | 5 | 6 | 附录 A |
| 软化点/℃ | 不低于 | 85 | 90 | 100 | 95 | GB/T 4507 |
| 溶解度/% | 不小于 | 98 | 98 | 95 | 92 | GB/T 11148 |
| 闪点/℃ | 不低于 | 250 | 270 | 270 | 270 | GB/T 267 |
| 脆点/℃ | 不高于 | −5 | −10 | −15 | −20 | GB/T 4510 |
| 蒸发损失/% | 不大于 | 1 | 1 | 1 | 1 | GB/T 11194 |
| 垂度/mm | | | | 8 | 10 | SH/T 0424 |
| 加热安定性 | | 5 | 5 | 5 | 5 | 附录 B |

表 2-18　防水卷材用沥青原料技术要求（JC/T 2218—2014）

| 序号 | 项目 | | 指标 | | 试验方法 |
|---|---|---|---|---|---|
| | | | I | II | |
| 1 | 针入度（25℃，100g，5s）/0.1mm | | 25 ~ 120 | | GB/T 4509 |
| 2 | 软化点（环球法）/℃ | ≥ | 43 | | GB/T 4507 |
| 3 | 延度（25℃）/cm | ≥ | 10 | 50 | GB/T 4508 |
| 4 | 闪点/℃ | ≥ | 230 | | GB/T 267 |
| 5 | 密度（15℃或25℃）/g/cm³ | ≤ | 1.08 | | GB/T 8928 |
| 6 | 柔性/℃ | ≤ | 8 | 10 | 附录 A |
| 7 | 溶解度/% | ≥ | 99.0 | | GB/T 11148 |
| 8 | 蜡含量/% | ≤ | 4.5 | | SH/T 0425 |
| 9 | 粘附性/（N/mm） | ≥ | 0.5 | 1.5 | 附录 B |
| 10 | 沥青组分（四组分法） | 饱和分/% | 报告[a] | | SH/T 0509 |
| | | 芳香分/% | | | |
| | | 胶质/% | | | |
| | | 沥青质/% | | | |

a 改性沥青卷材宜选用沥青质和饱和分含量相对高的沥青原料，自粘改性沥青卷材宜选用胶质和芳香分含置相对高的沥青原料。

（2）石油沥青部分质量指标的含义

生产沥青防水卷材时，对沥青的选配使用，主要根据沥青的质量指标性能来确定，经常控制的质量指标有针入度、延度、软化点等，现将这些质量指标的含义介绍如下：

a. 针入度

不能用黏度来表示沥青材料的稠度时，常采用针入度来表示。针入度是指在一定温度和负荷下在规定的时间里，一定形状的标准针垂直针入沥青材料的深度，以十分之一毫米为单位表示，通常采用加 100g 质量，在 25℃ 的温度下，5s 的时间里，标准针针入沥青内的深度。但在特殊的情况下，对一些较软的沥青，可用200g质量，0℃的温度，在60s内针入的深度表示，对一些较硬沥青则可以用50g质量，46.1℃的温度，在5s内针入的深度来表示。针入度是确定沥青标号的重要指标，在生产沥青防水卷材时就可以根据对沥青针入度的要求，选用各种标号的沥青做原料。

沥青针入度的大小反映了材料的软硬程度和塑性。一般来说，软化点高的沥青针入度则小。针入度的差别，反映出沥青性质的不同，因此，生产不同品种的沥青防水卷材则要选用不同性能标号的沥青。

b. 延度

延度是表示沥青的塑性和延性，根据防水卷材生产的要求，沥青要有一定的塑性，如果没有塑性，所生产出的防水卷材易发脆，难以抵抗变形，甚至会出现卷材开卷就会产生裂纹，判断沥青的塑性，通常采用延度来表示。

延度是指在一定温度下，按规定的拉伸试件尺寸和拉伸速度，将沥青拉伸成细线的长度，以cm为单位表示，一般标准状态是规定25℃，沥青试件断面积是$1cm^2$，拉伸的速度是每分钟5cm，但在特殊情况下也有采用0℃和15℃温度的，其断面积和拉伸速度不变。沥青的性质是热熔、冷脆，因此温度对沥青的物理影响非常显著，在一定的限度以内，温度升高，沥青的延度增大，温度降低，延度则变小。沥青试件的断面积对沥青的延度关系是：断面积加大，沥青的拉伸长度增加，因此，一般都规定为$1cm^2$。拉伸速度对拉伸的长度也有影响，拉伸速度越快，拉伸长度越小，故标准的延伸仪都是将其拉伸速度固定在每分钟5cm的速度范围。

c. 软化点

沥青的软化点是指在规定条件下加热，沥青受热后达到一定软化变形的温度。沥青材料的软化点是沥青稠度的指标，也是确定沥青标号的主要指标。

建筑防水材料行业常采用环球法来测定沥青材料的软化点，即将沥青熔化灌入规定尺寸的铜环内，上面放置规定大小和质量的钢球，用水或甘油作加热介质，并以每分钟5℃的升温速度加热，沥青渐渐受热软化，由于受到钢球的压力，沥青逐渐下沉变形，当下沉达到规定的2.54cm时，受热介质所示的温度即为该沥青的软化点，以摄氏度（℃）表示。

沥青软化点的高低与防水卷材生产的关系十分密切，对沥青防水卷材的质量也有显著的影响，在生产沥青防水卷材时，可以根据生产的要求确定沥青软化点的高低，也可以按沥青材料软化点的不同来确定生产工艺的各种有关参数。

4. 沥青的改性

在建筑防水工程中使用的沥青必须具有防水需要的特定性能，即在低温条件下应有弹性和塑性；高温条件下具有足够的强度和稳定性；在使用条件下具有抗老化能力；与各种矿物材料及基层表面有较强的粘附力；并对基层变形具有一定的适应性和耐疲劳性。

由于沥青的来源不同，其主要物理指标和稠度、塑性、温度稳定性等不同，故通常石油沥青不能全面满足上述要求，尤其是我国大多数由原油加工出来的沥青，其含硫含蜡量高、油性差、对温度较敏感，高温易流淌，低温则脆裂，故易引起老化，这势必影响以沥青材料作浸涂材料的防水卷材的质量，因此必须对沥青进行改性才能应用于卷材的生产。常用的改性方法有吹气氧化改性处理、高聚物改性等多种方法，通过对沥青的改性，从而可使沥青具备较好的综合能力，达到防水所需的特定性能。改性沥青及改性沥青混合料技术如图 2-3 所示。

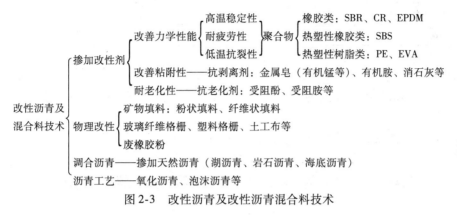

图 2-3　改性沥青及改性沥青混合料技术

### 2.2.1.3　煤焦沥青

煤焦沥青亦称煤沥青或柏油，是炼制焦炭或制造煤气时的副产品。煤沥青的化学成分和性质与石油沥青大致相同，但煤沥青的质量和耐久性均次于石油沥青。它韧性较差，温度敏感性较大，冬季易脆，夏季易软化，老化快，加热燃烧时，烟呈黄色，有刺激臭味并略有毒性，在受震动的工程部位和在冬期施工要求沥青延度大、塑性好时不宜选用，但煤沥青具有较高的抗微生物腐蚀作用，故适用于地下防水工程或作为防腐材料之用。

煤沥青分为低温沥青、中温沥青和高温沥青，建筑工程中所用煤沥青多为黏稠或半固体的低温沥青。

煤沥青与石油沥青同属高分子化合物的混合物，它们外观相似，其化学成分和性质也大致相似，具有不少的共同点，但由于煤沥青所含碳氢化合物的构造与石油沥青不同，它们之间存在着某些区别，其主要区别见表 2-19。

**表 2-19　石油沥青与煤焦沥青的性能差别**

| 性能 | 石油沥青 | 煤焦沥青 |
| --- | --- | --- |
| 化学组成 | 直链烷为主的碳氢化合物 | 芳香烃和环烷烃为主的碳氢化合物 |
| 相对密度 | 接近 1.0 | 1.1～1.3 |
| 气味 | 加热或燃烧时有松香气味，无明显刺激 | 加热或燃烧时有黄色烟雾放出，刺鼻 |
| 毒性 | 较轻；远期后果较重 | 较重；远期后果较轻 |
| 延伸性 | 有一定延伸性 | 低温脆性较大 |
| 溶液颜色（以 30～50 倍汽油或煤油溶解，用玻棒滴在滤纸上观察） | 滤纸上的斑点呈棕色 | 滤纸上的斑点呈两同心圆环，外棕内黑 |
| 溶剂溶解性（200 号溶剂油） | 溶 | 难溶 |

| 性能 | 石油沥青 | 煤焦沥青 |
|---|---|---|
| 松节油 | 溶 | 难溶 |
| 苯 | 溶 | 部分溶解 |
| 与植物油的混溶性 | 良好 | 差 |
| 与天然沥青的相容性 | 良好 | 差 |

煤沥青的主要技术性能基本上与石油沥青类似，但因两者成分不同，故有如下特点。

（1）由固体或黏稠态转变为液态的温度范围较窄，夏天易软化而冬天易脆裂，即温度稳定性较差。

（2）含挥发性成分和化学稳定性差的成分较多，故大气稳定性亦较差。

（3）塑性较差，容易因变形而开裂。

（4）因含有蒽、萘和酚，故有臭味和毒性，但防腐能力较强，适用于木材等的防腐处理。

（5）因含表面活性物质较多，与矿料表面的粘附能力较好，用少量煤沥青掺入石油沥青中可以提高石油沥青与矿料表面的粘附力。

由于煤沥青具有上述特性，建筑工程上很少使用，有时仅用于次要工程，但用作木材防腐较好。施工中应严格控制加热温度和时间，以免变质。在贮运和施工中都应遵守有关劳动保护规定，防止中毒。

煤沥青的物理性能见表2-20。

**表2-20　煤沥青的技术要求**（GB/T 2290—2012）

| 指标名称 | 低温沥青 | | 中温沥青 | | 高温沥青 | |
|---|---|---|---|---|---|---|
| | 1号 | 2号 | 1号 | 2号 | 1号 | 2号 |
| 软化点/℃ | 35～45 | 46～75 | 80～90 | 75～95 | 95～100 | 95～120 |
| 甲苯不溶物含量/% | — | — | 15～25 | ≤25 | ≥24 | — |
| 灰分/% | — | — | ≤0.3 | ≤0.5 | ≤0.3 | — |
| 水分/% | — | — | ≤5.0 | ≤5.0 | ≤4.0 | ≤5.0 |
| 喹啉不溶物/% | — | — | ≤10 | — | — | — |
| 结焦值/% | — | — | ≥45 | — | ≥52 | — |

注：1. 水分只作生产操作中控制指标，不作质量考核依据。

　　2. 沥青喹啉不溶物含量每月至少测定一次。

### 2.2.2　胎基材料

除无胎卷材外，胎基材料是各类防水卷材的骨架材料，防水卷材依靠各种不同材质的胎基作用，在其上浸涂以憎水性强的沥青材料形成卷材薄片形状和厚度，它赋予卷材机械性能，与沥青材料一起成为卷材不可缺少的重要组成和对卷材性能起决定作用的材料。

#### 2.2.2.1　纸胎（油毡原纸）

纸胎是指以破布、旧棉、麻及废纸等原料经破碎、制浆等工序制成的一种专用胎体材料，俗称"原纸"。

防水卷材原纸为卷筒纸，卷筒宽度为（1006±4）mm、（921±4）mm或按合同的规定，卷筒直径为750mm以上或按合同规定。防水卷材原纸分U、A、B三级。

防水卷材原纸的外观要求如下：①每卷原纸的窟窿、压花、残缺及由橡皮、塑料、浆块硬杂质物等造成的10mm以上的疙瘩和断头的总和，U级不得超过3个，B级不得超过8个，其中断头不得超过3个，断头间距不得小于70cm，在断头、窟窿、残缺处应加入标记纸条；②疙瘩、橡皮块在4~10mm且凸出纸面1~2mm以上者，U级每平方米不得超过2个，A级每平方米不得超过4个，B级每平方米不得超过6个；③纸面不应有同一部位两面凸纸面的疙瘩、透光点、褶子、皱纹等纸病；④原纸的切边应整齐，不应有锯齿形的毛边，卷筒两端侧面应平整，里进外出不应大于15mm。

防水卷材原纸的技术要求应符合表2-21的技术要求。

表2-21 防水卷材原纸的技术要求

| 指标名称 | | | 规定 | | |
|---|---|---|---|---|---|
| | | | U | A | B |
| 定量/(m) | | | 200±10.0 | | |
| | | | 270±13.5 | | |
| | | | 350±17.5 | | |
| | | | 500±25.0 | | |
| 全幅定量差/(g/m²)， | 不大于 | 200（g/m²） | 10.0 | 14.0 | |
| | | 270（g/m²） | 13.5 | 19.0 | |
| | | 350（g/m²） | 25.0 | 32.0 | |
| | | 500（g/m²） | 35.0 | 45.0 | |
| 吸油量/(mL/100g)， | 不小于 | 200（g/m²） | | | |
| | | 270（g/m²） | | | |
| | | 350（g/m²） | 135 | 125 | 120 |
| | | 500（g/m²） | 145 | 135 | 120 |
| 纵向抗张强度/(kN/m)， | 不小于 | | 4.5 | 4.0 | 3.5 |
| 水分/(%) | 不大于 | 200（g/m²） | | 8.0 | |
| | | 270（g/m²） | | | |
| | | 350（g/m²） | 8.0 | | |
| | | 500（g/m²） | | 10.0 | |

### 2.2.2.2 玻纤类胎基

生产沥青防水卷材除了采用油毡原纸为胎基外，还可以用适合生产防水卷材的玻璃纤维制品为胎基，生产沥青防水卷材所用的玻璃纤维制品主要有玻璃布、玻璃纤维薄毡等玻纤类制品。

玻璃纤维布和玻璃纤维毡两种胎基都属于无机纤维胎基，其共同的特点是在诸多性能方面优于普通原纸胎基。

由于玻璃纤维具有较高的强度、优良的耐腐蚀、耐水、耐久性和尺寸的稳定性，所以已成为防水卷材中常采用的胎体增强材料之一。

生产沥青防水卷材所用的玻璃纤维制品主要有玻璃布以及玻璃纤维薄毡；生产高聚物改性沥青防水卷材所用的玻璃纤维制品主要是玻璃纤维薄毡；生产合成高分子防水卷材一般不用衬垫骨架材料，但根据工程设计需要，也有采用无纺布、纤维网布作衬垫的。

1. 玻纤类胎基的技术性能要求

GB/T·18840—2002《沥青防水卷材用胎基》国家标准对应于沥青防水卷材的各类胎基材料提出了技术要求。其外观质量要求表面平整、均匀，无折痕、无孔洞、无污迹，边缘平直、无缺口，卷装整齐。

玻纤毡、玻纤网格布增强玻纤毡以及玻纤网格布与聚酯毡、与涤棉无纺布等复合玻璃纤维类毡产品的建议幅宽为1000mm，幅宽要求不应有负偏差。这些应用于沥青防水卷材的玻纤类毡制品其物理力学性能要求见表2-22～表2-25。

表 2-22  玻纤毡物理力学性能

| 序号 | 项目 | | N 类 | | M 类 | |
| --- | --- | --- | --- | --- | --- | --- |
| | | | Ⅰ类 | Ⅱ类 | Ⅰ类 | Ⅱ类 |
| 1 | 单位面积质量/（g/m²） | | 无负偏差 | | | |
| 2 | 单位面积质量变异系数/% ≤ | | 10 | | | |
| 3 | 拉力/（N/50mm） ≥ | 纵向 | 180 | 230 | 280 | 375 |
| | | 横向 | 100 | 150 | 200 | 250 |
| 4 | 拉力最低单值/（N/50mm） ≥ | 纵向 | 145 | 180 | 220 | 300 |
| | | 横向 | 80 | 120 | 160 | 200 |
| 5 | 耐水性/% ≥ | | 80 | | | |
| 6 | 撕裂强度/N ≥ | 纵向 | 130 | 160 | 200 | 270 |
| | | 横向 | 70 | 100 | 150 | 170 |
| 7 | 浸渍性 | | 无未浸透处 | | | |
| 8 | 弯曲性，半径/mm | | | | 25 | 35 |
| | | | 无折痕 | | | |
| 9 | 含水率/% ≤ | | 2.0 | | | |
| 10 | 玻璃纤维含量/% ≥ | | 70 | | | |

表 2-23  玻纤网格布增强玻纤毡物理力学性能

| 序号 | 项 目 | | Ⅰ 型 | Ⅱ 型 |
| --- | --- | --- | --- | --- |
| 1 | 单位面积质量/（g/m²） | | 无负偏差 | |
| 2 | 单位面积质量变异系数/% ≤ | | 10 | |
| 3 | 拉力/（N/50mm） ≥ | 纵向 | 450 | 550 |
| | | 横向 | 350 | 500 |
| 4 | 拉力最小单值/（N/50mm） ≥ | 纵向 | 360 | 440 |
| | | 横向 | 280 | 400 |

续表

| 序号 | 项目 | | | Ⅰ型 | Ⅱ型 |
|---|---|---|---|---|---|
| 5 | 最大拉力时延伸率/% | ≥ | 纵向 | 2 | |
| | | | 横向 | | |
| 6 | 耐水性/% | | ≥ | 80 | |
| 7 | 撕裂强度/N | ≥ | 纵向 | 250 | 300 |
| | | | 横向 | 200 | 250 |
| 8 | 浸渍性 | | | 无未浸透处 | |
| 9 | 弯曲性/mm | | | 25 | 35 |
| | | | | 无折痕 | |
| 10 | 含水率/% | | ≤ | 2.5 | |
| 11 | 玻璃纤维含量/% | | ≥ | 70 | |

**表 2-24　聚酯毡与玻纤网格布复合毡物理力学性能**

| 序号 | 项目 | | | Ⅰ型 | Ⅱ型 |
|---|---|---|---|---|---|
| 1 | 单位面积质量/(g/m²) | | | 无负偏差 | |
| 2 | 单位面积质量变异系数/% | | ≤ | 10 | |
| 3 | 拉力/(N/50mm) | ≥ | 纵向 | 450 | 550 |
| | | | 横向 | 350 | 450 |
| 4 | 拉力最小单值/(N/50mm) | ≥ | 纵向 | 360 | 440 |
| | | | 横向 | 280 | 360 |
| 5 | 最大拉力时延伸率/% | ≥ | 纵向 | 20 | 25 |
| | | | 横向 | | |
| 6 | 耐水性/% | | ≥ | 85 | |
| 7 | 撕裂强度/N | ≥ | 纵向 | 250 | 300 |
| | | | 横向 | 200 | 250 |
| 8 | 浸渍性 | | | 无未浸透处 | |
| 9 | 弯曲性/mm | | | 25 | 35 |
| | | | | 无折痕 | |
| 10 | 含水率/% | | ≤ | 2.0 | |

**表 2-25　涤棉无纺布与玻纤网格布复合毡物理力学性能**

| 序号 | 项目 | | | Ⅰ型 | Ⅱ型 |
|---|---|---|---|---|---|
| 1 | 单位面积质量/(g/m²) | | | 无负偏差 | |
| 2 | 单位面积质量变异系数/% | | ≤ | 10 | |
| 3 | 拉力/(N/50mm) | ≥ | 纵向 | 500 | 750 |
| | | | 横向 | 400 | 650 |

续表

| 序号 | 项 目 | | | Ⅰ型 | Ⅱ型 |
|------|-------|---|---|------|------|
| 4 | 拉力最小单值/（N/50mm） | ≥ | 纵向 | 400 | 600 |
| | | | 横向 | 320 | 520 |
| 5 | 最大拉力时延伸率/% | ≥ | 纵向 | 2 | |
| | | | 横向 | | |
| 6 | 耐水性/% | | ≥ | 80 | |
| 7 | 撕裂强度/N | ≥ | 纵向 | 300 | 450 |
| | | | 横向 | 250 | 350 |
| 8 | 浸渍性 | | | 无未浸透处 | |
| 9 | 弯曲性/mm | | | 25 | 35 |
| | | | | 无折痕 | |
| 10 | 含水率/% | | ≤ | 2.5 | |

**2. 玻璃布类胎基**

玻璃布是由经线方向的玻璃纤维网和纬线方向的玻璃纤维网组成，它是脱水结构玻璃织物，适用于做沥青防水卷材的基材。

玻璃布是用漏板法拉制而成的连续纤维，经过纺织加工后制成的。玻璃布有中碱玻璃布和无碱玻璃布之分，无碱玻璃布系采用铝硼硅酸盐玻璃制成，其碱金属氧化物的含量不大于0.5%~2%；中碱玻璃布采用钠钙硅酸盐玻璃制成，其碱金属氧化物的含量为12%。所选用玻璃纤维布作为沥青油毡的胎基，是因为玻璃布比防水卷材原纸强度大、来源广，具有抵抗化学介质和微生物侵蚀的优点，且玻璃布在耐水、耐酸性和强度方面都能符合制造沥青防水卷材的要求。从中碱布和无碱布耐化学介质的作用方面来看，两者的耐酸性能均佳，而耐碱性则无碱布优于中碱布，但由于无碱布比中碱布价格要高，来源有限，同时，在涂以沥青涂盖层以后能对玻璃布本身起到保护作用，因而生产沥青防水卷材大量采用中碱玻璃纤维作为基体。

为了满足生产防水卷材的具体条件和要求，玻璃纤维布的连续长度应越长越好。玻璃纤维布的连续长度长，则可减少连续生产防水卷材时频繁的接头，减少因为玻璃纤维布的搭接而造成浪费。这是因为搭接部分容易产生折皱和沥青涂布不匀，不能保证防水卷材的防水性能，玻璃纤维布的连续长度越长，则接头就可以减少了。

对于玻璃纤维布幅宽的要求，根据《石油沥青玻璃布胎油毡》JC/T 84—1996，玻璃布防水卷材的幅宽为1000mm，但考虑到生产防水卷材时，由于玻璃纤维布受拉伸长，幅宽收缩，因而对玻璃纤维布本身的幅度则要求加宽10~20mm，这样就可以保证玻璃布在受到拉伸的情况下其幅宽达到要求的指标。

在涂布沥青的过程中，要求玻璃布面平整。纤维松紧性大或布两边松紧不一致的现象，会给涂布沥青时带来一定的困难。因此对应用于石油沥青玻璃布胎防水卷材的玻璃纤维布必须进行平整度检查。

对应用于防水卷材胎基的玻璃布的外观要求是，限制断经、错经、错纬、经纬圈、经松紧、位移、边不良、托纱、破洞、轧梭、歪斜、蛛网等疵点，以确保防水卷材的质量。除玻璃布的外观要求外，还应达到相关技术要求：

单位面积质量平均为 18～54g/m²；

卷材幅宽：1000mm；

纵向拉伸强度 150N/5cm；

横向拉伸强度 100N/5cm。

为了使沥青均匀、牢固地涂盖在玻璃纤维布的两面，在涂布沥青的过程中，会遇到沥青材料与玻璃布的粘结问题。由于在生产玻璃纤维布的过程中，为了满足拉丝、纺织的要求，常会在玻璃纤维的表面涂有浸润剂。如采用石蜡乳剂作浸润剂时，则会妨碍沥青与玻璃布的粘结。因此，在选用玻璃纤维布作沥青卷材的胎基材料时，应限制这种浸润剂的含量，不得大于 2.5%。

玻璃纤维布的种类较多，一般根据其织纹不同，可分为平纹布、斜纹布、缎纹布、无捻粗纱布、单向布等多种。应用于防水材料中的玻璃纤维布还有：玻璃纤维耐碱网布、玻璃纤维方格布、复合防水卷材胎布等产品。

（1）玻璃纤维耐碱网布

玻璃纤维耐碱网布是以中碱或无碱玻璃纤维机织物为基础，经耐碱涂层处理而成，该产品强度高、粘结性好、服帖性定位性极佳，广泛应用于墙体增强、屋面防水等方面，是建筑防水行业理想的工程材料。由于防水介质（沥青）本身没有强度，故应用于屋顶材料和防水系统中，在四季温度变化和风吹日晒等外力作用下，难免开裂、渗漏而起不到防水作用，在添加了含有玻璃纤维耐碱网布或其复合毡的防水卷材，则可以增强其抗风化性和抗拉力强度，使其能承受各种应力的变化而不致开裂，从而获得长久的防水效果，以避免屋面出现渗漏。部分产品的规格性能见表 2-26 和表 2-27。

表 2-26　江苏九鼎集团耐碱网布的性能

| 规格 | 抗拉强度/ [N/(5cm×20cm)] | | 树脂的含量/% |
|---|---|---|---|
| | 横向 | 纵向 | |
| CAP 70 – 20 × 10 | ≥850 | ≥650 | ≥12 |
| CAP 60 – 20 × 10 | ≥850 | ≥500 | ≥12 |
| CAGM 100 – 7 × 7 | ≥700 | ≥600 | ≥12 |

注：22×1×2 表示为 22（纱号数）×股×2 根

表 2-27　陕西玻璃纤维总厂耐碱玻璃纤维网格布规格、性能

| 产品代号 | 网孔中心距/mm | | 幅宽/cm | 单位面积质量/ (g/m²) | 涂覆量/% | 断裂强度/ [N/(50mm ×200mm)] | | 匹长/m | 网布组织 |
|---|---|---|---|---|---|---|---|---|---|
| | 经向 | 纬向 | | | | 经向 | 纬向 | | |
| ARNE 4 × 4 – 90L ARNE 4 × 4 – 112L | 4 ±0.5 | 4 ±0.5 | 90 ±1.5 112 ±1.5 | ≥188 | ≥12 | ≥1250 | ≥1250 | 100 ±10 | 纱罗 |

续表

| 产品代号 | 网孔中心距/mm | | 幅宽/cm | 单位面积质量/（g/m²） | 涂覆量/% | 断裂强度/[N/（50mm×200mm）] | | 匹长/m | 网布组织 |
|---|---|---|---|---|---|---|---|---|---|
| | 经向 | 纬向 | | | | 经向 | 纬向 | | |
| ARNE 6×6−90L | 6±0.5 | 6±0.5 | 90±1.5 | ≥540 | ≥8 | ≥3000 | ≥3000 | 30±3 | 纱罗 |
| ARNE 6×6E−112L | 6±0.5 | 6±0.5 | 112±1.5 | ≥162 | ≥10 | ≥1000 | ≥900 | 120±12 | 纱罗 |

（2）玻璃纤维方格布

玻璃纤维方格布具有高强、耐腐、绝缘等特点，是制造玻璃钢制品的基布，可广泛应用于手糊玻璃钢等工艺上。其制品的规格性能见表 2-28。

**表 2-28　江苏丹阳某公司 SMC 专用玻璃纤维方格布的规格性能**

| 牌号 | 厚度/mm | 密度/（根/10cm） | | 抗拉强度 | | 单位面积质量/（g/m²） | 单纤维直径/μm | 宽度/mm | 浸润剂类型 |
|---|---|---|---|---|---|---|---|---|---|
| | | 经向 | 纬向 | 经向/N | 纬向/N | | | | |
| DWR 180 | 0.18 | 60±6 | 58±6 | 600 | 500 | 140±20 | 13 | 90±1.5 | |
| DWR 200 | 0.2 | 60±6 | 44±4 | 900 | 800 | 160±20 | 13 | 90±1.5 | |
| DWR 240 | 0.24 | 60±6 | 36±4 | 950 | 800 | 180±20 | 13 | 90±1.5 | |
| DWR 400 | 0.4 | 40±4 | 34±3 | 1700 | 1600 | 1370±40 | 13 | 90±1.5 | |
| DWR 600 | 0.6 | 30±3 | 31±3 | 1800 | 2100 | 540±60 | 13 | 90±1.5 | |
| DWR 800 | 0.8 | 20±2 | 16±2 | 2800 | 2700 | 750±80 | 13 | 1000±1.5 | |
| DWR 200 | 0.2 | 40±4 | 56±6 | 1100 | 900 | 200±20 | 13 | 90±1.5 | |
| DWR 400 | 0.4 | 40±6 | 34±4 | 2100 | 1800 | 370±40 | 13 | 90±1.5 | |
| DWR 600 | 0.6 | 31±3 | 30±3 | 2700 | 2500 | 540±60 | 13 | 90±1.5 | |
| DWR 200A | 0.2 | 60±6 | 58±6 | 800 | 600 | 160±20 | 13 | 1150±20 | 硅烷类 |
| DWR 300A | 0.3 | 60±6 | 52±5 | 1300 | 1500 | 270±30 | 13 | 1200±50 | 硅烷类 |

（3）复合的防水卷材胎布

复合防水卷材胎布是采用玻璃丝网格布或涤纶网格布与薄型无纺布复合而成的，产品适合于 SBS、APP、PVC 防水卷材的生产需要。浸渍法、刮除法均可适用，其物理性能见表 2-29。

表 2-29　北京东方无纺布有限公司复合防水卷材胎布的物理性能

| 品种 \ 项目 | 规格/cm | 卷长/m | 幅宽/mm | 抗拉强度（N/5cm） | | 延伸率/% | 耐温/℃ | 热编率/% |
|---|---|---|---|---|---|---|---|---|
| | | | | 纵向 | 横向 | | | |
| 玻璃丝网格布复合胎 | 4×4 | ≥800 | 1000 | ≥300 | ≥280 | <5 | <220 | 1 |
| | 5×5 | ≥800 | 1000 | ≥350 | ≥320 | <5 | <220 | 1 |
| | 6×6 | ≥800 | 1000 | ≥400 | ≥370 | <5 | <220 | 1 |
| | 7×7 | ≥800 | 1000 | ≥420 | ≥400 | <5 | <220 | 1 |
| | 8×8 | ≥800 | 1000 | ≥450 | ≥420 | <5 | <220 | 1 |
| 涤纶网格布复合胎 | 6×6 | ≥800 | 1000 | ≥400 | ≥380 | <20 | <220 | 2 |
| | 8×8 | ≥800 | 1000 | ≥500 | ≥480 | <20 | <220 | 2 |

3. 玻璃纤维毡类胎基

玻璃纤维薄毡是由无纺织物作为基材，用相应的树脂粘结玻璃纤维而成的，并可在薄毡的纵向用加捻的连续玻璃纤维纱来增强，以增加纵向抗拉强度。由于玻璃纤维薄毡具有不燃、耐细菌腐蚀、耐化学介质、耐热以及绝缘性能好等优点，其用途十分广泛，就防水卷材中的应用而言，可用来制作沥青防水卷材和高聚物改性沥青防水卷材等。

就我国的现状而言，建筑防水工程采用的防水材料仍以高聚物改性沥青防水卷材为主要材料。高聚物改性沥青防水卷材的结构可简单地分为载体的胎体和作为负载的改性沥青两大部分，这两者的性能对改性沥青卷材起着决定性的作用。其中沥青以及改性剂的质量、用量及加工性对改性沥青卷材的耐高、低温性能有着较大的影响，而采用的胎体质量对改性沥青卷材的强度等机械性能有着较大的影响。

（1）玻璃纤维毡的分类

玻纤毡是指以中碱或无碱玻璃纤维为原料，用粘和剂湿法成型的薄毡或加筋毡。玻纤毡依据在防水卷材中应用的不同，可分为 N 类和 M 类，其中 N 类玻纤薄毡主要应用于普通石油沥青油毡中，M 类玻纤薄毡则主要应用于高聚物改性沥青防水卷材中。玻纤网格布增强玻纤毡是指以玻纤毡为基毡，采用中碱或无碱玻纤网格布增强的防水卷材胎基。聚酯毡与玻纤网格复合毡是指以聚酯毡与中碱或无碱玻纤网格布复合成的防水卷材胎基。涤纶无纺布与玻纤网格布复合毡是指以涤纶纤维及植物纤维采用化学粘和制成的非织造布与中碱或无碱玻纤网格布复合成的防水卷材胎基。

玻纤毡等应用于防水卷材的玻纤类产品按其物理力学性能均可划分为 I 型与 II 型。其中玻纤毡 M 类产品中的 I 型、II 型对应于 GB 18242《弹性体改性沥青防水卷材》、GB 18243《塑性体改性沥青防水卷材》中以玻纤胎为胎基的改性沥青防水卷材中的 I 型、II 型卷材产品；玻纤网格布增强玻纤胎、聚酯毡与玻纤网格布复合毡、涤棉无纺布与玻纤网格布复合毡中的 I 型与 II 型则相对应于 JC/T 690《沥青复合胎柔性防水卷材》中相应类型、等级的防水卷材产品。

（2）无碱与中碱玻璃纤维毡的比较

应用于防水卷材中作胎基的玻璃纤维毡可分为中碱、中碱加筋、无碱等几类。就其纵横向拉力、吸油量的大小而言，无碱优于中碱加筋制品，中碱加筋则优于中碱制品；此外，中碱和中碱加筋的胎基所含有一定量的氧化钠在空气中遇水生成的氢氧化钠会产生一定的腐蚀作用。无碱胎基则柔性好、强度高、无腐蚀性作用。在国外无碱玻纤薄毡的使用已相当普遍，在国内无碱玻纤毡的使用一直较少，长期以来一直使用中碱玻纤毡。

某玻璃纤维制品公司开发的应用于生产改性沥青卷材的 C-DH90/1 无碱玻纤胎基则可进一步提升玻纤胎改性沥青卷材的品质。该产品采用无碱玻璃纤维为主要原料，加以高分子粘结剂，单位面积质量为 $90g/m^2$，纵向拉伸强度为 $\geqslant 340N/5cm$，与传统的中碱玻纤胎基相比，则具有如下的优势：

a. 强度高。玻纤毡原料玻璃的组成直接影响玻璃的拉伸强度，玻璃中各种组成氧化物对玻璃拉伸强度的提高作用为 $CaO > B_2O_3 > BaO > Al_2O_3 > PbO > K_2O > Na_2O$，由于无碱玻璃中 $Na_2O$、$K_2O$ 的含量比中碱玻璃低，$CaO$、$B_2O_3$、$Al_2O_3$ 的含量则相对较高，因此无碱玻璃纤维的强度比中碱玻璃纤维高，用其制成的玻璃纤维胎基的强度比相应中碱玻纤胎基高 20% ~25%（中碱玻纤胎基单位面积质量为 $90g/m^2$，纵向拉伸强度为 $>280N/5cm$，横向拉伸强度为 $>200N/5cm$）。

b. 柔韧性好。增加碱金属氧化物（$Na_2O$、$K_2O$）含量，玻璃的弹性模量会下降，脆性增加，增加 $CaO$、$MgO$、$B_2O_3$、$BeO$ 含量则可改善玻璃的脆性。由此，无碱玻璃纤维比中碱玻璃纤维有更好的柔韧性，这对于防止玻纤胎由于使用、运输中受到一定程度的变形而导致玻纤胎受损有很好的帮助。

c. 化学稳定性好。玻璃纤维的化学稳定性主要取决于玻璃的化学组成，玻璃纤维的表面积比块状玻璃大得多，相比之下玻璃纤维在侵蚀介质作用下受到的破坏要比同成分的块状玻璃大得多。无碱玻璃属于Ⅰ级水解，其耐水性好，对弱碱溶液也有较好的化学稳定性；中碱玻璃属于Ⅱ级水解，耐酸性优于无碱玻璃，但耐水性、耐碱性差；高碱玻璃属于Ⅳ级水解，耐碱性、耐水性均差，但耐酸性较无碱玻璃要好。另外玻璃纤维的吸湿性虽然比其他纤维小得多，但空气湿度增大时其吸湿增加较多。在玻璃纤维中无碱玻璃纤维吸湿性最小，中碱玻璃纤维次之，高碱玻璃纤维则最大。玻璃的化学稳定性影响着玻璃纤维的强度，化学稳定性如果较差，受大气中水分侵蚀后，玻璃纤维的表面结构会由于水与玻璃中的碱金属成分的反应而被破坏，产生大量的微小裂纹，导致玻璃纤维强度的大幅度降低，同时亦直接影响到玻璃纤维胎的强度。无碱玻璃纤维的吸湿性比中碱玻璃纤维的吸湿性要低，因此无碱玻璃纤维胎无论是强度还是稳定性均比中碱玻璃纤维要优。

无碱玻纤胎基生产的改性沥青防水卷材除了具有中碱玻纤胎改性沥青卷材的各项优点外，由于其具有较高的柔韧性和更高的拉伸强度，故对于不同的防水卷材生产线的适应性比中碱玻璃胎好。同时，改性沥青防水卷材的强度有着明显的提高，一般改性沥青防水卷材平均纵向可达到 $600N/5cm$，横向可达到 $400N/5cm$，而部分采用无碱玻纤胎生产改性沥青防水卷材的厂家其改性沥青防水卷材产品的强度纵向可以达到 $700N/5cm$，横向亦可以达到 $500N/5cm$。C-DH90/1 无碱玻纤胎已受到各大防水卷材生产厂家的欢迎。

（3）玻纤毡及玻纤毡胎卷材的性能特点

玻纤毡是将短切玻璃纤维通过纤维粒料和料浆制备湿法成型，然后浸渍高分子粘结剂，经真空抽吸、高温干燥固化而形成的玻璃纤维制品，其中玻璃纤维成分的比例大于70%，因此玻纤毡和玻纤胎防水油毡具有许多优良的性能。

a. 用玻纤毡作胎基的改性沥青防水卷材具有良好的物理性能和渗漏性，可达到Ⅰ级防水要求，是防止屋面渗漏水的理想防水材料之一。

b. 由于玻纤毡所使用的材料是玻璃纤维，因此玻璃具有的特性使玻纤毡成为最具耐老化、耐霉变性能的胎体材料，该性能使玻纤胎改性沥青防水卷材的使用寿命高达20年以上。

c. 由于玻纤毡是由短切玻璃纤维经过分散、成型、黏度、高温固化而成，因此具有优异的尺寸稳定性和外观平整性，玻纤毡在生产防水卷材的过程中，经200℃左右的沥青浸涂后，纵横向尺寸无变化（其他的胎体材料在此条件下均会有一定程度的收缩变形），生产出来的卷材制品平整美观。

d. 由于玻纤毡是由玻璃纤维单丝散后成形的，玻璃纤维分散均匀，空隙率高，对沥青的吸附性、浸渍性均好，因此在生产玻纤胎防水卷材时只需浸渍一次，无须像其他的胎体一样要进行两次浸渍。此外由于玻纤毡的含水率较低，在生产防水卷材时一般无须经过干燥工序，因此采用玻纤毡生产防水卷材的速度比采用其他胎体可快一些。良好的加工性能既可简化生产工艺，又可提高生产效率。

e. 玻纤胎改性沥青防水卷材具有良好的适应性和施工性能，适用于大多数条件下的防水工程，如玻纤胎APP改性沥青防水卷材适用于气温高、阳光辐射强的地区的建筑屋面和地下工程的防水；玻纤胎SBS改性沥青防水卷材则适用于高寒地区和结构复杂的建筑物的地面和地下防水。玻纤胎改性沥青防水卷材施工可采用热熔法，也可采用冷粘法，不受气候温度的影响，可全年施工。

（4）玻璃纤维毡常见产品

玻璃纤维毡产品有短切纤维毡、表面毡等几大类型。

短切纤维毡是把无捻粗纱切成长度为50~40mm长的短切纤维，然后均匀沉降在成型带上，并敷上特种粘结剂烘干而形成的一类玻璃纤维制品。其特点是铺覆性好，各向同性，价格便宜，应用广泛，适用于手糊、模压、袋压及各种浸渍工艺。其质量指标参见表2-30。

表 2-30　某玻璃纤维有限公司短切毡的规格

| 牌号 | 质量 | | 灼烧损失/% | 每卷长度/m | 1卷的标准质量/kg | |
| --- | --- | --- | --- | --- | --- | --- |
| | 单位面积质量/(g/m²) | 最大偏差量/% | | | 幅宽(1370mm) | 幅宽(1000mm) |
| EM 300 | 300 | <30 | <10 | 100 | 41.1 | 30 |
| EM 450 | 450 | <30 | <10 | 60 | 37.0 | 27 |
| EM 600 | 450 | <30 | <10 | 50 | 41.1 | 30 |
| EM 900 | 900 | <30 | <10 | 30 | 37.0 | 27 |

表面毡是由单纤维短切后，无规则均匀分散，用可溶性粘结剂粘结而成的薄毡，产品厚度为0.3~0.4mm，主要用于手糊成形制品的表面，使制品表面光滑，而且树脂含量高，提高了制品的耐水、耐老化性能。表面毡在防水工程主要用于玻璃钢防水屋面。

玻璃纤维毡的应用领域非常广泛，其中主要应用之一是防水材料方面，这些玻璃纤维毡产品在防水卷材、沥青瓦等防水材料的生产中已得到了广泛的应用。

应用于建筑防水的玻璃纤维薄毡可为沥青涂层提供有效地增强作用，并能改善涂层的稳定性。采用干法工艺生产的玻璃纤维薄毡不会腐烂，对屋面的防水性能在很长的时间内提供保证，玻纤薄毡可以成为软PVC渗透保护层下的有效隔离层；采用湿法工艺生产的玻璃纤维薄毡也可以用来加强和稳定软PVC渗透保护层。

某玻璃纤维薄毡公司所生产的部分应用于卷材。沥青瓦的玻纤薄毡规格、性能见表2-31。

**表2-31　某玻璃纤维薄毡部分产品规格、性能**

| 品种　项目 | | | U60 | U90 | U120 | U80RDIN |
|---|---|---|---|---|---|---|
| 应用产品 | | | 卷材 | 卷材、沥青瓦 | 卷材 | 卷材、沥青瓦 |
| 单位面积质量/(g/m²) | | | 60 | 90 | 120 | >60 |
| 粘结剂 | 类型 | | U. F. m | U. F. m | U. F. m | U. F. m |
| | 最大值/% | | ≤28 | ≤25 | ≤25 | ≤25 |
| | 最高使用温度/℃ | | 200 | 200 | 200 | 200 |
| 玻纤 | 水解等级 | | 3 | 3 | 3 | 3 |
| 成品尺寸 | 宽/cm | | 100 | 100 | 100 | 100 |
| | 长/m | | 2000 | 1400 | 1100 | 1600 |
| | 内径/mm | | 152.4 | 152.4 | 152.4 | 152.4 |
| | 外径/cm | | 120 | 120 | 120 | 120 |
| 拉伸强度 | 标准值 | 纵/(N/50mm) | 350 | 430 | 550 | 370 |
| | | 横/(N/50mm) | 170 | 270 | 320 | 230 |
| | 最小值 | 纵/(N/51mm) | 220 | 340 | 470 | >280 |
| | | 横/(N/51mm) | 120 | 190 | 260 | >200 |
| 断裂延伸率 | 纵向/% | | 12.2~1.4 | 12.2~1.4 | 12.2~1.4 | 12.2~1.4 |
| | 横向/% | | 12.2~1.4 | 12.2~1.4 | 12.2~1.4 | 12.2~1.4 |

某玻璃纤维制品有限公司生产的C-DH系列毡为玻璃纤维屋面防水毡，主要用作屋面防水材料的基材，具有耐腐蚀、强度高、防水性好、易于被沥青浸渍等特点，产品通过在整个毡宽度上加入增强筋纱，可提高毡的纵向强度及抗撕裂性能，通过特制的打孔设备，还可以制成打孔毡，用C-DH系列毡作胎基材料制成的防水卷材，不仅能克服纸胎防水卷材的低温脆裂、高温流淌、易于老化龟裂、腐烂渗漏等缺点，而且具有强度高、均匀性好、耐温气候性优异、防渗漏性好、生产工艺简单、使用寿命显

著延长等特点，是用于屋面防水卷材的理想胎基，同时此玻璃纤维薄毡还可以用作房屋隔热层的底衬材料，使高分子隔热泡沫材料免受沥青中溶剂的侵害，从而延长隔热层的使用寿命。

C-DH 系列包括 50g、60g、90g 中碱屋面毡，后又生产出了在玻纤毡内加筋的玻纤毡，用以提高玻纤毡的抗撕裂性能。在国内，玻璃纤维薄毡中使用无碱玻璃纤维的一直较少，为了进一步提升玻纤胎改性沥青卷材的品质，某玻璃纤维制品有限公司又开发了代号为 C-DH90/1 的无碱玻纤胎，应用于生产改性沥青防水卷材。该产品采用无碱玻璃纤维为主要原料，加以高分子粘结剂，单位面积质量为 $90g/m^2$。无碱玻纤毡与传统的中碱玻纤毡相比，具有拉伸强度高、柔韧性好、化学稳定性好等优点。

C-DH 系列毡（屋面毡系列）的物理力学性能见表 2-32。

**表 2-32　C-DH 系列毡物理力学性能**

| 型号<br>项目 | C-DH50 | C-DH60 | C-DH90 | C-DHC50 | C-DHC60 | C-DHC90 | C-DH90/1 |
|---|---|---|---|---|---|---|---|
| 标准尺寸<br>（卷宽×卷长）/<br>（m·m） | 1.0×3000 | 1.0×2500 | 1.0×1600 | 1.0×3000 | 1.0×2500 | 1.0×1600 | — |
| 卷径/cm | <117 | <117 | <117 | <117 | <117 | <117 | — |
| 纸管直径/cm | 15 | 15 | 15 | 15 | 15 | 15 | — |
| 单位面积质量/<br>（$g/m^2$） | 50 | 60 | 90 | 50 | 60 | 90 | 90 |
| 含胶量/% | 18 | 18 | 20 | 18 | 16 | 20 | 20 |
| 纵向拉伸强度/<br>（N/5cm） | ≤170 | ≤180 | ≤280 | ≤200 | ≤180 | ≤280 | ≤340 |
| 横向拉伸强度/<br>（N/5cm） | ≤100 | ≤120 | ≤200 | ≤75 | ≤100 | ≤200 | ≤250 |
| 水浸强度/（N/5cm） | 70 | 80 | 110 | 86 | 80 | 115 | — |
| 加筋纱线密度/Tex | — | — | — | 34~68 | 34~68 | 34~68 | — |
| 筋纱间距/mm | — | — | — | 30 | 30 | 30 | — |

根据不同品种不同规格的防水卷材，一般生产 2mm 厚的玻纤胎防水卷材使用 C-DHC60 或 C-DHC70 玻璃毡；生产 3mm 厚的玻纤胎防水卷材可使用 C-DHC90 玻纤毡。

（5）玻纤毡作胎体材料的优势

防水卷材的胎体增强材料其材质有多种，采用玻纤制品充当胎体增强材料有其独特的优势。玻璃纤维毡可以充分吸收沥青，有良好的浸透性，在生产中作为载体，具有较好的抗拉力，可以防止生产过程中产品断裂或拉长，其抗高温性好，即使在热沥青池槽中几个小时，玻纤毡也没有任何改变。玻纤毡作为沥青防水卷材的增强体，可使防水卷材垂直存放。将以玻纤胎作为胎体增强材料的卷材铺设到屋顶上以后，可以保证在任何天气情况下都能保持稳定性，在天气热的时候不增尺，天气寒冷的时候也不会缩尺，因其一直处在非变形之中，故不会影响防水效果。玻纤毡和其他一些胎基材料相比较，还具有不腐烂、对紫外线不敏感的特点，卷材可以直接暴露在阳光中而没有任何风险；此外还具有另一个重要的特点就是与其他有机胎基比较起来，可以阻燃，这对于在施工期间，或者在铺设后对建筑物的安全来讲都是有额外的帮助和益处。

### 2.2.2.3 聚乙烯胎

聚乙烯胎是一种由高密度聚乙烯材料制成的薄膜状材料。作为沥青防水卷材的胎基材料，其技术性能要求见表2-33。

**表2-33　聚乙烯膜胎的物理力学性能**（GB/T 18840—2002）

| 序号 | 项目 | | | Ⅰ型 | Ⅱ型 |
|---|---|---|---|---|---|
| 1 | 单位面积质量/(g/m²) | | | \multicolumn{2}{无负偏差} | |
| 2 | 单位面积质量变异系数/% | | ≤ | \multicolumn{2}{10} | |
| 3 | 拉力/(N/50mm) | ≥ | 纵向 | 80 | 160 |
| | | | 横向 | 75 | 150 |
| 4 | 拉力最小单值/(N/50mm) | ≥ | 纵向 | 65 | 130 |
| | | | 横向 | 60 | 120 |
| 5 | 断裂延伸率/% | ≥ | 纵向 | \multicolumn{2}{500} | |
| | | | 横向 | | |
| 6 | 撕裂强度/N | | ≥ | 50 | 110 |
| 7 | 热尺寸稳定性/% | ≤ | 纵向 | \multicolumn{2}{2.5} | |
| | | | 横向 | | |

### 2.2.2.4 铝箔胎

铝箔胎是沥青防水卷材金属胎基材料中的一种，是以纯半硬金属铝制成的可卷取的箔片材料。铝箔胎具有极好的不透气性，用于生产隔气层用的沥青卷材。

产品按幅宽可分为920mm和1000mm两种，920mm产品主要作防水卷材的覆面材料，1000mm产品应用于卷材胎基。

铝箔表面应洁净、平整，不允许有腐蚀斑痕、皱纹和碰伤；其表面在整个长度上应易于展开，展开时不应有粘结和撕裂；整卷铝箔应卷紧，当立拿时，不应使管芯处或层与层之间滑动，每卷铝箔只允许有一个接头。铝箔胎基材料的技术要求见表2-34。

**表2-34　铝箔的技术要求**

| 项目 | 胎基用铝箔 | 覆面用铝箔 |
|---|---|---|
| 宽度/mm | 1000 | 920 |
| 宽度允许偏差/mm | ±1.0 | ±1.0 |
| 厚度/mm | 0.03 | 0.03 |
| 厚度允许偏差/mm | ±0.008 | ±0.008 |

续表

| 项目 | | 胎基用铝箔 | 覆面用铝箔 |
|---|---|---|---|
| 理论质量/(g/m²) | | 216 | 216 |
| 抗拉强度/MPa | ≥ | 150 | 150 |
| 伸长率/% | | 3 | 3 |

### 2.2.3　覆面材料（隔离材料）

覆面材料是指覆面在沥青卷材上表面和下表面的材料。

覆面在防水卷材上表面和下表面上共同的作用之一就是防止卷材在生产和成卷后贮运过程中粘结，所以覆面材料又称之为隔离材料。但对于覆盖在防水卷材上表面上的矿物粒（片）料、金属箔等的作用不仅是起到隔离作用，而且还具有保护涂盖层沥青的完整性和不受紫外线及大气直接照射，提高卷材抗老化性能和耐久性的作用。彩色矿物粒（片）料还具有美化屋面的作用。白色或浅色覆面材料、铝箔覆面材料还具有热反射和降低屋面温度的作用。

#### 2.2.3.1　矿物覆面材料

矿物覆面材料有粉状、粒状、片状之分。由于粉状覆面材料一般采用撒布工艺，故又将覆面材料称之为撒布材料。

**1. 粉状覆面材料**

粉状覆面材料在卷材覆面材料中的使用占相当大的比例，属于这一类型的材料有滑石粉、板岩粉、烟灰料等。这些材料在卷材的传统生产工艺中采用撒布工艺，近年来撒布工艺已改革为湿法涂布。这些材料可用来防止油毡生产过程中沥青与辊筒之间的粘结，保证油毡在未完全冷却之前，防水卷材表面涂布的沥青不与传送防水卷材的冷却辊、压力辊发生粘结，保证使防水卷材能够快速地连续生产，同时也可以防止防水卷材在成卷时片层间发生粘结。

虽然在防水卷材的生产和贮运中要使用覆面材料来防止卷材粘结，但在防水施工时，尤其是多层防水，要采用有机胶粘剂将二层或数层防水卷材粘合在一块，构成一个整体防水层，对此势必要将防水卷材表面多余的撒布料清除干净，以防止覆面材料影响各层防水卷材的粘合。粉状覆面材料由于比粒状和片状覆面材料易清除干净，同时残余的粉状覆面材料在施工受热后还可以吸收到防水卷材的涂盖材料中去，因此粉状覆面材料防水卷材（粉毡）适用于多层防水的各层。

**2. 片状覆面材料**

片状覆面材料包括云母屑等材料，它比粉料更具有隔离作用，在一定程度上可以提高防水卷材对气候的稳定性，特别是能将照射的部分紫外线反射回去。

片状覆面材料在防水卷材生产过程中没有粉状覆面材料的流动性好，在撒布过程中易集中成堆，硌伤防水卷材，同时片状覆面材料的吸水性大，可影响防水施工对各层防水卷材的粘结，因此片状覆面材料防水卷材（片毡）不宜用作多层防水的中间各层。由于其具有能将照射的部分紫外线光反射回去，减少光对防水卷材的作用，故其宜应用于防水工程的表面层。

3. 粒状覆面材料

为了提高防水卷材对气候的稳定性、耐火性，以及改善防水卷材的外观，可以采用天然砂粒和不同颜色的砂粒来做防水卷材的覆面材料，如海砂等材料。由于粒状覆面材料密度大，可造成防水卷材的成卷质量大，使用不便，又人工着色，使彩砂的价格较贵。但随着防水卷材生产工艺和设备的改进，这类材料已大量用作优质氧化沥青和高聚物改性沥青生产的防水卷材覆面材料。

彩色砂粒覆面材料可分为天然彩色砂粒和人造彩色砂粒两大类型。天然彩色砂粒是采用彩色大理石或花岗石粉碎而成；人造彩色砂粒是用石英砂、长石和瓷土为主要原料，加粘和剂烧制而成的彩色瓷粒。它具有色泽鲜艳、品种多样、耐老化性能好的优点。

彩砂的技术要求如下：

粒度：细砂 0.38 ~ 0.83mm；

粗砂 1.7 ~ 2.8mm；

硬度：要求在生产运输过程中不破碎、不产生粉尘；

含水率≤1%。

4. 矿物覆面材料的要求

对于粉状、片状和粒状矿物覆面材料有不同的要求，但都应满足以下要求：

（1）粗细应均匀。无论采用何种矿物填料，均要求其细度和粒度均匀一致，一般细度应达到以下规定：粉状覆面材料用 120 目（0.125mm）的标准筛进行筛分时，应全部通过，不应留有筛余的颗粒；片状覆面材料用 16 目（1.19mm）的标准筛进行筛分时，应全部通过，同时用 40 目（0.42mm）标准筛进行筛分，筛余量应不小于90%，即大部分片状覆面材料在 16 ~ 40 目之间；粒状覆面材料要求其粒度在 20 ~ 40 目之间，当用 20 目（0.84mm）的标准筛进行筛分时，应全部通过，而用 40 目标准筛进行筛分，其筛余量应不小于90%。粒状覆面材料如粗细不均，细粉将影响粗粒与防水卷材表面的粘结，造成撒布不均；对粉状覆面材料来说，如粗细不均，粉中所含有少量的粗粒则不易粘到防水卷材表面，而且会在防水卷材生产过程中引起防水卷材表面的损伤，因为防水卷材撒过覆面材料后不能立即冷却，防水卷材表面的涂盖材料还有较高的温度，表面还很软，遇到粉状覆面材料中的粒状物就会将防水卷材表面擦伤，影响防水卷材的质量；对片状覆面材料来说，如果其材料粗细不匀，细片容易粘在防水卷材表面上，而粗片则不易粘结上去，这样就导致在生产过程中细片被运动着防水卷材粘走，而未被粘走的粗片于是在撒料机或托辊处积存，并越积越多，从而将防水卷材硌伤，影响防水卷材的防水性。

（2）含水量。一般覆面材料的含水量应控制在不大于 0.5% ~ 2%。含水量的多少，对覆面材料与涂盖材料的粘结性有影响，含水量大则影响两者间的粘结量，含水量小则易于两者间的粘结，且粘结较好，含水量过高还会使矿物材料成团，不易撒开，导致防水卷材表面撒布不均匀，使防水卷材表面沥青受到破坏产生麻坑，同时矿物覆面材料在撒料机中流动不畅，易导致撒料机堵塞。

（3）热稳定性。在光、水、气候等外界自然条件变化情况下，矿物覆面材料不应发生明显的变化，同时对光最好有反射作用，这样可以防止因吸热或光的照射而使防水卷材的表面温度过高，造成防水卷材粘结或流淌。

（4）不燃性和不溶性及吸水性。矿物覆面材料的不燃性好，可以提高防水卷材的防水性能；吸水性小，不溶于水，可提高防水卷材的防水性能。

（5）无破坏性。覆面材料不能对沥青材料、胎基材料有腐蚀性和破坏性，以免降低防水卷材防水性能。

**2.2.3.2　聚乙烯膜覆面材料（PE 膜）**

PE 膜为低压高密度聚乙烯膜，其规格要求如下：

厚度：（0.007 ± 0.001）cm；

宽度：（108 ± 2）cm；

卷长：2000m/卷；

耐热度：160℃以上。

聚乙烯膜表面应平整，厚薄均匀，端面整齐，不起皱，不起泡，无局部熔化点。

某公司研制的 GL 防水卷材专用膜主要技术指标见表 2-35。

**表 2-35　GL 防水卷材专用膜的技术特点**

| 单位面积质量/（g/m²） | 熔点/℃ | 抗拉强度/MPa | 断裂伸长率/% | 直角撕裂强度/MPa |
|---|---|---|---|---|
| 10 | ≥180 | ≥6.1/5.0 | ≥170/525 | ≥3.3/2.8 |
| 11 | ≥180 | ≥6.3/5.1 | ≥170/525 | ≥3.3/2.8 |
| 12 | ≥180 | ≥6.5/5.1 | ≥175/531 | ≥3.5/2.9 |
| 13 | ≥180 | ≥6.8/5.65 | ≥187.5/575 | ≥3.7/3.95 |

**2.2.3.3　铝箔覆面材料**

铝箔覆面材料的成分要求铝含量为 >98% 的纯铝、半硬铝，厚度为 0.1mm，技术要求参见表 2-34。

**2.2.4　辅助材料**

生产沥青防水卷材所有的浸涂材料，其组分除了沥青材料外，还有为改善沥青性能需要加入的填充料，为了达到产品性能需加入的一些添加剂。

**2.2.4.1　填充材料**

为了改善防水卷材成品的性能，在生产防水卷材的过程中，需要在油毡的涂盖材料沥青中加入一定比例的填充材料，沥青中加入适量的填充料后，可以提高产品的热稳定性和对大气的稳定性。

1. 填充料的分类和品种

常用的填充料一般可分为粉状、纤维状和混合状等三类，常用的粉状沥青填充料有板岩粉、滑石粉、轻质碳酸钙等矿物粉料；纤维状沥青填充料有短石棉绒，如五级以下的短纤维石棉；混合状填充料则是矿物纤维和矿粉的混合物，如石棉灰等。

（1）板岩粉

板岩粉是一种成分复杂已固结硬化的黏土岩，经粉碎筛选加工而成，颜色为黄褐色，主要成分为：$SiO_2$ 60%、$Al_2O_3$ 18% ~ 20%、FeO 5% ~ 10%。

板岩粉的性能指标如下：

密度：≤2.8；

细度：104μm；

筛余量：<0.5%；

水分：≤0.5%。

（2）滑石粉

滑石粉（$3MgO \cdot 4SiO_2 \cdot H_2O$）是由滑石块、皂石、滑石土、纤维滑石、石棉滑石等含有不同数量纯质矿物滑石的石材，经挑选后压碎和研磨而制成的粉状物质，呈白色。滑石粉可以广泛地应用于各种防水材料中充当填充料。

（3）石棉绒

石棉绒是一类纤维状镁、铁、钙、钠的硅酸盐矿物，外观为絮状，呈白色，丝绢光泽，纤维富有弹性，化学性质不活泼，具有耐酸、耐碱和耐热性能，因其纤维状结构，能极大地提高沥青的拉裂能力。

（4）轻质碳酸钙

碳酸钙（$CaCO_3$）可分为轻质碳酸钙和重质碳酸钙两种。

轻质碳酸钙是由天然石灰石加工而得，先将石灰石经过煅烧成为氧化钙后，配成石灰乳的悬浮液，再通入 $CO_2$ 以沉淀成碳酸钙，将沉淀物进行过滤、干燥和粉碎即成为成品。

轻质碳酸钙，颗粒细，不溶于水，有微碱性，在沥青防水卷材浸涂材料中可用作填料。

主要技术性能指标如下：

外观：白色极细的轻质粉末；

碳酸钙含量：≥96.5%；

水分含量：≤0.50%；

筛余物：孔径 $45\mu m$ 的筛网，全通过。

2. 填充料的作用和用量

在防水卷材的涂盖沥青中加入矿物填充料，即粉碎的矿质细粉或矿质短纤维，可以提高沥青防水卷材的气候稳定性。可充当沥青填充料的种类很多，其用量不同、拌合方法不同对沥青和油毡性能都会产生很大的影响，表 2-37 反映了滑石粉不同掺量对沥青性能的影响。从表中可以看出在氧化沥青中掺入不同比例的滑石粉后，其沥青的软化点、延伸率、耐热度、加热损失、吸水率及柔度等物理性能都会发生变化。随着填充料用量的不断增加，沥青的软化点则提高，延伸度则降低；耐热度提高，加热损失减少，柔度提高。一般来讲，每增加5%的填充料，其沥青的软化点提高1℃；加入25%的滑石粉，软化点则可以提高5℃。

填充料在沥青中的用量是有一定幅度的，只有用量合适时，填充料才能对沥青起到良好的改性作用。根据实验，当填充料的含量在15%以下时，对沥青材料的气候稳定性没有明显的改善，其他的性能提高得也很少；当填充材料增加到40%时，可使沥青材料的软化点、耐热度有明显的提高，但延伸度却降低很多；当填充材料用料超过60%时，沥青的性能反而变坏。因此填充料用量一般应控制在涂盖沥青用量的20%～40%之间（表2-37）。

表 2-37　滑石粉不同掺量对沥青性能的影响

| 滑石粉用量/% | 软化点（饵球法）/℃ | 25℃时延伸度/cm | 热稳定性 | | 浸水 30d 后吸水率/% | 柔度/（绕φ20mm 圆棒） |
|---|---|---|---|---|---|---|
| | | | 耐热度/℃ | 160℃5h 加热损失/% | | |
| 0 | 101.5 | 3.0 | 105 | 0.0191 | 0.205 | 10℃裂 |
| 15 | 103.8 | 2.5 | 105 | 0.0182 | 0.216 | 5℃裂 |
| 20 | 106.5 | 2.5 | 105 | 0.0139 | 0.169 | 5℃裂 |
| 25 | 107.0 | 2.5 | 105 | 0.0142 | 0.135 | 5℃裂 |
| 30 | 107.5 | 2.2 | 105 | 0.0149 | 0.123 | 5℃裂 |
| 35 | 109.5 | 2.1 | 120 | 0.0104 | 0.122 | 5℃裂 |
| 40 | 109.0 | 1.6 | 120 | — | 0.096 | 5℃裂 |
| 45 | 116.8 | 1.3 | 135 | 0.0091 | 0.104 | 10℃裂 |
| 50 | 139.0 | 0.9 | 150 | 0.0029 | 0.110 | 20℃裂 |

不同种类的填充料，对沥青的影响也是不同的。表 2-38 列出了几种填充料对沥青性能的影响，从表中可知，填充料不同，对沥青性能的影响是不相同的，在填充料用量相同的条件下，从综合性能看，滑石菱镁矿粉较好，滑石粉次之，石英砂性能最次。

表 2-38　不同矿物填充料对沥青性能的影响

| 填充料名称 | 填充料用量/（质量分数%） | 软化点/% | 25℃时针入度/（1/10mm） | 到试样破坏时循环次数 |
|---|---|---|---|---|
| 滑石粉 | 0 | 82 | 18 | 51 |
| | 20 | 86 | 15 | 126 |
| | 40 | 93 | 14 | 147 |
| | 60 | 111 | 13 | 158 |
| 滑石菱镁矿粉 | 20 | 93 | 14 | 126 |
| | 40 | 98 | 14 | 147 |
| | 60 | 103 | 12 | 157 |
| 白云石岩粉 | 20 | 85 | 16 | 116 |
| | 40 | 91 | 13 | 146 |
| | 60 | 100 | 11 | 164 |
| 磨细石英砂 | 20 | 90 | 12 | 122 |
| | 40 | 98 | 10 | 141 |
| | 60 | 100 | 9 | 151 |

通过对各种类型的沥青防水卷材进行加速老化试验，来比较选择各种填充料，决定参考配方。通过对比试验表明，纤维状的填充料比粉状填充料对气候的稳定性效果更好。在防水卷材的涂盖材料中加入填充料，还可以改善防水卷材的其他理化性能，如耐热性、塑性、机械磨损性等，同时可以节约沥青的用量，降低防水卷材的生产成本。

3. 填充料的性能要求

我国生产沥青防水卷材所用涂盖沥青的填充料以矿质粉状为主，如滑石粉、板岩粉等，对这类粉状填充料的要求如下：

(1) 密度

填充料加入到沥青中之后，如沥青与填充料的密度差小，则填充料在沥青中不易产生沉淀。为了避免发生填充料沉淀的现象，则要求填充料的密度应接近于沥青的密度，一般沥青的密度大多小于1，而矿质粉料的平均密度较大，因此常限制各种矿质粉料的平均密度不大于3。对纤维状及混合状填充料要求其密度不大于2.8。

(2) 细度

矿质粉料与沥青结合的好坏与粘合表面的大小有关。当矿质粉料的颗粒越小，结合的表面积越大，则与沥青的结合越好，因此对沥青中使用的填充料有颗粒细度的要求。细度以矿质粉料通过不同孔径的标准筛的筛余量来表示。生产沥青防水卷材用的粉状填充料的细度要求为通过140目（1.104mm）标准筛的筛余量不大于0.5%。

(3) 亲水系数

亲水系数是指所称量矿质粉料试样，在极性介质水中膨胀后的体积与在非极性煤油中膨胀后的体积之比。

矿质粉料的亲水系数的特征在于矿质粉料和沥青的相互作用，亲水系数大的矿质粉料，对水的亲合力较大，对沥青的亲合力较小；而亲水系数小的，即亲水系数小于1的疏水性矿质粉料，对沥青亲合力较大，对水的亲合力较小。因此要求生产油毡用的矿质粉料的亲水系数不应大于1，对于纤维状及混合状填充的亲水系数也不应大于1。

(4) 吸油性

矿质粉料吸油性的大小，关系到矿质粉料填充到沥青中，提高沥青对大气的稳定性的作用大小，吸油性小的矿质粉料填充到沥青中后，对提高沥青的气候稳定性的作用不显著，因此对用作沥青填充料的矿质粉料的吸油性要求大些，一般不应小于1.2。

(5) 水分

填充到沥青中的矿质粉料要限制其水分的含量，一般应不大于0.5%。对于纤维状或混合状填充料其水分则不应大于3%~5%。如矿质粉料含水分过大，当其填充到热沥青中去时，由于水分的蒸发，则会产生大量的泡沫，造成沥青体积迅速增大，甚至可溢出容器，导致材料损失或烫伤、火灾等事故。同时水分蒸发需要大量的热量，这会使沥青很快降低温度。此外，矿质粉料水分过量，则矿质粉料容易结块，不便于填充搅拌。

(6) 游离酸、碱

矿质粉料不应含有水溶性的酸或碱，不能与沥青起化学反应，不使涂盖材料发生变质。检验的方法是将矿质粉料用水调稀，待粉料沉淀后，用pH试纸检验上部清液的pH值，矿质粉料以及纤维状、混合状的矿质填充料pH值均为7。

2.2.4.2 沥青添加剂

在生产沥青、高聚物改性沥青防水卷材的过程中，在卷材涂盖材料中除了加入一定量的填充材料（如滑石粉）外，还常需要加入一定量的沥青添加剂。

1. 氯化锌

在生产玻璃布油毡时，为了提高沥青与玻璃布之间的粘结力，改善玻璃布油毡的柔韧性和剥离性，普遍采用含蜡较高的普通石油沥青为基料并加入氯化锌。生产实践证明，加入氯化锌处理的含蜡沥青作玻璃布油毡的涂盖材料，所生产的玻璃布油毡，在低温韧性和剥离性上均有显著的改善。因此在玻璃布油毡生产过程中，添加氯化锌的工艺技术已被广泛采用。

对应用于玻璃布油毡生产中用的氯化锌添加剂应达到以下技术要求：

氯化锌含量：氯化锌的有效含量应 >98%；

重金属杂质：不超过 0.001%；

水不溶物：不大于 0.01%；

盐基性盐的含量：应控制在 1.8 ~ 2mL 为宜。

2. 磷酸和五氧化二磷

采用催化氧化工艺生产优质氧化沥青，可采用磷酸、五氧化二磷等作催化剂，可使沥青在氧化过程中软化点升高速度加快，针入度下降减缓，使沥青质量得到改善。

3. 助溶剂

生产高质量的 SBS、APP 改性沥青，我国普遍采用 60 ~ 140 号道路沥青，需要用溶剂调合，芳烃溶剂油和机油可以用作助溶剂。

## 2.3 石油沥青的加工

沥青防水卷材的防水原理就是依靠各种胎体浸涂材料，其主要组分是沥青。因此，浸涂材料本身性能的优劣直接关系到沥青防水卷材的防水用耐久性。要制备出符合生产防水卷材用的浸涂材料则关系到进厂的基质沥青是否符合浸涂材料的要求。

由于沥青来源不同，所以其主要物理性能指标和稠度、塑性、温度稳定性也不同。通常石油沥青不能全面满足防水工程中所使用的沥青必须具有的特定性能（即在低温条件下应有的弹性和塑性；高温时应有的足够强度和稳定性；在使用条件下应具有的抗老能力；与各种矿物材料及基层表面较强的粘附力；对基层变形有一定的适应性和耐疲劳性等），尤其是我国大多数油田的原油加工出来的沥青，含硫、含蜡量高，油性差，往往不能符合浸涂材料的要求，故必须对其进行加工，方可符合制备浸涂材料的要求。

石油沥青的加工方法很多，在沥青防水材料工业中应用最多的有氧化法、调合法等多种方法。

## 2.3.1 氧化法

氧化法又称吹气氧化改性工艺或氧化法改性沥青工艺。

沥青的氧化不是沥青与氧直接化合生成新的氧化物，而是脱氢、氧化、缩聚的反应。氧化反应可用下式表示：

$$R\ \boxed{H + \frac{1}{2}O_2 + H}\ R' \rightarrow R - R' + H_2O + 热$$

氧化法是在一定范围的高温条件下，向软化点低、针入度及温度敏感性大的减压渣油或溶剂脱油沥青或它们的调合物吹入空气，使沥青中的油分转化成为胶质、沥青质。沥青的性能随着其组分的变化而随之发生变化，软化点升高、针入度及温度敏感度减少，通过控制氧化的各种工艺条件，从而使沥青达到规定指标和使用性能要求的一种沥青生产工艺。采用氧化法工艺生产的沥青产品称为氧化沥青。

减压渣油在高温和吹空气的作用下会产生汽化蒸发，同时会发生脱氢、氧化、聚缩等一系列的反应。由此可见，这是一个多组分相互影响的十分复杂的综合反应过程，而不仅仅是发生氧化反应，故称其为氧化沥青或氧化法只是为了适应习惯的称呼。

氧化沥青产品的软化点高、针入度小、常温下为固体状态，主要用作建筑石油沥青和其他专用石油沥青。半氧化法则用于生产道路石油沥青。

吹气氧化改性工艺主要有普通吹风氧化、催化氧化、改性油氧化等多种工艺方法。普通吹风氧化也称吹制氧化，是向沥青中吹入少量的氧，从而使沥青产生氢的氧化作用和聚合作用，氢原子从大分子中分裂出来，留下的活性部分经冷却或聚合成更大的分子。在进行氧化时，这种反应将要进行无数次，从而形成越来越大的分子。分子的变大，则提高了沥青的黏度、软化点、针入度以及闪点，并改善了温度敏感性；催化氧化则常用三氧化铁和磷的化合物作催化剂，经催化氧化后可提高沥青的软化点和针入度等；改性油氧化工艺是采用高真空汽油时沥青进行改性，采用该工艺生产氧化沥青，成本则低于采用催化氧化工艺生产氧化沥青，产品性能与催化氧化法工艺相似或稍优越。

#### 2.3.1.1 沥青在吹风氧化过程中的化学变化

采用吹风氧化法工艺生产出高软化点的沥青产品已有百年历史，但因减压渣油或脱油沥青的组成是极为复杂的混合物，在氧化塔中空气在高温下进行的反应是非常复杂的，故有待对吹风氧化机理作进一步完整的描述。目前比较流行的说法是氧反应是按链反应机理进行，沥青氧化是气液非均相反应，反应开始必须有自由基生成，最初的自由基可能由烃类裂解产生，自由基与氧生成过氧化自由基后再与烃分子反应，形成氧化产物和新的自由基，维持链反应持续进行。在高温下，原料与氧接触后，开始其反应速度很小，经过氧化诱导期后，反应加速进行，在氧化过程中产生一系列脱氢、氧化和缩聚反应，同时不断释放水、二氧化碳、低分子烃类和低分子含氧物等，使沥青的组成和性质发生重大的变化。

1. 沥青组分的变化

在高于200℃并低于裂化温度下的吹风氧化，除蒸发汽体外，其主要是脱氢氧化、约占供氧量的80%以上的氧均消耗于脱氢，生成水和少量二氧化碳排至氧化尾气中，只有少量的氧与原料结合，生成以酯类为主的含氧物。对比原料和氧化产物的元素组成时，可以发现碳和氢的含量变化不大，氧的含量则略有增加，但是含氧官能团却发生一些变化。原始沥青中的含氧物主要集中在原胶质和沥青质组分中，以酸性含氧物，如羟酸和酚为主，而氧化沥青的含氧物，则以酯类为主，约占60%左右。酯基（—COOR）能联结两个分子，因而我们可以认为，酯这类氧桥是使沥青向大分子方向移动的推动力之一，但不是唯一起作用的键。氧化沥青的含氧物除酯基外，还生成少量羟基（—OH）、羰基（$-\overset{\text{O}}{\underset{||}{\text{C}}}-$）、羧基（—COOH）等。各种含氧官能团的分布是随吹风氧化温度变化而变化的。表2-39是对委内瑞拉氧化沥青中沥青质含氧官能团分析。

表2-39　委内瑞拉氧化沥青中沥青质含氧官能团分析

| 吹风氧化温度/℃ | 氧化沥青中沥青质（质量分类）/% | 沥青质中含氧官能团含量（质量分数）/% | | | |
|---|---|---|---|---|---|
| | | —OH | $\underset{\overset{\parallel}{-\text{C}-}}{\text{O}}$ | —COOH | —COOR |
| 150 | 30 | 0.25 | 0.60 | 0.45 | 2.6 |
| 250 | 34 | 0.45 | 0.35 | 0.20 | 1.6 |
| 350 | 34 | 0.35 | 约0.50 | 0.03 | 0.35 |

从表2-39中可知，随着吹风氧化温度的升高，酯基的含量（—COOR）下降，在吹风氧化温度升高至350℃时，其—COOR的含量仅是在吹风氧化温度150℃时的14%，同时氧化尾气中的水量则明显地增加了。而不同油源的原料沥青在不同吹风氧化温度下生成的含氧官能团的分布也各不相同的。酯基官能团含量随吹风氧化温度升高而下降表明，存在另一类偶联反应，即碳—碳键的直接化合越来越占有重要的地位，原料中所发生的一系列串联反应，则主要是其中的芳烃缩合生成更大的分子即转化为胶质，或进而转化为沥青质；一部分原胶质转化为沥青质，原沥青质综合生成更大的分子，因而使沥青质的含量增加，分子量变大。

这一系列串联反应的结果就产生了所谓的"组分移行"，并且各组分的相对分子质量向高分子方向移动，以上变化的深度则取决于原料组成和吹风氧化的条件。

表2-40　华北原油减压渣油的丙烷脱油沥青在氧化过程中的变化

| 原料 | 丙烷脱油沥青 | | | | | 丙烷脱油沥青＋抽出油[①]（4:1） | | |
|---|---|---|---|---|---|---|---|---|
| 氧化温度/℃ | 210 | 238 | 243 | 253 | 251 | 210 | 255 | 260 |
| 氧化时间/h | 0 | 3.3 | 5.5 | 6.3 | 7.2 | 0 | 6.1 | 7.0 |
| 氧化沥青性质 | | | | | | | | |
| 4组分（质量分数）/% | | | | | | | | |
| 饱和分 | 14.0 | 12.0 | 9.9 | 9.6 | 8.0 | 17.2 | | 15.1 |
| 芳香分 | 31.9 | 29.6 | 25.4 | 25.0 | 25.5 | 32.5 | | 25.2 |
| 胶质 | 53.3 | 57.4 | 54.2 | 54.0 | 53.2 | 49.8 | | 30.7 |
| 沥青质 | 0.8 | 2.0 | 10.5 | 11.4 | 13.3 | 0.4 | 11.3 | 29.0 |
| 软化点/℃ | 58 | 70 | 90 | 103 | 110 | 57 | 90 | 108 |
| 延度（25℃）/cm | 18.5 | 4.5 | 3.5 | 3.0 | 0 | 17 | 3.2 | 2.6 |
| 脆点/℃ | 58 | -1 | 0.5 | 2 | 1 | -11 | -4 | 1 |
| 塑性范围/℃ | 63 | 71 | 84 | 101 | 109 | 68 | 94 | 107 |
| 针入度（0.1mm，25℃） | 32 | 15 | 11 | 9 | 7 | 97 | 18.5 | 16.5 |
| 46℃ | | | | | 28 | >200 | 61 | 34 |
| 0℃ | | | | | 6 | 21 | 9 | 8 |
| 感温系数 | | | | | 3.1 | | 2.8 | 1.6 |
| 感温特性/$10^{-2}$ | 2.35 | 2.13 | 1.59 | 1.39 | 1.35 | 1.95 | 1.40 | 1.15 |
| 针入度指数 | -0.37 | 0.28 | 2.2 | 3.3 | 3.6 | 0.86 | 3.3 | 4.7 |

①抽出油组分分析（质量分数/%）：饱和烃36~38，芳烃46~48，胶质14~18。

表 2-40 是以华北原油减压渣油的丙烷脱油沥青和脱油沥青调入润滑油醛醛抽出油为氧化原料，在 $100m^3$ 的立式氧化釜中，装料量为 50t，吹空气量为 $2500m^3/h$，氧化温度为 $210\sim260℃$，氧化时间 $0\sim8h$，取样分析沥青的 4 组分和物理性质得到的数据。

从表 2-40 中可知华北原油丙烷脱油沥青的 4 组分经吹风氧化后发生的变化：胶质继续保持高含量；沥青质随氧化时间的延长而增加，其增长量约等于芳香分和饱和分的减少量。丙烷脱油沥青调入抽出油后，由于抽出油富含多环短侧链芳烃和胶质，故最容易发生脱氧、氧化聚缩等反应，它的存在可促使原料沥青中更多的胶质转化为沥青质，其结果是胶质大大减少，沥青质大大地增加，特别是当反应时间由 6h 延长至 7h，沥青质快速增加，图 2-4 则展示了华北丙烷脱油沥青在氧化过程中 4 组分的性质变化。

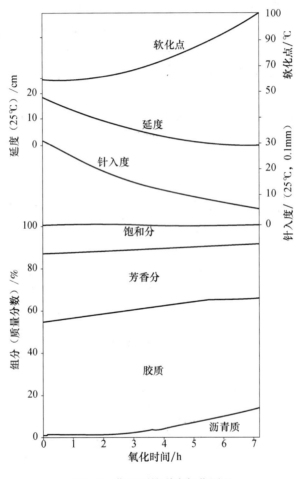

图 2-4　华北丙烷脱表氧化历程

2. 物理性质的变化

沥青在吹风氧化过程中产生组分移行并向高分子方向移动，因而使其物理性质、流变性能和胶体结构发生重大变化。

沥青在吹风氧化后其物理性质的变化主要表现在软化点上升、针入度下降、延度变差、脆点升高等，其变化的幅度取决于吹风氧化的条件和原料的组成，从表 2-40 数据中可以看到当氧化温度和时间相同时，含油量多的原料其物理性质变化的幅度和速度均小于含油量少的原料。

在吹风氧化的过程中，由于原料各组分发生化学转化，使沥青质和沥青胶胞量增加，而被胶胞吸附的胶质数量减少。作为胶胞间相油分的芳香性也下降，于是胶胞的胶溶性降低，网状结构逐渐发达，使沥青的胶体结构向凝胶型发展，体现胶体结构特征的针入度指数 PI 值随之增加。从表 2-40 数据中还可以了解到原料组成对胶体结构的发展有重要影响，含油量多的原料在吹风氧化初期 PI 值略降，这是由于氧化初期芳香分转化为胶质的速度高于沥青质增加的速度，因而增加了对沥青质的胶溶能力，使沥青暂时表现出溶胶型，随着吹风氧化的进行，沥青质迅速增加，胶质也向高分子方向移动，胶溶能力下降，使沥青向凝胶化发展。

由于氧化沥青富有凝胶型体结构，因而其感温性得到了极大的改善，如感温系数和感温特性明显下降，塑性范围显著提高，耐候性和低温弹性也得到了改善。

3. 吹风氧化反应

吹风氧化反应是放热反应，其反应热的大小主要取决于原料的组成和反应温度，渣油在吹风氧化中软化点升高一个单位（1℃）所放出的热量称为微分反应热，而单位质量的渣油从某一软化点升高到另一软化点的过程中所放出的总热量称为积分反应热。四种渣油从起始软化点吹风氧化至软化点为 121℃的微分和积分反应热的差别很大，表 2-41 所示说明了各种渣油的积分反应热差别是很大的，说明了在吹风氧化过程中存在不同类型的反应，即发生化学反应的历程不同，因而综合热效应也不同。在不同反应温度下，不同渣油的反应热的变化也是不同的。而在同一反应温度下，氧化到不同的软化点，不同渣油的氧化反应热也不各相同。

表 2-41　四种渣油氧化吹制至软化点 121℃的积分反应热

| 油源 | 南德克萨斯沥青基渣油 | 海湾渣油 | 东中心德克萨斯渣油 | 东德克萨斯沥青基渣油 |
|---|---|---|---|---|
| 原料渣油性质 | | | | |
| 密度（15.5℃）/（g/cm³） | 0.991 | 0.967 | 1.020 | 1.022 |
| 软化点/℃ | 22 | 23 | 38 | 41 |
| 针入度/（25℃，0.1mm） | 太软 | 太软 | 195 | 227 |
| 勃度（99℃）/（mm²/s） | 153 | 289 | 1345 | 1633 |
| 组分分析（质量分数）/% | | | | |
| 沥青质 | 6.9 | 16.7 | 37.6 | 43.0 |
| 芳香烃 | 47.1 | 18.2 | 25.3 | 18.2 |
| 饱和烃 | 46.1 | 64.8 | 37.1 | 38.9 |
| 氧化到软化点 121℃的积分反应热/（kJ/kg） | 606 | 614 | 201 | 192 |

2.3.1.2 沥青氧化的工艺要素

1. 原料

应用于沥青防水卷材的氧化沥青，其原料主要有减压渣油、溶剂脱油沥青（主要是丙烷脱油沥青）等。吹风氧化过程中原料发生一系列的化学转化，对最终产品的性能起着决定性的作用。同一种原料要生产不同的产品则需要改变吹风氧化的条件即可，如要生产相近的产品，对不同原料则要采用不同的吹风氧化条件。几种减压渣油采用塔式氧化连续生产的工艺条件见表2-42。

表 2-42　不同原料塔式连续氧化工艺条件

| 油源 | 大庆减压渣油 | 华北减压渣油 | 胜利减压渣油 | 新疆白克减压渣油 + 丙脱沥青 | |
| --- | --- | --- | --- | --- | --- |
| 产品牌号 | 55 号 | 10 号<br>建筑沥青 | 10 号<br>建筑沥青 | 10 号<br>建筑沥青 | 30 号<br>建筑沥青 |
| 吹风氧化条件 | | | | | |
| 塔内液相温度/℃ | 280～300 | 280 | 280 | 250～270 | 235～265 |
| 氧化停留时间/h | 28 | 9～10 | 7～8 | 16～17 | 16～17 |
| 通风量/［m³/（t·h）］ | 225～300 | 160 | 190 | 165～190 | 165～190 |
| 塔内液面高度/m | 18.7 | 16.9～18.7 | 14.7 | 14.5～15.7 | 14.5～15.7 |
| 产品性质 | | | | | |
| 软化点/℃ | 125 | 95～120 | 102 | 100～118 | 85～98 |
| 针入度/（0.1mm，25℃） | 35 | 20 | 16～20 | 18～24 | 27～35 |
| 延度（25℃）/cm | 3.0 | 2.2 | 3.4 | 2.7～3.7 | 3.335 |

从表2-42中的数据可以看到大庆减压渣油是石蜡基原料，经过长时间的吹风氧化，软化点高达125℃时，针入度为35，不符合10号建筑沥青针入度的规格要求（15～25），只能生产55号沥青。这是因为大庆减压渣油中饱和分含量高，其中蜡含量高达30%，在吹风氧化过程中抑制了组分移行和向高分子方向移动，很难使软化点和针入度同时符合10号建筑沥青的要求。此外，要得到相同针入度或软化点的氧化沥青，用较轻的原料要比用较重的原料消耗更多的氧，这可能是因为轻质原料的胶质转化为沥青质的速度较慢。总的来讲，随着氧化的加深，油分减少，沥青质增多，并且被胶溶程度下降，因而氧化沥青的凝胶结构发达。

一般认为当建筑防水沥青的组分为（质量分数）：油分46%～50%、胶质20%～35%、沥青质20%～25%时，能使产品性能符合规格要求，能在很宽的温度范围内保持弹塑状态，并具有相当高的强度和形变能力。为了在产品中获得这样的组成，最好选用低蜡的中间基原油的减压渣油做原料，并确定最佳蒸馏和氧化深度，以保留适当的油分、中等含量的胶质和沥青质。为了制取各类高软化点的专用沥青，就要精心选择原料，关键要保持适当比例的油分。

2. 操作条件

（1）氧化温度

吹风氧化温度是操作变量中最为敏感的因素，提高反应温度，则反应速度加快，使沥青质含量增大，轻组分减少，因而软化点升高，针入度随之下降，反应速度随反应温度升高而加快的趋势，在较高反应温度时更为显著。反应温度如继续升高并达到热裂化温度时，将会产生裂解物和高度缩合的大分子产物——苯不溶物（炭青质）和焦炭，将得不到预期的氧化沥青产品，在一定的温度范围内，反应温度越高，达到相同软化点沥青所需的时间越短，根据此规律，我们可根据产品沥青的针入度来选择适当的氧化温度，参见表 2-43。

表 2-43　吹风氧化温度范围

| 针入度/(0.1mm, 25℃) | 90~120 | 40~70 | 10~30 |
|---|---|---|---|
| 吹风氧化温度/℃ | 250~255 | 260~280 | 280~300 |

在其他氧化条件相同的情况下，氧化反应温度越高，氧化产品的软化点越高，针入度越低，延度也越低，其变化趋势如图 2-5 所示。这是因为氧化温度越高，烃组分的蒸发加大，易裂化，缩合的组分反应加快，使得氧化产品的性质随氧化温度的变化而急剧地变化。

（2）氧化时间

在采用连续吹风氧化工艺中，当处理量一定时，氧化塔内液面的高度直接决定了吹风氧化的时间。随着液面高度的上升，吹风氧化速度加快，此时空气与原料的接触时间增加，吹风氧化时间对产品性能影响最大。

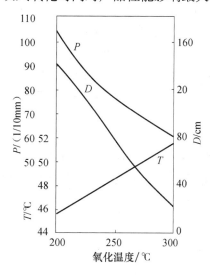

图 2-5　氧化温度对氧化产品质量的影响
P—针入度　D—延度　T—软化点

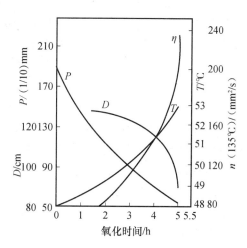

图 2-6　氧化时间对氧化声品属性能的影响
P—针入度　D—延度　T—软化点　η—黏度

氧化时间对产品性能的影响如图 2-6 所示，从图 2-6 中可以看出随着氧化时间的延长，氧化深度增加、产品的软化点及黏度随氧化时间而增加，针入度则随氧化时间延长而降低，产品的延度在氧化初期变化较慢，当氧化时间达到一定时，产品延度随着氧化时间的延长而急剧地下降。因此，必须根据原料的性质控制适当的反应深度、控制适宜的反应时间，才能得到预期产品质量。就生产设备而言，通常其处理量是按生产任务确定的，可能调整氧化时间的手段是调整氧化塔液面。因此，氧化塔在设计时需要考虑调整液面的灵活性。

吹风氧化时间和温度基本上可以互补，而原料的组成对温度、时间和吹风量的确定是至关重要的因素，对设定的原料和目的产品，吹风氧化的时间则要试验来加以确定。

（3）氧化风量

在沥青氧化装置上，多采用鼓泡式反应器，空气即提供氧化用的氧，同时也作为搅拌介质提高传质效果。氧化风量对产品针入度的影响如图 2-7 所示。当风量在较低的范围内，增加风量即增加了供氧量，也提高了氧化塔的气流速度，从而改善了传质效果。但当风量增加了一定数量，空气所提供的氧量已远远大于化学反应所需要的氧量，氧化塔的气流速度已足够，氧化过程已基本上不再受传质控制，风量的增加对产品的针入度影响开始逐渐减少，再继续提高风量，对反应速度已基本无影响，故反映出产品针入度变化已不大。氧化空气量的增加，必然要增加装置能耗，故对不同的原料及操作条件，需选择一个合理的空气量。

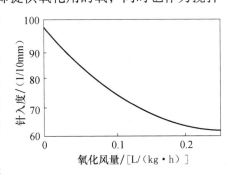

图 2-7　氧化风量对氧化产品
针入度的影响

对不同原料的吹风氧化，得到相同针入度或软化点产品，其吹风量是不同的，通常轻质原料比重质原料需要消耗较多的风量。所以氧化沥青的感温性更好，即针入度指数较高，一般吹风量为 $30 \sim 120 m^3/(h \cdot t)$，控制在 $80 m^3/(h \cdot t)$ 左右为好。

液相反应中传质速度直接与传质界面的面积成正比，因而气泡的分散程度直接影响传质速度，减少气泡直径，增大空塔气速，可以增加两相接触时间，改善传质的速度和效果，从而缩短吹风氧化时间和减少氧气耗量，因此改善空气分布增加鼓泡效率是氧化塔装置设计中的重要问题。

（4）氧化压力

由于氧化压力升高，在氧化塔中气泡与渣油的接触时间也增加，氧化速度增加，加快了沥青氧化的效果。有关专家研究了压力与渣油氧化速度及沥青氧化产品质量的关系，其结果如图 2-8、图 2-9 所示。

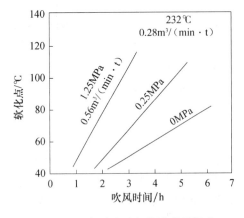

图 2-8　压力对渣油氧化速度的影响

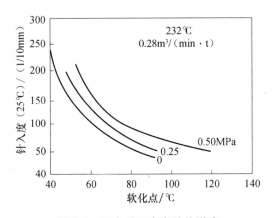

图 2-9　压力对沥青产品的影响

（5）反应热的排除

吹风氧化是放热的非均相反应，反应热的大小、热效应在吹风氧化过程中的变化以及与反应条件、原料性质之间的相互影响，关系到反应塔的热负荷分布，同时利用反应热以降低设备能耗也是重要问题。反应热的排除主要有以下途径：

①降低进料温度。可以通过热平衡求出最低温度，但进料温度过低会导致氧化反应速度减慢，一般进料温度以 180～210℃ 为宜。

②取出部分反应物料加以冷却，然后循环返回氧化塔内，如循环料与进料比可为2:1，循环料的温度为 280℃。

③在塔顶气相喷水冷却，能有效控制反应热。喷入水滴下降与上升热气流换热并不断汽化，未汽化的水滴落入液相表层急剧汽化而吸收大量的热，冷却的液层与反应床层充分混合换热，使液相内部形成返混，从而带走反应热。喷水时要注意水均匀分散，防止造成突沸冒顶。

### 2.3.1.3　沥青氧化的主要设备

国内防水卷材生产厂家早期所使用的沥青氧化设备是比较原始的大锅，即大锅炼油，适当加以氧化，此方法已逐渐被淘汰，其后多采用釜式氧化，这种方法应用较广，现大多采用塔式氧化。

#### 1. 常压氧化釜

氧化沥青定型选型设计可选用氧化釜定型设计图 YH-16，这种常压氧化釜直径为 3～4.5m，高为 10～13m，如图 2-10 所示。这种常压氧化釜装料高度不大于釜高的 2/3，装料量为 30～60t，釜底设有出料口（1），釜顶设有氧化尾气出口（8）、压缩空气进风管（7）、灭火蒸汽进口（13）、进料口（5）、氧化釜体（9），还设有冷却水进口（12）、冷却管（3）、冷却水出口（4）和防爆孔（6），在距釜底 30cm 处装有直径为 114mm 的分配管，送入釜内的压缩空气通过分配管均匀地吹入沥青中，分配管上开有直径为 16mm 的小孔，小孔的位置分两组，每组孔口在偏离中线 45°，使压缩空气分成两个方向，向下喷出，然后再通过沥青液相逐渐上升至液面，空气中 40%～50% 的氧与沥青发生反应，脱氧生成水，还有 50%～60% 的氧则随氧化尾气出口排出。通入釜内的送风管（7）的直径需大于分配管，一般可选用 159mm 的管，送风管是从釜顶部进入，沿釜壁至底部与分配管相连接。釜内设有的上下两个环形冷却水管（4）、（12）与高 5m 的上下垂直冷却管（3）相通，组成一组并联式冷却器，冷却进水口（12）在下部距釜底 50cm，冷却出水口（4）在釜体上部，接上环形管。在釜体的顶部和下部都设有温度计（10），以便随时测量出气相和液相的温度。沥青的计量装置，可用检尺高度计出，在釜体下部还设有采样口（11），以便随时取样来检测氧化程度。

#### 2. 氧化塔

生产氧化沥青的主要设备为氧化塔如图2-11所示。氧化塔为中空的筒形反应器，为了提高压缩空气中氧的利用率，塔内的装料高度（可根据设备条件）选择10～15m之间，塔内气相空间的高度应不小于 6m，这个高度不小于塔直径的 1.5 倍。氧化塔根据年处理能力可分为 5 万吨、10 万吨、15 万吨等规格。以年处理能力为 10 万吨的氧化塔为例，一般塔径为 3.2 ~ 3.6m，塔高 20 ~ 25m，液面高度随原料和产品而定，一般约 15m，日处理能力为 300t，按每吨料耗气量为 200m³，每小时耗压缩空气 2600m³。若控制气相不大于 160℃，采用气相注水，每小时注水量需 180kg。

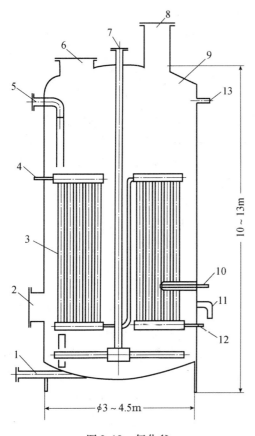 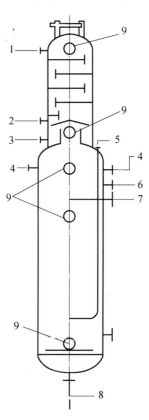

图 2-10　氧化釜

1—出料口；2—人孔；3—冷却管；
4—冷却水出口；5—进料口；6—防爆孔；
7—风管；8—尾气出口；9—氧化釜体；
10—温度计；11—采样口；12—冷却水进口；
13—灭火蒸汽进口

图 2-11　沥青氧化塔结构示意图

1—冷却水入口；2—冷凝油、水溢流口；
3—放空口；4—原料入口；5—压缩空气；
6—安全蒸汽入口；7—气相注水入口；
8—成品沥青出口；9—垂直吊盖入孔

国内氧化塔设计已有标准，生产沥青防水卷材可根据氧化处理能力，选用不同规格的氧化塔设备来与制毡设备配套，年处理量为 5 万吨的氧化塔设备可配套年产 100 万卷防水卷材的两台制毡机组。

为了提高气液两相的接触面，有些氧化塔中还配制了 3 ~ 4 层栅板，以强化传质作用，取到了较好的效果。

氧化塔内设空气分布管及注水喷水，塔壁设有多个测温用热电偶与液面测量点。氧化塔内的空气分布和传质可以分为单纯鼓风和常有机械搅拌两种形式。为了强化氧化过程的传质传热、缩短氧化时间、降低风耗，对氧化塔内的空气分布管构造及形式均进行了特殊的、科学的设计。

氧化塔内的空气分布采用空气分布管,其品种有篦式分布器和喷嘴式分布器两种。篦式分布器设计较早,其结构是在总管两侧对称算距离地分布 8～12 根支管,在支管上向下开 1～3 排出风孔,交错排列,孔径一般为 10～15mm,篦式分布器缺点是出风孔易结焦堵塞,使用周期短;喷嘴式分布器由总风管和喷嘴组成,分为两段,中间用法兰连接,在每段上等距离设四个喷嘴,两段上喷嘴方向相反,喷嘴直径一般为 $\phi$ 10～16mm,喷嘴式分布器优点是易于拆卸,使用周期较长。

根据鼓风量大小,为了空气分配均匀并防止开孔处局部结焦堵塞而造成压力降增大,以开口处风速 5～10m/s 为宜。

在氧化过程,气泡沿塔上升,由于气泡撞击、挤压以及静压逐渐降低,气泡逐渐变成大气泡,大幅度减少了反应界面,从而使塔上部氧化效率大为下降。因此,有的装置在塔内增设了栅板或筛板,可使大气泡被碎成小气泡,从而保持较大的接触面积和反应速度,改善空气流动状态。同时使空气气泡在塔内折线上升,从而使空气与沥青接触时间增加,也减少了空气气泡在上升过程中的短路现象,提高了氧的利用率。有的装置在塔内增加了搅拌装置,将氧化塔改为搅拌式气液反应器,使上升的气泡被搅拌器搅碎成小气泡,从而使空气具有最大的表面积与沥青反应。试验表明,搅拌速度越快,效果越好,搅拌转数对过程反应速度常数的影响如图 2-12 所示,当搅拌的转数在 900r/min 左右时,可以使反应速度常数提高 0.4。沥青氧化结果也证实这一点,在同一氧化塔装置中,对比了有搅拌和无搅拌时氧化结果,其产品的针入度、软化点随时间的变化趋势参见图 2-13。

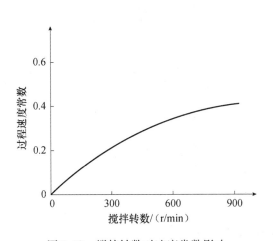

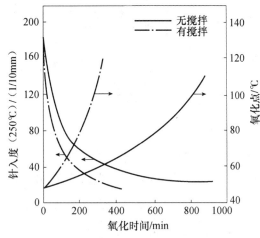

图 2-12　搅拌转数对速度常数影响　　　　图 2-13　搅拌对氧化效果的影响

从图 2-13 中可知,有搅拌时达到相同产品针入度、软化点的反应时间比无搅拌时缩短到 1/3,表明有搅拌时由于大幅度改善了气液接触状态,氧化反应要快得多,无疑对提高生产能力是有利的。不同的原料生产不同产品的沥青,其氧化生产工艺是不尽相同的,表 2-44 是采用不同的原料生产建筑沥青的典型工艺操作条件。

**表 2-44　塔式氧化生产建筑沥青的工艺条件**

| 项目 | 孤岛减压渣油 | 新疆混合渣油及脱油沥青 | |
|---|---|---|---|
| 产品标号 | 高软化点沥青 | 10 号建筑沥青 | 30 号建筑沥青 |
| 塔内液面高度/m | 10 ~ 12.5 | 13.8 ~ 14.6 | |
| 氧化停留时间/h | 7 ~ 8 | 7.8 ~ 8.0 | 7.8 ~ 8.0 |
| 加热炉出口温度/℃ | 170 ~ 180 | 220 ~ 275 | 220 ~ 275 |
| 塔内液相温度/℃ | 290 ~ 300 | 290 ~ 300 | 270 ~ 280 |
| 通风量/[m²/(t·h)] | 125 ~ 200 | 85 ~ 115 | 85 ~ 115 |
| 风压/MPa | 0.3 ~ 0.35 | 0.14 ~ 0.20 | 0.14 ~ 0.20 |
| 操作方式 | 单塔连续 | 单塔连续 | 单塔连续 |

半氧化法生产道路沥青，一般采用单塔连续氧化操作，由于氧化反应深度浅，放热少，可不设液相注水，仅有气相注水和注安全蒸汽。随着原料不同，生产的氧化沥青质量也不同，工艺操作条件也不相同，其反应温度、通风量及氧化时间均较生产建筑沥青时低，其一般工艺条件见表 2-45。

**表 2-45　塔式氧化生产道路沥青工艺操作条件**

| 项目 | 渣油进塔温度/℃ | 液相反应温度/℃ | 气相温度/℃ | 进料量/(t/h) | 通风量①[m³/(t·h)] | 氧化时间/h |
|---|---|---|---|---|---|---|
| 装置 A，生产高黏沥青 | 202 ~ 224<br>4.6 | 239 ~ 243<br>205 ~ 237 | 133 ~ 141<br>239 ~ 242 | 25<br>172 ~ 190 | 46<br>33 | 6.8<br>21 |
| 装置 B，生产 AH-70 | | 180 ~ 181<br>200 ~ 201 | | 7<br>15 | 73<br>57 | 6.3<br>5.9 |
| 装置 C，生产 AH-70 | 180 ~ 210 | 200 ~ 220 | 170 ~ 200 | 30 ~ 40 | 15 ~ 30 | 2.5 ~ 5 |

①以标准状态计。

3. 加热炉

生产氧化沥青的原料，需加热至工艺要求的温度才能开始氧化，加热是依靠沥青加热炉进行的。沥青加热炉有立式圆筒炉和卧式火管炉两大类型，热负荷则根据处理原料的量来选择。

（1）单斜顶式加热炉

本设置为卧式火管炉，它的外形尺寸为长 9.6m，宽 7.8m，高 6.5m，受热管直径为 $\phi 60 \times 6$mm 的 A10 无缝钢管，每根长 6m，管的部位不同，所装管子的根数也不同，共装有顶部辐射管 25 根、底部辐射炉管 21 根、对流管 36 根、过热蒸汽管 10 根，共计 92 根管。每根管的受热面积为 1m²，总加热面积为 92m²，热负荷为 $460 \times 10^7$J/h，加热管总长度为 552m，总容油量为 1m³。要求进口沥青的温度不低于 120℃，出口温度可根据加工不同油品控制为 ±5℃，但均不超过 230℃，沥青在管内移动速度为 1.5 ~ 2m/s，进出口外部管径为 89 × 4mm。该炉是以燃料油为燃料，并用蒸汽作喷射助燃剂，炉膛温度可根据加热油品的不同加以控制，但最高不得超过 780℃。

（2）立式圆筒加热炉

立式圆筒加热炉可选用氧化沥青选型设计图 YH-14、460×10⁴kJ 及图 YH-18、125× $10^4$kJ 沥青加热炉，参见图 2-14。这种炉占地面积小，传热均匀，操作方便，通常选用冷油流速为 1.2～1.5m/s，油管表面辐射热强度在 50160～75240kJ/（m²·h），燃烧器应不少于 3 个，以利于对温度进行调节。

4. 输油泵

沥青的输送可根据沥青的性能和输送的条件不同，如温度的高低不同、液位的高低不同，选用不同型号的输油泵。在油毡工业生产中选用的输油泵有齿轮泵、蒸汽往复热油泵、注油泵等多种。

（1）齿轮泵

齿轮泵在油毡生产过程中使用广泛，一般可选用 62 型沥青齿轮泵，常用的 2 轮、6 齿、20 模数的齿轮泵，可用于输送氧化沥青的原料——渣油，也可用来输送各种标号的沥青、浸渍材料、涂盖材料等，但要根据用途选用不同的配套电机。例如输送黏度比较大的涂盖材料或温度较低的浸渍材料时，需配套功率大的电机，一般可选用 7kW 或更大一些的电动机，同时主轴转速可在 350n/min 以下；当输送软化点较低的浸渍材料时，则可选用 4.5kW 的配套电机，主轴转速也可以快些达 450n/min。转速为 350n/min 时，泵的最大输油量可达 30t/h，泵的出口压力最大达到 588kPa。因为所输送的各种沥青的温度都是在 100℃ 以上，所以齿轮泵必须有蒸汽加热或导热油的夹套，以保持泵内沥青具有一定的温度，不至于冷凝固化，影响正常流通。

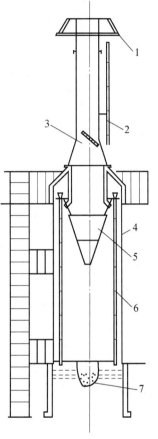

图 2-14　立式圆筒沥青加热炉
1—炉管检修台架；2—烟囱；
3—烟道挡板；4—炉体；
5—辐射锥；6—炉管；7—喷油嘴

输送燃料油可采用燃油齿轮泵，这类泵可选用带阀齿轮泵，型号为 KCB-33.3 型，其输油量为 33.3L/min，每小时流量为 1.5～2t，扬程为 1422kPa，最大吸入真空度为 49kPa，吸入及排出管的直径为 19.05mm，配套电机为 2.8kW，输出压力为 392～588kPa。

（2）注水泵

注水泵主要是给氧化塔中的气相和液相注水使用，为了使水能依靠自身的压力在气相注水时形成雾状，注水泵的出口压力应不小于 392kPa，泵的流量可根据注水量选用。

（3）蒸汽往复热油泵

这类泵出口压力大，适用于远程输送，例在加热炉中管长达 500 余米，且弯头多，阻力大，要靠齿轮泵是不可能达到这么高的压力的，所以在输送管线距离长、弯曲多的情况下，多选用 2QYR 25-22/35 型卧式双缸蒸汽驱动热油泵，这种设备适用于输送 250℃ 以下的介质，最大输油量 22m³/h，出口最大压力 3432kPa，蒸汽往复泵的功率为 12.5～35.0kW。在油毡工业生产中常使用的蒸汽往复热油泵系列见表 2-46。

**表 2-46　蒸汽往复热油泵系列表**

| 项目 | 2QYR25-10/40 | 2QYR25-22/35 | 2QYR25-35/30 |
|---|---|---|---|
| 流量/（m³/h） | 5～10 | 10～22 | 14～35 |
| 最大排出压力［（kg/cm²）/MPa］ | 40/3922 | 35/3432 | 30/2942 |
| 进汽压力［（kg/cm²）/MPa］ | 10/980 | 6～8/588～785 | 8/785 |
| 排汽压力［（kg/cm²）/MPa］ | 0.5/49 | 0.2/20 | 0.2/20 |
| 往复次数/（n/min） | 24～40 | 15～30 | 30 |
| 活塞行程/mm | 250～300 | | |

蒸汽往复热油泵的流量与活塞的行程和每分钟的往复次数有关，当泵的行程固定，往复次数增加时，泵的流量加大；往复次数减少时，流量减少。使用蒸汽往复热油泵要注意的是绝不能用出口阀门的开度来调节泵的流量，正确的操作是控制往复次数来调节流量，否则会造成事故。因为出口阀门开度减小后会加大泵内和管线内的压力，当超过设备的允许高压后，会造成设备的损坏或漏油等事故。

#### 2.3.1.4　生产工艺

通过氧化可使沥青的组分发生转化（沥青中的油分转化成胶质、沥青质），性能随之发生变化（软化点升高、针入度与延度减小）。控制氧化的各种工艺条件，可以使沥青达到防水卷材浸渍材料和涂盖材料的要求。

1. 沥青的加热

沥青在氧化前必须加热至要求的温度，沥青氧化达到要求后，在沥青的贮存过程中，也要保持制毡使用所要求的温度，通常沥青的升温和保温是通过各种不同加热量的加热炉来实现的。

沥青的热炉的操作技术要点如下。

（1）点火

a. 在加热炉点火之前，应进行开工前的检查，其内容有以下几个方面：

（a）炉膛、烟道内是否有杂物，炉膛受热管是否存在鼓泡、裂纹及严重的腐蚀现象，耐火砖墙、烟道及保温层是否存在断裂、脱落、变形等现象。

（b）加热炉嘴是否齐全完好，加热炉温度、压力、流量等各种显示控制仪表是否灵敏可靠。

（c）管线是否畅通，阀门开闭是否正确，有无串线。

（d）烟道挡板、风门、防爆门等是否正常，消防设施是否齐全完好。

（e）检查燃料油贮罐内液位是否符合要求，燃料油、蒸汽等供给是否流畅。

b. 关好加热炉入门、防爆门、回弯头箱门，调好烟道挡板，备好点火棒，将燃料油及蒸汽送至加热炉火嘴阀前。

c. 点火时首先应开火嘴蒸汽，吹扫炉膛15min，关闭蒸汽阀，然后点火。点火时应先将点火棒由点火孔放至火嘴前，稍稍打开燃料油供油阀，再稍稍打开蒸汽阀，待火嘴点燃之后，方可取出点燃棒，关好点火孔门，再逐渐开大燃料油及蒸汽阀门，并将火焰调成蓝白色。点火时，注意操作人员应该站在火嘴的侧面，以防被点火时的回火灼伤。若发生熄火现象时，则必须重新用蒸汽吹扫炉膛后方可点火。

d. 火嘴点燃之后，应控制升温速度，一般控制在每小时升高 15℃ 或按规定的升温曲线进行控制。如暖炉 4h，温度在 170℃ 以下，4～7h 后可控制每小时升温 7～10℃，达到 200℃ 后，可保持 1.5～2h 的恒温，再继续升温时则可控制在每小时升温 15℃ 至投料生产操作 2h，再以每小时 5～7℃ 的速度降温，至正常生产要求的温度进行正常加热的操作。

（2）加热

a. 沥青加热炉炉管的出口温度是根据沥青加热的要求进行控制的，一般出口的温度不超过 300℃，炉膛内的温度不超过 700℃。在正常燃烧时，炉膛内应明亮清晰，炉墙、炉管其表面没有显著的阴影，要使燃烧油得到充分的燃烧，不冒黑烟，应采取多火嘴、短火焰、齐火苗的原则，防止火焰直扑炉管。

（a）火焰直扑炉管或炉墙时，可加大火嘴的蒸汽或减少燃料油的供给量。

（b）火焰若长、软、冒黑烟时，则是油多汽少，油料燃烧不完全造成的，可根据温度要求，加大蒸汽或减少燃料油的供给。

（c）火焰若发暗、熄灭、缩火时，可减少蒸汽或加大燃料油的供给量来调整。

（d）火焰若冒火星或有喘息现象时，则应检查所供应的燃料油是否含水量过大，并采取必要的措施，以减少燃料油中的含水量，防止炉温的下降。

（e）炉膛温度已达到额定要求而加热炉出口油料的温度低于指标要求时，则应检查加热油料的循环量，若因循环量过大，则要及时与往复热油泵工序联系，降低泵的冲程或减少往复次数，并应控制往复泵的出口压力，不得超过 2459kPa。注意检查炉体是否严密，以免冷空气进入炉内影响燃烧的效果。

（f）正常的加热操作，还须随时注意调节入炉的空气量，一般采取过量 20%～25%，若炉腔内发暗、火焰呈暗红色，说明空气不足。入炉的空气量合适与否的标准是：炉膛内应明亮，火焰呈黄白色，烟囱无黑烟。入炉空气量是靠通风和烟道挡板的开度来控制的，风雨天要关小通风量和烟道挡板。

b. 若需停炉，不能骤然降温，应保持每小时降低 40～50℃ 的速度，采取逐渐减少火嘴直至停炉，以防止突然降温而使炉管、炉墙变形，造成事故。

c. 熄灭火嘴时，应先关闭燃料油阀门，再关闭蒸汽阀门，然后开大支管蒸汽扫线阀门，吹除火嘴内残留的燃料油。全部火嘴熄灭后，关闭燃料油分路阀门，用蒸汽进行扫线，管线内通入扫线蒸汽的时间应不少于 10min，停炉后，关闭烟道挡板及火嘴调节风门。

（3）操作中异常现象的处理

a. 炉管结焦现象的处理　沥青加热炉因长期工作，有时会在炉管内产生结焦，若不能及时处理，则能导致重大事故的发生，故在操作中要注意检查是否出现结焦的迹象。炉管是否有结焦，主要依据炉管的颜色来判断，若炉管呈现土色时，则说明炉管未结焦；若炉管呈现出灰白色时，则说明炉管内常有薄层结焦；若炉管的颜色发黑时，则说明炉管内常有较厚的结焦；若炉管发红、发亮时，则说明炉管内的结焦已相当厚了。此外还可从炉膛温度和往复泵的压力来判断，若在明亮的炉膛内，如果在炉管的外皮上看见有污暗的斑点，同时炉膛温度升高，炉管内压力突然上升，就是炉管内产生结焦的症状。若发现炉管已结焦时，则应及时疏通炉管或更换炉管。

b. 炉管破裂及着火的处理　炉管破裂及着火是由以下二方面的原因引起的：其一是炉管的材质不好，受到高温氧化及油料的冲蚀，产生砂眼或裂缝，导致漏油着火；其二是操作不当所致，即炉内燃烧不正常，火焰舔着炉管，使炉管局部过热，管内结焦烧穿炉管，出现炉管破裂后，炉膛温度会迅速升高，烟囱冒黑烟。当判断出炉管破裂后，应立即关闭火嘴，关闭风门，停止进料，打开炉膛灭火蒸汽，将炉管内的沥青用蒸汽扫线，在火尚未熄灭前，炉管内必须不断送入蒸汽，以防炉管烧坏。

2. 沥青的输送

经过加热后的流体沥青主要依靠各种油泵来输送，一般常用来输送沥青的泵有蒸汽往复热油泵、齿轮油泵、离心泵等多种，对众多的泵均应正确操作，以保证生产的正常进行。

（1）蒸汽往复热油泵

蒸汽往复热油泵在启动泵前，应先将泵的各部位（尤其是活塞杆、配汽阀等经常摩擦的表面）擦抹干净，然后可稍通汽活动数次，以检查是否灵活，并使配汽阀停于接近两端的位置；用手摆动手柄，检查润滑油泵及油路的上油情况，并给配汽阀汽缸及其他的注油孔进行注油；检查压力表及阀门是否灵敏可靠。

在完成上述各项准备工作之后，方可启动蒸汽往复热油泵，启动时，先打开主气管线放空阀，排空冷凝水，然后关闭放空阀；打开汽缸下部数个放水阀，通入蒸汽预热 10 ~ 20 分钟，直到冷凝水出完为止，关闭放水阀，再逐渐开大进汽阀，使往复泵的往复次数达到要求。启动后应注意泵的冲程不宜太快，泵的出口压力不要过高，在泵运行正常后，要随时检查蒸汽压力及泵出口沥青压力的变化情况，使供油充足，不抽空；注意润滑系统的正常运转，定时排除冷凝水；及时处理泄漏，注意温度升高和不正常的声响出现。在运行中若需停泵，则应先关闭汽缸进出口阀门，然后关闭油缸进出口阀门，打开汽缸排空阀，放净冷凝水，停止冷却水，如果长时间停泵，则应将油缸中的沥青用蒸汽吹扫干净，对活塞杆等摩擦部位应涂抹防锈油。

（2）齿轮油泵

齿轮泵是输送沥青用的一种结构最为简单的泵，在其启动前应先打开循环线阀门、泵的出口阀门，检查压力表，待电机运转正常后，再打开入口阀，通过调节循环线阀门的开度，以控制泵的压力。

（3）离心泵

在使用离心泵之前，应先检查配套电机的转向是否与泵的运转方向一致，然后再与泵进行连接，并检查零部件是否齐全，安装是否符合要求，密封盘根松紧是否适宜，冷却水是否流畅，然后加入润滑油，板动对轮，检查是否灵活、有无异声。

各项准备工作符合要求后，打开入口阀，若泵的吸入位置低于泵体时，应先将泵体注满，再开动电机，启动时电流约高过正常运转值的 3 倍，待 10s，电流即可回到规定指标内，然后慢慢打开出口阀，控制电流不超过额定指标，采用出口阀调节流量，不得用入口阀调量。使用离心泵，不宜连续多次开停，因为启动电流很大，多次停开可使电机升温过高，甚至烧损电机。

停泵时要先关出口阀，停止液流倒回，引起电机反转损坏电机，停泵后关入口阀。

3. 沥青的氧化

氧化的生产过程可采用大锅炼制氧化、釜式氧化及塔式氧化等方式。

吹风氧化工艺最初采用间歇式氧化釜，随着塔式反应工艺的开发，实现了连续化生产。

（1）大锅炼制氧化

将原料准确计量后投入炼油锅内，投料量应控制液面离锅口不得少于 15cm，沥青原料含水时应陆续投料升温，并经常搅拌以缩短脱水时间。

当在同一锅内熔炼两种以上不同标号的沥青时，应先熔炼低标号沥青，然后加入高标号沥青，待基本熔化后，再继续提高温度。沥青开始氧化的温度应不低于 230℃，最高不超过 260℃，但应低于该沥青的闪火点，每吨沥青氧化风量为 2.5m³/min，平均每小时可提高软化点 5～10℃。炼制后的温度：浸渍材料应不大于 250℃，涂盖材料应不大于 280℃，但均应低于该批沥青的实际闪火点。

（2）釜式氧化

釜式氧化法可分为间歇式氧化法和连续式氧化法二类工艺，以间歇式氧化法工艺应用较多。图 2-15 为釜式氧化法工艺流程图（间歇式）。

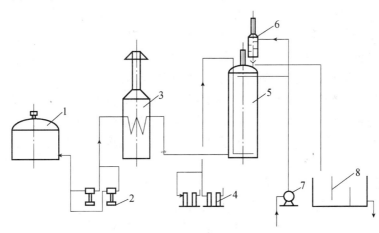

图 2-15　釜式氧化法工艺流程图

1—原料贮罐；2—蒸汽往复热油泵；3—加热炉；4—空压机；
5—氧化釜；6—冷凝器；7—注水泵；8—隔油池

在进行氧化时，首先将氧化原料（渣油）送入沥青加热炉中，加热至工艺规定的温度，用泵送入氧化釜中，釜内装入一定数量后即可开始少量通风，根据原料进入釜中的数量调节通风量，进料完毕时，风量达到规定的要求，空气中的氧便与氧化原料发生氧化反应，在氧化过程中产生的热量则可使釜内的温度升高，氧化温度可控制在 260～290℃，氧化时间则应以氧化沥青达到规定的质量指标为准。

釜式氧化工艺的操作要点如下：

①首先应进行进料前的检查，其内容包括釜底、釜顶、釜内的检查以及仪表及控制装置的检查。

a. 釜底检查：检查蒸汽管线、冷却水管线、送风管线及各条管线的阀门、法兰、垫片、螺栓、保温等部件是否处在正常状态下；检查釜的出料阀、釜底入孔是否关严，螺丝是否拧紧。

b. 釜顶检查：检查蒸汽阀、进风阀、各管线接头的法兰、垫片等部件是否处在正常状态下；检查釜顶防爆门是否完整可靠，安全蒸汽是否畅通；排水管线冷凝水是否已排除。

c. 釜内检查：检查釜壁腐蚀、釜内结焦情况；冷却水管要用蒸汽试压，必须严密无渗漏；检查油、汽、风、水等管线是否畅通，除水管外，其余各管线内均不得有水，釜底也必须无水。

d. 检查各部位的温度、压力等仪表及控制装置是否齐全、灵敏、准确；检查各管线自动阀门开启、关闭是否灵活，进出口泵的控制起停是否可靠等。

②将釜的出口阀门及连通管线的阀门关严，打开灭火安全蒸汽，排放15min以上，然后开始进料，在进料过程中要注意观察釜内液面的上升情况、温度变化情况以及是否有声响等异常情况。严防冒釜、跑油等现象。待达到进料要求的液面高度时，即可停止进料，并与加热炉、输油泵岗位联系，改换输油阀门和管线。在更换管线时，应先开启新管线，后关进料阀门，以防止泵的压力过高。

③当原料进入釜内并达到一定高度后，即可送风进行氧化，开始送风时要慢慢地加大风量，根据氧化要求控制前期、中期和末期的风量，控制沥青软化点上升的速度，一般不宜上升过快，以每小时上升不大于7℃为宜。氧化时灭火蒸汽和冷凝器的冷却水要连续送给，至沥青软化点达到要求停止氧化1h后，再停灭火蒸汽、停水。

④在氧化过程中，釜内气相、液相温度若上升过快，可减少风量，加大灭火蒸汽，打开釜壁外面的通风窗和冷却水，来控制釜内的温度；若釜内气相温度上升过快，超过规定的要求时，则要减少风量或停风，并加大灭火蒸汽和加大冷却水的流量，待温度恢复正常之后方可继续氧化。

（3）塔式氧化

我国20世纪70年代以前吹风氧化多采用间歇式氧化釜为主体的釜式氧化装置，其后采用塔式氧化工艺，现代氧化沥青装置大都采用塔式连续氧化流程。

塔式氧化工艺主要生产建筑石油沥青产品，对于道路石油沥青也可采用半氧化工艺来改进其品质。

塔式氧化根据沥青的生产能力及对产品质量的要求，可以采用单塔氧化、多塔串联或并联氧化等方式组合，对已有釜式氧化设备的工厂，在改造过程中也可采用塔、釜联合的生产流程，从而增加了装置的灵活性。

塔式氧化工艺的几种主要形式参见表2-47。

表 2-47　塔式氧化工艺的几种形式

| 工艺名称 | 特点 |
| --- | --- |
| 单塔氧化流程 | 流程比较简单，处理量大多在50～100kt/a，氧化塔底沥青一般靠自压进成品罐（塔），在成品罐（塔）中进一步冷却降温后进入成型系统 |

| 工艺名称 | 特点 |
| --- | --- |
| 双塔连续氧化流程 | 双塔连续氧化可分为双塔并联氧化和双塔串联氧化两种类型的装置，双塔连续氧化处理量大，能耗相对较低，生产方案较为灵活 |
| 三塔串联、分段氧化流程 | 三塔操作弹性大，可以同时生产不同牌号的沥青产品，成品沥青可以也氧化也降温，放料温度较低，适合大量生产各种沥青产品的情况 |
| 塔釜联合流程 | 为了生产某些特种石油沥青产品，则保留了釜式氧化，为了满足生产要求，也可采用塔釜联合的工艺 |

图 2-16 是典型的塔式氧化工艺流程。

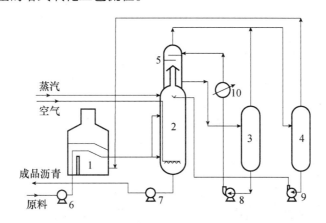

图 2-16　塔式氧化沥青装置的工艺流程

1—加热炉；2—氧化塔；3—循环油罐；4—气液分离罐；5—混合冷凝器；

6—原料泵；7—成品泵；8—柴油循环泵；9—注水泵；10—冷却器

根据图 2-16 所示，氧化沥青的原料可用泵抽出，经加热炉（1）加热至所需温度进入氧化塔（2）内，将压力为 200 ~ 250kPa 的空气送入塔的下部空气分配管，喷出后即与氧化沥青的原料（渣油）发生反应，蒸汽引入塔顶，气相可作安全蒸汽，合格产品由成品泵（7）从氧化塔底部抽出打入成品罐中。氧化尾气、蒸发出的轻质油及蒸汽由塔顶升气管进入混合冷凝器（5），冷却到 70℃进入气液分离罐（4），不凝的尾气则由罐顶出来，经阻火器进入加热炉（1）烧掉。

塔式氧化沥青装置的操作要点如下：

①在进料之前，首先应检查输送给氧化塔的油、水、汽、风等管线以及阀门、法兰、垫片、螺栓、保温等部件是否处在正常状况下；检查塔内有无异物，空气分配管和注水喷头是否畅通，有无腐蚀、结焦情况；检查消防、防爆、报警系统是否完好；在关闭塔底入孔之前必须认真检查塔内有无存水。认真检查塔式氧化沥青装置的各种仪表和控制装置对压力、温度、流量、液位的显示、调节是否正常，检查饱和器、水封罐、冷却系统是否完好。

②在进料前应先将脱水的安全蒸汽送入塔内，排空 5min 以上，排掉塔内瓦斯。与司

炉、司泵岗位联系，送入230~250℃的沥青料，由塔底进料至液面高度为2m时，检查有无异常，待一切正常后，开始通风氧化，其风量可控制在每小时200m³，然后再根据原料液面的升高和温度变化情况逐渐加大风量。刚进料时，应注意塔内有无声响，若有声响，但不是爆沸声，说明进料正常；若塔内无声响，可能是因为塔内有水，原料进入塔内后产生了泡沫，此时则应特别注意观察，防止冒塔事故的发生，必要时可停止进料，并送小风帮助水分汽化，待塔内无水爆沸声时再继续进料。当塔内液面达到10m时，原料改为上部进料，直至液面达到规定的高度后，停止进料，原料改为循环，进行单塔氧化，沥青达到要求后改为连续氧化。

③当沥青原料进入连续氧化后，第一塔内的液相温度应控制在270~280℃，气相温度应不大于180℃；第二塔内的液相温度应控制在260℃以下，气相温度控制在不超过180℃。在氧化过程中，应随时根据原料的性质和氧化后沥青的软化点、针入度、延伸度的变化情况，调整操作的有关参数。当沥青的软化点低于要求的指标时，应继续通风氧化；当沥青的软化点和延伸度达到指标要求而针入度大于指标要求时，可继续氧化至符合要求；当沥青的软化点达到指标或偏高，而延伸度和针入度比指标低时，则按不合格品处理。在氧化过程中，若发现液相温度下降，则应检查以下几个方面的原因：送风压力过低或风管结焦、进塔原料温度过低或注水量不适当、氧化塔保温不好等。在氧化过程中，调整塔内液面高度时，如果液面不高，则需加大进料量，此时，应先加大送风量，后加大进料量；如果塔内液面过高，则需减少给料量，此时，应先减小送风量，后减小送料量，以防止操作波动和产品不合格。

④塔式氧化可用仪表自动控制，其气动记录调节操作可按以下程序进行：

a. 手动操作：将切换开关置于"手动"的位置，用定值器操作阀门，进入阀门的气体压力同时反馈到调节器比例积分阀上。

b. 切换：手动操作结束后，将切换开关置于"中间"的位置，操作定值器使给定值等于测量值，此时原手动操作压力不得改变，如发现压力改变，必须检查线路、阀门、接头及仪表内是否有漏气之处。这是因为当切换开关在"中间"位置时，调节器的输出压力虽未进入阀门，但此时测量值与给定值相等，正反馈至原手动操作压力，故调节器输出压力必与手动操作压力相等。当开关切换到"自动"位置时，阀门压力没有波动，可称之为"无忧动切换"。

c. 自动操作：切换开关置于"自动"位置，调节器投入工作，氧化工艺则由调节器自动控制。

⑤生产事故的处理

a. 冒塔：冒塔产生的主要原因是由于塔内有水，当塔内的水遇到高温沥青时，急剧汽化，体积骤然增大，同时也使沥青的体积迅速增大，当塔自身的容量不能容纳时，急剧增大体积的沥青必然从塔顶冒出，造成冒塔事故。发生冒塔，高温的沥青从塔顶喷出，无控制地流向各方，不但造成原料的损失，而且极不安全，遇到操作人员在塔下，就会造成烫伤的事故。为防止冒塔，应注意以下操作：开工之前要严格检查，塔内不能有积水，注水管也要经试压检查，不得有破裂、泄漏；在向塔内送入安全蒸汽或用蒸汽扫线时，应先将蒸汽管内的冷凝水放出，以免将冷凝水带入塔内；采用气相或液相注水时，要控制水量均匀，不得超过安全规定的量；开始向塔内送风时，应先把风管排空几分钟，然后再向塔内输送，以防止风管内有积水带入塔内。一旦发生冒塔事故，要立即停止进料，停止送风，关闭注水线，并根据其原因采取措施：如发生在进料初期，则可能是塔内积水或原料含水量大所至，应将其进料脱水，控制在低液位，开小风，以助水分汽化，排至塔外，待塔内无水的爆沸声后，再加大进料量，正常送风氧化；如因原料含轻质挥发分过多，且塔内液面过高时，则应停止进料，控制低液面氧化；如在正常操作下突然发生冒塔，则可能是由于塔内的冷却水管发生破裂，或注水量过大造成的，应迅速切断进水，更换水管或减小注水量。

　　b. 塔内着火：在氧化过程中，塔内气相组成中，含有大量的低碳的轻馏分物质，当这些物质达到燃点的温度，又遇到塔内氧化沥青剩余的氧气，就会引起塔内着火，若达到爆炸比例极限，也会引起爆炸。为防止着火和爆炸，在操作过程中，应控制气相温度为180℃，最高不得超过220℃。如果塔内一旦发生着火，则应立即停止氧化，关闭进风阀门，加大安全蒸汽。如果气相温度仍然继续上升，控制不住时，则可适量在气相注水，以降低塔内的温度，并且增加塔内水蒸气的含量，从而起到隔离空气的作用，当温度控制不再上升时，则要减小或停止注水，防止冒塔。

　　c. 氧化塔漏油：氧化塔的入孔、采样阀门、测温导管等处，均是造成氧化塔漏油的薄弱环节，若渗漏不多，则可紧固入孔或法兰盘螺丝，作临时处理；若漏油较多，无法紧固，则应停止进料，进行维修，若因焊缝开裂导致漏油，则应立即停止进料，并向塔内吹送安全蒸汽，保证塔内成为正压，待塔内的沥青抽出后，再进行维修。

　　生产实践证明，塔式氧化工艺具有以下优点：

①提高了生产能力和生产效率，同时对空气中氧的利用率高。

②生产连续化，操作自动化，提高了劳动生产率，减轻了劳动强度。

③氧化沥青的生产平稳，产品质量稳定，合格率高。

④氧化时间较短，生产成本较低。

⑤设备投资少，占地面积小，改善了劳动的条件。

氧化塔是整套装置的关键设备，塔径和塔高应根据装置的处理量而定，对于其处理量为 $(5 \sim 10) \times 10^4 t/a$ 装置，氧化塔径为 1.4～3.2m，塔高 12～14m，通常高径比为 4:8，提高高径比，可以增加与空气接触时间，有利于保持高液位，充分利用空气中的氧，使尾气氧含量下降。一般氧化塔为空塔，但也有些内设塔板，如增设栅板以改善空气流动状态，塔内最重要的内构件是空气分布管，如采用金属陶瓷多孔分配器，可提高空气分散度，达到均匀分布，从而提高反应速度。此外，采用旋涡式气相注水喷嘴，可增加雾滴与尾气的接触时间，提高氧化塔操作安全性。

吹风氧化流程中热量的利用是一个重要的问题，如采用热进料，以降低加热时料消耗的能量；在塔内增设液相盘管取热充分利用反应热；利用各高温位物料作为热源或发生蒸汽；利用尾气焚烧炉的烟气热量来作为加热进料的热源或发生蒸汽。通过这些措施来降低装置的总能耗。

氧化沥青装置的尾气其主要成分是低分子烃类、水蒸气、$H_2S$、$SO_2$、$CO_2$、$CO$、$O_2$、$N_2$ 等，此外还有被携带出冷凝油滴，其中含有多环芳烃，如3，4—苯并芘。3，4—苯并芘为有害物质，散布在大气中能吸附于 $8\mu m$ 以下的微尘，这种尾气是不能直接排放到大气中去的，故所有的氧化沥青装置都必须采取尾气治理设施，以清除污染大气的有害成分和回收氧化携带出的油。尾气处理的方法主要有：水冷却法、碱洗法、油洗法、饱和器法、活性炭吸附法、催化燃烧法等，但这些方法都不能有效去除尾气中3，4—苯并芘和消除尾气的臭味，而且还产生二次污染，因此现代氧化沥青装置均配套设置尾气焚烧装置，采用高温焚烧的方法来解决尾气的污染问题。焚烧炉有立式和卧式两种，并有几个燃烧室，使尾气燃烧完全，有害组分在高温850～1400℃及氧存在条件下氧化分解，焚烧时间约1～3s，经焚烧后尾气3，4—苯并芘的含量可降至 $0.01～0.018\mu g/1000m^3$，符合环境要求，焚烧烟气的余热，则可以预热原料，或生产过热蒸汽。

（4）半氧化法

半氧化法又称轻度氧化法。与氧化法相比较，除吹风氧化条件比较缓和外，没有本质上的差别，半氧化法通常反应温度低于常规吹风氧化的温度，反应的时间也较短，只要达到提高产品沥青所至要求的黏度即可。半氧化法主要制取高黏度道路石油沥青。

半氧化法的原料最好选用轻质原油的减压渣油或调入适当组分，氧化原料的黏度越小，其针入度则越大，氧化温度越低，所需氧化时间越长，所得沥青针入度指数 PI 值越大，脆点越低，则半氧化沥青的感温性小，低温脆性得到改善。

（5）催化氧化工艺

石油沥青具有良好的粘结性，不透水性，并价廉易得，所以在建筑材料中占有十分重要的地位。目前使用的建筑沥青，大部分是通过空气氧化法生产的，然而普通氧化工艺生产的沥青，其性能往往不能满足需要，沥青防水卷材高温容易发生流淌，低温容易脆裂，导致使用寿命短，一般来说，影响沥青防水卷材质量的主要是用于浸涂的沥青质量。通过催化氧化工艺，则可以大幅改进氧化沥青的质量，催化氧化沥青与普通氧化沥青相比较，在软化点相同的情况下，则具有更高的针入度，使其低温柔性更好。

沥青的催化氧化，是在沥青吹风氧化的过程中加入催化剂，可以使反应速度显著地提高，因而缩短了反应时间，所得产品脆点低、低温塑性好、弹性大、感温性得以改善，可用于工程设施要求高低温性能兼顾的场合。

催化氧化工艺所用的催化剂有很多种类，但多数因成本高、效果不理想而未广泛被使用，目前研究较多的是 $FeCl_3$、磷酸和五氧化二磷、有机磺酸等品种，催化剂的加入量一般为 0.1%～5%，实际上在氧化过程中催化剂不仅起催化作用，还与沥青进行反应，并进入产品，在停止氧化后，残留在产品中的催化剂继续起着作用，会影响产品的使用性能。

加入不同催化剂的氧化效果如图 2-17、图 2-18 所示。从图中可以看出，与非催化氧化过程相比，不论加入哪一种催化剂及加入量的大小，均可以使沥青在氧化过程中软化点升高速度加快，针入度下降减缓，沥青质量得到改善。

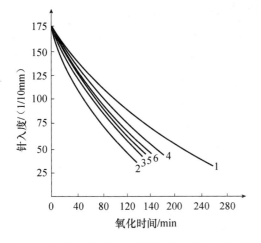

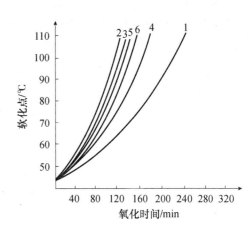

图 2-17　各种催化剂氧化过程中针入度－时间曲线

1—1% $Na_2CO_3$；2—0.5% $FeCl_2$；3—0.5% $FeCl_3$；

4—1% $P_2O_5$；5—1% FE-1；6—1% FH-2

图 2-18　各种催化剂氧化过程中软化点－时间曲线

1—1% $Na_2CO_3$；2—0.5% $FeCl_2$；3—0.5% $FeCl_3$；

4—1% $P_2O_5$；5—1% FH-1；6—1% FH-2

有关科技人员以中东油源的减压渣油为原料，氧化温度为 260℃，吹风量为 $40m^3/(h \cdot t)$，对一些催化剂评价其催化效果，结果见表 2-48。

表 2-48　各种催化剂催化氧化效果

| 催化剂 | 无 | $P_2O_5$ | | $P_2S_5$ | | $FeCl_3 \cdot 6H_2O$ | | $AlCl_3 \cdot 6H_2O$ | | $CuCl_2 \cdot 2H_2O$ | | S | |
|---|---|---|---|---|---|---|---|---|---|---|---|---|---|
| 催化剂加入量（质量分数）/% | — | 1.0 | 3.0 | 1.0 | 3.0 | 1.0 | 3.0 | 1.0 | 3.0 | 1.0 | 3.0 | 1.0 | 3.0 |
| 氧化时间/h | 2.9 | 3.5 | 4.7 | 2.8 | 2.5 | 1.7 | 1.5 | 2.8 | 3.0 | 2.3 | 1.8 | 2.7 | 1.8 |
| 针入度（0.1mm） | | | | | | | | | | | | | |
| 25℃ | 54 | 58 | 50 | 49 | 40 | 54 | 50 | 55 | 53 | 57 | 49 | 61 | 54 |
| 0℃ | 26 | 30 | 29 | 25 | 28 | 33 | 31 | 26 | 27 | 33 | 28 | 27 | 26 |
| 46℃ | 154 | 125 | 89 | 109 | 85 | 102 | 90 | 146 | 126 | 116 | 79 | 193 | 169 |
| 软化点/℃ | 61 | 70.5 | 111 | 71 | 100 | 78 | 85.5 | 62 | 66 | 71 | 82 | 56 | 59 |
| 延度/cm | | | | | | | | | | | | | |
| 25℃ | 14.5 | 7.3 | 3.5 | 6.5 | 3.5 | 3.7 | 3.0 | 10.3 | 7.2 | 4.9 | 3.4 | 32.5 | 25.7 |
| 0℃ | — | 2.9 | 2.7 | — | — | — | — | — | — | — | — | — | — |
| 脆点，℃ | −22 | −25 | −24 | −21 | −23 | −20 | −22 | −22 | −22 | −22 | −21 | −20 | −21 |
| 针入度指数 | 1.4 | 3.3 | 7.6 | 3.0 | 6.5 | 4.2 | 4.9 | 1.6 | 2.2 | 3.2 | 4.5 | 0.8 | 1.0 |
| 4 组分（质量分数）/% | | | | | | | | | | | | | |
| 饱和分 | 23.6 | 23.1 | 22.3 | 27.5 | 27.2 | 27.6 | 27.0 | 25.4 | 24.7 | 28.9 | 29.3 | 31.4 | 26.9 |
| 芳香分 | 31.2 | 31.8 | 31.4 | 33.0 | 33.6 | 30.9 | 34.4 | 32.1 | 30.5 | 31.8 | 29.6 | 28.5 | 30.7 |
| 胶质 | 15.9 | 11.9 | 10.5 | 10.3 | 7.2 | 8.3 | 8.5 | 14.6 | 14.1 | 8.5 | 5.5 | 14.6 | 13.4 |
| 沥青质 | 29.3 | 33.2 | 39.8 | 29.2 | 32.0 | 33.2 | 30.1 | 27.9 | 30.7 | 30.8 | 35.6 | 25.5 | 29.0 |

注：氧化温度 260℃，空气吹入速度 $40m^3/(h \cdot t)$，中东原料。

从表 2-48 中的数据可以看出，在加入不同催化剂氧化到 25℃ 针入度大体相同时，所需的氧化时间（即反应速度）和产品性质是各不相同的，如以 $FeCl_3 \cdot 6H_2O$ 为催化剂，加入量 1%～3%，反应速度约提高一倍，产品性质和沥青 4 组分也发生了变化，针入度指数有很大的提高；以 $P_2O_5$ 为催化剂则在改善感温性方面效果显著，当加入量为 3% 时，产品针入度指数可高达 7.6，其软化点上升也快。总的来讲，催化氧化沥青在一定针入度下，具有软化点高、脆点低、塑性范围宽等特性。

对于催化氧化使用的催化剂，复合的催化剂比单一的催化剂化，有关科研人员开发了以合成脂肪酸的釜底渣油与 $FeCl_3$、CO 和 Mn 的混合物作催化剂，以试验结果可以看出，Mn、CO 特别是 $FeCl_3$ 均能明显加速提高软化点过程，大大缩短了氧化时间。

工厂氧化装置一般采用的加催化剂工艺是从氧化釜中把低于反应温度 10～15℃ 的渣油用泵抽到一个加热的开口搅拌器内，一边搅拌，一边将一定量的液态催化剂加入到渣油中间，如采用三氯化铁水溶液，其浓度可为 40%；磷酸可为 76%，加入催化剂时速度要慢，当蒸汽完全排出后，将渣油再抽回到氧化釜中开始氧化。

某炼油厂在大处理量的双塔连续氧化装置上将纯工业氯化铁（$FeCl_3 \cdot 6H_2O$）预先在用水蒸气加热的转筒中，在 40～80℃ 下熔化，然后再用水稀释为含 $FeCl_3$ 80% 的水溶液，以占原料的 0.1% 的量注入，与不加催化剂运行结果相比较，当原料处理量相同时，沥青的软化点要高 12℃ 左右，而得到相同软化点的沥青时，处理量可增加约 1/3，而且尾气中氧含量也降低了约 1%，其试验结果见表 2-49。

表 2-49　某炼油厂催化氧化与普通氧化试验结果比较

| 项目 | 不加催化剂 | | 加入 0.1% $FeCl_3$ | |
|---|---|---|---|---|
| | 条件 1 | 条件 2 | 条件 3 | 条件 4 |
| 渣油进料量/（$m^3$/h） | 30 | 35 | 40 | 35 |
| 渣油进料温度/℃ | 230 | 230 | 240 | 220 |
| 渣油软化点/℃ | 30～31 | 31 | 30～31 | 30～31 |
| 塔 1 循环量/（$m^3$/h） | 70 | 70 | 75 | 70 |
| 塔 1 温度/℃ | 280 | 280 | 270 | 275 |
| 塔 1 吹空气量（标准状态）/（$m^3$/h） | 2200 | 2200 | 2200 | 2200 |
| 塔 1 液面 | | | | |
| 塔 2 温度/℃ | | | | |
| 下部 | 270 | 270 | 265～270 | 265～270 |
| 中部 | 270 | 270 | 265～270 | 265～270 |
| 上部 | 245 | 242 | 242 | 245 |
| 塔 2 液面 | | | | |
| 塔 2 吹空气量（标准状态）/（$m^2$/h） | 500 | 500 | 500 | 500 |
| 沥青软化点/℃ | 47.5～50.5 | 43 | 47.5～50.0 | 54～54.5 |
| 尾气中含氧量/%（体） | 8.0 | 8.0 | 6.8 | 7.0 |

以辽河原油渣油为原料，采用三氧化铁为催化剂，将三氯化铁研成粉状，在一定温度下与渣油相混合，然后再进行氧化，经催化氧化后的产品性质见表2-50、表2-51。为了便于比较，同时列出了美国《防潮和防水用沥青的标准规格》和《屋面用沥青的标准规格》标准，从中可以看出催化氧化得到的沥青其质量指标均符合 ASTM 449、ASTM 312 以及我国 10 号、30 号建筑石油沥青标准的要求，并以此沥青制品作为沥青防水卷材的浸涂材料，制成的 350 号纸胎油毡，其耐热度、柔度性能优良，其中耐热度在 95℃ 时仍合格，比 GB 326—89 中优等品指标还要高出 5℃。

**表 2-50　催化氧化沥青与美国防水防潮沥青规格比较**

| 项目 | ASTM 449 标准 | | | 催化氧化沥青 | | |
|---|---|---|---|---|---|---|
| | Ⅰ 型 | Ⅱ 型 | Ⅲ 型 | No10 | No16 | No13 |
| 软化点/℃ | 46 ~ 60 | 63 ~ 77 | 82 ~ 93 | 52 | 64 | 83 |
| 闪点/℃ | >715 | >200 | >205 | >260 | >256 | >260 |
| 针入度/(1/10mm) | | | | | | |
| 0℃ | >5 | >10 | >10 | 18 | 17 | 11 |
| 25℃ | 50 ~ 100 | 25 ~ 50 | 20 ~ 40 | 58 | 36 | 24 |
| 46℃ | >100 | <130 | <100 | 158 | 78 | 46 |
| 延度（25℃）/cm | >30 | >10 | >2 | 67 | 11 | 5 |
| 溶解度（三氧乙烯）/% | >99 | >99 | >99 | >99 | >99 | >99 |

**表 2-51　催化氧化沥青与美国屋面沥青规格比较**

| 项目 | ASTM 312 标准 | | | | 催化氧化沥青 | | | |
|---|---|---|---|---|---|---|---|---|
| | Ⅰ 型 | Ⅱ 型 | Ⅲ 型 | Ⅳ 型 | No6 | No3 | No13 | No17 |
| 软化点/℃ | 57.2 ~ 65.7 | 71.1 ~ 79.4 | 82.2 ~ 93.3 | 96.1 ~ 107.2 | 61 | 76 | 83 | 98 |
| 针入度/(1/10mm) | | | | | | | | |
| 0℃ | >3 | >6 | >6 | >6 | 16 | 13 | 11 | 6.5 |
| 25℃ | 18 ~ 60 | 18 ~ 40 | 15 ~ 35 | 12 ~ 25 | 43 | 26 | 24 | 15 |
| 46℃ | 90 ~ 180 | <100 | <90 | <75 | 90 | 48 | 46 | 24 |
| 闪点/℃ | >190 | >220 | >225 | >225 | 240 | >270 | >260 | >270 |
| 延度（25℃）/cm | >10 | >3 | >3 | >1.5 | 15 | 5 | 5 | 5 |
| 加热损失/% | <1.0 | <1.0 | <1.0 | <1.0 | 0.004 | −0.002 | −0.010 | 0.03 |
| 保留针入度比/% | >60 | >60 | >60 | >75 | 86 | 83 | 87 | 80 |
| 溶解度（一氯乙烯）/% | >99.0 | >99.0 | >99.0 | >99.0 | 99.5 | 99.5 | 99.5 | 99.7 |
| 灰分/% | <1.0 | <1.0 | <1.0 | <1.0 | <1.0 | <1.0 | <1.0 | <1.0 |

### 2.3.2 调合法

调合法生产石油沥青是指按沥青的四个化学组分作为调合的依据，按沥青的质量要求将其组分进行重新调合的一种石油沥青的生产方法。

采用调合法生产石油沥青，所使用的原料组分既可以是采用同一种原油而由不同加工方法所得到的中间产品，也可以是不同原油加工所得的中间产品。由于采用调合法工艺生产石油沥青，可使生产受油源约束的程度降低，从而扩大了原料的来源，增加了生产的灵活性，更有利于提高沥青的质量。

由于原油生成条件的复杂性，即使同类组分，因油源不同，表现出来的性质特征也不尽相同，最终则反映在沥青的性能和胶体结构上出现差别。一般认为沥青质是液态组分的增稠剂，胶质对改善沥青的延度有显著效果，芳烃对沥青质有很好的胶溶作用，形成稳定的胶体结构，而饱和烃则是软化剂，归纳起来，4 组分对沥青性质的影响，见表 2-52。

表 2-52 各组分对沥青性质的影响

| 组分 | 感温性 | 延度 | 对沥青质分散度 | 高温黏度 |
| --- | --- | --- | --- | --- |
| 饱和烃 | 好 | 差 | 差 | 差 |
| 芳烃 | 好 | — | 好 | 好 |
| 胶质 | 差 | 好 | 好 | 差 |
| 沥青质 | 好 | 稍差 | — | 好 |

通过对多种沥青组分的分析，质量优良的石油沥青其组分大致的比例是饱和烃为 13% ~31%，芳烃为 32% ~60%，胶质为 19% ~39%，沥青质为 6% ~15%，含蜡量 <3%。

调和法生产沥青产品既可以采用先调配生产沥青的原料，也可以采用在沥青半成品之间进行调和，可依据实际生产情况而确定，通常采用的方法是首先生产出软、硬两种沥青组分，然后根据实际需要，调和出符合规格的各种牌号的沥青。

保证调和沥青质量的关键在于配比准确，混合均匀，其调和的方法有罐式调和和在线调和两种。

罐式调和其方法较简单，其流程示意图如图 2-19 所示。其具体方法是把沥青的调和组分保持在一定温度下，将沥青调和组分Ⅰ及Ⅱ打入调和罐内，分别计算，用泵将沥青组分循环，达到搅拌、调和的目的，也可在调和罐内安装搅拌器，这种方法需要维持较高的温度和搅拌较长的时间，温度以保持沥青的黏度不超过 200mm²/s 为宜，过高的温度易造成沥青提前老化，过低的温度则导致混合不良，调合时间一般需要 4 ~16h。

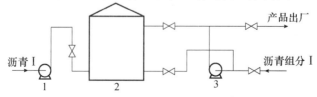

图 2-19 罐式调合流程示意图

1—离心泵；2—调合罐；3—电动往复泵

在线调合是两种以上的组分按设定的调和比泵送后，经搅拌器或混合器连续得到调合产品，通过控制各物流的流量和质量指标，对产品质量进行自动控制，主要是采用黏度在线监测，实现多组分的称重、调合及自动记录，过程操作全部自动化。图 2-20 是西班牙采用黏度在线监测自动调合流程。

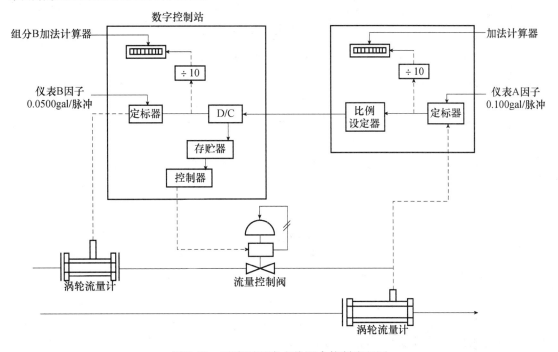

图 2-20　西班牙沥青在线调合控制流程图

此外还可以将上述两种方法结合起来使用，即既采用调合罐，也采用混合器进行调合，如图 2-21 所示。

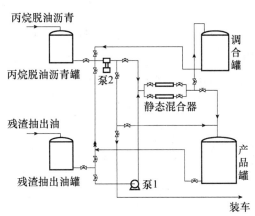

图 2-21　用调和罐、混合器调合流程示意图

## 2.3.3　氯盐处理法

用多蜡沥青生产防水卷材时，因其粘接性较差、热稳定性差，故在使用前必须给以加

工处理。加工处理的方法有多种，其中氯盐处理法常为采用。

氯盐处理法比较简单，先将多蜡沥青加热熔化、脱水，在260~280℃的温度下不断进行搅拌，加入预先已称量好的氯盐（如氯化锌，用量为沥青质量的1.8%），这时会出现大量的气泡，表明氯盐和沥青正在进行化学反应，然后保温0.5~1h，泡沫消失后即可使用。

用氯盐处理少蜡沥青，也可收到明显的效果，用1.8%的氧化锌处理60号石油沥青后，可接近30号石油沥青，且具有较大的延伸性和粘接性。

## 2.4 浸涂材料的制备

浸涂材料是指在制造沥青防水卷材中用来浸渍和涂盖胎基的沥青材料的总称。按其对胎基的不同作用，可分为浸渍材料和涂盖材料二大部分。浸涂材料的制备工艺是制造沥青防水卷材的重要环节，其主要内容包括浸渍材料和涂盖材料的炼制等两部分，其生产应是连续作业的。

### 2.4.1 浸渍材料的制备

浸渍材料是指在制毡工艺中，用来浸渍防水卷材胎体的材料，浸渍材料又称为芯油或里油，是防水卷材生产的一种半成品，浸渍材料的性能关系到对胎体的浸渍程度，也直接影响浸渍后的防水卷材、油纸的技术性能，除了对浸渍材料的原料选择、合理配比之外，浸渍材料的炼制是生产防水卷材优良半成品的重要工序。浸渍材料的炼制工艺简述如下。

石油沥青防水卷材的浸渍材料是用石油沥青为原料，经过加工炼制而达到浸渍材料的要求，浸渍材料的原料以60号建筑石油沥青加工最简便，且性能较好，60号石油沥青的软化点是道路沥青中最高的，可达45℃以上，延伸度不小于70cm，针入度适中，为50~80 1/10mm，各项技术性能指标都能符合生产沥青卷材用的浸渍材料的要求，以60号石油沥青为原料生产防水卷材时，只需要通过加热炉，将其温度升高到浸渍工艺要求，就可以直接投入使用。

炼制浸渍材料由于60号石油沥青产量少，供需矛盾突出，也可以用100号石油沥青、200号石油沥青或渣油代用，当选用60号以外的石油沥青或渣油为原料时，必须经过加工炼制，才能达到生产防水卷材浸渍材料的技术指标。

浸渍材料的制造工艺流程如图2-22所示。

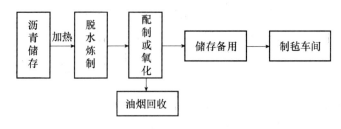

图2-22 浸渍材料的制造工艺流程图

1. 浸渍材料的配制

由于进厂的沥青原料其性能不同，浸渍和涂盖材料必须按规定的技术条件，在炼油工序中进行配制或氧化，配制可用质量比或体积比。浸渍材料配制后，应送入储存罐，油温不得大于 280℃（不应超过沥青的闪点），储存期超过 8h 后，应取样检验，符合半成品指标要求者方能使用。

2. 浸渍材料的氧化

浸渍材料石油沥青的炼制氧化工艺如图 2-23 所示。

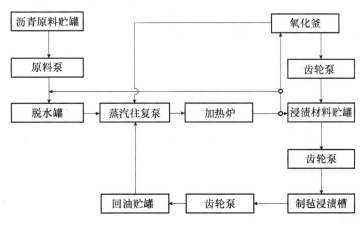

图 2-23　浸渍材料氧化炼制工艺流程图

炼制浸渍材料时，原料沥青由沥青原料罐经原料泵或输料用的蒸汽往复泵送到原料脱水罐中。脱水是通过由加热炉回流的高温沥青与原料沥青在交汇的管路内混合、升温，然后再淋入脱水罐，水分汽化蒸发，从脱水罐顶部的排气孔排出而进行的，脱水罐可设置一个或几个，除脱水用之外，还可作不同原料分别储备用，脱水后的原料沥青经蒸汽往复泵送入加热炉。从加热炉出来的原料沥青还可以循环回环，如此循环逐渐使脱水罐内的原料增多，当原料脱水达到要求之后，提高加热炉出口的温度，直接送入氧化釜内。进釜的温度可控制在 220～230℃，进料量可按不同原料的配比数量，通过进料高度进行控制，一种原料进完后，方可再进另一种原料，当各种原料均按要求配比的数量进足后，即可开始进行氧化操作。

开始氧化时，送风量要逐渐加大，以进料 50t 的氧化釜为例，其送风量可由 900～1000m³/h 逐渐加大到 2000m³/h，当加大送风量后，釜内的液相、气相温度迅速上升，这时要控制液相温度最高不超过 270℃，气相温度要控制在 230℃以下，同时要掌握两者间的温差不应小于 30℃。如果温度上升过快，要采取降温措施。氧化的时间应根据原料和浸渍材料半成品的要求而确定，在氧化过程中应随时取样化验，由于浸渍材料的氧化时间较短，有时等不及化验出结果氧化釜内就可能已达到要求了。因此要根据生产的经验预测氧化的时间，当达到预期时间后，应立即取样化验。如果在要求的软化点规定值范围内，即可通过齿轮泵，送入浸渍材料贮存罐内备用；如果化验结果尚未达到要求，还要继续氧化到符合要求为止。

如果软化点超过要求的范围，则可再适量加入未氧化的原料加以调配，所需的加入量可通过计算求得。例：要求通过氧化得到的半成品软化点为 57℃，而现在实际氧化后得到的半成品其软化点为61℃，釜中的进料量为50t，原料的软化点是42℃，求需加入低软化点（42℃）的原料多少吨，可使已氧化好的软化点为61℃的沥青达到半成品软化点（57℃）的要求？

此时可先按下式求出高软化点沥青所占百分含量 $G$：

$$G\% = \frac{t - t_1}{t_2 - t_1} \times 100$$

式中　$t$——要求配制后的软化点，℃；

　　　$t_1$——配料中的低软化点，℃；

　　　$t_2$——配料中的高软化点。℃。

根据已知条件：$t = 58℃$，$t_1 = 42℃$，$t_2 = 61℃$，代入上式得：

$$G\% = \frac{58 - 42}{61 - 42} \times 100$$

$$= \frac{16}{19} \times 100$$

$$= 84.2\%$$

由此可算出低软化点的原料应占：

$$100\% - 84.2\% = 15.8\%$$

然后再由百分含量求出应加的质量，已知釜中被氧化为高软化点（61℃）的沥青是50t，占84.2%，即可求得15.8%是多少吨了。

$$50 \div 84.2\% \times 15.8\% = 9.38t$$

根据计算，我们在已氧化好的软化点为61℃的沥青中，再加入9.38t其软化点为42℃的原料沥青，在氧化釜中稍通入压缩空气，使其搅拌均匀，即可达到要求的软化点沥青（57℃）。

进行掺配时应注意以下几点要求：

①要测定混合后的沥青，是否各项指标均达到浸渍材料的要求。

②互相掺配的两种沥青其性能应接近，差别不宜太大。

③掺配时加料量不能过多，因为进料量过多易引起尾气带液，造成排气孔和其他馏出系统的堵塞。

④加入的原料沥青必须先经脱水，才能送入釜内。

⑤必须准确按配比数量进釜，如配比不准确，势必影响配料后的性能。

沥青原料经氧化后达到浸渍材料的性能要求，即可通过齿轮泵送至浸渍材料贮罐，如温度低于要求，可通过蒸汽往复泵，经加热炉升温，加热炉出口温度应保持在（275±5）℃，然后送入浸渍材料贮罐备用。

浸渍材料贮罐应有保温装置，除用蒸汽或导热油保温外，还要采取隔热保温措施，以有效地保持罐内浸渍材料的温度。浸渍材料贮罐的位置应离制毡生产线中浸渍槽的距离接近，以减少沥青从贮罐到浸渍槽间输送过程的温度损失。贮罐可采用高位罐，使浸渍材料靠液位差，直接由贮罐流入到浸渍槽，这样可减少一个泵的环节，如不能设置高位贮罐，也可用齿轮泵将浸渍材料从贮罐输送到浸渍槽。浸渍材料贮罐的容量可小于氧化釜容量，因为贮罐气相体积不必留出 1/3 那么多，稍留出余量即可，同时氧化釜亦可分两次往贮罐输送，贮罐体积过大的浸渍材料的温度亦不易稳定，也不好调节；但贮罐的容量也不能太小，因为贮罐容量太小时，生产线上随时消耗浸渍材料，而加热炉又不可能随时往贮罐中补充，须间隔一段时间后，才能输入温度较高的浸渍材料，贮罐内量越小，则补充量需要较大，补充量越大，温度则越不稳定，因此，贮罐的容量又不能太小。针对上述矛盾，可采取不设回油罐，而增设一台小型立式圆筒加热炉，循环加热浸渍材料，以保持浸渍材料的温度符合工艺要求。

设有回油贮罐时，即不设小加热炉，可将浸渍槽内的低温浸渍材料用齿轮泵送入回油贮罐，然后再由回油贮罐用蒸汽往复泵经加热炉升温，送入浸渍材料贮罐，这个操作是间断进行的，升高的温度可根据制毡工艺的需要而确定的。

## 2.4.2　涂盖材料的制备

沥青防水卷材涂盖材料是指用于涂盖在沥青卷材胎基表面的并含有矿质填充材料的沥青材料，俗称面油。

涂盖材料对提高沥青防水卷材胎基的防水性、抗拉强度，提高防水卷材的热稳定性、使用耐久性等起着决定性的作用。选择涂盖材料的用料、掌握配制工艺是制备性能优良的涂盖材料的技术所在。其制备工艺流程如图 2-24 所示。

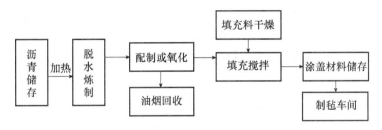

图 2-24　涂盖材料的制备工艺流程图

### 2.4.2.1　涂盖材料用沥青的制备

配制涂盖材料所使用的沥青，应按所使用的原料沥青不同而采用不同的加工工艺。作为沥青卷材的涂盖材料可以用高标号的沥青直接熔化，再加入填料进行配制，也可以采用低标号的沥青经过氧化加工处理后，再进行填充配制。

1. 高标号沥青的熔炼

高标号的石油沥青在常温下是固体状态的，对于这类块状的高标号沥青的熔化，可采用开口锅熔化或沥青熔化釜内熔化。

开口锅熔化高标号石油沥青的工艺现已较少使用，沥青釜熔化高标号石油沥青是通过过热蒸汽或加热介质来加热熔化沥青的，熔化釜是一个圆柱状密闭的钢罐，罐内壁四周设有循环加热盘管，盘管内可以通入 350～450℃的过热蒸汽或加热介质，热介质油先在管式炉内加热然后再送入熔化釜的盘管内，循环加热沥青，使之熔化并保持一定的温度，熔化釜的容量一般为 8～10t，投料后加热 8～10h 即可熔化一釜，熔化釜的选择可根据防水卷材的生产量来决定。

熔化釜的投料应先将约占 1/3 釜体积的已熔化的高标号沥青经管式加热炉升温到 280℃以后，送至空釜内，然后再投入块状的高标号沥青（固态沥青），使其逐渐熔化，待其全部熔化后，再通过管式加热炉循环升温至要求的温度，经检验符合性能要求后，即可送至填充搅拌罐内，添加填充材料，配制成涂盖材料。

2. 低标号沥青的氧化

低标号的石油沥青，不能直接加热后就添加填充材料配制成涂盖材料，必须先氧化加工成高标号的沥青后，才能再配制成涂盖材料。低标号沥青的氧化处理与前述浸渍材料氧化工艺基本相同，区别在于进釜氧化的温度，应略低于浸渍材料，一般应控制在 190～230℃。因为涂盖材料的沥青由低标号氧化到高标号需要很长的时间，氧化过程中，温度升高得多，进釜的温度略低些，可以保持在长时间的氧化中，升温不超过 280℃，这样就可以不必采用一些强制降温的措施。当升温超过 280℃时，只需加大灭火蒸汽或空气冷却，就可保持不超过要求的温度，一般也不需间接水冷却或注水冷却。沥青经氧化后，检验符合要求后，升温至 260～280℃，备作配制涂盖材料。

2.4.2.2 涂盖材料的配制

沥青涂盖材料用于防水卷材的外层，直接经受大气和外界的作用，因此，它比浸渍材料更为重要。

涂盖材料是由沥青材料和填充材料两个部分构成的。填充材料是石油沥青防水卷材生产过程中不可缺少的主要原材料之一，涂盖材料中用的矿质填充材料也叫稳定剂，主要品种有滑石粉、硅灰石粉、板岩粉、白云石（石灰石）粉等多种，但使用量最大的是滑石粉和板岩粉，涂盖材料也可以填充能够达到要求的密度、水分、细度和不含游离酸和碱的其他矿质粉料，但这些填充料应当是亲水性少、吸油性好的、对沥青不起化学破坏作用和难溶于水的矿质粉料。

1. 填充料加入量与物理性能的关系

当涂盖用沥青中加入填充料后，随着填料含量的增加，其混合后的涂盖材料的软化点也随之提高，而针入度减小，参见表 2-53。从表 2-53 可知，当加入其含量在 20% 以下填充料时，平均每增加 5% 的填充料，则可提高涂盖材料的软化点 1℃；当填充料含量在20%～40% 范围时，则平均每增加填充料含量 3% 时，就可提高涂盖材料的软化点 1℃，由于软化点的提高，使防水卷材的耐热度也相应地得到提高。表 2-53 所添加的滑石粉其理化性能和化学成分参见表 2-54。

表 2-53　不同填充量对涂盖材料软化点针入的影响

| 填料名称 | 填充量/% | 软化点/℃ | 针入度/(1/10mm) |
| --- | --- | --- | --- |
| 滑石粉 | 0 | 82 | 18 |
| | 20 | 86 | 15 |
| | 40 | 93 | 14 |
| | 60 | 111 | 13 |

表 2-54　表 2-53 中滑石粉的理化性能和化学成分

| 名称 | | 指标 | 含量/% |
|---|---|---|---|
| 理化性能 | 密度/（g/cm³） | 2.75 | |
| | 水分/% | 0.5 | |
| | 烧失减量/% | 8.43 | |
| | pH | 7 | |
| 化学成分 | 二氧化硅（SiO₂） | | 54.48 |
| | 氧化铝（Al₂O₃） | | 1.45 |
| | 氧化铁（Fe₂O₃） | | 3.54 |
| | 氧化钙（CaO） | | 0.1 |
| | 氧化镁（MgO） | | 33.1 |
| | 氧化钠 + 氧化钾（Na₂O + K₂O） | | 0.18 |

在沥青中加入矿质粉料后，对其抗水性能也有所改善，通过对不同填料含量的涂盖材料测定其 30d 后的吸水率，可知在一定范围内，吸水率的值随着填料含量的增加而减小，但超过一定范围后，其吸水率不但不再继续减小，反而出现增加的趋势，参见表 2-55。

表 2-55　填充料含量与涂盖材料吸水率的关系

| 填充料含量/% | 30d 后吸水率/% |
|---|---|
| 0 | 0.205 |
| 15 | 0.216 |
| 20 | 0.169 |
| 25 | 0.135 |
| 30 | 0.123 |
| 35 | 0.123 |
| 40 | 0.096 |
| 45 | 0.104 |
| 50 | 0.110 |

填充料含量的增加，可以提高涂盖材料的抗老化性。根据人工老化试验，不添加滑石粉填料的纯沥青，经过 51 次循环后，就引起试件的破坏，而加入 20% 的填充料后，可使循环次数提高到 118 次，当填充料含量达到 40% 时，其循环次数则可以达到 136 次，但填充料含量的增多，也会使涂盖材料的延伸度降低，参见表 2-56。从表 2-56 可知，填充料含量增加到 40% 时，其延伸度就减少了 47%；当填充料含量增加到 50% 时，涂盖材料的延伸度则下降了 70%。

表 2-56　填充料含量与涂盖材料延伸度的关系

| 填充料含量/% | 涂盖材料的延伸度/cm |
|---|---|
| 0 | 3.0 |
| 20 | 2.5 |
| 30 | 2.2 |
| 40 | 1.6 |
| 50 | 0.9 |

通过以上分析，可知填充料的加入量是不能无限制增加的，适当地确定填充料的含量，是十分必要的。有关专家认为：根据我国目前所使用的沥青原料的技术性能和所使用的搅拌设备条件，添加填充料的含量在20%～40%的范围内，对提高涂盖材料的耐老化性和柔度，都能获得比较好的效果。

2. 涂盖沥青与填充料的搅拌

将熔化或氧化后达到涂盖材料要求的沥青升温至260～280℃，送入搅拌罐中，在达到配比量后，开动搅拌机，同时边搅拌边加入干燥的矿质填充料，将全部配比数量的填料加完后，仍需继续进行搅拌，待沥青与填充的矿质粉料充分混合均匀，并达到液面无泡沫时，开动齿轮泵，将搅拌均匀的涂盖材料送至有保温设备的涂盖材料贮存罐。

涂盖材料贮存罐装有转速稍低的搅拌机并不停地搅拌，以防填充料沉淀，送入搅拌罐的涂盖沥青要求保持较高的温度，因为当沥青中加入了大量的低温填充料时，会使涂盖材料的温度大幅度下降，为了使搅拌后能达到使用要求的温度，故须控制进罐沥青的温度，尤其是冬季，填充料温度低，降温快，应控制进搅拌罐沥青的温度在规定范围的上限，如制毡生产线因故障停止使用涂盖材料或贮存温度偏低时，也应控制进罐沥青温度在规定范围的上限，如贮罐温度偏高时，可控制沥青温度在规定范围的下限，这个操作应与卷材生产线密切配合，因含有填充料的沥青，加热时容易产生结焦，故不宜再经加热炉进行加热，加入填充料的涂盖材料的温度控制主要是靠贮存罐的加热保温。可采用过热蒸汽或介质油加热的方法来保持涂盖材料的温度能稳定在要求的范围之内。

为使沥青不因高温变质和安全生产，进入搅拌罐的沥青温度不应超过280℃，为了使填充后的涂盖材料减少降温幅度，也可以采用填充料预热后搅拌的措施，这样可起到烘干的作用，也可防止混合后降低温度。

填充料的干燥是十分必要的，如含水量过大，在填充料与沥青混合搅拌过程中，水分蒸发吸收热量，加快沥青降温，同时使沥青产生大量的泡沫，体积增大，使填充料不能按配比添加或使沥青溢出搅拌罐，不仅浪费原料，而且也极易发生烫伤或火灾事故，且未经烘干，产生大量泡沫则延长搅拌时间，放慢加填充料的速度，而经预热的粉料，在混合搅拌时，则可加快加料速度。填充料的预热烘干方法可采用热风烘干的方法，沥青中添加填充料所使用的搅拌机对填充后涂盖材料的性能也有一定的影响，使用的搅拌机不同，填充的效果也不同，选用搅拌机至关重要。

3. 沥青与粉料的计量

为了保证涂盖材料中沥青与填充材料配合比数量的准确，就必须要求对其组分进行正确的计量。

沥青一般采用固定容积内液位计量的办法，如在搅拌罐到固定的液位即停泵保持固定的体积，乘以密度得出质量，再按配比求出应加填充料的质量；或在搅拌罐内实测沥青的液位，然后按事先备好的液位和填充料数量的配合比，查出应加填充料的数量。

填充量的计量方法有三：①按原料小包装每袋的重量计量。②电子皮带秤计量，即先将粉料用风或提升机送入一个高位罐内，在罐底用螺旋输送机将粉料送到可称量的皮带秤上，通过输送带送入填充搅拌罐。③在填充搅拌机上装一固定容量的罐，每罐填料配合搅拌罐内一定的沥青量，可调整沥青的量来控制配料的比例。

## 2.5　普通沥青防水卷材的生产

普通沥青防水卷材的生产包括沥青的制备和普通沥青防水卷材的生产等二大部分。

沥青的制备包括沥青的储存，沥青的加热、搅拌、计量，沥青的调配和氧化，沥青浸涂材料的制备等。普通沥青卷材的生产包括胎基材料的预处理、搭接、贮存、烘干；胎基材料的浸渍、调偏、晾干、涂盖、冷却；隔离材料的撒布及覆盖、压花、冷却；成品储存、调偏、计量、自动卷毡、成卷包装、入库等。沥青的制备工艺已在 2.3、2.4 节中作了详尽的介绍，本节介绍普通沥青防水卷材的生产。

### 2.5.1　石油沥青纸胎防水卷材的生产

石油沥青纸胎防水卷材即石油沥青纸胎防水卷材，是沥青防水卷材中较早开发生产的品种之一。

#### 2.5.1.1　纸胎防水卷材的组成及要求

石油沥青纸胎防水卷材是由防水卷材原纸（胎基材料）、石油沥青、填充材料、撒布材料等组成。平时所说的沥青油纸与沥青纸胎防水卷材的区别主要在于沥青油纸的表面无涂盖层。

1. 防水卷材原纸

防水卷材原纸是纸胎防水卷材的胎基材料，是用破布、废纸、植物纤维等材料制成的。破布的含量一般约为 30%～70%，破布的含量越多则其的可浸透性和柔性越好，每平方米防水卷材原纸的质量（以 g 为单位）称之为防水卷材原纸的定量。定量越低，则原纸越薄，一般而言原纸定量小则易被沥青浸透，但原纸较薄则防水性能就越差，且拉力也小。对于相同定量的原纸则要求其尽可能地均匀。若将厚薄不一的原纸浸渍后，经过对辊挤压后，其挤压程度就不一样，表面残留的浸渍沥青其质量也就不同，这样势必会影响以后沥青涂盖料的均匀。沥青防水卷材原纸除了定量指标外，还有疏松度、拉力、含水量等多项技术要求。

防水卷材原纸的疏松度关系到沥青对原纸的浸渍速度和吸收量，疏松度通常由吸油速度和吸油量等二项指标来衡量，吸油速度是使规定的原纸试件进入二甲苯液体中，由于原纸试件的毛细管作用，液体沿试样上升到一定高度所用的时间，以 s 为单位来表示；吸油量是规定的原纸试样吸收的煤油恰好到达饱和时所吸收煤油的体积，换算成 100g 原纸所吸收的量，以 ml 为单位来表示。此二项指标反映出了原纸的构造以及原纸的组成成分的亲油性能和憎水性能，反映出原纸内部毛细管空隙所占的体积。一般要求吸油速度在 50s 左右，不超过 60s，吸油量不小于 130ml/100g。

防水卷材原纸的拉力即防水卷材原纸的抗拉强度，在防水卷材的生产过程中，原纸要承受一定的拉力才能在生产线上运行，原纸的抗拉强度以规定的试样在拉力机上以规定的速度拉断所受的拉力表示，单位为 N。原纸的拉力和沥青油毡成品的拉力密切相关，因此其亦是一项重要的指标。原纸的拉力只测定纵向拉力（与油毡的生产方向是一致的），不测横向拉力。

防水卷材原纸若水分过多，不仅会降低原纸本身的拉力，而且会影响沥青的浸渍速度和吸收沥青的量，严重时还会使浸渍池中的沥青溢出池外。一般要求防水卷材原纸的含水量不能大于 8%；以 3% 为宜。

## 2. 填充料

填充料是涂盖沥青中的重要组成部分，它可以改善防水卷材的耐热度、塑性、机械磨损性等，填充料的加入还可以减少沥青的用量，填充料的用量有一定的范围，只有用量合适，填充料才对沥青有良好的作用。当其含量在15%以下时，对气候的稳定性没有明显的改善；当填充料加至30%时，则可以提高沥青的软化点，但延度则有所降低，对一些防水卷材的韧性则有所改善。以滑石粉为例，当沥青中滑石粉的含量达到35%时，沥青原材料对气候的稳定性增大1倍多，填充料的加入量与填充料的化学性质、细度都有关系，沥青的相对密度一般为1，因此要求各种矿物粉料的平均相对密度不大于3。填充料的细度一般要求在58μm左右，至少要求109μm标准筛筛余量0.5%以下，水分也不能太大，要求在0.5%以下，此外，对填充料的要求还有亲油系数、吸油性、游离酸、碱量等。

## 3. 石油沥青

纸胎防水卷材所用的石油沥青，不同标号所起的作用是不同的，如10号建筑石油沥青加入填充料搅拌均匀以后就可成为涂盖材料；60号建筑石油沥青则可以直接用作浸渍材料；100号及200号或者针入度更大的沥青则需经过氧化处理，方可以应用于生产。为了降低成本，纸胎防水卷材生产厂家一般都有氧化沥青的生产设备，使用的原料主要是渣油。

## 4. 撒布材料

撒布材料有粉状、片状、粒状之分，撒布料的不同，其撒布工艺和使用的设备也不同，不同的撒布料在防水卷材储运和使用过程中起着不同的作用，沥青防水卷材对撒布材料的要求参见表2-57。

表 2-57   沥青防水卷材对撒布料的要求

| 形状 | 要求 |
|---|---|
| 粉状 | 粉状撒布材料是防水卷材行业用量最大的一种撒布料。这一类撒布料常用的有滑石粉、板岩粉、碳酸钙粉等。由于纸胎防水卷材可以多层施工，所以多层防水卷材中间的各层应当使用粉毡，以使各层之间的粘结更为充分。要求粉状撒布料可以全部通过120μm标准筛。一般优先选用滑石粉 |
| 片状 | 这种撒布料包括片岩、云母等。它比粉状撒布料更具有阻挡阳光防止防水卷材老化的作用，但在撒布过程中容易集中成堆，将防水卷材划伤。现在一般用在多层防水卷材防水的面层。要求90%以上的片状撒布料细度在380~1000μm标准筛之间 |
| 粒状 | 这种撒布料主要是用在多层防水卷材防水的面层。因为密度过大，一般纸胎防水卷材厂采用的比较少，因为这对防水卷材的质量增加太大，使用不方便（但是在改性沥青防水卷材中应用粒状撒布料比较多）。粒状撒布料要求细度在380~830μm之间。<br>要求各种撒布料含水量小于2%，具有热稳定性，不燃、不溶、而且要和沥青有一定的粘结性 |

### 2.5.1.2 普通沥青防水卷材生产线

各类防水卷材的生产设备是以完整的成套生产线出现的（局部改造除外），其设备的组成取决于产品结构、生产规模和工艺技术水平。生产卷材完整的组成应包括：制毡生产线、浸涂沥青材料的制备、沥青加热、水冷却、电器控制、除烟尘以及物料贮存输送等系统的设备等。国家质量监督检验检疫总局于2013年4月26日公布2013年5月1日实施的《建筑防水卷材产品生产许可证实施细则》（×）×K08—005对氧化沥青类防水卷材必备生产设备提出的要求见表 2-58；《防水卷材生产企业质量管理规程》JC/T 1072—2008 建材行业标准对石油沥青纸胎防水卷材生产设备提出的基本要求见表 2-59。普通沥青防水卷材的生产线现以纸胎石油沥青卷材生产线为例，介绍如下。

**表 2-58　氧化沥青建筑防水卷材必备生产设备**

| 设备名称 | 规格要求 | |
| --- | --- | --- |
| | 既有企业 | 新建企业 |
| 密闭式沥青储罐 | 总容量≥1 500 m³ | 按产业政策禁止新建 |
| 沥青氧化塔或釜 | 年生产能力≥2 万吨 | |
| 原材料储存装置和输送管道（液体、粉料） | 密闭 | |
| 密闭式保温配料 | ≥8m³ 不少于 3 台，具有计重功能的装置 | |
| 导热油炉 | ≥60 万大卡（700 kW） | |
| 胎基展卷机 | — | |
| 胎基烘干机 | | |
| 涂油池（槽） | 涂油池（槽）密闭 | |
| 卷材厚度控制装置 | | |
| 双面撒砂机或湿法工艺粉浆池及加热装置 | | |
| 辊筒式冷却机 | | |
| 成品停留机 | | |
| 调偏装置 | | 按产业政策禁止新建 |
| 卷毡机 | | |
| 烟气、粉尘分离装置 | | |
| 生产能力（车速） | ≥50 m/min | |

注：生产能力（车速）以产品标准规定的最小厚度产品连续生产 1h，生产出的产品数量核查。

**表 2-59　石油沥青纸胎防水卷材生产设备基本要求**（JC/T 1072—2008）

| 设备项目名称 | 规格要求 | 备注 |
| --- | --- | --- |
| 密闭式沥青储存罐 | 总容量≥1500m³ | 其他配套设备包括展卷机、胎基搭接机、胎基停留机、胎基烘干机、浸油池（槽）、辊筒式冷却机、张力反馈装置、成品停留机、自动调偏机、卷毡机 |
| 混料搅拌罐 | ≥8m³ 不少于 3 台 | |
| 双面撒布机 | — | |
| 湿法工艺粉浆池加热装置 | — | |
| 其他配套设备* | 满足生产线自动连续生产要求 | |
| 生产线车速 | ≥50m/min | |

* 应在相关工序配备相应除尘、除烟等环境保护装置。

沥青的加热及浸渍材料的炼制设备：沥青的加热设备目前大多已采用先进的导热油加热沥青，其设备系统包括导热油炉、热油循环泵、注油泵、高位罐和低位罐等；浸涂材料的炼制设备主要有沥青原料贮罐、原料泵、脱水罐、蒸汽加热炉、氧化塔或氧化釜、浸涂材料贮罐、回油贮槽、蒸汽往复泵、齿轮泵等。

制毡设备：制毡设备主要有接纸机、烘干机、浸渍槽及排油烟装置、涂盖槽、撒料机或涂布槽及除尘装置、冷却辊、涂盖材料贮罐、输送机、成品停留设备、卷毡机等。

纸胎防水卷材生产线如图 2-25 所示。石油沥青纸胎防水卷材生产线其设备的年生产能力应不低于 100 万卷（按 300 天/年、三班制生产、Ⅲ型计算）。

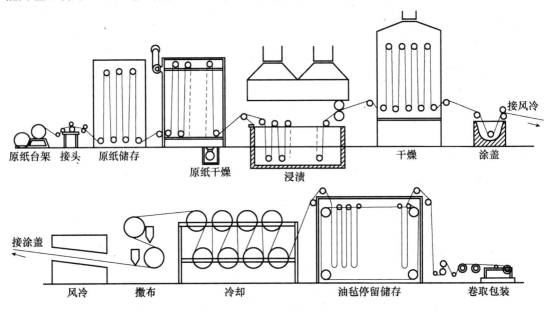

图 2-25　纸胎防水卷材制毡生产线

### 2.5.1.3　纸胎沥青防水卷材的生产工艺

这里所述的纸胎沥青防水卷材的生产工艺主要包括防水卷材原纸的处理、浸渍、涂盖、防水卷材的撒布、冷却与停留、卷毡与包装等工序，防水卷材的制毡工艺流程如图 2-26 所示。

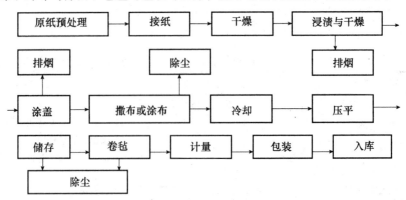

图 2-26　纸胎沥青防水卷材的生产工艺

有关纸胎沥青防水卷材氧化沥青的生产、撒布材料和填充材料的干燥、填充材料的添加搅拌以及浸涂材料的输送等在前面已作了详尽的介绍，本节不再详尽介绍。

从图 2-25、图 2-26 中可知，纸胎沥青防水卷材的生产从原纸装架到产品包装入库是在一条生产线上完成的（实际上不仅沥青防水卷材的生产，高聚物改性沥青防水卷材、高分子防水卷材等都是在一条生产线上完成的）。

1. 原纸的处理

原纸的处理是整个防水卷材生产工艺的第一道工序，它对防水卷材的顺利生产起着重要的作用，原纸的处理工序包括对原纸的预处理、接纸、贮存、烘干等几个操作过程。

（1）预处理

防水卷材原纸要先进行预处理，即把每轴原纸最外层有破边、裂口等破损部分截切去，露出无纸病的原纸首端，并将原纸的端部切齐，然后将原纸上装原纸台架。

（2）接纸

防水卷材原纸是宽 1m 的卷筒纸，而防水卷材的生产是连续进行的。因此须把各轴原纸搭接起来才能实现连续生产的目的，接纸的方法可用针线缝接，订书机钉接或粘结剂粘接，后两种方法较常用，但无论采用何种方法接纸，都要求接纸后的强度不能低于原纸本身的接力强度。接纸不仅要求连接牢固，而且要求连接速度必须在 30s 内完成，且连接速度越快越好，以保证连续送纸。

粘结剂粘接是用黏稠液状粘结剂涂刷在两轴纸的首末端搭接处，或采用固体的粘结剂涂刷在两轴纸的首末端搭接处，或采用固体的粘接条带置于两纸的首末端搭接处，然后在纸的上下用热压板加热加压，使原纸两端部互相粘接，所使用的粘结剂应是耐高温的，在不高于 230℃ 时不影响粘结力，以保证原纸通过浸渍材料和涂盖材料时，仍能保持粘结力，不致断开，若用水溶性粘结剂其含水量不应太大，断接后，应能在 30s 内通过加热基本干燥，并达到粘结强度。

（3）原纸的贮存

防水卷材的生产是连续的，而作为胎基材料的防水卷材原纸则是一轴一轴的，需要在生产中连接起来。为了达到在接纸的短暂时间内仍保持生产连续进行，常采用一个原纸贮存装置，其作用可以在人工接纸的时间内，把贮存的原纸不断地供给生产线生产防水卷材使用，使间歇的接纸操作与防水卷材的连续生产连贯起来，使供纸起到一个缓冲的作用，贮纸量的多少可视制毡生产线的车速而定。当生产线车速高时，贮纸量就应加大；反之，贮纸量可适当地减少，贮纸量应略大于两次接纸时间生产线车速需用的纸量。例，当制毡机上防水卷材原纸的运行速度是 50～60m/min，若接纸时间需 30s，其原纸贮存装置的贮存量则应考虑 60～70m。也就是在 70s 的时间内不输入原纸，生产线依靠原纸贮存装置仍能不影响其的运行。之所以要设计接两次纸的时间，是根据在生产过程中有时原纸可能出现两个断头或一次接头其操作没有完成，接头需要重断接上，而不影响生产线继续进行。

原纸的预处理到接纸再到原纸的贮存是一个完整的送纸系统。这一套送纸系统其设备包括原纸的展开台、接头台、缓冲储存架等。

展开台上一般放两筒原纸，当前一卷纸快要完的时候，用提升机把它吊高一些，让后一卷纸送入，前一卷纸用完时，立即打开储存架离合器，让储存架前的原纸朝生产线流动方向快速运动。以保持生产线连续运转，而让储存架后面的原纸暂时固定，在接头台上用粘结剂或者订书机将二卷纸头尾相连起来，接纸完成后立即关闭储存架离合器，以利前面的纸带动后一卷纸进入正常运行体系中去。储存架由上下两排导辊组成。下排导辊是固定的，上排导辊则可以上下移动，防水卷材原纸通过上下导辊而穿行，在非接头时间内，上、下排导辊处于相对静止状态，这时储存量最大。当需要接纸时，打开储存架的离合器，储存架进口一端的原纸停止运动，储存架出口一端的纸仍然按照生产线的速度运动，原纸的拉力使上排导辊向下移动，上下两排导辊的距离缩短，这样，就可以连续不断地将原纸送给生产线使用，储存架上储存原纸量的多少与上、下二排导辊的数量有关。原纸缓冲储存架如图 2-27 所示。

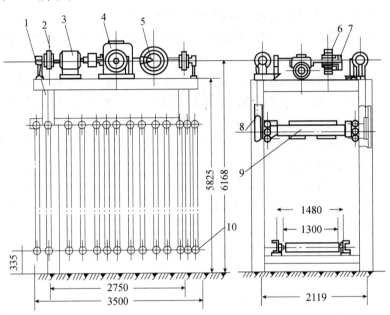

图 2-27　原纸缓冲储存架

1—支架；2—链轮；3—电动机；4—减速箱；5—伞齿轮；6—齿轮；
7—电磁离合器；8—重锤；9—活动导辊；10—导向辊

（4）干燥

防水卷材原纸具有很强的吸湿性，其含水率在一般情况下为6% ~9%，有时还要大一些。防水卷材原纸中的水分进入浸渍槽时遇到200℃以上的高温便大量的汽化，向纸外逸出，影响浸渍材料的浸入，导致原纸不易被浸透；由于水分的蒸发，使浸渍材料在浸渍槽内加快降温，不能保持浸渍材料温度的稳定，影响产品质量；水分有时还会残留在油纸中，在防水卷材涂盖之后才慢慢地向外蒸发，当涂盖材料尚未完全冷却时，水蒸气可能冲破涂盖层而逸出，则造成防水卷材表面出现针孔，使防水卷材吸水率增加，不透水性下降，如涂盖材料完全冷却较快，而这一部分水蒸气尚未向外蒸发，则仍残留在防水卷材内，在以后的使用过程中，在长期日晒的高温条件下，再向外蒸发，导致防水卷材分层、起泡，从而影响防水卷材的使用寿命；防水卷材原纸带有大量水分不仅会降低原纸的拉力，造成原纸分层，浸渍过程中容易断头，而且这些水分进入浸渍槽后产生大量泡沫，使沥青体积迅速增大，使浸渍沥青溢出浸渍槽，造成材料损失或事故。由上可见原纸带有水分对防水卷材生产常会造成不良的后果，影响生产的正常进行，故在卷材生产过程中，必使对沥青原纸进行干燥处理。

原纸在进入浸渍槽以前要经过干燥，使其含水量在3%以下，原纸的干燥是在生产流水线上，在不断运动过程中完成的，其主要干燥方法有二：

蒸汽辊筒法　采用多个中空的辊筒，其间通往饱和蒸汽或过热蒸汽，原纸则沿着辊筒转动以 S 形运动线路穿行于辊筒之间，原纸直接和辊筒表面接触，使水分蒸发，达到干燥的目的。蒸汽辊筒的多少可由原纸运行的线速度、辊筒的温度高低、原纸水分含量的多少来决定。而当设备固定后，生产中可根据原纸水分的大小来调整蒸汽的压力或蒸汽的温度，如果蒸汽压力或者温度经过调整后仍未达到要求，则要降低防水卷材生产线的运行速度，以保证生产线的安全正常运行。一般进厂的原纸其水分不大于 8%，这时使用直径为 1m 的滚筒 6~8 个，蒸汽压力在 0.3MPa，生产线运行速度 50~60m/min。在这种情况下，原纸经过干燥可以达到生产的要求。

箱式烘干法　以防水卷材厂内的烟道的余热为热源，通过热交换器加热干空气，用引风机把加热的空气通入烘干燥直接和烘干箱内部的原纸相接触，原纸干燥后热空气和水蒸气排除烘干箱外。由于原纸受热面积大、受热均匀、有热风对流，因此，水分蒸发快、干燥效果好、烘干箱内部构造和原纸的储存架类似，也是上、下两排导辊，上排的可以上下移动，热风从下部送入，从顶部排出，如果散热器内部的蒸汽压力为 0.4~0.6MPa、通风量 5000m³/min、烘干箱的体积为 2.9m × 2.3m × 5.2m，烘干箱里的温度可以达到 100~120℃。原纸水分在 8% 左右、生产线的速度为 40m/min，则原纸经过干燥水分可以达到 3% 以下，以满足生产要求。

石油沥青防水卷材纸胎所用原纸经过加热烘干后，其原纸内的含水量要求不应大于 3%，这个含水量可以取烘干后的纸样来测定，也可以通过原纸浸入浸渍材料中后，其产生的泡沫的多少来判断。在生产过程中，除了随时检查烘干箱内的温度外，应检查浸渍槽内的泡沫多否，如发现浸渍槽内沥青液面的泡沫增多，则说明原纸的水分大了或烘干条件差了。

2. 原纸的浸渍

原纸的浸渍过程是使浸渍材料充分的浸入原纸中，使油纸达到最大的饱和度和最小的孔隙度，以达到防水的目的。

原纸吸收浸渍材料的多少用浸油率表示，原纸吸收浸渍材料的质量与干原纸质量之比称浸油比，用百分率表示叫浸油率。例，有 350 号油纸样板（100mm × 100mm），质量为 7.9201g，经过用有机溶剂抽取后的干原纸重为 3.4280g，可求出所含浸渍材料质量为：

$$7.9201 - 3.4280 = 4.4921g$$

该油纸的浸油率可按下式计算得出

$$浸油率 = \frac{浸渍材料的质量}{干原纸质量} \times 100\% = \frac{4.4921}{3.4280} \times 100\% = 131\%$$

或称该油纸的浸油比为 1.31:1

防水卷材原纸吸收浸渍材料的多少，除了与浸渍的工艺条件有关之外，还与原纸本身的吸收能力有关，把油纸的浸油量与原纸吸收能力的比值称为饱和度。增加原纸浸渍的饱和度对于提高防水卷材的防水性能是有着重要意义的，因此在防水卷材生产过程中原纸的浸渍工艺是一个非常重要的工艺。

（1）影响原纸浸渍的主要因素

沥青防水卷材原纸在浸渍过程中，对浸渍材料吸收量的大小、达到饱和度的程度，浸透的快慢与所用原料的性质有关，也与浸渍的工艺条件有关。

①原纸的定量、水分、吸油速可影响原纸的浸渍速度。原纸的疏松度、吸油量影响防水卷材、油纸的浸油率。在相同的工艺条件下，油纸的浸油率随原纸的吸油量增大而提高，因此为了提高油纸的浸油率，就必须选用疏松度高的防水卷材原纸。吸油速快、吸油量大的防水卷材原纸有利于提高浸油率。在正常工艺条件下，吸油量达125ml以上，浸油率可达120%。

②一般来说，浸渍时间越长，浸渍材料对原纸的浸渍越充分，越饱和，在原纸的浸渍接近饱和时，再增加浸渍时间，对提高浸油率的效果不明显，如继续延长浸渍时间，则反而会增加原纸运行的阻力，增加原纸断头的可能。因此，在防水卷材生产过程中要根据原纸的具体情况适当掌握浸渍的时间。浸渍时间的长短需通过实验来确定。

③浸渍材料的黏度大，则不易被原纸吸收；反之，粘黏小，则容易浸透到原纸的内部。

（2）浸渍与防水卷材、油纸质量的关系

生产防水卷材使用不同的防水卷材原纸，在不同的生产工艺条件下，可得到不同浸油率的防水卷材和油纸，不同浸油率对防水卷材、油纸的质量有着密切的关系，对油纸的拉力、柔度、耐热度、吸水率、不透水性等都有不同程度的影响。

①原纸吸收浸渍材料后的油纸比没有浸渍前的原纸一般可提高拉力20%～50%，有时可提高一倍，提高沥青的软化点在一定程度上可以增大油纸的拉力，但油纸拉力的大小主要还是原纸本身拉力的大小。

②浸渍材料的软化点对油纸的吸水率有影响，浸油率对油纸的吸水率也有密切的关系。浸油率高的油纸吸水率小。因此，在生产防水卷材的过程中，要创造条件来提高油纸的浸油率，如选用高疏松度的原纸和高软化点的浸渍材料，可使其达到较高的浸油率，以提高防水卷材、油纸的防水性能，但软化点的提高也是有一定限度的，若软化点过高，则难浸透，反而会使吸水率提高。

③提高浸渍材料的软化点，并保证一定浸油率的情况下，可以提高油纸的防水性。

④浸渍材料的加热损耗和流淌将影响防水卷材的使用寿命，特别是含挥发物质多的浸渍材料，经大气的光、热作用，挥发分逐渐挥发成气体而使防水卷材表面产生气泡，在多层防水层内，严重的可以使整个卷材起泡分层，当气泡破裂后，卷材即失去其防水性。因此，在浸渍过程中要严格控制浸渍工艺条件，油纸表面应压干、尽量减少油斑，以提高防水卷材的防水性和使用寿命。

（3）浸渍的工艺条件

沥青防水卷材、油纸的浸渍是在浸渍槽中进行的，原纸经过烘干后，即可进入浸渍材料中，在规定的时间、温度下吸收浸渍材料达到饱和，浸渍材料充满全部缝隙，阻塞了原纸的毛细孔则达到了防水的目的。浸渍槽是采用钢板焊接而成的长方形油槽，其宽度要考虑到原纸的宽度，而且还要考虑到安装导辊起落架的空间。一般宽度为1.5m，长度和高度则根据浸渍时间考虑，一般要保证其原纸在渍槽里浸渍时间为20～30s，因此，根据生产线的线速度就可以确定浸渍槽的长和高。在原材料性能稳定的情况下，可以根据原纸疏松度确定其浸渍时间，一般情况下吸油速度不大于50s、吸油量不小于120mL的原纸浸渍时间不少于20s。浸渍材料（也就是60号普通石油沥青）温度在190～230℃时，浸油率可以达到需要，原纸的温度比较低，以每分钟几十米的线速度通过浸渍材料，会带有许多热量，引起浸渍材料的温度下降。为了及时补充热量，保持浸渍材料的温度，应当通过回流设备将浸渍槽内的沥青不断地加热、补充、保持浸渍沥青的温度和液面的高度，这个循环工艺过程如图 2-88 所示。

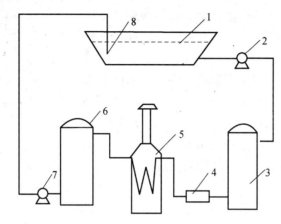

图 2-28　浸渍材料循环加热流程图

1—浸渍槽；2、7—齿轮油泵；3—回油储罐；4—蒸汽往复油泵；

5—加热炉；6—浸渍材料储罐；8—浸渍材料入口

3. 涂盖

防水卷材原纸经过浸渍材料的浸透，使浸渍材料充满原纸的空隙，并经过浸渍对辊的挤压和再吸收，成为表面无多余浸渍材料的油纸。为了进一步增强油纸的防水性、温度稳定性和耐久性，使之成为一种具有更高防水性及耐久性的防水卷材，因而须在油纸的两面再涂盖一层高软化点的，并且含有矿质填充的涂盖材料。

涂盖材料和浸渍材料的主要区别在于：一是涂盖材料黏度大，针入度小；二是涂盖材料内已加入了 30% 左右的粉状填料，这样涂盖材料就可以比较厚地粘附在油纸上，涂盖材料对油纸表面起着封闭毛细孔的作用，使防水卷材不透水，涂盖材料起着保护油纸和被油纸吸收的浸涂材料不被阳光大气直接作用。

从浸渍槽出来的原纸是油纸，油纸在出浸渍槽的时候要经过轧辊，轧去多余的浸渍沥青，这时油纸的温度还在 200℃ 左右，表面还有未被吸收的一部分油分，故其不能直接进入涂盖槽，这是因为这样会使涂盖材料的温度升高、黏度下降，影响涂盖材料的均匀性。所以在进入涂盖槽以前的油纸要经过散热和干燥装置，使其温度降到涂盖材料的温度以下。

涂盖工序是防水卷材生产中比较重要的一个工序。涂盖量的大小、涂盖的均匀程度都对防水卷材的质量起着决定性作用。

配制好的涂盖材料用泵打入制毡车间内的涂盖材料储存罐，涂盖材料再由储罐流入卷材生产线中的涂盖槽，其流量则应根据涂盖材料的用量来控制，保持涂盖材料的液面应不少于槽深度的 3/4。

石油沥青纸胎防水卷材生产线上的涂盖槽是用钢板焊接的，其长度和宽度各为 1.5m，其深度为 0.8m，底部为弧形的槽，有效容积为 1.3m³，外部用保温层包裹，其后面有一对热轧辊，可轧去多余的涂盖材料，如图 2-29 所示。

石油沥青纸胎防水卷材的涂盖工序实质上就是让油纸经过涂盖槽和涂盖轧辊，使涂盖材料能够均匀、致密地涂盖在油纸两面。热轧辊的温度控制在120℃左右，热轧辊辊筒间距则由沥青卷材的厚度来决定。热轧辊的精度要求比较高，因为它是固定防水卷材厚度和均匀度的主要因素。涂盖材料的温度则应控制在180～200℃之间，一般在夏季生产时涂盖材料的温度可以掌握得低一些（165～185℃即可），涂盖材料的温度一般比浸涂材料的温度要低一些，以保证涂盖材料比浸渍材料的黏度大些。

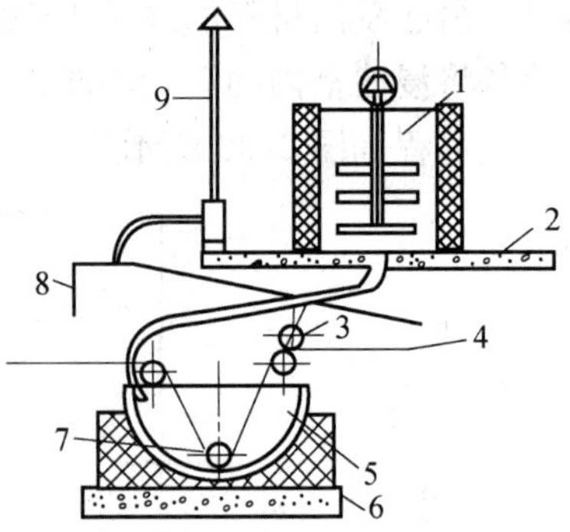

防水卷材从热轧辊出来以后就应进行冷却和撒布。冷却一般采用风冷，风冷盒中的冷风分为上、下两层从两面吹向防水卷材，防水卷材则从中间通过。

图 2-29　涂盖系统示意图

1—涂盖材料储罐；2—楼板；

3—涂盖轧辊；4—防水卷材；5—涂盖槽；

6—保温层；7—升降导辊；

8—排烟罩；9—排烟筒

### 4. 撒布隔离材料

油纸经过涂布涂盖材料后，为了防止防水卷材在成卷和贮运过程中发生层与层之间的互相粘结，以及对防水卷材涂盖层起到一定的保护作用，要在防水卷材的表面撒布或涂布一层隔离材料，如粉状矿质撒布料的滑石粉、片状撒布料的云母片、粒状撒布料的粗、细砂粒等。

防水卷材的撒布按其撒布方法可分为干法撒布和湿法撒布两种类型的工艺。

### （1）干法撒布

干法撒布方式如图 2-30 所示。防水卷材的撒布是在撒布机上进行的，撒面机由两个撒料斗和两个装在铁架上的冷却辊组成，辊筒可以通入冷水降温，其直径约 50cm。撒布机可以撒布滑石粉、云母粉、沙粒等多种撒布材料。防水卷材进入撒布机第一个撒料斗下面的时候，在该处上面被撒上矿物粒料，然后防水卷材缠在第一个冷却辊筒上，第二个撒料斗就装在这个冷却辊筒的上面，将撒布料撒在防水卷材的另一面，然后防水卷材再反向通过第二个冷却辊筒。这样，防水卷材沿着 S 形的路径通过撒布机，两面均匀撒上撒料。

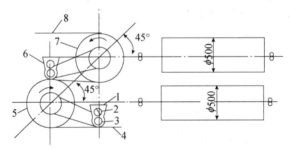

图 2-30　干法撒布方式

1—第一道撒料斗；2—螺旋输送机；3—撒料辊；4—无撒布料的防水卷材；

5—下辊筒；6—第二道撒；7—上辊筒；8—带撒布料的防水卷材

采用干法撒布方式的车间内粉尘飞扬，生产条件很差，因此在撒布机上面都布置有除尘装置。为了使撒布的隔离材料和防水卷材有很好的粘附，故要求防水卷材在进入撒布机的时候，要保持合适的表面温度，如果防水卷材表面的温度过高，由于表面的涂盖材料太软，撒布的隔离材料容易进入涂盖料内，被涂盖料所吸收，那么撒布的隔离材料就起不到隔离作用，可导致粘辊现象；如果卷材表面的温度太低，则涂盖材料已经冷却，其撒布的隔离材料则不易粘结牢固，特别是粒状的撒布料，很容易脱落，因此要求在撒布隔离材料的时候，防水卷材表面的温度以易于撒布的隔离材料能粘结而又不粘辊的温度为好，防水卷材进入撒布机的温度，是以涂盖槽与撒布机之间的空气冷却装置调整的，进入撒布机的防水卷材，其表面温度一般应控制在 140～150℃。

选用的撒布隔离材料不应当对防水卷材表面有破坏作用。应用粒料和片料时，其中会有尘角的颗粒，这对防水卷材表面会产生破坏作用，采用不同撒布隔离材料生产的防水卷材，经不透水性试验发现，粉状撒布料对防水卷材的破坏性最小。

（2）湿法撒布

湿法撒布方式又称为湿法涂布，其涂布方法如图 2-31 所示。

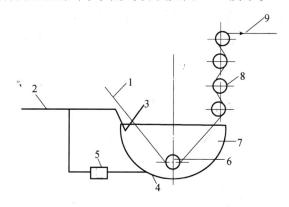

图 2-31　湿法涂布方式

1—未涂布粉浆的防水卷材；2—粉浆输送管线；3—粉浆入口；4—粉浆出口；5—泥浆泵；
6—升降导辊；7—粉浆池；8—导向辊；9—经涂布后的防水卷材

湿法撒布只能用于粉状的撒布料，这种生产工艺就是将滑石粉加水做成粉浆，涂在热防水卷材的表面层而起到隔离作用。

经过涂盖后的防水卷材，先进行空气降温，方法与干撒布方法的防水卷材在进入撒布机前一样。防水卷材表面的温度降到 140～150℃时，进入粉浆池，粉浆池内的温度为 80～100℃，防水卷材表面的温度与粉浆的温度相差应不大于 60℃，防水卷材是靠粉浆池内的可升降的导辊压入粉浆液面内的，防水卷材在出粉浆池以后沿着 S 形路线上行。经 4 个导向辊，使防水卷材表面多余的粉浆经过滚压流入粉浆池内，4 个导向辊还可以在滚压过程中间让表面的粉浆分布均匀，粉浆的水分在冷却过程和后续的停留工序中，还要继续蒸发，直至防水卷材表面没有水迹。

调配粉浆的原料及质量份数如下：120μm 标准筛全部通过，58μm 标准筛 95% 通过的滑石粉 35～40 份；含水率在 35% 以下的羧甲纤维素 0.3～0.4 份；自来水在 60～65 份。粉浆可以在装有搅拌设备的罐里配置，先把一半的水加入搅拌罐里，将羧甲基纤维素加入并开动搅拌机，通入蒸汽使水加热，等纤维素全部溶解以后，再放入另一半水，调节水温达 90℃，停止通入蒸汽。慢慢加入滑石粉，并且不停地搅拌，搅拌好的粉浆保持温度备用。

湿法涂布的方式可改善劳动环境，而且使防水卷材的冷却效果更好，但如果工艺条件不能严格掌握，有的表面可能会出现针眼和气泡，影响防水性能。

5. 冷却和停留

冷却和停留对保证正常的卷毡是十分重要的，由于生产线的线速度比较高，要求 30～50m/min。在运行的过程中，防水卷材和导辊接触容易发生粘辊现象，因此防水卷材在出撒布工序后，为了迅速降低表面的温度，必须冷却降温，保证防水卷材表面的温度达到成卷的要求。冷却工序布置了很多的冷却辊筒，辊筒内部通入冷水进行循环，辊筒分上下两排，被冷却的防水卷材在辊筒间穿过，一般可以冷却到 50℃ 以下，然后进入缓冲停留工序。

缓冲停留工序是在停留机上进行的，停留机是一排用链条相连接的辊筒，随着链带的移动而带动防水卷材向前运动，防水卷材在一排排辊筒上向下垂挂着，前面一挂防水卷材下垂到一定长度以后，防水卷材被弓形形成机构的压辊压在下一个牵引辊筒上，这时就开始向下一辊筒上垂挂。如此不断地一个一个地跳过牵引辊筒，防水卷材在整个停留机内形成很多的吊挂环。停留机不仅起着储存防水卷材的作用（整个停留过程可以储存防水卷材长达 100m 以上），而且其停留过程也是一个防水卷材的冷却过程。

由于卷毡机的工作是间断性的，所以停留工序实际上所起的作用也就是由连贯操作过渡到间断操作的一个缓冲阶段。

防水卷材停留机其结构参如图 2-32 所示。

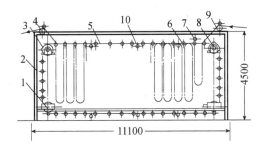

图 2-32　防水卷材停留结构机构简图

1—链带调整轴承；2—机架；3—固定轴承；4—后牵引辊；5—链带；
6—排毡辊筒；7—弓形形成压辊；8—链轮；9—前牵引辊；10—托辊

6. 卷毡与包装

卷毡是防水卷材生产工艺过程中的最后一道工序，是把连续生产出的防水卷材，裁切成一定长度并卷成卷，在成卷的过程中，要按技术标准要求区分合格与不合格品。成卷后的防水卷材经过检验合格的方可包装为成品。

防水卷材的长度是通过安装在卷毡器上的计量仪器测量的。在防水卷材成卷的时候，计量仪的测量轮压在防水卷材上，随着防水卷材的卷取，测量轮转动，由于测量轮转动，装载于蜗轮轴上的指针就可以指示出刻度，把这些刻度换算成防水卷材的长度，当防水卷材成卷达到规定的长度时，可以自动停车，然后用滚动刀片切断。

防水卷材的卷毡机是自动成卷的，当前一卷防水卷材达到规定长度停车并推出以后，卷毡机卷杠的内圈就夹紧下一卷防水卷材的内端，自动转动，达到规定的长度，再自动停车，然后切断，再将已经成卷的防水卷材推出来，被推出来的防水卷材，则由人工进行检验包装。

## 2.5.2　石油沥青玻璃布胎防水卷材的生产

玻璃布胎防水卷材是以玻璃纤维织成的布为胎基材料，用石油沥青配制的浸涂材料浸涂，再在防水卷材两面撒布一层矿质粉状隔离材料所制成的一种沥青防水卷材。

### 1. 涂盖材料的制备

生产玻璃布防水卷材用的石油沥青系含蜡石油沥青，一般采用渣油或重油，根据石油沥青氧化后含蜡量的多少，沥青分为高蜡、中蜡和低蜡沥青等三种。

玻璃布防水卷材的涂盖材料选用的沥青一般为中含蜡量的沥青，也可用高含蜡量沥青与低含蜡量沥青按一定比例配制，以达到中含蜡沥青的性能指标。这是因为使用低蜡沥青配制的玻璃布防水卷材的涂盖材料生产出的防水卷材低温柔度差，而且涂盖材料与玻璃布粘结不良，抗剥离性差，如选用高蜡沥青配制的涂盖材料而生产的防水卷材，其低温性能好，但针入度偏高，防水卷材的热稳定性较差，易导致防水卷材粘结。而选用中蜡沥青，则既可以与玻璃布很好地粘结，提高了防水卷材的抗剥离性，同时改善了防水卷材的低温柔性，使防水卷材的柔度可以达到 0℃，并且防水卷材具有一定的热稳定性，其耐热度可以达到 85℃，沥青的炼制和氧化与纸胎防水卷材涂盖材料的炼制氧化工艺相同。

生产玻璃布防水卷材所用的涂盖材料是用石油沥青经过炼制并加入添加剂和填充料配制而成的。

当采用两种沥青原料配制涂盖材料时，先将高蜡沥青加热到 270～280℃，送入搅拌罐，加入两种沥青总量 0.5% 的氧化锌结晶，充分搅拌使沥青与氯化锌作用，在沥青表面泡沫消失后，按配比的数量加入 220～240℃ 的炼制好的低蜡沥青，搅拌均匀后再加入 30% 的矿质粉状填料，搅拌至表面无泡沫后送入贮存罐备用。

当采用中蜡沥青单一品种时，可将沥青升温至 270～280℃，送入搅拌罐，直接加入 0.5% 的氧化锌搅拌至液面无泡沫，再加入 30% 的矿质粉状填料，搅拌均匀后送至贮存罐备用。

### 2. 玻璃布防水卷材的生产工艺

玻璃布防水卷材的制毡工艺过程就是一匹匹的玻璃布搭接起来。连续浸涂以涂盖材料，再撒布一层粉状撒布料，经过冷却与停留，降温包装成卷的过程，如图 2-33 所示。

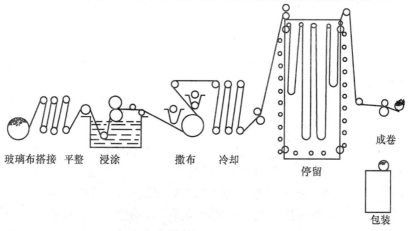

图 2-33　玻璃布防水卷材生产工艺流程图

（1）搭接

将200～400m长的一匹匹玻璃布搭接起来，以保证卷材生产线连续运行，两匹布的搭接是在制毡机上进行的，当前一匹布将用完之时，用快速的倒布辊将剩余的布倒开，取出末端与后一匹布的首端上下对齐，搭接纸10cm，由玻璃布的一连开始用手折叠上下两层玻璃布，每折3～5cm，将全幅折叠起来之后，用两根长度等于布幅度的钢丝穿过，使钢丝穿过每折的上下两层玻璃布，然后顺布横向拉开重叠的各折，上下两层玻璃布就被钢丝穿连在一起，倒布的多少是根据折叠和穿钢丝的时间确定的，倒开布的长应该大于折叠和穿钢丝停留时间内送布的量，接布时要注意接齐、对正，防止防水卷材出现布面不平的折子。

（2）浸涂

玻璃布在接布架上接好后，经过平整辊，进入浸涂槽，浸涂槽与纸胎防水卷材的涂盖槽相同，但涂盖辊不需刮刀，而在涂盖轧辊后边，在防水卷材的上下各装一个不转动的固定刮辊，使涂盖材料能够均匀地涂布在玻璃布的两面，为保持防水卷材具有一定的涂盖材料含量，要控制其温度在180～200℃，温度过低，沥青黏度则大，生产不顺利；反之，温度过高，则沥青涂盖材料含量达不到要求，防水卷材表面容易造成针眼。涂盖材料含量的大小，是根据防水卷材卷重来调节涂盖轧辊间距来控制的，为了使达到500g/m² 以上的涂盖材料含量，应随时根据防水卷材卷重来调节涂盖材料的温度和涂盖层的厚度，玻璃毡防水卷材的涂盖层要求与布有很好的粘附性，不应产生剥离现象。

（3）撒布

经过涂布涂盖材料后的防水卷材应采用空气冷却降温，因防水卷材两面的涂盖层温度此时很高，很容易与接触的辊筒粘结，故不能用辊筒冷却，当防水卷材表面温度下降至140～150℃时，经撒布机在防水卷材的两面撒布一层矿质粉状撒布料，撒布对防水卷材表面温度不应过低，防止撒布料不能很好地粘结在防水卷材表面，并要求撒布均匀，防止因撒布过多而使防水卷材不能紧贴在撒布辊筒上，在辊筒上形成高低不平的包状，在撒布料多的地方容易受挤压冲破防水卷材薄弱部位，使防水卷材形成孔眼，降低防水卷材的不透水性或影响其表面的平整，对于多余的撒布料，要及时通过螺旋输送机送回上料提升机中，通过撒料提升机料斗又送入撒料机中循环使用。

（4）冷却与停留

经过撒布和初步降温的防水卷材其表面还具有较高的温度，必须进行冷却降温。冷却的方法除空气冷却外，也可以使用通有循环冷却水的冷却辊筒，由于玻璃布防水卷材的涂盖层较薄，较纸胎防水卷材易于冷却，但胎基较软，易折皱，如冷却不好的防水卷材，则成卷困难，因此应充分冷却。当防水卷材的接头处冷却到最后一道冷却辊时，可以用钳子将接头用的钢丝拉出，此时防水卷材已基本定型，靠涂盖层的粘结力也不会断开，如果防水卷材冷却不够时，也会因拉出连接钢丝过早而造成断开的现象。

玻璃布防水卷材的停留，可不用大型的停留机，可以采用输送带式的贮存。输送带是在一对压平辊的后面，装一循环转动的皮带输送机，输送机的速度为玻璃布防水卷材运行速度的1/2～1/3，防水卷材出压平辊后有规律的折存在输送带上。在输送带上防水卷材既可以继续冷却，又可以起到停留贮存的作用，因为卷毡机是间歇操作的，当停止卷毡时，防水卷材就可以继续贮存在输送带上。当开始卷毡时，卷毡机的速度快，可以把输送带上贮存的防水卷材卷起来，这样使输送带起到一个缓冲的作用，把连续生产防水卷材和间断生产防水卷材连贯起来。

（5）卷毡包装

玻璃布防水卷材用单杠卷毡机卷毡，因其防水卷材薄且软，需加硬质卷芯，故采用单杠卷毡机较方便，卷毡的方法是先将硬质卷芯穿在卷杠上，然后将玻璃布防水卷材缠绕在纸芯上，用卷毡机带动卷芯转动，使玻璃布防水卷材卷在纸芯上成卷。

防水卷材每卷的长度是通过卷毡机上的测量器量出的，在卷毡的同时应检查防水卷材的质量，成卷后应进行过秤检斤，把称量的防水卷材质量及时通知浸涂工序，以便控制防水卷材的涂盖材料含量、成卷的防水卷材面积，外观质量，卷重等达到标准要求时，即可包装为成品。因为玻璃布防水卷材柔软，成卷后的防水卷材不能像纸胎防水卷材那样立放，而只能平放，但又不能横压，平放高度不应超过 10 层，以防压力过大导致防水卷材粘结。

## 2.5.3　石油沥青玻璃纤维毡防水卷材的生产

玻纤胎防水卷材是以玻璃纤维薄毡为基胎，浸涂以沥青涂盖材料，再涂布一层粉浆隔离材料并制成的一种沥青防水卷材。其生产工艺与纸胎防水卷材相似，但不需要浸渍工序。

1. 涂盖材料的制备

生产玻纤胎防水卷材的涂盖材料是采用石油炼制的渣油或 200 号道路石油沥青为原料，经氧化后配制而成。为提高防水卷材的柔韧性和强度，在涂盖材料中可加入增塑材料和稳定剂，以改善防水卷材的使用性能。

沥青中的增塑材料可使用无规聚丙烯类复合外加剂，一般选用分子量为 5~10 万的固体块状的无规聚丙烯，无规聚丙烯与沥青混合均匀后，再加入 25% 的滑石粉填充料，搅拌至表面无泡沫即可送入贮存罐备用。

2. 制毡工艺

玻璃纤维防水卷材的制毡工艺过程与纸胎防水卷材大体相同，但由于玻璃纤维薄毡是由无定向纤维交织而成的，空隙度较防水卷材原纸大，同时，玻璃纤维没有植物纤维对浸渍材料的吸收能力大，故在玻璃纤维防水卷材的生产工艺中省去了浸渍工序。

玻璃纤维薄毡也是成卷筒供应的，每卷筒之间的连接也可用接纸机进行，接头时需用原纸贮存装置贮存薄毡，以供接头使用，接好的薄毡，可连接进行浸涂生产防水卷材，浸涂时，由于浸涂总量与玻璃纤维毡质量之比较大，且薄毡的拉力强度低，因此浸涂时的温度要严格控制，一般应控制在 180~200℃ 为宜。

涂盖层的厚度是以单位面积涂盖材料含量控制，一般纸胎防水卷材的原纸占油率质量的 30% 以下，浸涂总量约占 70%，而玻璃纤维防水卷材的薄毡胎基仅占防水卷材的总质量的 5%~6%，浸涂总量达 90% 以上，浸涂总量与薄毡胎基之比为 17∶1 或者更大，浸涂总量是通过涂盖轧辊来加以调节的。

涂盖后的防水卷材，要经过撒料机两面撒布粉状隔离材料或采用粉浆涂布，防水卷材在空气冷却降温到 140℃ 时即可进入粉浆池，粉浆的温度应不低于 90%，以保持防水卷材出粉浆槽的温度不低于 100℃。因为出粉浆槽的温度过低时，不利于水分的蒸发，防水卷材的表面容易产生水渍。防水卷材经过撒布或涂布之后，再进行冷却、停留、成卷即可成为制品。

# 第3章 高聚物改性沥青防水卷材

高聚物改性沥青防水卷材简称改性沥青防水卷材，俗称改性沥青油毡。

高聚物改性沥青防水卷材是以玻纤毡、聚酯毡、黄麻布、聚乙烯膜、聚酯无纺布、金属箔或两种材料复合为胎基，以掺量不少于10%的合成高分子聚合物改性沥青、氧化沥青为浸涂材料，以粉状、片状、粒状矿质材料，合成高分子薄膜、金属膜为覆面材料制成的可卷曲的一类片状防水材料。

## 3.1 高聚物改性沥青防水卷材的主要品种

高聚物改性沥青防水卷材是采用改性后的沥青来作卷材浸涂材料的。普通石油沥青材料在低温条件下容易变硬发脆、裂缝、感温性强，长期受太阳光照的紫外线作用下，夏季高温软化，以致热解流淌，反复的热胀冷缩可引起沥青内应力的变化。在氧和臭氧等的综合作用下，沥青中的化学组分不断转变的结果，先是油质挥发，沥青脂胶的含量减少，塑性下降，脆性增加，粘结力减低，产生龟裂而"老化"。由于这些原因，故传统的石油沥青防水卷材制品难以满足建筑防水耐用年限的需要，我国从20世纪70年代中期开始研究开发合成高分子材料改性沥青。在沥青中添加一定量的高聚物改性剂，使沥青自身固有的低温易脆裂、高温易流淌的劣性得以改善，改性后的沥青不但具有良好的耐高、低温性能，而且还具有良好的弹塑性（拉伸强度较高、伸长率较大）、憎水性和粘结性等。高聚物改性沥青防水卷材与沥青防水卷材相比较，改性沥青防水卷材的拉伸强度、耐热度及低温柔性均有一定的提高，并有较好的不透水性和抗腐蚀性。

高聚物改性沥青防水卷材是新型防水材料中使用比例较高的一类产品，现已成为防水卷材的主导产品之一，属中、高档防水材料，其中以聚酯毡为胎体的卷材性能最优，具有高拉伸强度、高延伸率、低疲劳强度等特点。

高聚物改性沥青防水卷材其特点主要是利用高聚物的优良特性，改善了石油沥青热淌冷脆的性能特点，从而提高了沥青防水卷材的技术性能。

高分子聚合物改性沥青防水卷材一般可分为弹性体聚合物改性沥青防水卷材、塑性体聚合物改性沥青防水卷材、橡塑共混体聚合物改性沥青防水卷材三大类，各类可再按聚合物改性体作进一步的分类，例弹性体聚合物改性沥青防水卷材可进一步分为SBS改性沥青防水卷材、SBR改性沥青防水卷材、再生胶改性沥青防水卷材等。此外还可以根据卷材有无胎体材料分为有胎防水卷材、无胎防水卷材二大类。

高聚物改性沥青防水卷材目前因为广泛应用的主要品种其分类及执行标准如图3-1所示。

高聚物改性沥青防水卷材根据其应用的范围不同，可分为普通改性沥青防水卷材和特种改性沥青防水卷材。普通改性沥青防水卷材根据其是否具有自粘功能可分为：常规型防水卷材和自粘型防水卷材，常规型防卷材可根据其所采用的改性剂材质的不同，可分为 SBS 改性沥青防水卷材、APP 改性沥青防水卷材、SBR 改性沥青防水卷材、胶粉改性沥青防水卷材、再生胶油毡等多个大类品种。各大类别品种还可依据其采用的胎基材料的不同，进一步分为聚酯胎防水卷材、玻纤胎防水卷材、玻纤增强聚酯胎防水卷材、聚乙烯脂防水卷等品种；自粘型防水卷材根据其采用的自粘材料的不同，可分为带自粘层的防水卷材、自粘聚合物改性沥青防水卷材等，然后根据胎基材质的不同，进一步分为无胎防水卷材、聚酯胎防水卷材、聚乙烯胎防水卷材等类别。特种改性沥青防水卷材可根据其特殊的使用功能作进一步的分类，如坡屋面用防水垫层、路桥用防水卷材、预铺/湿铺法防水卷材等。

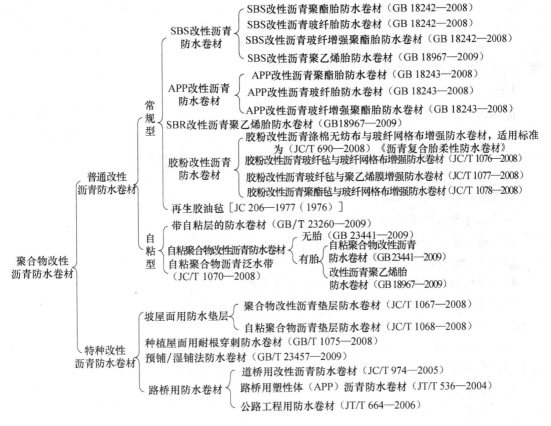

图 3-1　聚合物改性沥青防水卷材的分类及执行标准

### 3.1.1　弹性体改性沥青防水卷材

弹性体改性沥青防水卷材简称 SBS 防水卷材，是以聚酯胎、玻纤胎、玻纤增强聚酯胎为胎基，以苯乙烯－丁二烯－苯乙烯（SBS）热塑性弹性体作石油沥青改性剂，两面覆以隔离材料所制成的防水卷材。其产品已发布了 GB 18242—2008 国家标准。

弹性体改性沥青防水卷材主要适用于工业和民用建筑的屋面和地下防水工程。玻纤增强聚酯毡防水卷材可应用于机械固定单层防水，但其需通过抗风荷载试验；玻纤毡防水卷材适用于多层防水中的底层防水；外露使用时可采用上表面隔离材料为不透明的矿物粒料的防水卷材；地下工程防水可采用表面隔离材料为细砂（细砂为其粒径不超过 0.60mm 的矿物颗粒）的防水卷材。

SBS 改性沥青防水卷材属弹性体沥青防水卷材中有代表性的品种。此产品的特点是综合性能强，具有良好的耐高温和耐低温以及耐老化性能，施工方便。本品在石油中加入 10%～15% 的 SBS 热塑性体（苯乙烯－丁二烯－苯乙烯嵌段光聚物），可使卷材兼有橡胶和塑料的双重特性。在常温环境下，具有橡胶状弹性；在高温环境下，又像塑料那样具有熔融流动特性。SBS 是塑料、沥青等脆性材料的增韧剂，经过 SBS 这种热塑性弹性体材料改性的沥青用作防水卷材的浸涂层，可提高防水卷材的弹性和耐疲劳性，延长防水卷材的使用寿命，从而增强了防水卷材的综合性能，将本品加热到 90℃、2h 后观察，卷材表面仍不起泡、不流淌，当温度降到 −75℃ 时，卷材仍具有一定的柔软性，−50℃ 以下仍然具有防水功能。所以此类产品所具有的优异的耐高、低温性能特别适宜于在严寒地区使用，也可以用于高温地区。此类产品拉伸强度高、延伸率大、自重轻、耐老化、施工方法简便，既可以采用热熔工艺施工，又可用于冷粘结施工。

1. 产品的分类和标记

产品按其胎基可分为聚酯毡（PY）、玻纤毡（G）、玻纤增强聚酯毡（PYG）；按其上表面隔离材料可分为聚乙烯膜（PE）、细砂（S）、矿物粒料（M）；按其下表面隔离材料可分为细砂（S），聚乙烯膜（PE）；按其材料性能可分为 I 型和 II 型。

产品规格为：

卷材公称宽度为 1000mm。

聚酯毡卷材公称厚度为 3mm、4mm、5mm。

玻纤毡卷材公称厚度为 3mm、4mm。

玻纤增强聚酯毡卷材公称厚度为 5mm。

每卷卷材公称面积为 $7.5m^2$、$10m^2$、$15m^2$。

产品按其名称、型号、胎基、上表面材料、下表面材料、厚度、面积和标准编号顺序标记。

示例：$10m^2$ 面积、3mm 厚、上表面材料为矿物粒料、下表面材料为聚乙烯膜、聚酯毡 I 型弹性体改性沥青防水卷材标记为 SBS I PY M PE 3 10 GB 18242—2008。

2. 原材料要求

（1）改性沥青

改性沥青宜符合 JC/T 905 的规定。

（2）胎基

1）胎基仅采用聚酯毡、玻纤毡、玻纤增强聚酯毡。

2）采用聚酯毡与玻纤毡作胎基应符合 GB/T 18840 的规定。玻纤增强聚酯毡的规格与性能应满足按本标准生产防水卷材的要求。

（3）表面隔离材料

表面隔离材料不得采用聚酯膜（PET）和耐高温聚乙烯膜。

3. 产品要求

（1）单位面积质量、面积及厚度

单位面积质量、面积及厚度应符合表 3-1 的规定。

**表 3-1　弹性体改性沥青防水卷材单位面积质量、面积及厚度**（GB 18242—2008）

| 规格（公称厚度）/mm | | 3 | | | 4 | | | 5 | | |
|---|---|---|---|---|---|---|---|---|---|---|
| 上表面材料 | | PE | S | M | PE | S | M | PE | S | M |
| 下表面材料 | | PE | PE、S | | PE | PE、S | | PE | PE、S | |
| 面积/<br>（m²/卷） | 公称面积 | 10、15 | | | 10、7.5 | | | 7.5 | | |
| | 偏差 | ±0.10 | | | ±0.10 | | | ±0.10 | | |
| 单位面积质量/（kg/m²）≥ | | 3.3 | 3.5 | 4.0 | 4.3 | 4.5 | 5.0 | 5.3 | 5.5 | 6.0 |
| 厚度/mm | 平均值　≥ | 3.0 | | | 4.0 | | | 5.0 | | |
| | 最小单值 | 2.7 | | | 3.7 | | | 4.7 | | |

（2）外观

1）成卷卷材应卷紧卷齐，端面里进外出不得超过 10mm。

2）成卷卷材在 4~50℃任一产品温度下展开，在距卷芯 1000mm 长度外不应有 10mm 以上的裂纹或粘结。

3）胎基应浸透，不应有未被浸渍处。

4）卷材表面应平整，不允许有孔洞、缺边和裂口、疙瘩，矿物粒料粒度应均匀一致并紧密地粘附于卷材表面。

5）每卷卷材接头处不应超过一个，较短的一段长度不应少于 1000mm，接头应剪切整齐，并加长 150mm。

（3）材料性能

材料性能应符合表 3-2 的规定。

**表 3-2　弹性体改性沥青防水卷材材料性能**（GB 18242—2008）

| 序号 | 项目 | | | 指标 | | | | |
|---|---|---|---|---|---|---|---|---|
| | | | | I | | II | | |
| | | | | PY | G | PY | G | PYG |
| 1 | 可溶物含量/（g/m²）≥ | | 3mm | 2100 | | | | |
| | | | 4mm | 2900 | | | | |
| | | | 5mm | 3500 | | | | |
| | | | 试验现象 | — | 胎基不燃 | — | 胎基不燃 | — |
| 2 | 耐热性 | | ℃ | 90 | | 105 | | |
| | | | ≤mm | 2 | | | | |
| | | | 试验现象 | 无流淌、滴落 | | | | |
| 3 | 低温度/℃ | | | −20 | | −25 | | |
| | | | | 无裂缝 | | | | |
| 4 | 不透水性 30min | | | 0.3MPa | 0.2MPa | 0.3MPa | | |
| 5 | 拉力 | 最大峰拉力/（N/50mm）≥ | | 500 | 350 | 800 | 500 | 900 |
| | | 次高峰拉力/（N/50mm）≥ | | — | — | — | — | — |
| | | 试验现象 | | 拉伸过程中，试件中部无沥青涂盖层开裂或与胎基分离现象 | | | | |

续表

| 序号 | 项目 | | 指标 | | | | |
|---|---|---|---|---|---|---|---|
| | | | I | | II | | |
| | | | PY | G | PY | G | PYG |
| 6 | 延伸率 | 最大峰时延伸率/% ≥ | 30 | 40 | — | | — |
| | | 第二峰时延伸率/% ≥ | — | — | | | 15 |
| 7 | 浸水后质量增加/% ≤ | PE、S | | | 1.0 | | |
| | | M | | | 2.0 | | |
| 8 | 热老化 | 拉力保持率/% ≥ | | | 90 | | |
| | | 延伸率保持率/% ≥ | | | 80 | | |
| | | 低温柔性/℃ | | | −15 | | −20 |
| | | | | | 无裂缝 | | |
| | | 尺寸变化率/% | 0.7 | — | 0.7 | — | 0.3 |
| | | 质量损失/% ≤ | | | 1.0 | | |
| 9 | 渗油性 | 张数 ≤ | | | 2 | | |
| 10 | 接缝剥离强度/(N/mm) ≥ | | | | 1.5 | | |
| 11 | 钉杆撕裂强度[a]/N ≥ | | | | — | | 300 |
| 12 | 矿物粒料粘附性[b]/g ≤ | | | | 2.0 | | |
| 13 | 卷材下表面沥青涂盖层厚度[c]mm ≥ | | | | 1.0 | | |
| 14 | 人工气候加速老化 | 外观 | | | 无滑动、流淌、滴落 | | |
| | | 拉力保持率/% | | | 80 | | |
| | | 低温柔性/℃ | | | −15 | | −20 |
| | | | | | 无裂缝 | | |

a 仅适用于单层机械固定施工方式卷材。

b 仅适用于矿物粒料表面的卷材。

c 仅适用于热熔施工方式卷材。

### 3.1.2 塑性体改性沥青防水卷材

塑性体改性沥青防水卷材是以聚酯毡、玻纤毡、玻纤增强聚酯毡为胎基，以无规聚丙烯（APP）或聚烯烃类聚合物（APAO、APO 等）作石油沥青改性剂，两面覆以隔离材料所制成的防水卷材，简称 APP 防水卷材。其产品已发布了 GB 18243—2008 国家标准。

塑性体改性沥青防水卷材适用于工业与民用建筑的屋面和地下防水工程。玻纤增强聚酯毡卷材可应用于机械固定单层防水，但其需要通过抗风荷载试验；玻纤毡卷材适用于多层防水中的底层防水；外露使用应采用上表面隔离材料为不透明的矿物粒料的防水卷材；地下工程的防水应采用表面隔离材料为细砂的防水卷材。

APP 改性沥青防水卷材其特点是：分子结构稳定，老化期长，具有良好的耐热性、拉伸强度高、伸长率大、施工简便且无污染。APP（无规聚丙烯）是生产聚丙烯的副产品，其在改性沥青中是网状结构，与石油沥青有良好的互溶性，将沥青包在网中。APP 分子结构为饱和态，故其具有非常好的稳定性。在受到高温以及阳光照射后，分子结构不会重新排列，老化期长。在一般情况下，APP 改性沥青的老化期在 20 年以上。加入量为 30% ~ 35% 的 APP 改性沥青防水卷材，其温度适应范围为 −15 ~ 130℃，尤其是耐紫外线能力比其他改性沥青防水卷材都强，非常适宜在有强烈阳光照射的炎热地区使用。APP 改性沥青复合在具有良好物理性能的聚酯毡或玻纤毡上面，制成的防水卷材具有良好的拉伸强度和延伸率，本产品具有良好的憎水性和粘结性，既可以采用冷黏法工艺施工，又可以采用热熔法工艺施工，且无污染，可在混凝土板、塑料板、木板、金属板等基面上施工。

1. 产品的分类和标记

产品按其胎基可分为聚酯毡（PY）、玻纤毡（G）、玻纤增强聚酯毡（PYG）；按其上表面隔离材料可分为聚乙烯膜（PE）、细砂（S）、矿物粒料（M）；按其下表面隔离材料可分为细砂（S）、聚乙烯膜（PE）；按其材料性能可分为 I 型和 II 型。

产品规格为：

卷材公称宽度为 1000mm。

聚酯毡卷材公称厚度为 3mm、4mm、5mm。

玻纤毡卷材公称厚度为 3mm、4mm。

玻纤增强聚酯毡卷材公称厚度为 5mm。

每卷卷材公称面积为 7.5m²、10m²、15m²。

产品按其名称、型号、胎基、上表面材料、下表面材料、厚度、面积和标准编号顺序标记。

示例：10m² 面积、3mm 厚、上表面材料为矿物粒料、下表面材料为聚乙烯膜、聚酯毡 I 型塑性体改性沥青防水卷材标记为 APP I PY M PE 3 10 GB 18243—2008。

2. 原材料要求

（1）改性沥青

改性沥青应符合 JC/T 904 的规定。

（2）胎基

1）胎基仅采用聚酯毡、玻纤毡、玻纤增强聚酯毡。

2）采用聚酯毡与玻纤毡作胎基应符合 GB/T 18840 的规定。玻纤增强聚酯毡的规格与性能应满足按本标准生产防水卷材的要求。

3）表面隔离材料

表面隔离材料不得采用聚酯膜（PET）和耐高温聚乙烯膜。

3. 产品要求

（1）单位面积质量、面积及厚度

单位面积质量、面积及厚度应符合表 3-3 的规定。

表 3-3　塑性体改性沥青防水卷材单位面积质量、面积及厚度（GB 18243—2008）

| 规格（公称厚度）/mm | | 3 | | | 4 | | | 5 | | |
|---|---|---|---|---|---|---|---|---|---|---|
| 上表面材料 | | PE | S | M | PE | S | M | PE | S | M |
| 下表面材料 | | PE | PE、S | | PE | PE、S | | PE | PE、S | |
| 面积/（m²/卷） | 公称面积 | 10、15 | | | 10、7.5 | | | 7.5 | | |
| | 偏差 | ±0.10 | | | ±0.10 | | | ±0.10 | | |
| 单位面积质量/（kg/m²）≥ | | 3.3 | 3.5 | 4.0 | 4.3 | 4.5 | 5.0 | 5.3 | 5.5 | 6.0 |
| 厚度/mm | 平均值 ≥ | 3.0 | | | 4.0 | | | 5.0 | | |
| | 最小单值 | 2.7 | | | 3.7 | | | 4.7 | | |

（2）外观

1）成卷卷材应卷紧卷齐，端面里进外出不得超过10mm。

2）成卷卷材在4~60℃任一产品温度下展开，在距卷芯1000mm长度外不应有10mm以上的裂纹或粘结。

3）胎基应浸透，不应有未被浸渍处。

4）卷材表面应平整，不允许有孔洞、缺边和裂口、疙瘩，矿物粒料粒度应均匀一致并紧密地粘附于卷材表面。

5）每卷卷材接头处不应超过一个，较短的一段长度不应少于1000mm，接头应剪切整齐，并加长150mm。

（3）材料性能

材料性能应符合表3-4的要求。

**表3-4　塑性体改性沥青防水卷材材料性能**（GB 18243—2008）

| 序号 | 项目 | | | 指标 | | | | |
|---|---|---|---|---|---|---|---|---|
| | | | | I | | II | | |
| | | | | PY | G | PY | G | PYG |
| 1 | 可溶物含量/(g/m²) ≥ | | 3mm | 2100 | | | | — |
| | | | 4mm | 2900 | | | | — |
| | | | 5mm | 3500 | | | | |
| | | | 试验现象 | — | 胎基不燃 | — | 胎基不燃 | — |
| 2 | 耐热性 | | ℃ | 110 | | 130 | | |
| | | | ≤mm | 2 | | | | |
| | | | 试验现象 | 无流淌、滴落 | | | | |
| 3 | 低温度/℃ | | | −7 | | −15 | | |
| | | | | 无裂缝 | | | | |
| 4 | 不透水性 30min | | | 0.3MPa | 0.2MPa | 0.3MPa | | |
| 5 | 拉力 | 最大峰拉力/(N/50mm) ≥ | | 500 | 350 | 800 | 500 | 900 |
| | | 次高峰拉力/(N/50mm) ≥ | | — | — | — | — | 800 |
| | | 试验现象 | | 拉伸过程中，试件中部无沥青涂盖层开裂或与胎基分离现象 | | | | |
| 6 | 延伸率 | 最大峰时延伸率/% ≥ | | 25 | | 40 | | — |
| | | 第二峰时延伸率/% ≥ | | — | | — | | 15 |
| 7 | 浸水后质量增加/% ≤ | PE、S | | 1.0 | | | | |
| | | M | | 2.0 | | | | |
| 8 | 热老化 | 拉力保持率/% ≥ | | 90 | | | | |
| | | 延伸率保持率/% ≥ | | 80 | | | | |
| | | 低温柔性/℃ | | −2 | | −10 | | |
| | | | | 无裂缝 | | | | |
| | | 尺寸变化率/% | | 0.7 | — | 0.7 | — | 0.3 |
| | | 质量损失/% ≤ | | 1.0 | | | | |
| 9 | 接缝剥离强度/(N/mm) | | | 1.0 | | | | |

续表

| 序号 | 项目 | | 指标 | | | | |
|------|------|---|------|---|------|---|-----|
| | | | I | | II | | |
| | | | PY | G | PY | G | PYG |
| 10 | 钉杆撕裂强度ᵃ/N | ≥ | — | | | | 300 |
| 11 | 矿物粒料粘附性ᵇ/g | ≤ | 2.0 | | | | |
| 12 | 卷材下表面沥青涂盖层厚度ᶜmm | ≥ | 1.0 | | | | |
| 13 | 人工气候加速老化 | 外观 | 无滑动、流淌、滴落 | | | | |
| | | 拉力保持率/% | 80 | | | | |
| | | 低温柔性/℃ | | | −2 | −10 | |
| | | | 无裂缝 | | | | |

a 仅适用于单层机械固定施工方式卷材。

b 仅适用于矿物粒料表面的卷材。

c 仅适用于热熔施工方式卷材。

### 3.1.3　改性沥青聚乙烯胎防水卷材

改性沥青聚乙烯胎防水卷材是指以高密度聚乙烯膜为胎基、改性沥青或自粘沥青为涂盖层，表面覆盖隔离材料或防粘材料而制成的一类防水卷材。改性沥青聚乙烯胎防水卷材适用于非外露的建筑与基础设施的防水工程。此产品已发布了 GB 18967—2009《改性沥青聚乙烯胎防水卷材》国家标准。

1. 产品的分类、规格和标记

产品按其施工工艺可分为热熔型（标记：T）和自粘型（标记：S）两类。热熔型产品按其改性剂的成分可分为改性氧化沥青防水卷材（标记：O）、丁苯橡胶改性氧化沥青防水卷材（标记：M）、高聚物改性沥青防水卷材（标记：P）、高聚物改性沥青耐根穿刺防水卷材（标记：R）等四类。改性氧化沥青防水卷材是指用添加改性剂的沥青氧化后制成的一类防水卷材；丁苯橡胶改性氧化沥青防水卷材是指用丁苯橡胶和树脂将氧化沥青改性后制成的一类防水卷材；高聚物改性沥青防水卷材是指用苯乙烯－丁二烯－苯乙烯（SBS）等高聚物改性沥青改性后制成的一类防水卷材；高聚物改性沥青耐根穿刺防水卷材是指以高密度聚乙烯膜（标记：E）为胎基、上下表面覆以高聚物改性沥青，并以聚乙烯膜为隔离材料而制成的具有耐根穿刺功能的一类防水卷材。自粘型防水卷材是指以高密度聚乙烯膜为胎基，上下表面为自粘聚合物改性沥青，表面覆盖防粘材料而制成的一类防水卷材。改性沥青聚乙烯胎防水卷材的分类如图 3-2 所示。

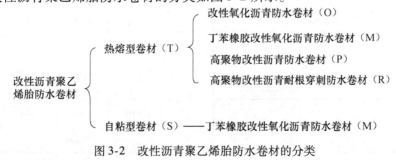

图 3-2　改性沥青聚乙烯胎防水卷材的分类

产品的厚度：热熔型产品 3.0mm、4.0mm，其中耐根穿刺卷材为 4.0mm；自粘型产品为 2.0mm、3.0mm。产品的公称宽度：1000mm、1100mm；产品的公称面积：每卷面积为 $10m^2$、$11m^2$。生产其他规格的卷材，可由供需双方协商确定。

产品的标记方法按施工工艺、产品类型、胎体、上表面覆盖材料、厚度和标准号顺序进行标记。例 3.0mm 厚的热熔型聚乙烯胎聚乙烯膜覆面高聚物改性沥青防水卷材，其标记如下：TPEE 3 GB 18967—2009。

2. 产品的技术要求

改性沥青聚乙烯胎防水卷材产品的技术要求如下：

（1）单位面积质量及规格尺寸应符合表 3-5 的规定。

表 3-5　单位面积质量及规格尺寸（GB 18967—2009）

| 公称厚度/mm | | | 2 | 3 | 4 |
|---|---|---|---|---|---|
| 单位面积质量/（kg/m²） | | ≥ | 2.1 | 3.1 | 4.2 |
| 每卷面积偏差/m² | | | ±0.2 | | |
| 厚度/mm | 平均值 | ≥ | 2.0 | 3.0 | 4.0 |
| | 最小单值 | ≥ | 1.8 | 2.7 | 3.7 |

（2）产品的外观要求：成卷卷材应卷紧卷齐，端面里进外出不得超过 20mm；成卷卷材在 4～45℃任一产品温度下展开，在距卷芯 1000mm 长度外不应有裂纹或长度 10mm 以上的粘结；卷材表面应平整，不允许有孔洞，缺连和裂口，疙瘩或任何其他能观察到的缺陷存在；每卷卷材的接头处不应超过一个，较短的一段长度不应少于 1000mm，接头应剪切整齐，并加长 150mm。

（3）产品的物理力学性能应符合表 3-6 提出的要求。高聚物改性沥青耐根穿刺防水卷材（R）的性能除了应符合表 3-6 的要求外，其耐根穿刺与耐霉菌腐蚀性能还应符合 JC/T 1075—2008 标准提出的要求（参见 3.1.13 节）。

表 3-6　物理力学性能（GB 18967—2009）

| 序号 | 项目 | 指标 | | | | |
|---|---|---|---|---|---|---|
| | | T | | | | S |
| | | O | M | P | R | M |
| 1 | 不透水性 | 0.4MPa，30min 不透水 | | | | |
| 2 | 耐热性/℃ | 90 | | | | 70 |
| | | 无流淌，无起泡 | | | | 无流淌，无起泡 |
| 3 | 低温柔性/℃ | -5 | -10 | -20 | -20 | -20 |
| | | 无裂纹 | | | | |

续表

| 序号 | 项目 | | | 指标 | | | | |
|---|---|---|---|---|---|---|---|---|
| | | | | T | | | | S |
| | | | | O | M | P | R | M |
| 4 | 拉伸性能 | 拉力/(N/50mm) ≥ | 纵向 | | 200 | | 400 | 200 |
| | | | 横向 | | | | | |
| | | 断裂延伸率/% ≥ | 纵向 | | | 120 | | |
| | | | 横向 | | | | | |
| 5 | 尺寸稳定性 | | /℃ | | 90 | | | 70 |
| | | | /% ≤ | | | 2.5 | | |
| 6 | 卷材下表面沥青涂盖层厚度/mm ≥ | | | | 1.0 | | | — |
| 7 | 剥离强度/(N/mm) ≥ | 卷材与卷材 | | | — | | | 1.0 |
| | | 卷材与铝板 | | | | | | 1.5 |
| 8 | 钉杆水密性 | | | | — | | | 通过 |
| 9 | 持粘性/min≥ | | | | — | | | 15 |
| 10 | 自粘沥青再剥离强度（与铝板)/N/min≥ | | | | — | | | 1.5 |
| 11 | 热空气老化 | 纵向拉力/(N/50mm) ≥ | | | 200 | | 400 | 200 |
| | | 纵向断裂延伸率/% ≥ | | | | 120 | | |
| | | 低温柔性/℃ | | 5 | 0 | −10 | −10 | −10 |
| | | | | | 无裂纹 | | | |

### 3.1.4　带自粘层的防水卷材

带自粘层的防水卷材是指其卷材表面覆以有自粘层的、冷施工的一类改性沥青或合成高分子防水卷材。此类产品已发布了《带自粘层的防水卷材》GB/T 23260—2009 国家标准。

1. 产品的分类和标记

带粘层的防水卷材根据其材质的不同，可分为高聚物改性沥青防水卷材和合成高分子防水卷材等类型。

产品名称为：带自粘层的＋主体材料防水卷材产品名称。按本标准名称、主体材料标准标记方法和本标准编号顺序进行标记。示例如下：

（1）规格为 3mm 矿物料面聚酯胎 I 型，$10m^2$ 的带自粘层的弹性体沥青防水卷材，其标记为：带自粘层 SBSIRYM 3 10 GB 18242—GB/T 23260—2009。

（2）长度 20m、宽度 2.1m，厚度 1.2mm II 型 L 类聚氯乙烯防水卷材，其标记为：常自粘层 PVC 卷材 L II 1.2/20×2.1 GB 12952—GB/T 23260—2009（注：非沥青基防水卷材规格中的厚度为主体材料厚度）。

2. 产品的技术要求

带自粘层的防水卷材应符合主体材料相关现行产品标准的要求见表 3-7，其中受自粘层影响性能的补充说明见表 3-8。

表 3-7 部分相关主体材料产品标准

| 序号 | 标准名称 | 备注 |
|---|---|---|
| 1 | GB 12952—2011《聚氯乙烯（PVC）防水卷材》 | 见 5.1.9 节 |
| 2 | GB 12953—2003《氯化聚乙烯防水卷材》 | 见 5.1.10 节 |
| 3 | GB 18173.1.1—2012《高分子防水材料 第 1 部分：片材》 | 见 5.1.1 节 |
| 4 | GB 18242—2008《弹性体改性沥青防水卷材》 | 见 3.1.1 节 |
| 5 | GB 18243—2008《塑性体改性沥青防水卷材》 | 见 3.1.2 节 |
| 6 | GB 18967—2009《改性沥青聚乙烯胎防水卷材》 | 见 3.1.3 节 |
| 7 | JC/T 684—1997《氧化聚乙烯——橡胶共混防水卷材》 | 见 5.1.12 节 |
| 8 | JC/T 1076—2008《胶粉改性沥青玻纤毡与玻纤网格布增强防水卷材》 | 见 3.1.14 节 |
| 9 | JC/T 1077—2008《胶粉改性沥青玻纤毡与聚乙烯膜增强防水卷材》 | 见 3.1.15 节 |
| 10 | JC/T 1078—2008《胶粉改性沥青聚酯毡与玻纤网格布增强防水卷材》 | 见 3.1.16 节 |

表 3-8 受自然层影响性能的补充说明（GB/T 23260—2009）

| 序号 | 受自粘层影响项目 | 补充说明 |
|---|---|---|
| 1 | 厚度 | 沥青基防水卷材的厚度包括自粘层厚度。<br>非沥青基防水卷材的厚度不包括自粘层厚度，且自粘层厚度不小于 0.4mm |
| 2 | 卷重、单位面积质量 | 卷重、单位面积质量包括自粘层 |
| 3 | 拉伸强度、撕裂强度 | 对于根据厚度计算强度的试验项目，厚度测量不包括自粘层 |
| 4 | 延伸率 | 以主体材料延伸率作为试验结果，不考虑自粘层延伸率 |
| 5 | 耐热性/耐热度 | 带自粘层的沥青基防水卷材的自粘面耐热性（度）指标按表 3—9 要求，非自粘面按相关产品标准执行 |
| 6 | 尺寸稳定性、加热伸缩量、老化试验 | 对于由于加热引起的自粘层外观变化在试验结果中不报告 |
| 7 | 低温柔性/低温弯折性 | 试验要求的厚度包括产品自粘层的厚度 |

产品的自粘层物理力学性能应符合表 3-9 的规定。

表 3-9 卷材自粘层物理力学性能（GB/T23260—2009）

| 序号 | 项目 | | 指标 |
|---|---|---|---|
| 1 | 剥离强度/（N/mm） | 卷材与卷材 | ≥1.0 |
| | | 卷材与铝板 | ≥1.5 |
| 2 | 浸水后剥离强度/（N/mm） | | ≥1.5 |
| 3 | 热老化后剥离强度/（N/mm） | | ≥1.5 |
| 4 | 自粘面耐热性 | | 70℃，2h 无流淌 |
| 5 | 持粘性/min | | ≥15 |

### 3.1.5 自粘聚合物改性沥青防水卷材

自粘聚合物改性沥青防水卷材是指以自粘聚合物改性沥青为基料，非外露使用的无胎基或者采用聚酯胎基增强的一类本体自粘防水卷材，此类产品简称自粘卷材，有别于仅在表面覆以自粘层的聚合物改性沥青防水卷材。此类产品已发布了 GB 23441—2009《自粘聚合物改性沥青防水卷材》国家标准。

1. 产品的分类、规格和标记

此类产品按其有无胎基增强可分为无胎基（N 类）自粘聚合物改性沥青防水卷材，聚酯胎基（PY 类）自粘聚合物改性沥青防水卷材。N 类按其上表面材料的不同可分为聚乙烯膜（PE）、聚酯膜（PET）、无膜双面自粘（D）；PY 类按其上表面材料的不同可分为聚乙烯膜（PE）、细砂（S）、无膜双面自粘（D）。产品按其性能可分为Ⅰ型和Ⅱ型。卷材厚度为 2.0mm 的 PY 类只有Ⅰ型，其他规格可供需双方商定。自粘聚合物改性沥青防水卷材的分类如图 3-3 所示。

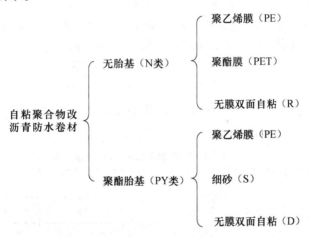

图 3-3　自粘聚合物改性沥青防水卷材

产品按其产品名称、类型、上表面材料厚度、面积、本标准编号顺序标记。例 20m$^2$、2.0mm 聚乙烯膜面Ⅰ型 N 类，自粘聚合物改性沥青防水卷材的标记为：自粘卷材 NIPE 2.0 GB23441—2009。

2. 产品的技术要求

（1）面积、单位面积质量、厚度

面积不小于产品面积标记值的 99%；N 类单位面积质量、厚度应符合表 3-10 的规定；PY 类单位面积质量，厚度应符合表 3-11 的规定。由供需双方商定的规格，N 类其厚度不得小于 1.2mm，PY 类其厚度不得小于 2.0mm。

表 3-10　N 类单位面积质量、厚度

| 厚度规格/mm | | | 1.2 | 1.5 | 2.0 |
| --- | --- | --- | --- | --- | --- |
| 上表面材料 | | | PE、PET、D | PE、PET、D | PE、PET、D |
| 单位面积质量/（kg/m$^2$） | | ≥ | 1.2 | 1.5 | 2.0 |
| 厚度/mm | 平均值 | ≥ | 1.2 | 1.5 | 2.0 |
| | 最小单值 | | 1.0 | 1.3 | 1.7 |

表 3-11 PY 类单位面积质量、厚度

| 厚度规格/mm | | 2.0 | | 3.0 | | 4.0 | |
|---|---|---|---|---|---|---|---|
| 上表面材料 | | PE、D | S | PE、D | S | PE、D | S |
| 单位面积质量/(kg/m²) ≥ | | 2.1 | 2.2 | 3.1 | 3.2 | 4.1 | 4.2 |
| 厚度/mm | 平均值 ≥ | 2.0 | | 3.0 | | 4.0 | |
| | 最小单值 | 1.8 | | 2.7 | | 3.7 | |

（2）外观

成卷卷材应卷紧卷齐，端面里进外出不得超过 20mm。成卷卷材在 4 ~ 45℃任一产品温度下展开，在距卷芯 1000mm 长度外不应有裂纹或长度 10mm 以上的粘结。PY 类产品其胎基应浸透，不应有未被浸渍的浅色条纹。卷材表面应平整，不允许有孔洞、结块、气泡、缺边和裂口，上表面是细砂的，应均匀一致并紧密地粘附于卷材表面。每卷卷材接头不应超过一个，较短的一段长度不应少于 1000mm，接头应剪切整齐，并加长 150mm。

（3）物理力学性能

N 类卷材其物理力学性能应符合表 3-12 的规定；PY 类卷材其物理力学性能应符合表 3-13 的规定。

表 3-12 N 类卷材物理力学性能（GB 23441—2009）

| 序号 | 项目 | | | 指标 | | | | |
|---|---|---|---|---|---|---|---|---|
| | | | | PE | | PET | | D |
| | | | | I | II | I | II | |
| 1 | 拉伸性能 | 拉力/（N/50mm） ≥ | | 150 | 200 | 150 | 200 | — |
| | | 最大拉力时延伸率/% ≥ | | 200 | | 30 | | — |
| | | 沥青断裂延伸率/% ≥ | | 250 | | 150 | | 450 |
| | | 拉伸时现象 | | 拉伸过程中，在膜断裂前无沥青涂盖层与膜分离现象 | | | | — |
| 2 | 钉杆撕裂强度/N ≥ | | | 60 | 110 | 30 | 40 | — |
| 3 | 耐热性 | | | 70℃滑动不超过 2mm | | | | |
| 4 | 低温柔性/℃ | | | −20 | −30 | −20 | −30 | −20 |
| | | | | 无裂纹 | | | | |
| 5 | 不透水性 | | | 0.2MPa，120min 不透水 | | | | — |
| 6 | 剥离强度/（N/mm） ≥ | 卷材与卷材 | | 1.0 | | | | |
| | | 卷材与铝板 | | 1.5 | | | | |
| 7 | 钉杆水密性 | | | 通过 | | | | |
| 8 | 渗油性/张数 ≤ | | | 2 | | | | |
| 9 | 持粘性/min ≥ | | | 20 | | | | |

续表

| 序号 | 项目 | | 指标 | | | | |
|---|---|---|---|---|---|---|---|
| | | | PE | | PET | | D |
| | | | I | II | I | II | |
| 10 | 热老化 | 拉力保持率/% ≥ | 80 | | | | |
| | | 最大拉力时延伸率保持率/% ≥ | 200 | | 30 | | 400（沥青层断裂延伸率） |
| | | 低温柔性/℃ | −18 | −28 | −18 | −28 | −18 |
| | | | 无裂缝 | | | | |
| | | 剥离强度卷材与铝板/（N/mm）≥ | 15 | | | | |
| 11 | 热稳定性 | 外观 | 无起鼓、皱褶、滑动、流淌 | | | | |
| | | 尺寸变化/% ≤ | 2 | | | | |

**表 3-13　PY 类卷材物理力学性能**（GB 23441—2009）

| 序号 | 项目 | | 指标 | |
|---|---|---|---|---|
| | | | I | II |
| 1 | 可溶物含量/（g/m²）≥ | 2.0mm | 1300 | — |
| | | 3.0mm | 2100 | |
| | | 4.0mm | 2900 | |
| 2 | 拉伸性能 | 拉力/（N/50mm）≥ 2.0mm | 350 | — |
| | | 3.0mm | 450 | 600 |
| | | 4.0mm | 450 | 800 |
| | | 最大拉力时延伸率/% ≥ | 30 | 40 |
| 3 | 耐热性 | | 70℃无滑动、流淌、滴落 | |
| 3 | 低温柔性/℃ | | −20 | −30 |
| | | | 无裂纹 | |
| 5 | 不透水性 | | 0.3MPa，120min 不透水 | |
| 6 | 剥离强度/（N/mm）≥ | 卷材与卷材 | 1.0 | |
| | | 卷材与铝板 | 1.5 | |
| 7 | 钉杆水密性 | | 通过 | |
| 8 | 渗油性/张数 ≤ | | 2 | |
| 9 | 持粘性/min ≥ | | 15 | |

| 序号 | 项目 | | | 指标 | |
|---|---|---|---|---|---|
| | | | | I | II |
| 10 | 热老化 | 最大拉力时延伸率/% | ≥ | 30 | 40 |
| | | 低温柔性/℃ | | −18 | −28 |
| | | | | 无裂纹 | |
| | | 剥离强度卷材与铝板/(N/mm) | ≥ | 1.5 | |
| | | 尺寸稳定性/% | ≤ | 1.5 | 1.0 |
| 11 | 自粘沥青再剥离强度/(N/mm) | | ≥ | 1.5 | |

### 3.1.6 预铺/湿铺防水卷材

预铺/湿铺防水卷材是指采用后浇混凝土或采用水泥砂浆拌合物粘结的一类防水卷材。产品按其施工方式分为预铺防水卷材（Y）和湿铺防水卷材（W），预铺防水卷材用于地下防水等工程，其可直接与后浇结构混凝土拌合物粘结；湿铺防水卷材用于非处露防水工程，采用水泥砂浆拌合物使其与基层粘结，卷材之间宜采用自粘搭接。此类产品已发布了GB/T 23457—2009《预铺/湿铺防水卷材》国家标准。

1. 产品的分类、规格和标记

预铺/湿铺防水卷材根据其主体材料的不同，可分为沥青基聚酯胎防水卷材（PY类）和高分子防水卷材（P类）。产品按其粘结表面可分为单面粘结（S）和双面粘结（D），其中沥青基聚酯胎防水卷材（PY）类产品宜为双面粘合。湿铺防水卷材产品按其性能可分为 I 型和 II 型。预铺/湿铺防水卷材的分类如图 3-4 所示。

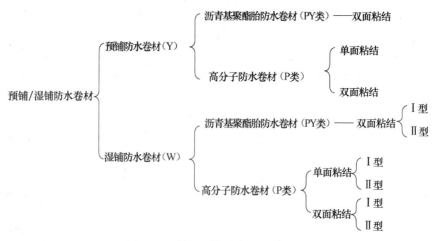

图 3-4　预铺/湿铺防水卷材的分类

预铺防水卷材产品的厚度规格如下：

P 类：高分子主体材料厚度为 0.7mm、1.2mm、1.5mm，对应的卷材全厚度为 1.2mm、1.7mm、2.0mm。

PY 类：4.0mm。

湿铺防水卷材产品的厚度规格如下：

P 类（卷材全厚度）：1.2mm、1.5mm、2.0mm。

PY 类：3.0mm、4.0mm。

产品按其施工方法、类型、粘结表面、主体材料厚度/全厚度、面积、本标准编号，顺序标记。例：20m$^2$、3.0mm 双面粘合 I 型沥青基聚酯胎湿铺防水卷材的标记为：

WPYID 3.0mm，20m$^2$ GB/T 23457—2009

2. 产品的技术要求

（1）面积、单位面积质量、厚度

面积不小于产品面积标记值的 99%。

PY 类产品单位面积质量、厚度应符合表 3-14 的规定；P 类预铺产品高分子主体材料的厚度、卷材全厚度平均值都应不小于规定值，P 类湿铺产品的卷材全厚度平均值不小于规定值。

表 3-14　PY 类产品单位面积质量、厚度

| 项目 | | 规格 | |
|---|---|---|---|
| | | 3.0mm | 4.0 |
| 单位面积质量/(kg/m$^2$) ≥ | | 3.1 | 4.1 |
| 厚度/mm | 平均值≥ | 3.0 | 4.0 |
| | 最小单值 | 2.7 | 3.7 |

其他规格可由供需双方商定，但预铺 P 类产品高分子主体材料厚度不得小于 0.7mm，卷材全厚度不小于 1.2mm，预铺 PY 类产品厚度不得小于 4.0mm。湿铺 P 类产品全厚度不得小于 1.2mm，湿铺 PY 类产品厚度不得小于 3.0mm。

（2）外观

成卷卷材应卷紧卷齐，端面里进外出不得超过 20mm。成卷卷材在 4～45℃ 任一产品温度下展开，在距卷芯 1000mm 长度外不应有裂纹或 10mm 以上的粘结。PY 类产品其胎基应浸透，不应有未被浸渍的条纹。卷材表面应平整，不允许有孔洞、结块、气泡、缺边和裂口。每卷卷材接头处不应超过一个，较短的一段长度不应少于 1000mm，接头应剪切整齐，并加长 150mm。

（3）物理力学性能

预铺防水卷材的物理力学性能应符合表 3-15 的规定，湿铺防水卷材的物理力学性能应符合表 3-16 的规定。

表 3-15　预铺防水卷材物理力学性能（GB/T 23457—2009）

| 序号 | 项目 | | 指标 | |
|---|---|---|---|---|
| | | | P | PY |
| 1 | 可溶物含量/(g/m$^2$) ≥ | | — | 2900 |
| 2 | 拉伸性能 | 拉力/(N/50mm) ≥ | 500 | 800 |
| | | 膜断裂伸长率,% ≥ | 400 | — |
| | | 最大拉力时伸长率/% ≥ | — | 40 |

| 序号 | 项目 | | 指标 | |
|---|---|---|---|---|
| | | | P | PY |
| 3 | 钉杆撕裂强度/N ≥ | | 400 | 200 |
| 4 | 冲击性能 | | 直径（10±0.1）mm，无渗漏 | |
| 5 | 静态荷载 | | 20kg，无渗漏 | |
| 6 | 耐热性 | | 70℃，2h无位移、流淌、滴落 | |
| 7 | 低温弯折性 | | −25℃，无裂纹 | — |
| 8 | 低温柔性 | | — | −25℃，无裂纹 |
| 9 | 渗油性/张数 ≤ | | — | 2 |
| 10 | 防窜水性 | | 0.6MPa，不窜水 | |
| 11 | 与后浇混凝土剥离强度/（N/mm）≥ | 无处理 | 2.0 | |
| | | 水泥粉污染表面 | 1.5 | |
| | | 泥沙污染表面 | 1.5 | |
| | | 紫外线老化 | 1.5 | |
| | | 热老化 | 1.5 | |
| 12 | 与后浇混凝土后剥离强度/（N/mm）≥ | | 1.5 | |
| 13 | 热老化（70℃，168h） | 拉力保持率/% ≥ | 90 | |
| | | 伸长率保持率/% ≥ | 80 | |
| | | 低温弯折性 | −23℃，无裂纹 | — |
| | | 低温柔性 | — | −23℃，无裂纹 |
| 14 | 热稳定性 | 外观 | 无起皱、滑动、流淌 | |
| | | 尺寸变化/% ≤ | 2.0 | |

**表 3-16　湿铺防水卷材物理力学性能（GB/T 23457—2009）**

| 序号 | 项目 | | 指标 | | | |
|---|---|---|---|---|---|---|
| | | | P | | PY | |
| | | | I | II | I | II |
| 1 | 可溶物含量/（g/m²）≥ | 3.0mm | — | | 2100 | |
| | | 4.0mm | | | 2900 | |
| 2 | 拉伸性能 | 拉力/（N/50mm）≥ | 150 | 200 | 400 | 600 |
| | | 最大拉力时伸长率/% ≥ | 30 | 150 | 30 | 40 |
| 3 | 撕裂强度/N≥ | | 12 | 25 | 180 | 300 |
| 4 | 耐热性 | | 70℃，2h无位移、流淌、滴落 | | | |
| 5 | 低温柔性/℃ | | −15 | −25 | −15 | −25 |
| | | | 无裂纹 | | | |
| 6 | 不透水性 | | 0.3MPa，120min不透水 | | | |
| 7 | 卷材与卷材剥离强度/（N/mm）≥ | 无处理 | 1.0 | | | |
| | | 热处理 | 1.0 | | | |

续表

| 序号 | 项目 | | | 指标 | | | |
|---|---|---|---|---|---|---|---|
| | | | | P | | PY | |
| | | | | Ⅰ | Ⅱ | Ⅰ | Ⅱ |
| 8 | 渗油性/张数 | | ≤ | 2 | | | |
| 9 | 持粘性/min | | ≥ | 15 | | | |
| 10 | 与水泥砂浆剥离强度/（N/mm） ≥ | 无处理 | | 2.0 | | | |
| | | 热老化 | | 1.5 | | | |
| 11 | 与水泥砂浆浸水后剥离强度/（N/mm） | | ≥ | 1.5 | | | |
| 12 | 热老化（70℃，168h） | 拉力保持率/% | ≥ | 90 | | | |
| | | 伸长率保持率/% | ≥ | 80 | | | |
| | | 低温柔性/℃ | | -13 | -23 | -13 | -23 |
| | | | | 无裂纹 | | | |
| 13 | 稳定性 | 外观 | | 无起鼓、滑动、流淌 | | | |
| | | 尺寸变化/% | ≤ | 2.0 | | | |

### 3.1.7　再生胶油毡

再生胶油毡是用再生橡胶、10 号石油沥青和碳钙等经混炼，压延而成的无胎基防水卷材。此产品已发布 JC 206—1977（1976）《再生胶油毡》建材行业标准。由于再生胶油毡为无胎基防水卷材，故抗拉强度较小，但延伸性较大，低温性能好，可根据材料的这些特性，在不同的工程上选用。本产品可用作屋面、地下、水利等工程的防水层，尤其适用于对防水层的延伸性和低温柔性要求较高的工程。

再生胶油毡规格应符合表 3-17 的要求。

**表 3-17　再生胶油毡的规格**［JC 206—1977（1976）］

| 厚度/mm | 幅度/mm | 卷长/mm |
|---|---|---|
| 1.2 ± 0.2 | 1000 ± 10 | 20 ± 0.3 |

注：如需特殊规格可由用贷单位与生产厂双方协议。

再生胶油毡的外观质量要求其成卷的油毡产品应卷紧，两端平齐，表面无空洞、皱折或刻痕等缺陷；每平方米油毡上，直径为 3～5mm 的疙瘩不得超过 3 个，直径为 3～5mm 的气泡或因气泡破裂而造成的痕迹不得超过 3 个；每卷油毡其接头不得超过 1 个，短的一块不得小于 3m，并应比规格长 15cm；撒布材料应均匀，油毡铺开后不应有粘结现象。

再生胶油毡的物理力学性能应符合表 3-18 的规定。

**表 3-18　再生胶油毡的物理力学性能**［JC 206—1977（1976）］

| 项目 | 指标 |
|---|---|
| 抗拉强度（20℃ ±2℃，纵向）/MPa　不小于 | 0.784 |
| 延伸率（20℃ ±2℃，纵向）/%　不小于 | 120 |
| 低温柔性（-20℃，1h，$\phi$1mm 金属丝对折） | 无裂纹 |

| 项目 | 指标 |
|------|------|
| 不透水性（动水压法，保持90min）/MPa　不小于 | 0.294 |
| 耐热度（120℃下加热5h） | 不起泡，不发粘 |
| 吸水性（18℃±2℃，24h）/%，不大于 | 0.5 |

**3.1.8　胶粉改性沥青涤棉无纺布与玻纤网格布增强防水卷材（沥青复合胎柔性防水卷材）**

此产品是指以涤棉无纺布-玻纤网格布复合毡，以胶粉改性沥青为浸涂材料，以细砂、聚乙烯膜、矿物粒片料等为覆面材料制成的用于一般建筑防水工程的一类防水卷材。此类产品柔韧较好，以复合毡为胎基材料，比单一的聚乙烯膜为胎基的防水卷材其抗拉强度要提高，此类产品已发布了JC/T 690—2008《沥青复合胎柔性防水卷材》建材行业标准。

**1. 产品的分类和标记**

胎基按涤棉无纺布-玻纤网格布复合毡：（NK）。按物理力学性能分为Ⅰ、Ⅱ型。按上表面材料分为：聚乙烯膜（PE）、细砂（S）、矿物粒（片）料（M）。

注：细砂为粒经不超过0.6mm的矿物颗粒。

按产品胎基、型号、上表面材料、厚度、面积和本标准号顺序标记。例10m² 厚度3mm细面Ⅰ型沥青复合胎柔性防水卷材标记为：

NK I S3 10 JC/T 690—2008

**2. 技术要求**

（1）单位面积质量、面积及厚度

单位面积质量、面积及厚度应符合表3-19的规定。

**表3-19　单位面积质量、面积及厚度**

| 规格（公称厚度）/mm | | | 3 | | | 4 | | |
|----|----|----|----|----|----|----|----|----|
| 上表面材料 | | | PE | S | M | PE | S | M |
| 面积/（m²/卷） | 公称面积 | | 10 | | | 10、7.5 | | |
| | 偏差 | | ±0.10 | | | ±0.10 | | |
| 单位面积质量/（kg/m²） | | ≥ | 3.3 | 3.5 | 4.0 | 4.3 | 4.5 | 5.0 |
| 厚度/mm | 平均值 | ≥ | 3.0 | 3.0 | 3.0 | 4.0 | 4.0 | 4.0 |
| | 最小单值 | ≥ | 2.7 | 2.7 | 2.7 | 3.7 | 3.7 | 3.7 |

（2）外观

1）成卷卷材应卷紧卷齐，端面里进外出不得超过10mm。

2）成卷卷材在4~45℃任一产品温度下展开，在距卷芯1000mm长度外不应有10mm以上的裂纹或粘结。

3）胎基应浸透，不应有未被浸渍的条纹。

4）卷材表面应平整，不允许有孔洞、缺边和裂口、疙瘩，上表面材料应均匀一致并紧密地粘附于卷材表面。

5）每卷卷材接头处不应超过 1 个，较短的一段长度不应少于 1000mm，接头应剪切整齐，并加长 150mm。

（3）物理力学性能

物理力学性能应符合表 3-20 的要求。

**表 3-20　沥青复合胎柔性防水卷材的物理力学性能**（JC/T 690—2008）

| 序号 | 项目 | | | 指标 | |
|---|---|---|---|---|---|
| | | | | Ⅰ | Ⅱ |
| 1 | 可溶物含量/（g/m²） | ≥ | 3mm | 1600 | |
| | | | 4mm | 2200 | |
| 2 | 耐热性/℃ | | | 90 | |
| | | | | 无滑动、流淌、滴落 | |
| 3 | 低温柔性/℃ | | | −5 | −10 |
| | | | | 无滑动、流淌、滴落 | |
| 4 | 不透水性 | | | 0.2MPa、30min 不透水 | |
| 5 | 最大拉力/（N/50mm） | ≥ | 纵向 | 500 | 600 |
| | | | 横向 | 400 | 500 |
| 6 | 粘结剥离强度/（N/mm） | | ≥ | 0.5 | |
| 7 | 热老化 | 拉力保持率/% | ≥ | 90 | |
| | | 低温柔性/℃ | | 0 | −5 |
| | | | | 无裂纹 | |
| | | 质量损失/% | ≤ | 2.0 | |

### 3.1.9　道桥用改性沥青防水卷材

道桥用改性沥青防水卷材是指适用于以水泥混凝土为面层的道路和桥梁表面（机场跑道停车场等也可参照使用），并在其上面铺加沥青混凝土层的一类改性沥青聚酯胎防水卷材。此类产品已发布了 JC/T 974—2005《道桥用改性沥青防水卷材》建材行业标准。

1. 产品的分类、规格和标记

产品按施工方式分为自粘施工防水卷材（Z）、热熔施工防水卷材（R）、热熔胶施工防水卷材（J）。自粘施工防水卷材是指整体具有自粘性的以苯乙烯—丁二烯—苯乙烯（SBS）为主，加入其他聚合物的一类橡胶改性沥青防水卷材，热熔施工防水卷材和热熔胶施工防水卷材按其采用的改性材料不同，可分为苯乙烯—丁二烯—苯乙烯（SBS）热塑性弹性体改性沥青防水卷材和无规聚丙烯或无规聚烯烃类（APP）塑性体改性沥青防水卷材。APP 改性沥青防水卷材按其沥青铺装层的形式不同可分为Ⅰ型和Ⅱ型。自粘施工防水卷材、SBS、APPⅠ型改性沥青防水卷材主要用于摊铺式沥青混凝土的铺装，APPⅡ型改性沥青防水卷材主要用于浇注或沥青混凝土混合料的铺装。卷材上表面材料为细砂（S）。热熔施工防水卷材按下表面材料分为聚乙烯膜（PE）、细砂（S），热熔胶施工防水卷材下表面材料为细砂（S）。道桥用改性沥青防水卷材的分类如图 3-5 所示。

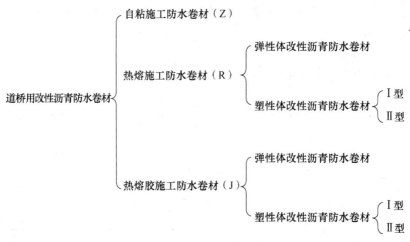

图 3-5 道桥用改性沥青防水卷材

卷材长度规格分为 7.5mm、10mm、15mm、20mm；卷材宽度为 1m；自粘施工防水卷材厚度为 2.5mm；热熔施工防水卷材厚度分为 3.5mm、4.5mm；热熔胶施工防水卷材厚度分为 2.5mm、3.5mm。

产品按施工方式、改性材料（SBS 或 APP 类）、型号、下表面材料、面积、厚度和本标准号顺序标记。例：热熔和热熔胶施工 APP 改性沥青 I 型细砂 $10m^2$ 的 3.5mm 厚度道桥防水卷材标记为：

道桥防水卷材 R&J APP　I　S $10m^2$　3.5mm　JC/T 974—2005

2. 产品的技术要求

（1）尺寸偏差、卷重

面积负偏差不超过 1%。厚度平均值不小于明示值，不超过（明示值 + 0.5）mm，最小单值不小于（明示值 – 0.2）mm。

卷材的单位面积质量应符合表 3-21 的规定，卷重为单位面积质量乘以面积。

表 3-21　单位面积质量（JC/T 947—2005）

| 厚度/mm | | 2.5 | 3.5 | 4.5 |
|---|---|---|---|---|
| 单位面积质量/(kg/m²) | ≥ | 2.8 | 3.8 | 4.8 |

（2）外观

成卷卷材应卷紧卷齐，端面里进外出不超过 10mm，自粘卷材不超过 20mm。成卷卷材在 4~60℃任一产品温度下展开，在距卷芯 1000mm 长度外不应有 10mm 以上的裂纹或粘结。胎基应浸透，不应有未被浸渍的条纹，卷材的胎基应靠近卷材的上表面。卷材表面平整，不允许有孔洞，缺边和裂口。卷材上表面的细砂应均匀紧密地粘附于卷材表面。长度 10m 以下（包括 10m）的卷材不应有接头；10m 以上的卷材，每卷卷材接头不多于一处，接头应剪切整齐，并加长 300mm。一批产品中有接头卷材不应超过 2%。

（3）物理力学性能

卷材的通用性能应符合表 3-22 的规定；卷材的应用性能应符合表 3-23 的规定。

**表 3-22　卷材通用性能**（JC/T 974—2005）

| 序号 | 项目 | | 指标 | | | |
|---|---|---|---|---|---|---|
| | | | Z | R、J | | |
| | | | | SBS | APP | |
| | | | | | I | II |
| 1 | 卷材下表面沥青涂盖层厚度[a]/mm　≥ | 2.5mm | 1.0 | — | | |
| | | 3.5mm | — | 1.5 | | |
| | | 4.5mm | — | 2.0 | | |
| 2 | 可溶物含量/(g/m²)　≥ | 2.5mm | 1700 | 1700 | | |
| | | 3.5mm | — | 2400 | | |
| | | 4.5mm | — | 3100 | | |
| 3 | 耐热性[b]/℃ | | 110 | 115 | 130 | 160 |
| | | | 无滑动、流淌、滴落 | | | |
| 4 | 低温柔[c]/℃ | | −25 | −25 | −15 | −10 |
| | | | 无裂纹 | | | |
| 5 | 拉力/(N/50mm)　≥ | | 600 | 800 | | |
| 6 | 最大拉力时延伸率/%　≥ | | 40 | | | |
| 7 | 盐处理 | 拉力保持率/%　≥ | 90 | | | |
| | | 低温柔性/℃ | −25 | −25 | −15 | −10 |
| | | | 无裂纹 | | | |
| | | 质量增加/%　≤ | 1.0 | | | |
| 8 | 热老化 | 拉力保持率/%　≥ | 90 | | | |
| | | 延伸率保持率/%　≥ | 90 | | | |
| | | 低温柔性/℃ | −20 | −20 | −10 | −5 |
| | | | 无裂纹 | | | |
| | | 尺寸变化率/%　≤ | 0.5 | | | |
| | | 质量损失/%　≤ | 1.0 | | | |
| 9 | 渗油性/张数　≤ | | 1 | | | |
| 10 | 自粘沥青剥离强度/(N/mm)　≥ | | 1.0 | — | | |

a 不包括热熔胶施工卷材。

b 供需双方可以商定更高的温度。

c 供需双方可以商定更低的温度。

**表 3-23　卷材应用性能**（JC/T 974—2005）

| 序号 | 项目 | 指标 |
|---|---|---|
| 1 | 50℃剪切强度[a]/MPa≥ | 0.12 |
| 2 | 50℃粘结强度[a]/MPa≥ | 0.050 |
| 3 | 热碾压后抗渗性 | 0.1MPa，30min 不透水 |
| 4 | 接缝变形能力[a] | 10 000 次循环无破坏 |

a 供需双方根据需要可以采用其他温度。

### 3.1.10 聚合物改性沥青防水垫层

本产品是指适用于坡屋面建筑工程中，各种瓦材及其他屋面材料下面使用的聚合物改性沥青防水垫层（简称改性垫层）。该产品已发布了 JC/T 1067—2008《坡屋面用防水材料 聚合物改性沥青防水垫层》建材行业标准。

**1. 产品的分类和标记**

改性垫层的上表面材料一般为聚乙烯膜（PE）、细砂（S）、铝箔（AL）等，增强胎基为聚酯毡（PY）、玻纤毡（G）。改性垫层也可按生产商要求采用其他类型的上表面材料。

宽度规格为1m，其他宽度规格由供需双方商定。厚度规格为1.2mm、2.0mm。

按产品主体材料名称、胎基、上表面材料、厚度、宽度、长度和标准号顺序标记。

例：SBS改性沥青聚酯胎细砂面、2mm厚、1m宽、20m长的防水垫层标记为：

SBS改性聚合物改性沥青防水垫层 PY-S-2mm×1m×20m—JC/T 1067—2008

**2. 技术要求**

（1）一般要求

改性垫层产品表面应有防滑功能，有利于人员安全施工。

（2）尺寸偏差

宽度允许偏差为：生产商规定值±3%。

面积允许偏差为：不小于生产商规定值的99%。

改性垫层厚度应符合表3-24规定。

（3）外观

1）垫层应边缘整齐，表面应平整，无裂纹、缺口、机械损伤、疙瘩、气泡、孔洞、粘着等可见缺陷。

2）成卷垫层在5~45℃的任一产品温度下，应易于展开，无裂纹或粘结。

3）每卷接头处不应超过1个，接头应剪切整齐，并加长150mm作为搭接。

（4）改性垫层单位面积质量

改性垫层单位面积质量应符合表3-24的规定。

**表3-24 改性垫层厚度及单位面积质量**

| 公称厚度/mm | | 1.2 | | | | 2.0 | | | |
|---|---|---|---|---|---|---|---|---|---|
| 上表面材料 | | PE | S | AL | 其他 | PE | S | AL | 其他 |
| 单位面积质量/（kg/m²） | ≥ | 1.2 | 1.3 | 1.2 | 1.2 | 2.0 | 2.1 | 2.0 | 2.0 |
| 最小厚度/mm | ≥ | 1.2 | 1.3 | 1.2 | 1.2 | 2.0 | 2.1 | 2.0 | 2.0 |

（5）改性垫层物理力学性能

改性垫层物理力学性能应符合表3-25的规定。

表 3-25　改性垫层物理力学性能（JC/T 1067—2008）

| 序号 | 项目 | | 指标 | |
|---|---|---|---|---|
| | | | PY | G |
| 1 | 可溶物含量/（g/m²）　　　　　　　≥ | 1.2mm | 700 | |
| | | 2.0mm | 1200 | |
| 2 | 拉力/（N/50mm）　　　　　　　　　　　　≥ | | 300 | 200 |
| 3 | 延伸率/%　　　　　　　　　　　　　　　　≥ | | 20 | — |
| 4 | 耐热度/℃ | | 90 | |
| 5 | 低温柔度/℃ | | −15 | |
| 6 | 不透水性 | | 0.1MPa，30min 不透水 | |
| 7 | 钉杆撕裂强度/N　　　　　　　　　　　　　≥ | | 50 | |
| 8 | 热老化 | 外观 | 无裂纹 | |
| | | 延伸率保持率/%　　　　　　≥ | 85 | |
| | | 低温柔度/℃ | −10 | |

## 3.1.11　自粘聚合物沥青防水垫层

本产品是指适用于坡屋面建筑工程中，各种瓦材及其他屋面材料下面使用的自粘聚合物沥青防水垫层（简称自粘垫层）。该产品已发布了 JC/T 1068—2008《坡屋面用防水材料　自粘聚合物沥青防水垫层》建材行业标准。

1. 产品的分类和标记

产品所用沥青完全为自粘聚合物沥青。自粘垫层的上表面材料一般为聚乙烯膜（PE）、聚酯膜（PET）、铝箔（AL）等，无内部增强胎基。自粘垫层也可以按生产商要求采用其他类型的上表面材料。

宽度规格为 1m，其他宽度规格由供需双方商定。厚度规格不小于 0.8mm。

按产品主体材料名称，胎基、上表面材料、厚度、宽度、长度和标准号顺序标记。

例：自粘聚合物沥青 PE 膜面、1.2mm 厚、1m 宽、20m 长的防水垫层标记为：

自粘聚合物沥青防水垫层　　PE-1.2m×1m×20m——JC/T 1068—2008

2. 技术要求

（1）一般要求

自粘垫层产品表面应有防滑功能，有利于人员安全施工。

（2）尺寸偏差

宽度允许偏差为：生产商规定值 ±3%。

面积允许偏差为：不小于生产商规定值的 99%。

厚度应不小于 0.8mm，厚度平均值不小于生产商规定值。

（3）外观

1）垫层应边缘整齐，表面应平整，无裂纹、缺口、机械损伤、疙瘩、气泡、孔洞、粘着等可见缺陷。

2）成卷垫层在 5~45℃的任一产品温度下，应易于展开，无裂纹或粘结。

3）每卷接头处不应超过 1 个，接头应剪切整齐，并加长 150mm 作为搭接。

（4）自粘垫层物理力学性能

自粘垫层物理力学性能应符合表 3-26 的规定。

**表 3-26　自粘垫层物理力学性能**（JC/T 1068—2008）

| 序号 | 项目 | | | | 指标 |
|---|---|---|---|---|---|
| 1 | 拉力/N/25mm | | | ≥ | 70 |
| 2 | 断裂延伸率/% | | | ≥ | 200 |
| 3 | 低温柔度ᵃ/℃ | | | | −20 |
| 4 | 耐热度，70℃ | | 滑动/mm | ≤ | 2 |
| 5 | 剥离强度 | 垫层与铝板（N/mm）≥ | 23℃ | | 1.5 |
| | | | 5℃ᵇ | | 1.0 |
| | | 垫层与垫层/（N/mm） | | ≥ | 1.2 |
| 6 | 钉杆撕裂强度/N | | | ≥ | 40 |
| 7 | 紫外线处理 | 外观 | | | 无起皱和裂纹 |
| | | 剥离强度（垫层与铝板）/（N/mm） | | ≥ | 1.0 |
| 8 | 钉杆水密性 | | | | 无渗水 |
| 9 | 热老化 | 拉力保持率/% | | ≥ | 70 |
| | | 断裂延伸保持率/% | | ≥ | 70 |
| | | 低温柔度ᵃ/℃ | | | −15 |
| 10 | 持粘力，min | | | ≥ | 15 |

a 根据需要，供需双方可以商定更低的温度。

b 仅适用于低温季节施工供需双方要求时。

### 3.1.12　自粘聚合物沥青泛水带

自粘聚合物沥青泛水带是指适用于建筑工程节点部位使用的自粘聚合物沥青泛水材料。产品已发布 JC/T 1070—2008《自粘聚合物沥青泛水带》建材行业标准。

1. 产品的分类和标记

产品所用沥青完全为自粘聚合物沥青。产品按上表面材料分类：聚乙烯膜（PE）、聚酯膜（PET）、铝箔（AL）、无纺布（NW）等。也可按生产商要求采用其他类型的上表面材料。

按产品名称、上表面材料、厚度、宽度长波和标准号顺序标记。例：自粘聚合物沥青泛水带，聚酯膜面 0.7mm 厚、30mm 宽、20m 长　标记为：

泛水带　PET—0.7mm×30mm×20m——JC/T 1070—2008

2. 技术要求

（1）厚度、宽度及长度

厚度平均值不小于生产商规定值，生产商规定值厚度应不小于 0.6mm。

宽度允许偏差为：生产商规定值 ±5%。

长度允许偏差为：大于生产商规定值×99%。

（2）外观

1）泛水带应边缘整齐，表面应平整、无裂纹、缺口、机械损伤、疙瘩、气泡、孔洞、粘着等可见缺陷。

2）成卷泛水带在 5～45℃ 的任一产品温度下，应易于展开，无粘结。

3）每卷接头处不应超过 1 个，接头应剪切整齐，并加长 150mm 作为搭接。

（3）物理力学性能

泛水带物理力学性能应符合表 3-27 规定。

表 3-27　泛水带物理力学性能（JC/T 1070—2008）

| 序号 | 项目 | | | 指标 |
|---|---|---|---|---|
| 1 | 拉力/（N/25mm） | | ≥ | 60 |
| 2 | 断裂延伸率/% | | ≥ | 200 |
| 3 | 低温柔度ᵃ/℃ | | | −20 |
| 4 | 耐热度，70℃ | 滑动/mm | ≤ | 2 |
| 5 | 剥离强度 | 泛水带与铝板/（N/mm）　≥ | 23℃ | 1.5 |
| | | | 5℃ᵇ | 1.0 |
| | | 泛水带与泛水带/（N/mm） | ≥ | 1.0 |
| 6 | 紫外线处理 | 外观 | | 无起皱和裂纹 |
| | | 剥离强度（泛水带与铝板）/（N/mm） | ≥ | 1.0 |
| 7 | 抗渗性 | | | 1500mm 水柱无渗水 |
| 8 | 热老化 | 拉力保持率/% | ≥ | 70 |
| | | 断裂延伸保持率/% | ≥ | 70 |
| | | 低温柔度ᵃ/℃ | | −15 |
| 9 | 持粘力/（min） | | ≥ | 15 |

a 根据需要，供需双方可以商定更低的温度。

b 仅适用于低温季节施工供需双方要求时。

### 3.1.13　种植屋面用耐根穿刺防水卷材

种植屋面用耐根穿刺防水卷材是一类适用于种植屋面使用的有耐根穿刺能力的防水卷材。此类产品已发布了 JC/T 1075—2008《种植屋面用耐根穿刺防水卷材》建材行业标准。

1. 产品的分类和标记

种植屋面用耐根穿刺防水卷材根据其材质的不同，可分为改性沥青类（B）、塑料类（P）、橡胶类（R）。

产品的标记由耐根穿刺加原标准标记和本标准号组成。例：4mm Ⅱ 型弹性体改性沥青（SBS）聚酯胎（PY）砂面种植屋面用耐根穿刺防水卷材标记为：

耐根穿刺 SBS Ⅱ PY S 4 JC/T 1075—2008

2. 产品的技术要求

（1）一般要求

种植屋面用耐根穿刺防水卷材的生产与使用不应对人体、生物与环境造成有害的影响，所涉及与使用有关的安全与环保要求，应符合我国相关国家标准和规范的规定。

（2）厚度

改性沥青类防水卷材的厚度不小于4.0mm，塑料、橡胶类防水卷材不小于1.2mm。

（3）基本性能

种植屋面用耐根穿刺防水卷材的基本性能（包括人工气候加速老化），应符合相应的国家标准和行业标准中的相关要求，表3-28列出了应符合的现行国家标准中的相关要求，尺寸变化率应符合表3-29的规定，种植屋面用耐根穿刺防水卷材的应用性能指标应符合表3-29提出的要求。

表3-28 现行国家标准及相关要求（JC/T 1075——2008）

| 序号 | 标准名称 | 要求 | 备注 |
|---|---|---|---|
| 1 | GB 18242 弹性体改性沥青防水卷材 | Ⅱ型全部要求 | 见3.1.1节 |
| 2 | GB 18243 塑性体改性沥青防水卷材 | Ⅱ型全部要求 | 见3.1.2节 |
| 3 | GB 18967 改性沥青聚乙烯胎防水卷材 | Ⅱ型全部要求 | 见3.1.3节 |
| 4 | GB 12952 聚氯乙烯防水卷材 | Ⅱ型全部要求 | 见5.1.9节 |
| 5 | GB 18173.1 高分子防水材料 第1部分：片材 | 全部要求 | 见5.1.1节 |

表3-29 应用性能（JC/T 1075—2008）

| 序号 | 项目 | | 技术指标 |
|---|---|---|---|
| 1 | 耐根穿刺性能 | | 通过 |
| 2 | 耐霉菌腐蚀性 | 防霉等级 | 0级或1级 |
| | | 拉力保持率% ≥ | 80 |
| 3 | 尺寸变化率% | ≥ | 1.0 |

### 3.1.14 胶粉改性沥青玻纤毡与玻纤网格布增强防水卷材

胶粉改性沥青玻纤毡与玻纤网格布增强防水卷材是指以玻纤毡－玻纤网格布复合毡为胎基材料，浸涂胶粉等聚合物改性沥青，以细砂、聚乙烯膜，矿物粒（片）料等为覆盖材料制成的一类防水卷材。产品已发布了JC/T 1076—2008《胶粉改性沥青玻纤毡与玻纤网格布增强防水卷材》行业标准。

1. 产品的分类和标记

产品按物理力学性能分为Ⅰ型和Ⅱ型。幅宽为：1000mm。厚度为：3mm、4mm。

胎基为玻纤毡－玻纤网格布复合毡（GK）。按上表面材料分为：聚乙烯膜（PE）、细砂（S）、矿物粒（片）料（M）。注：细砂为粒径不超过0.6mm的矿物颗粒。

按产品胎基、型号、上表面材料、厚度、面积和本标准号顺序标记。例：10m² 厚度3mm 细砂面玻纤毡－玻纤网格复合毡Ⅰ型胶粉改性沥青防水卷材标记为：

GK Ⅰ S3 10 JC/T 1076—2008

2. 原材料要求

卷材使用的胎基应符合 GB/T 18840—2002《沥青防水卷材用胎基》中5.1和5.2.4

的规定，拉力应满足 JC/T 1076—2008 标准要求，不得使用高碱玻纤网格布。卷材上表面材料不宜使用聚酯膜、聚酯镀铝膜；下表面材料采用聚乙烯膜或细砂，不应使用聚酯膜。

3. 产品要求

（1）单位面积质量、面积及厚度

单位面积质量、面积及厚度应符合表3-30 的规定。

表3-30　单位面积质量、面积及厚度（JC/T 1076—2008）

| 规格（公称厚度）/mm | | | 3 | | | 4 | |
|---|---|---|---|---|---|---|---|
| 上表面材料 | | PE | S | M | PE | S | M |
| 面积/(m²/卷) | 公称面积 | 10 | | | 10、7.5 | | |
| | 偏差 | ±0.10 | | | ±0.10 | | |
| 单位面积质量/(kg/m²) ≥ | | 3.3 | 3.5 | 4.0 | 4.3 | 4.5 | 5.0 |
| 厚度/mm | 平均值≥ | 3.0 | 3.0 | 3.0 | 4.0 | 4.0 | 4.0 |
| | 最小单值≥ | 2.7 | 2.7 | 2.7 | 3.7 | 3.7 | 3.7 |

（2）外观

1）成卷卷材应卷紧卷齐，端面里进外出不得超过 10mm。

2）成卷卷材在 4～45℃任一产品温度下展开，在距卷芯 1000mm 长度外不应有 10mm 以上的裂纹或粘结。

3）胎基应浸透，不应有未被浸渍的条纹。

4）卷材表面应平整，不允许有孔洞、缺边和裂口、疙瘩，上表面材料应均匀一致并紧密地粘附于卷材表面。

5）每卷卷材接头处不应超过一个，较短的一段长度不应少于 1000mm，接头应剪切整齐，并加长 150mm。

（3）物理力学性能

物理力学性能应符合表3-31 要求。

表3-31　物理力学性能（JC/T 1076—2008）

| 序号 | 项目 | | 指标 | |
|---|---|---|---|---|
| | | | Ⅰ | Ⅱ |
| 1 | 可溶物含量/(g/m²) ≥ | 3mm | 1700 | |
| | | 4mm | 2300 | |
| 2 | 耐热性/℃ | | 90 | |
| | | | 无滑动、流淌、滴落 | |
| 3 | 低温柔性/℃ | | −10 | −15 |
| | | | 无裂纹 | |
| 4 | 不透水性 | | 0.3MPa、30min 不透水 | |
| 5 | 最大拉力/(N/50mm) ≥ | 纵向 | 400 | 600 |
| | | 横向 | 300 | 500 |

| 序号 | 项目 | | 指标 | |
|---|---|---|---|---|
| | | | I | II |
| 6 | 粘结剥离强度/(N/mm) ≥ | | 0.5 | |
| 7 | 热老化 | 拉力保持率/% ≥ | 90 | |
| | | 低温柔性/℃ | −5 | −10 |
| | | | 无裂纹 | |
| | | 质量损失/% ≤ | 2.0 | |
| 8 | 渗油性/张数 ≤ | | 2 | |
| 9 | 人工气候加速老化 | 外观 | 无滑动、流淌、滴落 | |
| | | 拉力保持率/% ≥ | 80 | |
| | | 低温柔性/℃ | −5 | −10 |

### 3.1.15 胶粉改性沥青玻纤毡与聚乙烯膜增强防水卷材

胶粉改性沥青玻纤毡与聚乙烯膜增强防水卷材是指以玻纤毡与聚乙烯膜为胎基，涂渍胶粉等聚合物改性沥青，以聚乙烯膜为覆面材料制成的一类防水卷材。产品已发布了JC/T 1077—2008《胶粉改性沥青玻纤毡与聚乙烯膜增强防水卷材》建材行业标准。

1. 产品的分类和标记

按物理力学性能分为 I、II 型。幅宽为：1000mm。厚度为：4mm。

胎基为聚乙烯膜与玻纤毡复合毡（GPE）。上表面覆面材料为聚乙烯膜（PE）。

按产品胎基、型号、上表面材料、厚度、面积和本标准号顺序标记。例：10m² 厚度 4mm 聚乙烯（PE）膜面玻纤毡与聚乙烯膜增强（GPE）I 型胶粉改性沥青防水卷材标记为：

GPE I PE4 10 JC/T 1077—2008

2. 原材料要求

卷材使用的胎基应符合 GB/T 18840—2002《沥青防水卷材用胎基》中 5.1、5.2.2 和 5.2.3 的规定，拉力符合 JC/T 1077—2008 标准要求，不得使用高碱玻璃纤维毡和玻纤网格布。卷材上、下表面材料不宜使用聚酯膜、聚酯镀铝膜。

3. 产品要求

（1）单位面积质量、面积及厚度

单位面积质量、面积及厚度应符合表 3-32 的规定。

**表 3-32 单位面积质量、面积及厚度（JC/T 1077—2008）**

| 规格（公称厚度）/mm | | | 4 |
|---|---|---|---|
| 上表面材料 | | | PE |
| 面积/(m²/卷) | 公称面积 | | 10 |
| | 偏差 | | ±0.10 |
| 单位面积质量/(kg/m²) | | ≥ | 4.0 |
| 厚度/mm | 平均值 | ≥ | 4.0 |
| | 最小单值 | ≥ | 3.7 |

（2）外观

1）成卷卷材应卷紧卷齐，端面里进外出不得超过 10mm。

2）成卷卷材在 4～45℃任一产品温度下展开，在距卷芯 1000mm 长度外不应有 10mm 以上的裂纹或粘结。

3）胎体、沥青、覆面材料之间应紧密粘结，不应有分层现象。胎基应浸透，不应有未被浸透的条纹。

4）卷材表面应平整，不允许有孔洞、缺边和裂口、疙瘩，上表面材料应均匀一致并紧密地粘附于卷材表面。

5）每卷卷材接头处不应超过一个，较短的一段长度不应少于 1000mm，接头应剪切整齐，并加长 150mm。

（3）物理力学性能

物理力学性能应符合表 3-33 的规定。

**表 3-33　物理力学性能**（JC/T 1077—2008）

| 序号 | 项目 | | | 指标 | |
| --- | --- | --- | --- | --- | --- |
| | | | | I | II |
| 1 | 可溶物含量/(g/m²) ≥ | | | 2300 | |
| 2 | 耐热性/℃ | | | 90 | |
| | | | | 无滑动、流淌、滴落 | |
| 3 | 低温柔性/℃ | | | -10 | -15 |
| | | | | 无裂纹 | |
| 4 | 不透水性 | | | 0.3MPa、30min 不透水 | |
| 5 | 拉力/(N/50mm) ≥ | | 纵向 | 400 | 500 |
| | | | 横向 | 300 | 400 |
| 6 | 断裂延伸率/% ≥ | | | 4 | 4 |
| 7 | 粘结剥离强度/(N/mm) ≥ | | | 0.5 | |
| 8 | 热老化 | | 拉力保持率/% ≥ | 90 | |
| | | | 低温柔性/℃ | -5 | -10 |
| | | | | 无裂纹 | |
| | | | 质量损失/% ≤ | 2.0 | |
| 9 | 渗油性/张数 ≤ | | | 2 | |

### 3.1.16　胶粉改性沥青聚酯毡与玻纤网格布增强防水卷材

胶粉改性沥青聚酯毡与玻纤网格布增强防水卷材是指以聚酯毡－玻纤网格布复合毡为胎基，浸涂胶粉等聚合物改性沥青，以细砂、聚乙烯膜、矿物粒（片）料等为覆面材料制成的一类防水卷材。产品已发布了 JC/T 1078—2008《胶粉改性沥青聚酯毡与玻纤网格布增强防水卷材》建材行业标准。

1. 产品的分类和标记。

按物理力学性能分为 I、II 型。幅宽为：1000mm。厚度为：3mm、4mm。

胎基为聚酯毡–玻纤网格布复合毡（PYK）。按上表面材料分为：聚乙烯膜（PE）、细砂（S）、矿物粒（片）料（M）。注：细砂为粒径不超过 0.6mm 的矿物颗粒。

按产品胎基、型号、上表面材料、厚度、面积和本标准号顺序标记。例：$10m^2$ 厚度 3mm 细砂面聚酯毡与玻纤网格布复合毡 I 型胶粉改性沥青防水卷材的标记为：

PYK I S3 10 JC/T 1078—2008

2. 原材料要求

卷材使用的胎基应符合 GB/T 18840—2002《沥青防水卷材用胎基》中 5.1、5.2.5 的规定，不得使用高碱玻纤网格布。卷材上表面材料不宜使用聚酯膜、聚酯镀铝膜；下表面材料采用聚乙烯膜或细砂，不应使用聚酯膜。

3. 产品要求

（1）单位面积质量、面积及厚度、外观

单位面积质量、面积及厚度、外观要求均同 3.1.14 节胶粉改性沥青玻纤毡与玻纤网格布增强防水卷材。

（2）物理力学性能

物理力学性能应符合表 3-34 的要求。

**表 3-34 物理力学性能**（JC/T 1078—2008）

| 序号 | 项目 | | 指标 | |
|---|---|---|---|---|
| | | | I | II |
| 1 | 可溶物含量/$(g/m^2)$ ≥ | 3mm | 1700 | |
| | | 4mm | 2300 | |
| 2 | 耐热性/℃ | | 90 | |
| | | | 无滑动、流淌、滴落 | |
| 3 | 低温柔性/℃ | | −10 | −15 |
| | | | 无裂纹 | |
| 4 | 不透水性 | | 0.3MPa、30min 不透水 | |
| 5 | 最大拉力/（N/50mm） ≥ | 纵向 | 500 | 600 |
| | | 横向 | 400 | 500 |
| 6 | 延伸率/% ≥ | | 20 | 30 |
| 7 | 粘结剥离强度/（N/mm） ≥ | | 0.5 | |
| 8 | 热老化 | 拉力保持率/% ≥ | 90 | |
| | | 低温柔性/℃ | −5 | −10 |
| | | | 无裂纹 | |
| | | 质量损失/% ≤ | 2.0 | |
| 9 | 渗油性/张数 ≤ | | 2 | |
| 10 | 人工气候加速老化 | 外观 | 无滑动、流淌、滴落 | |
| | | 拉力保持率/% ≥ | 80 | |
| | | 低温柔性/℃ | −5 | −10 |

### 3.1.17　路桥用塑性体（APP）改性沥青防水卷材

路桥用塑性体（APP）改性沥青防水卷材，是以无规聚丙烯（APP）为主，作为改性剂的聚合物改性沥青涂盖料浸涂聚酯胎基（PY），并在上面撒细砂、矿物粒（片）料制成的有特殊性能指标及用途的防水卷材。此类产品已发布了 JT/T 536—2004《路桥用塑性体（APP）沥青防水卷材》交通行业标准。

1. 产品的分类、规格和标记

此类产品按其上表面材料的不同，可分为砂面（S）、矿物粒（片）面（M）等两类；按物理力学性能分为Ⅰ型和Ⅱ型：Ⅰ型适用丁热拌沥青混凝土路桥面；Ⅱ型适用于沥青玛蹄脂（SMA）混凝土路桥面。

产品规格如下：卷材幅宽 1000mm；厚度 3mm、4mm、5mm；卷材面积每卷面积为 10m²、7.5m²。

产品型号标记表示方式如下：产品代号 APP、型号、胎基代号、上表面材料、厚度。

例：3mm 厚砂面聚酯胎Ⅰ型塑性体改性沥青防水卷材的产品型号标记为：

APP-Ⅰ-PY-S-3

2. 产品的技术要求

（1）卷重、面积及厚度

卷重、面积及厚度应符合表 3-35 的要求。

表 3-35　卷重、面积及厚度（JT/T 536—2004）

| 规格（公称厚度）/mm | | 3 | | 4 | | 5 | |
|---|---|---|---|---|---|---|---|
| 上表面材料 | | S | M | S | M | S | M |
| 面积/（m²/卷） | 公称面积≥ | 10 | | 10 | | 7.5 | |
| | 偏差 | ±0.10 | | ±0.10 | | ±0.10 | |
| 最低卷重/（kg/卷） | | 35.0 | 40.0 | 45.0 | 50.0 | 33.0 | 37.5 | 44 | 48 |
| 厚度/mm | 平均值≥ | 3.0 | 3.2 | 4.0 | 4.2 | 4.0 | 4.2 | 5.2 | 5.2 |
| | 最小单值 | 2.7 | 2.9 | 3.7 | 3.9 | 3.7 | 3.9 | 4.9 | 4.9 |

（2）外观

成卷卷材应卷紧卷齐，端面里进外出不得超过 10mm。成卷卷材在 4～60℃任意温度下展开，在距卷芯 1000mm 长度外不应有 10mm 以上的裂纹或粘结。胎基应浸透，不应有未被浸渍的条纹。卷材表面应平整，不允许有孔洞、缺边和裂口，矿物粒（片）料粒度应均匀一致，并紧密地粘附于卷材表面。胎基要求在卷材上表面下的 1/3～1/2 的位置，以保证底面有一定厚度的沥青。每卷卷材的接头处不应超过 1 个；较短的一段长度不应少于 1000mm，接头剪切整齐，并加长 150mm。

（3）物理力学性能

卷材的物理力学性能应符合表 3-36 的规定。

表3-36 卷材物理力学性能（JT/T 536—2004）

| 项目 | | Ⅰ型 | Ⅱ型 |
|---|---|---|---|
| 可溶物含量/（g/m²） | 3mm | ≥2100 | |
| | 4mm | ≥2900 | |
| | 5mm | ≥3700 | |
| 不透水性(压力不小于0.4MPa，保持时间不小于30min) | | 不透水 | |
| 耐热度（2h涂盖层垂直悬挂）/℃ | | 130±2 | 150±2 |
| | | 无滑动、流淌、滴落 | |
| 拉力/（N/50mm） | 纵向 | ≥600 | ≥800 |
| | 横向 | ≥550 | ≥750 |
| 最大拉力时延伸率/% | 纵向 | ≥25 | ≥30 |
| | 横向 | ≥30 | ≥40 |
| 低温柔度（3s弯曲180°）/℃ | | −10 | −20 |
| | | 无裂纹 | |
| 撕裂强度/N | 纵向 | ≥300 | ≥400 |
| | 横向 | ≥250 | ≥350 |
| 人工气候加速老化 | 外观 | 无滑动、流淌、滴落 | |
| | 纵向拉力保持率/% | ≥80 | |
| | 低温柔度/℃ | 3 | −10 |
| | | 无裂纹 | |
| 抗硌破（130℃/2h，500g重锤，300mm高度） | | 冲击后无硌破 | |
| 渗水系数（500mm水柱下16h）/（mL/min） | | ≤1 | |
| 高温抗剪(60℃，粘合面正应力 0.1MPa，压速10mm/min)/（N/mm） | 沥青混凝土面 | 2 | 2.5 |
| | 混凝土面 | 2 | 2.5 |
| 低温抗裂（−20℃）/MPa | | ≥6 | ≥8 |
| 低温延伸率（−20℃）/% | | ≥20 | ≥30 |
| 耐腐蚀性 | 耐碱（20℃） | Ca(OH)₂中浸泡15d无异常 | |
| | 耐盐水（20℃） | 3%盐水中浸泡15d无异常 | |

### 3.1.18 公路工程用防水卷材

公路工程用防水材料其产品的种类有：防水卷材（代号：RJ）、防水涂料（代号：RT）、防水板（代号：RB）等三类。公路工程用防水卷材是指采用高分子聚合物、改性材料、合成高分子复合材料，加入一定的功能性助剂等为辅料，以优质毡或复合毡为胎基，辅以功能性防水材料为覆面制成的一类平面防水片状卷材制品。公路工程用防水材料现已发布了适用于公路工程，水运、铁路、水利、建筑、机场、海洋、环保和农业等领域工程用防水材料也可参照执行的《公路工程土工合成材料　防水材料》JT/T 664—2006 交通行业标准。

1. 产品的分类、规格和标记

公路工程用防水材料可分为防水卷材、防水涂料、防水板等三类。

公路工程用防水材料其高分子聚合物原材料的名称及代号参见表 3-37。

表 3-37　高分子聚合物原材料名称与代号（JT/T 664—2006）

| 名称 | 标识符 | 名称 | 标识符 |
|------|--------|------|--------|
| 聚乙烯 | PE | 聚酰胺 | PA |
| 聚丙烯 | PP | 乙烯共聚物沥青 | ECB |
| 聚酯 | PET | SBS 改性沥青 | SBS |

产品的型号标记由产品类型（防水材料，代号为 R）、产品种类名称代号（卷材为 J、涂料为 T、板为 B）、产品规格（标称不透水压力：MPa）、原材料代号组成。公路工程用防水卷材的型号标记示例如下：采用 SBS 改性沥青为主要原料制成的防水层体的、不透水的水压力为 0.3MPa 的防水卷材可表示为：RJ0.3/SBS。

防水卷材产品规格系列为：RJ0.1、PJ0.2、RJ0.3、RJ0.4、RJ0.5、RJ0.6。

防水卷材尺寸的允许偏差应符合如下的要求：

单位面积质量（%）：±5。

厚度（%）：+10。

宽度（%）：+3。

2. 产品的技术要求

（1）外观

防水卷材无断裂、皱褶、折痕、杂质、胶块、凹痕、孔洞、剥离、边缘不整齐、胎体露白、未浸透、散布材料颗粒，卷端面错位不大于 50mm，切口平直、无明显锯齿现象。

（2）理化性能

防水卷材的物理力学性能应满足表 3-38 规定的指标要求；抗光老化要求应符合表 3-39 的规定。

表 3-38　防水卷材技术性能指标（JT/T 664—2006）

| 项目 | 规格 | | | | | |
|------|------|------|------|------|------|------|
| | RJ0.1 | RJ0.2 | RJ0.3 | RJ0.4 | RJ0.5 | RJ0.6 |
| 耐静水电压（MPa） | ≥0.1 | ≥0.2 | ≥0.3 | ≥0.4 | ≥0.5 | ≥0.6 |
| 纵、横向拉伸强度（kN/m） | ≥7 | | | | | |

续表

| 项目 | 规格 | | | | | |
|---|---|---|---|---|---|---|
| | RJ0.1 | RJ0.2 | RJ0.3 | RJ0.4 | RJ0.5 | RJ0.6 |
| 纵、横向拉伸强度时的伸长率（%） | ≥30 | | | | | |
| 纵、横向撕裂力（N） | ≥30 | | | | | |
| −15℃环境180°角弯折两次的柔度 | 无裂纹 | | | | | |
| 90℃环境保持2h的耐热度 | 无滑动、流淌与滴落 | | | | | |
| 黏结剥离强度（kN/m） | ≥0.8 | | | | | |
| 胎体增强材料的质量 | 增强胎体基布的技术性能按 JT/T 514 或 JT/T 664 选用 | | | | | |

表 3-39　防水材料抗光老化（JT/T 664—2006）

| 项目 | 要求 | | | |
|---|---|---|---|---|
| 光老化等级 | Ⅰ | Ⅱ | Ⅲ | Ⅳ |
| 辐射强度为550W/m² 照射150h时拉伸强度保持率（%） | <50 | 50~80 | 80~95 | >95 |
| 炭黑含量（%） | — | 2.0~2.5 | | |

注：对采用非炭黑作抗光老化助剂的防水材料，光老化等级参照执行。

## 3.2　高聚物改性沥青防水卷材的组成材料

高聚物改性沥青防水卷材与普通沥青防水卷材相似，其组成材料除无胎基防水卷材外，主要由胎基材料、浸涂材料、覆面隔离材料等三大部分组成。聚合物改性沥青防水卷材的基本组成参见表 3-40。

### 3.2.1　聚合物改性沥青和自粘沥青

在聚合物改性沥青防水卷材的组成材料之中，聚合物改性沥青和自粘沥青用于涂盖材料或无胎卷材的基料。

#### 3.2.1.1　聚合物改性沥青材料

从狭义上所讲的改性沥青一般是指聚合物改性沥青。

沥青是多种有机物的混合物，其相对分子质量（油分约500，胶质600~800，沥青质1000以上）的平均值远远低于高聚物，因此，引入高聚物后，因平均分子相对质量的改变，会显著提高沥青的综合性能。用聚合物对沥青进行改性，可以提高沥青的强度、塑性、耐热性、粘结性和抗老化性。建筑防水材料所用的高聚物改性沥青，其改性剂主要有苯乙烯—丁二烯—苯乙烯（SBS），无规聚丙烯（APP），丁苯橡胶（SBR）及胶粉等多种。聚合物改性沥青的性能特点及常用聚合物的种类及性能要求详见 3-41。

表 3-40　聚合物改性沥青防水卷材的基本组成

| 产品名称 | | 执行标准 | 胎基材料 | 浸涂材料 | | 隔离材料 | 备注 |
|---|---|---|---|---|---|---|---|
| | | | | 浸渍材料 | 涂盖材料 | | |
| 弹性体改性沥青防水卷材（SBS 防水卷材） | | GB 18242—2008 | 聚酯毡（PY）玻纤毡（G）玻纤增强聚酯毡（PYG） | 低黏度沥青 | SBS 改性沥青 | 上表面材料：聚乙烯膜（PE）细砂（S）矿物粒料（M）下表面材料：细砂（S）聚乙烯膜（PE） | |
| 塑性体改性沥青防水卷材（APP 防水卷材） | | GB 18243—2008 | 同上 | 同上 | APP（APAO，APO）改性沥青 | 同上 | |
| 改性沥青聚乙烯胎防水卷材 | 热熔型 | GB 18967—2009 | 高密度聚乙烯膜（E） | 同上 | 改性氧化沥青防水卷材　改性氧化沥青 | 聚乙烯膜（E） | |
| | | | | | 丁苯橡胶改性氧化沥青防水卷材　丁苯橡胶改性氧化沥青 | | |
| | | | | | 高密度聚乙烯膜防水卷材　SBS 等高聚物改性沥青 | | |
| | | | | | 高聚物改性沥青耐根穿刺防水卷材　高聚物改性沥青 | | |
| | 自粘型 | | | | 自粘防水卷材　自粘沥青 | | |
| 胶粉改性沥青涤棉无纺布玻纤网格布增强防水卷材（沥青复合胎柔性防水卷材） | | JC/T 690—2008 | 涤棉无纺布玻纤网格布复合毡（NK） | 同上 | 胶粉改性沥青 | 上表面材料：聚乙烯膜（EP）细砂（S）矿物粒片料（M） | |
| 胶粉改性沥青玻纤毡与玻纤网格布增强防水卷材 | | JC/T 1076—2008 | 玻纤毡玻纤网格布复合毡（GK） | 同上 | 同上 | 同上 | |

续表

| 产品名称 | | 执行标准 | 胎基材料 | 浸涂材料 | | 隔离材料 | 备注 |
|---|---|---|---|---|---|---|---|
| | | | | 浸渍材料 | 涂盖材料 | | |
| 胶粉改性沥青玻纤毡与聚乙烯膜增强防水卷材 | | JC/T 1077—2008 | 聚乙烯膜与玻纤毡复合毡（GPE） | 同上 | 同上 | 上表面材料：聚乙烯膜（PE） | |
| 胶粉改性沥青聚酯毡与玻纤网格布增强防水卷材 | | JC/T 1078—2008 | 聚酯毡与玻纤网格布复合毡（PYK） | 同上 | 同上 | 上表面材料：聚乙烯膜（PE）细砂（S）矿物粒片料（M） | |
| 再生胶油毡 | | JC 206—76 | — | — | — | 滑石粉等 | 无胎 基料：再生胶、沥青 |
| 带自粘层的防水卷材（主体产品参见表3-7） | | GB/T 23260—2009 | — | — | — | | 自粘层材料：自粘沥青 |
| 自粘聚合物改性沥青防水卷材 | 自粘聚合物改性沥青无胎防水卷材 | GB 23441—2009 | — | — | — | 上表面材料：聚乙烯膜（PE）聚酯膜（PET）无膜双面自粘（D） | 基料：自粘聚合物改性沥青 |
| | 自粘聚合物改性沥青聚酯胎防水卷材 | | 聚酯胎（PY） | 低粘度沥青 | 自粘聚合物改性沥青 | 上表面材料：聚乙烯膜（PE）细砂（S）无膜双面自粘（D） | |
| 自粘聚合物改性沥青泛水带 | | JC/T 1070—2008 | | | | 上表面材料：聚乙烯膜（PE）聚酯膜（PET）铝箔（AL）无纺布（NW） | 基料：自粘聚合物沥青 |

续表

| 产品名称 | 执行标准 | 胎基材料 | 浸涂材料 | | 隔离材料 | 备注 |
|---|---|---|---|---|---|---|
| | | | 浸渍材料 | 涂盖材料 | | |
| 坡屋面用聚合物改性沥青防水垫层 | JC/T 1067—2008 | 增强胎基为：聚酯毡（PY）玻纤毡（G） | 低黏度沥青 | 聚合物改性沥青 | 上表面材料：聚乙烯膜（PE）细砂（S）铝箔（AL） | |
| 坡层面用自粘聚合物沥青防水垫层 | JC/T 1068—2008 | | | | 上表面材料：聚乙烯膜（PE）聚酯膜（PET）铝箔（AL） | 基料：自粘聚合物沥青 |
| 种植屋面面用耐根穿刺防水卷材（主体产品参见表3-28） | JC/T 1075—2008 | | | | | |
| 道桥用改性沥青防水卷材 自粘施工防水卷材 | JC/T 974—2005 | 聚酯胎 | 低黏度沥青 | 自粘性的以SBS为主，加入其他聚合物的橡胶改性沥青 | 上表面材料：细砂（S） | |
| 道桥用改性沥青防水卷材 热熔施工的防水卷材 | JC/T 974—2005 | 聚酯胎 | 低黏度沥青 | SBS改性沥青 APP改性沥青 | 上表面材料：细砂（S）下表面材料：聚乙烯膜（PE）细砂（S）上表面材料：细砂（S）下表面材料：细砂（S） | |

续表

| 产品名称 | 执行标准 | 胎基材料 | 浸涂材料 | | 隔离材料 | 备注 |
|---|---|---|---|---|---|---|
| | | | 浸渍材料 | 涂盖材料 | | |
| 路桥用塑性体（APP）改性沥青防水卷材 | JT/T 536—2004 | 聚酯毡（PY） | 低黏度沥青 | APP改性沥青 | 上表面材料：砂面（S），矿物粒（片）面（M） | |
| 公路工程用防水卷材 | JT/T 644—2006 | 优质毡、复合毡 | 同上 | 改性沥青 | 功能性防水材料 | |
| 预铺/湿铺沥青基聚酯胎防水卷材 | GB/T 2345—2009 | 聚酯毡（PY） | 同上 | 改性沥青 | 双面隔离材料 | |

注：表中隔离材料一栏中，凡未注明下表面材料者，其下表面材料均应采用防粘隔离材料。

**表 3-41　聚合物改性沥青的性能特点及常用聚合物的种类及要求**

| 性能特点 | 常用聚合物种类 | 对聚合物要求 |
|---|---|---|
| 1. 温度敏感性降低，塑性范围扩大，一般为 −20 ~ 100℃；橡胶含量在 10% 以上时，塑性范围可达 −20 ~ 130℃。<br>2. 热稳定性提高，在 100℃ 下加热 2h，不会产生软化和流淌现象。<br>3. 冷脆点降低，低温性能改善，低温下仍有较好的延伸性和柔韧性。<br>4. 弹性和延伸率较高，强度好，能抗冲击，耐磨损。<br>5. 耐久性好，橡胶沥青比未改性的纯沥青耐老化性至少提高一倍 | 主要可分为橡胶和树脂两大类，也有橡胶与树脂共同用于沥青改性的。使用最普遍的是 SBS 橡胶和 APP 树脂两种，此外还有 SBR 橡胶、胶粉等 | 1. 与沥青有良好的相容性。<br>2. 加入少量聚合物后对熔融沥青的黏度影响不大。<br>3. 聚合物的结构能有效地改善沥青的低温脆性、感温性等性能 |

沥青的改性目的是要改善沥青的技术性能和使用性能，重点是用改性沥青作为防水卷材的浸涂材料，以制造出性能较好的沥青防水卷材。

高分子聚合物改性沥青的方法一般是在沥青中加入高分子化合物，包括橡胶改性、树脂改性和热塑性弹性体的改性。改性时既要考虑性能要求，又要考虑经济性，目前已有多种应用于聚合物改性沥青防水卷材的改性沥青产品问世。

（1）弹性体（SBS）改性沥青

弹性体改性沥青是指沥青与橡胶类弹性体混溶而得到的一类混合物，采用以苯乙烯—丁二烯—苯乙烯（SBS）热塑性弹性体为改性体制作的弹性体改性沥青简称 SBS 改性沥青。SBS 改性沥青在弹性改性沥青防水卷材中用作涂盖材料。

SBS 是一类热塑性弹性体，在常温下具有橡胶的弹性，在高温下又能像橡胶、塑料那样熔融流动，成为可塑材料，采用 SBS 改性的沥青是有热不粘冷不脆、塑性好、抗老化性能高等特性，是目前应用最成功和用量最大的一类改性沥青，其掺加量一般为 5% ~ 10%。SBS 改性沥青现已发布了适用于苯乙烯—丁二烯—苯乙烯（SBS）热塑性弹性体为改性剂制作的用于防水卷材和涂料的 GB/T 26528—2011《防水用弹性体（SBS）改性沥青》国家标准。

产品按软化点、低温柔度和弹性恢复率的不同，分为 I 型和 II 型，SBS 改性沥青的物理性能指标应符合表 3-42 的要求。

**表 3-42　防水用弹性体（SBS）改性沥青技术要求**（GB/T 26528—2011）

| 序号 | 项目 | | 技术指标 | |
|---|---|---|---|---|
| | | | I 型 | II 型 |
| 1 | 软化点/℃ | 不小于 | 105 | 115 |
| 2 | 低温柔度（无裂纹）/℃ | | −20 通过 | −25 通过 |
| 3 | 弹性恢复/% | 不小于 | 85 | 90 |
| 4 | 渗油性　渗出张数 | 不多于 | 2 | |
| 5 | 离析　软化点变化率/% | 不大于 | 20 | |
| 6 | 可溶物含量/% | 不小于 | 97 | |
| 7 | 闪点/% | 不小于 | 230 | |

（2）塑性体（APP）改性沥青

塑性体改性沥青是指沥青与塑料类非弹性材料混溶而得到的一类混合物，采用以无规聚丙烯（APP）或非晶态聚 α-烯烃（APAO、APO）为改性剂制作的塑性体改性沥青简称 APP 改性沥青，APP 改性沥青在塑性改性沥青防水卷材中用作涂盖材料。

无规聚丙烯（APP）在常温下为白色橡胶状物质，无明显的熔点，APP 掺入沥青中，可使沥青的性能得以改善，具有良好的弹塑性、低温柔韧性、耐冲击性和抗老化等性能。APP 改性沥青现已发布了适用于以无规聚丙烯（APP）或非晶态聚 α-烯烃（APAO、APO）为改性剂制作的 GB/T 26510—2011《防水用塑性体改性沥青》国家标准。

产品按软化点和低温柔度的不同，分为 Ⅰ 型和 Ⅱ 型，其物理性能指标应符合表 3-43 提出的要求。

**表 3-43　防水用塑性体改性沥青技术要求**（GB/T 26510—2011）

| 序号 | 项目 | | 技术指标 | |
| --- | --- | --- | --- | --- |
| | | | Ⅰ 型 | Ⅱ 型 |
| 1 | 软化点/℃ | 不小于 | 125 | 145 |
| 2 | 低温柔度（无裂纹）/℃ | | −7 通过 | −15 通过 |
| 3 | 渗油性　渗出张数 | 不多于 | 2 | |
| 4 | 可溶物含量/% | 不小于 | 97 | |
| 5 | 闪点/% | 不小于 | 230 | |

### 3.2.1.2　自粘聚合物改性沥青

自粘聚合物改性沥青是一类黏性较强的改性沥青，其对压力敏感，用接触压力就可将被黏物粘住，且能长期处于黏弹状态，其应用于自粘型防水卷材，可使自粘卷材具有防水性能好、自愈性强、延伸率高、高低温性能优异、耐腐蚀性强及黏附性持久等特性。

自粘聚合物改性沥青与被黏物之间的粘接是一个浸润、扩散、吸附等物理、界面化学作用的过程，首先是自粘沥青与被黏物接触后发生表面浸润，自粘沥青分子借助布朗运动向被黏物表面扩散，在压力或温度的作用下，自粘沥青发生蠕变变形，使胶粘界面完全接触，然后产生吸附作用，并随着距离的进一步减小而增至最大，直至胶粘界面完全粘接成一体，若采用水泥砂浆粘接时，沥青中的活性填料与潮湿的混凝土接触后还会产生凝胶化的作用，与混凝土相互交链咬合，从而增强粘接的效果。

### 3.2.2　聚酯胎

聚合物改性沥青防水卷材所用的胎基材料主要有玻纤胎、聚酯胎、复合胎（聚酯毡和网格布、玻纤毡和网格布、无纺布和网格布、玻纤毡和聚乙烯膜）等，此外还有聚乙烯胎等，众多的胎基材料在第 2 章中均作了详尽的介绍，这里侧重介绍高分子聚合物改性沥青防水卷材最常用的聚酯纤维毡胎。

聚酯纤维毡俗称聚酯毡，又称聚酯非织造布，是指以涤纶纤维为原料，经针刺或热粘和加固后，再经热或化学粘合工艺制成的非织造布产品。产品具有优良的综合性能，抗拉强度、撕裂强度、耐疲劳、耐穿刺、耐化学及微生物腐蚀等性能均较佳，在 SBS 等弹性体聚合物改性沥青防水卷材、APP 等塑性体改性沥青防水卷材中均可用作胎基材料，低克重的聚酯毡还可用作涂膜防水层的加筋材料。在高聚物改性沥青防水卷材引进的生产线生产的卷材中，聚酯毡所占的比例较大。

聚酯胎有长纤与短纤之分，在我国生产的改性沥青防水卷材中两者并存，但两者在生产工艺和原材料、胎基本身性能指标、在改性沥青卷材生产及应用方面都存在着差异，这些差异从发展的眼光来看，两者能在适用于不同等级项目的防水卷材生产领域中达成互补，长纤维聚酯毡是卷材胎基中性能档次最高的。

产品的物理性能要求见表 3-44、表 3-45。

表 3-44 摘自 GB/T 17987—2000《沥青防水卷材用基胎 聚酯非织造布》国家标准，该标准是从胎体生产角度制定的一项标准。表 3-45 摘自 GB/T 18840—2002《沥青防水卷材用胎基》国家标准。

**表 3-44 聚酯非织造布内在质量考核项目**（GB/T 17987—2000）

| 项目 | | | A 级 | B 级 | C 级 | 备注 |
|---|---|---|---|---|---|---|
| 考核项目 | 断裂强力/N | ≥ | 700 | 450 | 350 | 纵横向 |
| | 断裂强力最低单值/N | ≥ | 600 | 380 | 300 | 纵横向 |
| | 断裂伸长率/% | ≥ | 30 | 25 | 20 | 纵横向 |
| | 幅宽偏差 | | 不允许负偏差 | | | 按标称值 |
| | 热稳定性/% | 纵向伸长 ≤ | 1.5 | 2 | 2.5 | |
| | | 横向收缩 ≤ | 1.5 | 2 | 2.5 | |
| 参考项目 | 单位面积质量偏差 | | －5% | －6% | | |
| | 浸渍性 | | 应浸渍均匀，没有未浸渍部分 | | | |
| | 弯曲性 | | 没有折痕或断裂 | | | |
| | 耐水性 | | 断裂强力不低于规定值的 95% | | | |

**表 3-45 聚酯毡物理力学性能**（GB/T 18840—2002）

| 序号 | 项目 | | | Ⅰ 型 | Ⅱ 型 |
|---|---|---|---|---|---|
| 1 | 单位面积质量/（g/m²） | | | 无负偏差 | |
| 2 | 单位面积质量变异系数 CV/% | | ≤ | 10 | |
| 3 | 接力/（N/50mm） | ≥ | 纵向 | 400 | 720 |
| | | | 横向 | | |
| 4 | 接力最低单位/（N/50mm） | ≥ | 纵向 | 350 | 620 |
| | | | 横向 | | |
| 5 | 最大接力时延伸率/% | ≥ | 纵向 | 25 | 35 |
| | | | 横向 | | |
| 6 | 耐水性/% | | ≥ | 95 | |
| 7 | 撕裂强度/N | ≥ | 纵向 | 250 | 350 |
| | | | 横向 | | |

续表

| 序号 | 项目 | | Ⅰ型 | Ⅱ型 |
|---|---|---|---|---|
| 8 | 浸渍性 | | | 无未浸透处 |
| 9 | 弯曲性, 半径/% | ≤ | | 35<br>无折痕 |
| 10 | 含水率/% | ≤ | | 0.5 |
| 11 | 热尺寸稳定性/% ≤ | 纵向 | 2.0 | 1.5 |
| | | 横向 | | |

GB/T 18840—2002《沥青防水卷材用胎基》国家标准覆盖了沥青、高聚物改性沥青防水卷材常用的玻纤胎、聚酯胎、复合胎和聚乙烯胎体，是结合现有的卷材要求确定指标与项目的，是从卷材的生产角度制定的一项标准。

部分聚酯毡生产厂家的产品及性能要求见表3-46、表3-47。

**表3-46　北京某公司聚酯防水卷材胎布物理性能要求**

| 质量<br>/(g/m²) | 长度<br>/m | 厚度<br>/mm | 幅宽<br>/mm | 含水率<br>/% | 不均率<br>/% | 热缩率<br>/% | 抗拉强度<br>/(N/5cm) | | 断裂伸长率/% | | 撕裂强度<br>/(N/5cm) | |
|---|---|---|---|---|---|---|---|---|---|---|---|---|
| | | | | | | | 纵 | 横 | 纵 | 横 | 纵 | 横 |
| 100 | 1000 | 0.4±0.2 | 1020 | ≤0.4 | ≤±0.6 | ≤2 | 280 | 260 | 20－26 | 20－30 | ≥50 | ≥50 |
| 120 | 1000 | 0.5±0.2 | 1020 | ≤0.4 | ≤±0.6 | ≤2 | ≥320 | ≥300 | 20－26 | 20－30 | ≥70 | ≥70 |
| 140 | 1000 | 0.6±0.2 | 1020 | ≤0.4 | ≤±0.6 | ≤2 | ≥350 | ≥330 | 20－30 | 23－30 | ≥80 | ≥80 |
| 160 | 1000 | 0.7±0.2 | 1020 | ≤0.4 | ≤±0.6 | ≤2 | ≥380 | ≥360 | 25－30 | 20－30 | ≥90 | ≥90 |
| 180 | 800 | 0.8±0.2 | 1020 | ≤0.4 | ≤±0.6 | ≤2 | ≥430 | ≥410 | 27－35 | 30－40 | ≥100 | ≥100 |
| 200 | 800 | 0.9±0.2 | 1020 | ≤0.4 | ≤±0.6 | ≤2 | ≥500 | ≥480 | 30－40 | 35－45 | ≥180 | ≥180 |
| 230 | 800 | 1.0±0.2 | 1020 | ≤0.4 | ≤±0.6 | ≤2 | ≥550 | ≥530 | 30－40 | 35－45 | ≥200 | ≥200 |
| 250 | 800 | 1.2±0.2 | 1020 | ≤0.4 | ≤±0.6 | ≤2 | ≥600 | ≥550 | 30－40 | 35－45 | ≥250 | ≥250 |
| 260 | 800 | 1.3±0.2 | 1020 | ≤0.4 | ≤±0.6 | ≤2 | ≥650 | ≥630 | 30－40 | 35－45 | ≥250 | ≥250 |

**表3-47　北京某有限公司聚酯防水卷材基布产品技术指标**

| 质量/<br>(g/m²) | 长度/<br>(m/卷) | 厚度<br>/mm | 幅宽<br>/mm | 热缩率<br>/% | 含水率<br>/% | 不均率<br>% | 抗拉强度<br>/(N/5cm) | | 断裂伸长率/% | | 撕破强度<br>/(N/5cm) | |
|---|---|---|---|---|---|---|---|---|---|---|---|---|
| | | | | | | | 纵 | 横 | 纵 | 横 | 纵 | 横 |
| 160 | 900 | 0.8±0.2 | 1020 | ≤2 | ≤0.4 | ≤±6 | ≥360 | ≥340 | 20－30 | 28－38 | ≥90 | ≥90 |
| 180 | 800 | 0.9±0.2 | 1020 | ≤2 | ≤0.4 | ≤±6 | ≥430 | ≥420 | 25－35 | 28－40 | ≥100 | ≥100 |
| 200 | 800 | 1.0±0.2 | 1020 | ≤2 | ≤0.4 | ≤±6 | ≥480 | ≥460 | 30－40 | 35－45 | ≥120 | ≥120 |
| 220 | 800 | 1.1±0.2 | 1020 | ≤2 | ≤0.4 | ≤±6 | ≥530 | ≥500 | 30－40 | 35－45 | ≥140 | ≥140 |
| 250 | 700 | 1.2±0.2 | 1020 | ≤2 | ≤0.4 | ≤±6 | ≥590 | ≥620 | 30－40 | 35－45 | ≥160 | ≥160 |
| 260 | 700 | 1.3±0.2 | 1020 | ≤2 | ≤0.4 | ≤±6 | ≥570 | ≥600 | 30－40 | 35－45 | ≥200 | ≥200 |

## 3.3　聚合物改性沥青防水卷材浸涂材料的制备

高聚物改性沥青防水卷材是采用高聚物改性沥青作浸涂材料的一类防水卷材，其与普通沥青防水卷材的主要区别在于浸涂材料的不同。

制备涂盖材料的沥青，由于达不到性能要求，故往往需要进行氧化加工处理，沥青经过氧化，虽然其软化点可以提高、针入度可以减小，但对沥青的延度不能得到更大的改善，也不能得到脱蜡的作用。为了进一步提高和改善沥青的性能，虽然采用了一些新的加工工艺，如调合沥青，可以通过调配不同组分的沥青，得到性能较好的沥青；催化氧化，可以制得分子量分布范围较小而均匀的沥青等。但是这些方法对改善沥青性能来看，都是有限度的，只能在一定的范围内得到改善，还不能满足涂盖材料的要求，为了解决沥青软化点和针入度的矛盾，可在沥青中添加各种聚合物，如在沥青中加入 20% 的无规聚丙烯，则可使沥青的性能得到很大的改善，见表3-48。加橡胶是改善沥青高温性能和低温性能的重要途径，常用的橡胶有三元乙丙橡胶、丁苯橡胶、再生橡胶等。如用三元乙丙橡胶进行改性，则可以改善沥青的弹塑性、延伸性、耐老化、耐高低温性能；用再生橡胶进行改性，则可以改善沥青低温的冷脆性、抗裂性、增加涂膜的弹性。建筑物的防水和防腐是沥青类材料的主要用途之一，建筑防水卷材所用的沥青要求更高的软化点和更低的低温柔度指标，故目前生产防水卷材已广泛应用聚合物改性沥青来做防水卷材的浸涂材料。改性沥青自粘防水卷材则采用自粘聚合物改性沥青作防水卷材的浸涂材料。

表3-48　沥青使用改性剂后的性能比较

| 不同沥青 | 无规聚丙烯添加量/%[①] | 软化点/℃ | 针入度/(1/10mm) | 延伸度/cm |
|---|---|---|---|---|
| 低标号沥青 | 0 | 52 | 60 | 10.5 |
| | 20 | 89 | 68 | 1.8 |
| 高标号沥青 | 0 | 82 | 22 | 3 |
| | 20 | 140 | 43 | 0.7 |

①无规聚丙烯的软化点为141℃。

### 3.3.1　沥青改性的原理

#### 3.3.1.1　改性沥青的相容体系

沥青材料的化学组成结构与沥青胶体的结构、沥青的物理力学性能、沥青流变性能的关系是十分复杂的，所谓沥青的改性实质上就是通过改善沥青体系的内部结构来实现对沥青材料物理力学性能改善的。

在一般的情况下，石油沥青材料与合成高分子聚合物是在热的状态下进行混合的，石油沥青和合成高分子聚合物两者在混合时可能会出现以下情况。

（1）混合物是完全的非均相体系。此时沥青和聚合物是不相容的、组分是相互分离的，所以是不稳定的，这类体系是不能起到改性沥青的作用。

（2）混合物是分子水平的均相体系。此时两者是完全的互溶体系。在这种体系中，沥青中的油分完全溶解了聚合物，破坏了聚合物分子间的作用，所以混合物是绝对稳定的，这种体系除了黏度增加外，其他性质不能得到改善，这也不是进行改性的理想结果，这种体系是稳定体系，但从改性沥青的角度来讲，也不能算是相容体系。

（3）混合物是微观的非均相体系，沥青和聚合物分别形成连续相。在这种状态下，聚合物吸附沥青中的油分溶胀后形成与沥青截然不同的聚合物连续相，多余的油分分散在聚合物相中，或聚合物吸附沥青中的油分溶胀后分散在沥青的连续相中，沥青的性质得到了最大限度的改善，这就是改性沥青的相容体系。

改性沥青相容体系的稳定性是指物理稳定性和化学稳定性。改性沥青的物理稳定性是指在热储存过程中，聚合物颗粒与沥青相不发生分离或离析；改性沥青的化学稳定性是指在热储存过程中随时间的增加，改性沥青的性能不能有明显的变化。改性沥青的相溶性和稳定性都需要通过基质沥青和聚合物间的任性的研究和加入适宜的助剂来实现。

可对沥青改性进行的聚合物较多，但基于以上相容性的概念，在实践过程中只有少数热塑性聚合物与沥青具有较好的相容性，应用于高聚物改性沥青防水卷材的聚合物主要有两类。一类是热塑性弹性体，其品种有：SBS橡胶、丁苯橡胶、再生橡胶等，应用较多的是SBS橡胶。根据SBS中S与B的比例，聚合物相对分子质量的大小及结构（星型或线型）进行分类。采用5%的SBS进行沥青改性，不同的S段和B段对改性沥青针入度、软化点、黏度的影响如图3-6所示，图中的$P_S$、$P_B$坐标轴分别表示苯乙烯段和丁二烯段的相对分子质量，由图3-6（a）、（b）、（c）可见。$P_S$的大小对针入度和软化点的影响较大，而对于高温黏度，$P_B$的影响则比较大。另一类是热塑性树脂，其品种主要是无规聚丙烯（APP）树脂等。在无规聚丙烯（APP）改性石油沥青时，也应注意其相容体系。

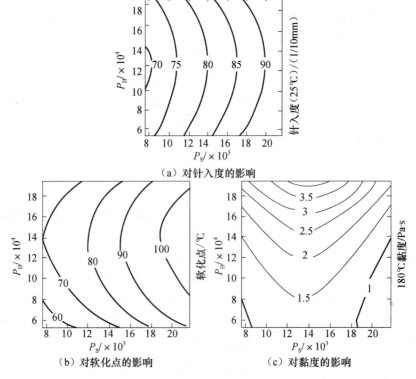

图3-6　不同S段和B段对沥青性质的影响

#### 3.3.1.2　沥青改性的基本原理

由于改性沥青具有不同的两相，现以 SBS 改性沥青为例，其改性沥青体系应考虑以下几种情况。

（1）一般小于 4% 的低聚合物含量。在这种情况下，沥青为连续相，聚合物分布在沥青中，由于聚合物吸收了沥青中的油分，使得沥青相中沥青质的含量相对增加，从而使沥青的黏度和弹性增加。在约 60℃ 高温下，聚合物相的劲度模量大于沥青连续相的劲度模量，聚合物相的这种加强作用提高了高温下沥青的力学性能；在低温下，分散相的劲度模量低于沥青连续相的劲度模量，这样也就降低了沥青的脆性。这样分散的聚合物相改善了沥青的高低温性能，在这种情况下基质沥青的选择是十分重要的。

（2）一般大于 10% 的高聚合物含量。在这种情况下，如果沥青和聚合物选择合适，可能形成聚合物连续相，这实际上已不是聚合物改性沥青，而是沥青中的油分对聚合物的塑性化，原沥青中较重的组分分散在聚合物连续相中，这种体系所反映出来的性质可以说已经不再是沥青的性质而是聚合物的性质了。

（3）一般为 4%~8% 中等聚合物含量。在这种体系中形成沥青和聚合物含量，在这种体系中形成沥青和聚合物两相交联的连续相，一般来讲这种状态很难控制，在不同的温度下可能出现不同的连续相，其性质经常随温度的变化而异，产品的性质不稳定。

如采用荧光显微镜则可以观察到以上三种状态的存在。观察改性沥青的微观结构对研究改性沥青微观结构与其性能的关系是一种非常有效的方法。有关专家研究结果表明，对于同样的聚合物及聚合物含量，采用同样等级但不同油源生产的基质沥青，可以得到微观结构和性能相差很大的改性沥青。

#### 3.3.1.3　改性沥青中聚合物网状结构的形成

沥青与聚合物混合所形成的相容体系，改善了沥青的使用性能，根据沥青的改性原理，不论是聚合物吸附了沥青中的油分溶胀后分布在沥青中，还是聚合物吸附了沥青中的油分溶胀后形成连续相，沥青重组分分布在聚合物相中，都是因为聚合物的存在改善了沥青的高、低温性能，并且后者在更大的程度上已反映出了聚合物的特性。因此，聚合物吸附沥青中的油分所形成连续的网状结构，是最大限度发挥聚合物改性作用的关键。

有关改性沥青网状结构形成的理论有多种说法，下面介绍几种。

（1）改性沥青网状结构形成是聚合物吸附溶胀，发生相转化的过程。

在聚丙烯改性沥青的过程中，高温下的聚合物吸附沥青中的油分，并溶胀体积扩大，链扩展，当聚合物的量达到一定值时，溶胀后聚合物的体积达到连续相所需要的体积时，体系发生相转化，聚合物由分散相转化为连续相，沥青以 10~150μm 的球形颗粒分布在聚合物连续相中，在 180~200℃、15~40min 这种相转化过程可以完成。

在 SBS 改性沥青时，SBS 中的苯乙烯段被芳香分溶解，被环烷烃溶胀，从而产生链扩展，聚丁烯段则作为弹性段，当聚合物浓度达到一定值时就发生相转化。由于 SBS 的相对分子质量大，聚丁烯段的链较长，因此发生相转化时的浓度要比聚丙烯低，但是对于 SBS 发生相转化时则需要更长的时间和有效的剪切才能实现。

（2）改性沥青网状结构形成是聚合物缠绕沥青第二结构的过程。

这一说法的前提为基质沥青第二结构的存在，持这一说法的学者认为：基质沥青中缩合度较强的芳香环是有带正电荷和负电荷的极性部分，这种分子的存在使得基质沥青体系具有了像蛋白质、尼龙一样的棒状类似聚合物的结构，这种结构赋予了沥青一定的弹性，沥青中的中性部分分散在棒状结构中，使体系的黏度增加，当体系加热时，这种棒状结构被破坏，当然这种破坏是可逆的。

当采用 SBS 改性时，SBS 的苯乙烯段被溶解抑制在沥青的棒状结构中，丁二烯链却缠绕在这种结构的周围，由于 SBS 的两端被抑制在沥青中间，因此 SBS 对沥青第二结构的缠绕是非常紧密的。专家们经研究发现：加入 7% 中等相对分子质量，含有 30% 苯乙烯的 SBS 就足以缠绕沥青的棒状结构，如果 SBS 的相对分子质量增加，或缠绕链的长度增加，都可以减小 SBS 的需要量。如聚合物 A 的相对分子质量为 90300，而聚合物 B 和聚合物 C 的相对分子质量分别为 262000 和 131000，要达到同样的改性效果需要更多的聚合物 A 而需要最小量的聚合物 B。

当采用 APP 材料改性时，这些聚合物在低温下是不溶于芳香烃的，如它们只能溶解于 125℃ 的甲苯中，如果这类聚合物溶于沥青中，对沥青的改性效果是非常有限的，在固体状态下，APP 链呈卷曲状，熔化时卷曲打开，分子链扩张，虽然沥青与 APP 间的偶极－偶极作用是非常弱的，但是当卷曲打开，分子链扩张后大量的这种力的积累可以导致 APP 分子链缠绕沥青的棒状结构，APP 的这种缠绕能力要比 SBS 弱得多，所以要形成聚合物网状结构时则需要更多的 APP。

以上溶胀法和缠绕法都是通过物理过程形成网状结构的，另外也有关于通过化学反应形成聚合物网状结构的研究，这种网状结构的形成过程是伴随着沥青与聚合物之间化学反应发生的。沥青与聚合物的反应是从相对分子质量小的聚合物开始，反应交联后相对分子质量增大，形成沥青－聚合物结构。在这一过程中，聚合物和反应剂的加入量是至关重要的。经专家们的研究结果表明，加入 3% SBS 时，沥青的可反应点正好保证形成沥青－聚合物链或者沥青－沥青链，从而进一步反应不会再继续发生，这一过程形成的沥青－聚合物结构起到了相对分子质量和结构相差较大的沥青和聚合物的表面活性剂作用，促使沥青和聚合物两者形成稳定的网状结构，并且这种网状结构是不可逆的。

### 3.3.2 聚合物改性沥青的组成材料

生产聚合物改性沥青的主要原材料是应用于改性沥青的基质沥青及改性剂。

1. 应用于改性沥青中的基质沥青

生产 SBS 改性沥青和 APP 改性沥青所选用的基质沥青主要有 10 号建筑石油沥青，AH-90，AH-70 等重交通道路石油沥青。

10 号建筑石油沥青技术要求见表 2-14，AH-90、AH-70 重交通道路石油沥青技术要求见表 2-16。

2. 聚合物改性剂

为了改善沥青冷脆热淌的先天不足，最根本的途径是掺加高分子聚合物材料。

聚合物是一个非常庞大的家族，不同结构的聚合物（由不同单体合成而得到）具有不同的性质，相同结构的聚合物其聚合度不同时（即聚合物相对分子质量不同时），其性能也有较大的差异，此外聚合物改性沥青是将沥青与聚合物以一定方式混合在一起的，故还要考虑沥青与聚合物的相容性。因此，改性沥青时对聚合物的选择是一项技术性很强的工作，要根据所选用的基质沥青的化学组成与聚合物配伍性试验结果来确定。

虽然聚合物种类繁多，性能各异，但根据防水卷材对改沥青的要求，即改善沥青的高温稳定性、低温抗开裂性及抗疲劳能力，要求加入的聚合物材料必须具备以下特点。

①具有一定的机械强度和较宽的温度使用范围，即对温度的不敏感性，可显著地提高沥青的耐高低温性能和耐久性；

②与沥青有很好的相容性；

③加入沥青中后，不会使沥青黏度有很大的增加。

聚合物中的热塑性弹性体、橡胶、热塑性树脂虽均可以在不同程度上满足这些要求，但真正适用于沥青改性剂的具体材料并不多，主要有 SBS、APP 占有主导地位，其他用于沥青改性的高分子聚合物都只是较少的应用，如丁苯橡胶（SBR）、胶粉等。

（1）SBS 热塑性弹性体

SBS 即苯乙烯—丁二烯嵌段共聚物，为热塑性弹性体。

热塑性弹性体是改性沥青首选的改性剂，它们与沥青有较好的相容性并形成非常微细的分散体系，具有较好的储存稳定性，并兼有较好的高温性能和低温性能，在较宽的温度范围内具有较好的弹性，SBS 是其代表，应用最为广泛。

SBS 是以苯乙烯和 1，3 - 丁二烯为单体，环己烷为溶剂，正丁基锂为引发剂，四氢呋喃为活化剂，采用阴离子聚合得到的线型或星型嵌段共聚物。

SBS 的链段结构式如下：

线型：

$$(CH_2-CH)_n \quad (CH_2-CH=CH-CH_2)_m \quad (CH_2-CH)$$

星型：

$$[CH_2-CH-(CH_2-CH=CH-CH)_m]_4Si$$

SBS 的高分子链具有串联结构的不同嵌段，即塑料段和橡胶段，形成了类似合金的组织结构，这种热塑性弹性体具有多相结构，每个丁二烯链段（B）的末端都连接一个苯乙烯嵌段（S），若干个丁二烯嵌段偶联则形成线型或星型的结构。每一类型又以其是否充油和充油比例划分为充油型和无充油型。

SBS 的主要技术性能指标见表3-49。

表 3-49　技术指标（SH/T 16101—2001）

| 项目 | | 挥发分 /% ≤ | 灰分 /% ≤ | 300% 定伸 应力 /MPa≥ | 拉伸 强度 /MPa≥ | 扯断 伸长 率/% ≥ | 扯断 永久 变形 /% ≤ | 硬度 /邵尔 A≥ | 熔体流动 速率/（g/10min） |
|---|---|---|---|---|---|---|---|---|---|
| SBS 1401 | 优等品 | 0.50 | | | 4.0 | 26.0 | 780 | 50 | | |
| | 一等品 | 0.70 | 0.20 | | 3.5 | 24.0 | 730 | 55 | 85 | $M \pm 30\%M$ |
| | 合格品 | 1.00 | | | 3.0 | 20.0 | 680 | 60 | | |

| 项目 | | 挥发分/%≤ | 灰分/%≤ | 300%定伸应力/MPa≥ | 拉伸强度/MPa≥ | 扯断伸长率/%≥ | 扯断永久变形/%≤ | 硬度/邵尔A≥ | 熔体流动速率/(g/10min) |
|---|---|---|---|---|---|---|---|---|---|
| SBS 4402 | 优等品 | 0.50 | | 4.0 | 28.0 | 700 | 45 | | |
| | 一等品 | 0.70 | 0.20 | 3.5 | 26.0 | 650 | 50 | 90 | $M \pm 30\% M$ |
| | 合格品 | 1.00 | | 3.0 | 22.0 | 550 | 55 | | |
| SBS 4450 | 优等品 | 0.50 | | 1.6 | 16.0 | 1000 | 40 | | |
| | 一等品 | 0.70 | 0.20 | 1.4 | 14.0 | 950 | 45 | 60 | $M \pm 30\% M$ |
| | 合格品 | 1.00 | | 1.2 | 12.0 | 850 | 50 | | |
| SBS 4303 | 优等品 | 0.50 | | 2.6 | 15.0 | 660 | 20 | | |
| | 一等品 | 0.70 | 0.20 | 2.2 | 13.0 | 620 | 25 | 80 | — |
| | 合格品 | 1.00 | | 1.8 | 10.0 | 550 | 30 | | |

注：$M$ 为生产厂和用户商定值。

SBS 最大的特点是具有高强度和黏度低的不寻常组合，在常温时具有橡胶的特性，而在热的条件下呈塑性。后一种性能使之易于在高温下进行热塑加工，直接与热沥青混熔，SBS 沥青混合料具有高延伸、高强度、优良的耐高低温（ $-30 \sim 105℃$ ）的性能。这些决定了 SBS 为制备高性能橡胶改性沥青的最佳改性剂。

国内生产 SBS 产量最大的某石油化工总厂橡胶厂，其牌号、性能见表 3-50。

表 3-50 某石化总厂橡胶厂适用于沥青改性的巴陵牌 SBS 常用牌号

| 结构 | SBS 1301—（YH791） | SBS 1401—1（YH792） | SBS 4303（YH801） | SBS 4402（YH802） |
|---|---|---|---|---|
| | 线型 | 线型 | 星型 | 星型 |
| 嵌段比 S/B | 30/70 | 40/60 | 30/70 | 40/60 |
| 充油率/% | 0 | 0 | 0 | 0 |
| 拉伸强度/MPa ≥ | 18.0 | 22.0 | 15.0 | 22.0 |
| 300% 定伸应力/MPa ≥ | 2.5 | 3.4 | 2.5 | 3.0 |
| 伸长率/% ≥ | 815 | 750 | 700 | 700 |
| 永久变形/% ≤ | 20 | 50 | 20 | 20 |
| 硬度/邵尔 A 度 | 75 ± 7 | 90 ± 5 | 82 ± 7 | ≥80 |
| 防老剂 | 非污染 | 非污染 | 非污染 | 非污染 |
| 熔体流动速率/(g/min) | 0.50—5.00 | 0.10—5.00 | 0—1.00 | 0—1.00 |
| 总灰分/% ≤ | 0.20 | 0.20 | 0.20 | 0.20 |
| 挥发分/% ≤ | 0.50 | 0.50 | 0.50 | 0.50 |
| 主要用途 | 黏和剂沥青改进 | 塑料改性黏和剂沥青改性制鞋用 | 沥青改性制鞋用 | 沥青改性 |
| 类似国外牌号 | Kraton1101 | Turfprene A | Solprene 411 Solt161 | Solprene414 |

某石化公司橡胶厂生产的 SBS 共有六个牌号，其性能要求见表 3-51。

表 3-51　某石化公司橡胶厂热塑性丁苯橡胶（SBS）产品的性能要求

| 序号 | 牌号 | 产品类型 | 结构类型 | 含油量（质量）/（Wt%） | S/B（质量比） | 挥发分/% Q/SH001-S05-199-97 | 熔体流动速率/(g/10min) GB/T 3682-83 | 300%定伸应力/MPa GB/T 528-92 | 拉伸强度/MPa GB/T 528-92 | 扯断伸长率/% GB/T 528-92 | 扯断永久变形/% GB/T 528-92 | 撕裂强度/(kN/m) GB/T 528-92 | 硬度/部尔A度 GB/T 531-92 | 用途 |
|---|---|---|---|---|---|---|---|---|---|---|---|---|---|---|
| 1 | 1401 | 通用型 | 线型 | 0 | 40/60 | 0.50 | 0.50 | 4.5 | 25.0 | 700 | 40 | 50 | 90 | 鞋类、粘合剂、塑料和沥青改性橡塑制品 |
| 2 | 4402 | 通用型 | 星型 | 0 | 40/60 | 0.50 | 0.10 | 4.0 | 26.0 | 650 | 40 | 50 | 91 | 鞋类、沥青改性、橡塑制品 |
| 3 | 4452 | 通用型 | 星型 | 33 | 40/60 | 0.50 | 0.2 | 1.6 | 16.0 | 900 | 25 | 22 | 65 | 鞋类、橡塑制品 |
| 4 | 1301 | 专用型 | 线型 | 0 | 30/70 | 0.50 | 6.0 | 2.4 | 18.0 | 650 | 40 | 32 | 70 | 粘合剂 |
| 5 | 1401-1 | 专用型 | 线型 | 0 | 40/60 | 0.50 | 1.0 | 4.5 | 25.0 | 700 | 40 | 50 | 90 | 粘合剂、塑料和沥青改性 |
| 6 | 4303 | 专用型 | 星型 | 0 | 30/70 | 0.50 | 0 | 2.5 | 12.0 | 650 | 12 | 30 | 80 | 沥青改性 |

注：由于许多因素会影响产品的加工和应用，所以本资料内提供的数据仅供参考，本资料既未暗示，也未从法律上保证主品的某种性质以及保证产品适合于某种特定的用途。

科腾™聚合物是一种独特的，高性能热塑性弹性体，具有广泛的用途。该产品的多用途特性来源于其特殊的分子结构，这类分子结构能够精确地调整和控制以适用于不同领域。

科腾™聚合物是一种特殊的弹性体，具有极良好的力学性能及低黏度的特性，使其能在高温下或溶剂中加工，其力学性能与硫化的橡胶相同，但无须硫化交联，其邵氏（SHORE A）硬度范围从 11 到 91；抗拉强度 0.5～5MPa。该聚合物可以溶于特定的溶剂，并且在 -80℃下保持抗曲性。

科腾™聚合物的多用途特性来源于独特的线表、二嵌段、三嵌段和星型分子结构，每个分子结构都由苯乙烯单体和橡胶单体构成，每个嵌段包含 100 个或更多的单体。最普通的结构是线形 A-B-A 嵌段形式：苯乙烯、丁二烯、苯乙烯（SBS），苯乙烯、异戊二烯、苯乙烯（SIS），即科腾™D 系列聚合物。第二代聚合物结构为，苯乙烯、乙烯/丁二烯、苯乙烯形式（SEBS），即科腾™G 系列聚合物。除了 A-B-A 形聚合物，还有特别形式的聚合物：星形（AB）n：（苯乙烯、丁二烯）n，或（苯乙烯、异戊二烯）n，和双嵌段形式（A-B）：苯乙烯，丁二烯（SB），苯乙烯 - 乙烯/丙烯（SEP）和苯乙烯、乙烯/丁烯（SEB）等。

科腾™聚合物的 A-B-A 分子结构由苯乙烯端基和一个弹性中间基所组成。加工前苯乙烯端基交联成为硬质区，经由硬质区的"物理交联"而形成连续的三维网路，透过加工时的热量，剪切或溶解，聚苯乙烯段变得柔软并可流动，经过冷却和溶剂挥发，聚苯乙烯段重组和变硬，从而锁住橡胶段而恢复弹性。

苯乙烯段的"物理交联"增强效果给予科腾™聚合物高抗张能力。橡胶中间嵌段给予科腾™聚合物弹性，由于物理交联可反复进行，故科腾™聚合物可重复加工使用。

科腾™聚合物两嵌段具有 A-B 结构，是苯乙烯和橡胶的两嵌段，此结构提供油类、溶剂、沥青在广泛温度下的独特流变性能、平衡的黏着力和内聚力、降低黏度和增加材料的混合性。

线形 SBS 的规格及性能见表 3-52。

（2）无规聚丙烯（APP）

无规聚丙烯属于 α - 烯径类无规聚合物。α - 烯烃是指 C = C 双键位于分子一端的烯烃同系物，如乙烯、丙烯、1 - 丁烯、苯乙烯等。目前除了聚丙烯有等规和间规聚合物以外，其他各种 α - 烯烃都只得到等规聚合物。α - 烯烃的聚合物种类很多，如聚乙烯，聚苯乙烯等，目前在沥青中所采用的主要是它们的无规聚合物，而且是线型的，链状的无规聚合物。

有规聚丙烯（IPP）在常温下为固态，会形成单斜晶系的结晶，乳白色半透明，有比较好的刚性和强度，是一种密度比较小的树脂，化学稳定性好，不受力时 150℃不变形，在 IPP 聚合过程中有一部分无规聚丙烯（APP）不能够转化为有规聚丙烯，这一部分 APP 材料则可用以沥青的改性，且效果很好。这种无规材料很容易和沥青混溶，并且对改性沥青软化点的提高作用非常显著，耐老化性能也很好。

表 3-52　科腾™聚合物 SBS 产品的规格及性能

| 结构 规格 | 线型 SBS | | | | | | | | | | | | | | 星型 (SB) n |
| --- | --- | --- | --- | --- | --- | --- | --- | --- | --- | --- | --- | --- | --- | --- | --- |
| | D-1101 | D-1102 | D-1133 | D-1155 | D-4113 | D-4151 | D-4150 | D-4153 | D-KX 225 | D-KX 405 | D-KX 408 | D-KX 410 | D-KX 414 | D-KX 415 | D-1184 |
| 拉伸强度/MPa（psi）① | 31.7 (4600)② | 31.7 (4600)② | — | 28.3 (4100)② | 20.0 (2900)② | 19.0 (2750)② | 19.3 (2800)② | 15.2 (2200)② | 33.1 (4800)② | 15.9 (2300)② | 24.8 (3600)② | 7.2 (1050)② | 26.2 (3800)② | 13.1 (1900)② | 27.6 (4000)② |
| 300%模量/MPa（psi）① | 2.8 (400) | 2.8 (400) | — | 2.8 (400) | 2.3 (330) | 1.7 (250) | 1.1 (160) | 2.3 (330) | 2.9 (420) | 1.9 (275) | 2.8 (400) | 1.0 (145) | 5.9 (850) | 2.2 (320) | 800 |
| 断裂伸长率/% | 880 | 880 | — | 800 | 1300 | 1300 | 1400 | 1300 | 800 | 1040 | 690 | 1200 | 700 | 1000 | 820 |
| 硬度（10s，部氏 A） | 69 | 66 | 74 | 87 | 49 | 50 | 45 | 47 | 70 | 55 | 88 | 52 | 97 | 83 | 68 |
| 相对密度 | 0.94 | 0.94 | 0.94 | 0.96 | 0.94 | 0.93 | 0.92 | 0.94 | 0.94 | 0.94 | 0.96 | 0.93 | 0.98 | 0.92 | 0.94 |
| 溶液黏度（甲苯溶液）③ 25℃/Pa·s | 4 | 1 | 4.8 | — | — | 1 | 0.85 | — | — | — | — | 1.4 | — | — | 20 |
| 含油量（质量分数）/% | 0 | 0 | 0 | 0 | 32 | 29 | 33 | 31 | 0 | 0 | 0 | 0 | 0 | 0 | 0 |
| 苯乙烯/橡胶比例 | 31/69 | 28/72 | 35/65 | 40/60 | 35/65 | 32/68 | 30/70 | 35/60 | 30/70 | 24/76 | 43/57 | 18/82 | 52/48 | 35/65 | 31/69 |
| 外观 | 多孔粒子 粉状粒子 | 多孔粒子 | 多孔粒子 粉状粒子 | 多孔粒子 致密粒子 | 多孔粒子 | 多孔粒子 粉状粒子 | 多孔粒子 | 多孔粒子 | 多孔粒子 | 多孔粒子 致密粒子 | 多孔粒子 致密粒子 | 多孔粒子 致密粒子 | 多孔粒子 致密粒子 | 多孔粒子 致密粒子 | 多孔粒子 粉状粒子 |
| 二嵌段含量/% | 16 | 16 | 34 | 0 | 17 | 16 | 16 | 11 | 0 | 0 | 0 | 60 | 0 | 40 | 16 |
| 备注 | FDA | FDA | — | — | — | FDA | FDA | — | — | — | — | — | — | — | FDA |

① 以 ASTM D412，以 25.4cm/min 拉伸长度速度测得。

② 将聚合物于 150℃压制成型或以甲苯溶液模压成型测得。

③ 依 25%质量分数之聚合物溶液测得。

注：1. 数据均为 23℃测量值，仅供参考。

APP 加入量在 15% ~20% 时，软化点上升比较快，与 SBS 掺量在 8% ~12% 时比较类似，实际上，在外掺材料比较少时，沥青是分散介质外掺材料在沥青中不能形成网络，仅以孤岛的形态存在，随着外掺材料的不断增加它们在沥青中的浓度也就越来越大，外掺材料的粒子可以在沥青溶液中互相搭接形成空间网络，使沥青明显地呈现出外渗材料本身所具有的优良的性能，外掺材料在沥青中的混溶基本上是物理变化，在混溶过程中没有剧烈的化学变化，也没有相变点。SBS 类材料与 APP 类材料相比较，前者相对分子质量比较大，有明显的橡胶特性，其在沥青中渗量比较少时就可以产生明显的改性效果，故 SBS 掺量在 8% ~12% 时正是改性材料在沥青中由岛状向网状过渡的浓度范围，而对于 APP 这一类材料则因为其相对分子质量比较小，而且是无规的线型聚合物，故其掺量需达到 15% ~20% 时，岛状向网状过渡的状态才会出现。

APP 其链段结构式如下：

$$(CH_2-CH-CH_2-CH-CH_2-CH)_m$$

APP 的技术要求如下：

相对密度：0.86%。

分子量：3000 ~10000。

软化点：(90 ~150)℃。

脆化温度：(-6 ~ -15)℃。

玻璃化温度：> -25℃。

着火点：(300 ~330)℃。

APP 具有优良的化学稳定性和耐水性能，有较好的粘附性，易于与碳酸钙之类的添加剂结合，在防水卷材生产中，用作改性剂，与沥青混合可制造改性沥青防水卷材，可提高产品的化学稳定性、耐水性、耐冲击性。

（3）各种非晶性 α - 聚烯烃改性剂

自改进聚丙烯催化剂以后，尤其是启用第三代催化剂的聚丙烯设备后，其生产聚丙烯副产品产量逐渐减少以至绝迹。非晶性聚烯烃得到了开发，成为主要的塑性体改性剂，起着 APP 的作用，并优于 APP。

日本 UBETAC 的 APAO 是以特种催化剂，单独以丙烯或丙烯、乙烯、1 - 丁烯进行共聚反应而得。这一反应过程能制取分子量较低的非晶性烯烃系列聚合物，其聚合物规格和特点见表 3-53；根据聚合物的组成和熔融黏度的不同，各规格产品的特性分类见表 3-54。

**表 3-53　APAO 各种规格特性一览表**

| | UT3215 | UT3280 | UT3304 | UT3315 | UT3330 | UT3385 | UT3535 | UT3585 |
|---|---|---|---|---|---|---|---|---|
| 熔融黏度（190℃）/$P_a \cdot s$ | 1.5 | 8 | 0.4 | 1.5 | 3 | 8.5 | 3.5 | 8.5 |
| 针入度/(1/10mm) | 20 | 15 | 25 | 25 | 25 | 20 | 45 | 40 |

|  | UT3215 | UT3280 | UT3304 | UT3315 | UT3330 | UT3385 | UT3535 | UT3585 |
|---|---|---|---|---|---|---|---|---|
| 环球法软化度/（℃） | 143 | 146 | 138 | 138 | 141 | 141 | 129 | 129 |
| 固体密度/（g/cm³）（25℃） | 0.86 | 0.86 | 0.86 | 0.86 | .086 | 0.86 | 0.86 | 0.86 |
| 熔融密度/（g/cm³）（190℃） | 0.74 | 0.74 | 0.74 | 0.74 | 0.74 | 0.74 | 0.74 | 0.74 |
| 低温特性/℃ | −11 | −18 | −14 | −15 | −16 | −23 | −28 | −35 |

表3-54　APAO 的规格及特性

| 组成 | 丙烯/乙烯 | | | |
|---|---|---|---|---|
| 熔融黏度/（190℃）/$P_a \cdot s$ | 低乙烯 | 中乙烯 | 高乙烯 | 特点 |
| 0.4 |  | UT3304<br>（25/138/—14） |  |  |
| 1.5 | UT3215<br>（20/143/—11） | UT3304<br>（25/138—15） |  | 涂层混合容易 |
| 3～3.5 |  | UT3330<br>（20/141/—16） | UT3535<br>（45/129/—35） | ↑ |
| 8～8.5 | UT3280<br>（15/146/—18） | UT3385<br>（20/141/—23） | UT3585<br>（40/129/—36） | ↓ |
| 特性 | 硬<br>高软化点<br>耐热性好 | 软<br>低软化点<br>低温特性好 | — | 机械强度好 |

APAO 及其改性沥青与 APP 及其改性沥青特性的比较见表3-55。

表3-55　APAO 与 APP 改性材料及改性沥青特性比较

| 项目　＼　种类 | APAO（UBETAC） | 副产物 APP |
|---|---|---|
| 价格 | 中 | 低 |
| 在沥青中的溶解性 | 溶解时间短，溶解性好 | 多含有水分和溶剂，溶解时间不一 |
| 在沥青中的添加量 | 15%～12% | 20%～30%<br>必须并用均聚 APP 和嵌段共聚 APP |
| 混合装置 | 可使用沥青溶解的搅拌器 | 可使用沥青溶解的搅拌器 |
| 在生产装置上处理难易程度 | 采用聚丙烯编织包装，储存及使用非常方便（使用时不必拆装） | 包装各式各样，大部分散装，储存时混入大量杂质，制品质量差 |
| 在生产装置内的热稳定性 | 分子内不含有双键等，物性十分稳定，一旦发生老化，因分子断裂使粘度降低，所以更易于处理。添加抗氧剂等可防止制品老化 | 与 APAO 大致相同，但因含催化剂残渣等，常发生难以预测的老化，处理起来很困难。因为是副产品，尚无防止老化的方法，故制品很快老化 |

| 项目 种类 | | APAO（UBETAC） | 副产物 APP |
|---|---|---|---|
| 价格 | | 中 | 低 |
| 生产装置管理的难易程度 | | 配管线路搅拌槽的维护容易 | 同 APAO 大致相同 |
| 制品特性 | 高温特性 | 高温特性良好，60℃下不变形，不流淌，性能稳定 | 与 APAO 大致相同，但制品物性不一致 |
| | 低温特性 | −15℃时不发生分子断裂 | 与 APAO 大致相同，但制品物性差异很大 |
| | 耐热性，耐候性 | 对太阳光引起的紫外线老化及热老化有耐久性 | 与 APAO 相比，物性差异大，含有杂质，故耐久性差 |

APAO 与沥青混合工艺简单易行，使用普通叶片式搅拌机，把 APAO 投入熔融的沥青中充分混合即可。APAO 在直馏沥青中添加沥青量的 15%~20%，不同型号和不同掺量改性沥青性能见表 3-56。

**表 3-56 APAO 改性沥青特性**

| APAO | | 直馏沥青（80/100） | 黏度（160℃）/$P_a \cdot s$ | 软化点/℃ | 针入度（25℃）/(1/10mm) | 低温弯度（0℃，180°弯曲） |
|---|---|---|---|---|---|---|
| 0 | | 100 | 0.134 | 46 | 90 | x |
| UT3280 | 20 | 80 | 0.74 | 130 | 30 | ○ |
| | 30 | 70 | 2 | 130 | 30 | ○ |
| | 40 | 60 | 2.8 | 133 | 26 | ○ |
| | 100 | 0 | 18 | 137 | 15 | ○ |
| UT3586 | 20 | 80 | 2.8 | 106 | 75 | ○ |
| | 30 | 70 | 4.05 | 113 | 60 | ○ |
| | 40 | 60 | 5 | 120 | 57 | ○ |
| | 100 | 0 | 23 | 127 | 45 | ○ |

注：○表示合格，×表示不合格。

（4）丁苯橡胶（SBR）

丁苯橡胶（SBR）是目前世界上产量最大的合成橡胶，其合成方法以乳液法为主，其中低温乳液（5℃左右）合成的占 80% 以上，其次是有烷基锂催化的溶液聚合法，丁苯橡胶的密度为 $0.929 \sim 0.939 g/cm^3$，其分子式如下：

$$( CH_2 - CH = CH - CH_2 )_m \quad ( CH - CH_2 )_n$$
$$|$$
$$C_6H_5$$

丁苯橡胶的耐磨性能及其他机械性能近似于天然橡胶，丁苯橡胶改性沥青的低温性能很好，但是高温性能并不令人十分满意。由于丁苯橡胶的非硫化态在常温下容易凝结成团，不易破碎，不易储存，因此进行丁苯橡胶改性沥青加工制作时，前期的橡胶破碎、储存比较麻烦，而且能耗比较大。

（5）废橡胶粉和再生橡胶

把废橡胶磨成粉状，掺到高温的沥青中去，就可以做成废胶粉改性沥青，废胶粉改性沥青质量的好坏主要取决于混合的温度，橡胶粉的细度，橡胶的种类，基质沥青的种类诸多方面的因素，废胶粉加入到沥青中去后，则可以明显地提高沥青的软化点温度，降低沥青的脆点温度。

再生橡胶是由废旧橡胶制品经过再生脱硫处理而得到的一种橡胶。废旧橡胶的再生，就是在高温和外加剂的作用下，使废橡胶发生氧化降解，使其分子的网状结构受到破坏，去硫回复到生胶的状态，但在这种过程中橡胶本身的分子结构受到了很大的破坏，故再生胶的性能远差于生胶的性能。

再生橡胶经过重新配比，加入防老剂或一定量的生胶（或丁基橡胶，三元乙丙橡胶等），经过压延也可以做成高分子防水卷材，也可以将再生橡胶直接加入到沥青中去作改性沥青，再生橡胶可以比较均匀地和沥青溶在一起。

制作再生橡胶的主要方法有油法、水油法、碱法等，废旧橡胶的再生过程也可以和沥青的改性过程一起进行，这样生产出来的改性沥青性能比较好，而且更节约能源。

### 3.3.3　沥青组成对改性体系的影响

沥青的组成是指沥青的化学组成，其与原油的来源及加工有关，故沥青的化学组成极其复杂，要想把沥青像分离分析轻质油品那样得到单体烃组成是不可能的，在研究沥青的化学组成时，都是根据分离方法的不同以族或类进行分类的。

沥青的分离方法按其原理的不同大致可以分为三类，即按相对分子质量大小进行的馏分分离法，由此得到不同相对分子质量范围的组分；按官能因类型进行的分离法，由此得到碱性分、酸性分、两性分、中性分；按极性进行的分离法，由此得到脂肪族、环烷族、芳香族极性芳香族、杂原子化合物、沥青质等。在研究沥青与聚合物的相容性或配伍性时，一般都认为溶解度参数相近的组分具有较好的相容性，而影响溶解度参数的主要是它们的结构，由此我们在讨论沥青的化学组成对改性沥青性质的影响时，可采用沥青按极性分离得到的族组成。

1. 沥青的化学组成对改性体系的影响

改性沥青最主要的问题是能够得到沥青和聚合物两相的相容和稳定的体系。由于两者在相对分子质量、化学结构、黏度、密度上均有较大的差别，因此想得到这一体系不是一件容易的事。

改性沥青的性质与沥青和聚合物的组成密切相关，沥青化学组分对改性沥青的影响主要是沥青中所含的能够溶胀聚合物的组分的含量。由于进行改性目的不同，故所选用的改性剂（聚合物）也不同，溶胀聚合物所需要的沥青组分也就不同，如高含量的 APP（20% ~30%）改性沥青体系，沥青质 – 胶质微细地分散在溶胀了聚合物中，在这种体系中，所使用的基质沥青应该是含有较多的、相对分子质量较大的饱和分。而对于 SBS 改性沥青体系，由于 SBS 和沥青质的相容差，与芳香分、胶质的相容性好，所以基质沥青应该有较低的沥青质含量和较高的芳香分、胶质含量。沥青质的含量在 EVA 改性沥青体系中也有较大的影响。

2. 沥青的化学组成与改性沥青的性质

沥青的化学组成与改性沥青性质的关系可以通过下列表格来定量说明。

表 3-57 是 3 种不同来源的 7 个不同牌号的沥青采用 ASTM D2007（硅胶吸附色谱）方法得到的沥青化学组成的分析结果。

表 3-57　沥青的化学组成

| 沥青品种 | | 饱和分 | 芳香分 | 胶质 | 正戊烷沥青 | 正庚烧沥青质 |
|---|---|---|---|---|---|---|
| 来源 | 牌号 | | | | | |
| 1 | MAR-100 | 15.5 | 35.2 | 39.9 | 9.4 | 4.1 |
| 2 | BSAC-6 | 14.1 | 26.4 | 39.1 | 20.4 | 15.7 |
| 3 | DPAC-5 | 16.9 | 39.7 | 31.4 | 11.9 | 5.4 |
| | DPAC-10 | 15.4 | 39.3 | 32.7 | 12.6 | 5.3 |
| | DPAC-20 | 13.9 | 38.8 | 34.0 | 13.2 | 5.4 |
| | DPAC-30 | 13.1 | 38.5 | 34.8 | 13.6 | 5.3 |
| | DPAC-40 | 12.4 | 38.4 | 35.2 | 13.9 | 5.3 |

表 3-58 是不同聚合物改性剂对表 3-57 中沥青牌号为 DPAC-5 的改性结果。

表 3-58　不同改性剂对沥青 DPAC-5 的改性结果

| 分析指标 | 沥青（DPAC-5） | 聚合物及剂量 | | |
|---|---|---|---|---|
| | | SBS4% | SBR4% | EVA4% |
| 针入度/(1/10mm) | | | | |
| 100g, 5g, 25℃ | 150 | 116 | 105 | 170 |
| 200g, 60s, 4℃ | 35 | 36 | 37 | 36 |
| 软化点/℃ | 39 | 47 | 49 | 42 |
| 延度（5cm/min, 4℃）/cm | >150 | 102 | >150 | 44 |
| 弹性恢复（1h, 4℃） | 15 | 72 | 62 | 63 |
| 黏度60℃/Pa·s | 53.4 | 431 | 235 | 74.4 |
| 135℃/(mm²/s) | 50 | 200 | 200 | 100 |
| 韧性/N·m | 2 | 27 | 29 | 6 |
| 韧度/N·m | 0.7 | 26.2 | 26.2 | 5 |

表 3-59 是同一种聚合物改性剂对表 3-57 中 3 种不同来源沥青的改性结果。

表 3-59　改性剂对不同来源沥青的改性结果

| 分析指标 | DPAC-5 | | MAR1000 | | | BSAC-6 | |
|---|---|---|---|---|---|---|---|
| | 未加改性剂 | SBS4% | 未加改性剂 | SBS4% | SBR4% | 未加改性剂 | SBS4% |
| 针入度/(1/10mm) | | | | | | | |
| 100g, 5s, 25℃ | 154 | 125 | 117 | 89 | 102 | 153 | 79 |
| 100g, 5s, 15.6℃ | 53 | 58 | 40 | 31 | 38 | 60 | 37 |

| 分析指标 | DPAC-5 | | MAR1000 | | | | BSAC-6 |
| --- | --- | --- | --- | --- | --- | --- | --- |
| | 未加改性剂 | SBS4% | 未加改性剂 | SBS4% | SBR4% | 未加改性剂 | SBS4% |
| 100g, 5s, 4℃ | 10 | 4 | 6 | 6 | 4 | 15 | 12 |
| 200g, 60s, 4℃ | 35 | 33 | 25 | 25 | 21 | 56 | 40 |
| 软化点/℃ | 39 | 47 | 39 | 66 | 48 | 40 | 63 |
| 延度(5cm/min, 4℃)/cm | >150 | 102 | 62 | 90 | >150 | 31 | 54 |
| 弹性恢复（1h, 4℃） | 15 | 72 | 13 | 65 | 54 | 20 | 80 |
| 黏度60℃/Pa·s | 53.4 | 431 | 67.3 | 4091 | 254 | 73.4 | 549 |
| 135℃/(mm²/s) | 193 | 536 | 139 | 482 | 3290 | 267 | 1219 |
| 韧性/N·m | 2 | 27 | 32 | 24.3 | 35 | 1.6 | 10.5 |
| 韧度/N·m | 0.7 | 24.1 | 1.7 | 16.5 | 30 | 0.2 | 6.7 |

表 3-60 是同一种聚合物改性剂对表 3-57 中同一来源（来源 3）的 5 种不同牌号沥青的改性结果。

**表 3-60　同一种改性剂对 DP 不同牌号沥青的改性结果**

| 分析指标 | AC-5 | | AC-10 | | AC-20 | | AC-30 | | AC-40 | |
| --- | --- | --- | --- | --- | --- | --- | --- | --- | --- | --- |
| | 未加改性剂 | SBS4% | 未加改性剂 | SBS4% | 未加改性剂 | SBS4% | 未加改性剂 | SBS4% | 未加改性剂 | SBS4% |
| 针入度/(1/10mm) | | | | | | | | | | |
| 100g, 5s, 25℃ | 150 | 107 | 97 | 72 | 55 | 43 | 39 | 33 | 33 | 28 |
| 100g, 5s, 15.6℃ | 53 | 42 | 34 | 30 | 21 | 17 | 14 | 13 | 12 | 10 |
| 100g, 5s, 4℃ | 11 | 9 | 8 | 6 | 2 | 3 | 2 | 2 | 1 | 1 |
| 200g, 60s, 4℃ | 35 | 32 | 26 | 23 | 14 | 15 | 8 | 10 | 9 | 9 |
| 软化点/℃ | 39 | 52 | 42 | 55 | 45 | 58 | 49 | 61 | 51 | 59 |
| 延度(5cm/min, 4℃)/cm | >150 | 86 | 6 | 53 | 0 | 0 | 0 | 0 | 0 | 0 |
| 弹性恢复（1h, 4℃） | 15 | 76 | | 73 | | | | | | |
| 黏度60℃/Pa·s | 53 | 585 | 104 | 406 | 256 | 703 | 364 | 958 | 496 | 1160 |
| 135℃/(mm²/s) | 193 | 622 | 247 | 766 | 362 | 1002 | 429 | 1117 | 445 | 1297 |
| 韧性/N·m | 1.9 | 17.5 | 7.6 | 37.2 | 12.2 | 42 | 超量程 | 超量程 | 超量程 | 超量程 |
| 韧度/N·m | 0.7 | 14.3 | 1.8 | 30.5 | 1.7 | 23.3 | 超量程 | 超量程 | 超量程 | 超量程 |

表 3-61 是同一种聚合物改性剂的不同掺量对表 3-57 中沥青牌号为 DPAC-5 的改性结果。

**表 3-61　不同掺量聚合物对沥青 DPAC-5 的改性结果**

| 分析指标 | SBS | | | | | SBR | | | | |
| --- | --- | --- | --- | --- | --- | --- | --- | --- | --- | --- |
| | 2.0% | 3.0% | 4.0% | 5.0% | 6.0% | 2.0% | 3.0% | 4.0% | 5.0% | 6.0% |
| 针入度/(1/10mm) | | | | | | | | | | |

| 分析指标 | SBS | | | | | SBR | | | |
|---|---|---|---|---|---|---|---|---|---|
| | 2.0% | 3.0% | 4.0% | 5.0% | 6.0% | 2.0% | 3.0% | 4.0% | 5.0% | 6.0% |
| 100g, 5g, 25℃ | 128 | 118 | 116 | 103 | 96 | 133 | 122 | 105 | 114 | 119 |
| 200g, 60s, 4℃ | 34 | 35 | 36 | 35 | 35 | 36 | 37 | 37 | 40 | 41 |
| 软化点/℃ | 42 | 46 | 47 | 69 | 85 | 40 | 45 | 49 | 52 | 52 |
| 延度(5cm/min, 4℃)/cm | 114 | 103 | 102 | 102 | 107 | >150 | >150 | >150 | >150 | >150 |
| 弹性恢复(1h, 4℃) | 58 | 70 | 72 | 78 | 80 | 45 | 55 | 62 | 62 | 65 |
| 黏度60℃/Pa·s | 192 | 298 | 431 | 20700 | | 101 | 163 | 235 | 331 | 351 |
| 135℃/(mm²/s) | 331 | 464 | 535 | 859 | 2254 | 997 | 1297 | 2374 | 4373 | 4158 |
| 韧性/N·m | 15.5 | 22.1 | 26.9 | 37.9 | 33.3 | | 17.7 | 29 | 30 | 26.6 |
| 韧度/N·m | 13.6 | 19.7 | 24 | 34.3 | 28.9 | | 15.6 | 26.2 | 27.1 | 23.4 |

表 3-62 为不同来源沥青改性后的力学性能。

**表 3-62　不同来源沥青改性后的力学性能**

| 沥青 | 聚合物 (浓度4%) | $T=60℃$, $\omega=1$ | | $T=25℃$, $\omega=1$ | | $G'_T$ | $G^*_T$ | $G_m/G_u$ |
|---|---|---|---|---|---|---|---|---|
| | | $G'$/Pa | $G^*$/Pa | $G'$/Pa | $G^*$/Pa | | | |
| MAR | | 0.01 | 75 | 1142 | 46344 | 11420 | 618 | |
| BS | | 1 | 94 | 15870 | 34500 | 15870 | 367 | |
| DPAC-5 | | 0.035 | 63 | 1466 | 26700 | 42890 | 427 | |
| MAR | SBS | 192 | 410 | 14850 | 69900 | 78 | 170 | 19200 |
| BS | SBS | 247 | 686 | 38590 | 72910 | 156 | 106 | 247 |
| DPAC-5 | SBS | 260 | 445 | 14850 | 57450 | 57 | 129 | 7429 |
| DPAC-5 | SBR | 94 | 326 | 14690 | 64590 | 156 | 198 | 2686 |
| MAR | SBR | 106 | 268 | 16540 | 48170 | 156 | 180 | 10600 |
| MAR | EVA | 6.4 | 161 | 4380 | 31500 | 685 | 196 | 640 |

注：$G'_T = G'(25℃)/G'(60℃)$，$G^*_T = G^*(25℃)/G^*(60℃)$，$G_m/G_u = G'(改性)/G'(未改性)$。

表 3-63 为 SBS 对表 3-57 中同一来源（来源3）不同牌号改性后的力学性能。

**表 3-63　SBS 对不同牌号 DPAC 沥青改性后的力学性能**

| 沥青 | SBS% | $T=60℃$, $\omega=1$ | | | $T=25℃$, $\omega=1$ | | $G'_T$ | $G^*_T$ | $G_m/G_u$ |
|---|---|---|---|---|---|---|---|---|---|
| | | $G'$/Pa | $G^*$/Pa | $\tan\delta$ | $G'$/Pa | $G^*$/Pa | | | |
| DPAC-5 | 0 | 0.035 | 63 | 1785 | 1466 | 26700 | 41890 | 424 | |
| DPAC-10 | 0 | 0.5 | 142 | 130 | 9768 | 75000 | 19536 | 528 | |
| DPAC-20 | 0 | 1.21 | 271 | 230 | 28280 | 266500 | 23370 | 983 | |
| DPAC-30 | 0 | 1.89 | 439 | 249 | 36240 | 555000 | 16175 | 1264 | |
| DPAC-40 | 0 | 7.9 | 568 | 72 | 69650 | 824000 | 8816 | 1451 | |
| DPAC-5 | 4 | 260 | 445 | 1.39 | 14850 | 57450 | 57 | 129 | 1.39 |
| DPAC-10 | 4 | 207 | 540 | 2.41 | 39340 | 152000 | 190 | 281 | 41 |
| DPAC-20 | 4 | 206 | 925 | 3.56 | 88580 | 41000 | 430 | 443 | 170 |

续表

| 沥青 | SBS% | $T=60℃$，$\omega=1$ | | | $T=25℃$，$\omega=1$ | | $G'_T$ | $G^*_T$ | $G_m/G_u$ |
| :---: | :---: | :---: | :---: | :---: | :---: | :---: | :---: | :---: | :---: |
| | | $G'/Pa$ | $G^*/Pa$ | $\tan\delta$ | $G'/Pa$ | $G^*/Pa$ | | | |
| DPAC-30 | 4 | 357 | 1417 | 3.84 | 1738000 | 893000 | 486 | 583 | 188 |
| DPAC-40 | 4 | 126 | 1312 | 10.40 | 138000 | 893000 | 1099 | 681 | 16 |

注：$G'_T=G'(25℃)/G'(60℃)$，$G^*_T=G^*(25℃)/G^*(60℃)$，$G_m/G_u=G'$（改性）$/G'$（未改性）。

从上述表中所有结果都说明，不同的沥青对不同聚合物改性剂的响应是不一致的。不论哪一种体系，当聚合物浓度达到一定临界值时才表现出明显的改性效果，而对不同的沥青 - 聚合物体系，这一临界值是不同的。对于表 3-57 中的三种不同来源的沥青，SBS、SBR 其相应的临界值见表 3-64。

**表 3-64　几种沥青的估计临界值**

| 沥青 | 聚合物 | 临界值/% |
| :---: | :---: | :---: |
| MAR | SBS | 2 |
| BS | SBS | >4 |
| DPAC-5 | SBS | 3 |
| DPAC-5 | SBR | 4 |

### 3.3.4　改性沥青的生产设备

改性沥青的生产设备主要是胶体磨以及高速涡轮搅拌机。

**1. 单阶式胶体磨**

这类胶体磨的工作原理是物料从轴的中心吸入，经过单阶的磨道，由于离心力的作用从周边甩出，改性沥青混合料在这一过程中间受到很强烈的剪切作用，橡胶类材料被剪切成极小的颗粒，均匀地分散在沥青中。这类单阶式胶体磨的主要工艺参数：进料粒度为 3~5mm，出料粒度为 0.02mm，电机功率为 110~130kW，转子转速为 1440~3000r/min，生产能力为 10~14t/h。

**2. 三阶式胶体磨**

这类胶体磨的工作原理也是物料从轴的中心吸入，在离心作用下由周边甩出，和单阶式胶体磨的差别在于胶体磨的磨道不是直通的，而是有 3 层台阶，物料在被甩出以前要经过 3 层不同高度的缝隙，因此剪切作用更强。三阶式胶体磨在我国许多地方的防水材料厂已广泛应用，截面结构如图 3-7 所示。

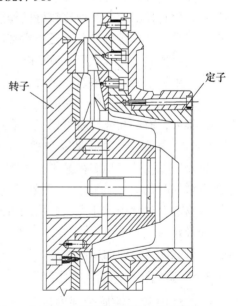

图 3-7　三阶式胶体磨的截面结构

**3. 高速涡轮搅拌机**

高速涡轮搅拌机是一种很有效的工业化生产的搅拌设备，如图 3-8 所示为其工作原理图，图3-9为其另一种类型。这类涡轮搅拌机的搅拌轴可以使用各种各样的组合，搅拌轴的转速一般可超过10000r/min，与桨叶式的搅拌轴相比，其效率更高、操作更为安全。

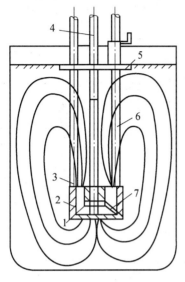

图3-8 涡轮（离心）搅拌机工作原理
1—底板；2—定子；3—轴承；4—主轴；
5—折流板；6—拉杆；7—转子

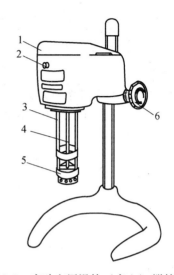

图3-9 实验室用涡轮（离心）搅拌机
1—直流电动机；2—指示灯；3—固定轴；
4—搅拌轴；5—封闭式搅拌头；6—升降旋钮

以上三种混合搅拌设备，是目前所流行的橡胶类改性沥青混合设备，没有这三种设备，要用直接混溶法制作比较好的橡胶类改性沥青是很困难的。如果没有这三类设备，一般可以在高速搅拌的情况下延长搅拌时间。要达橡胶充分分散的目的，橡胶在沥青中的分散一定需要将沥青加热至150℃以上，橡胶才有可能产生从溶胀到分散这一过程。

聚合物与沥青的混合时间因体系的不同而其差异很大，有的几分钟就可以了，有的则需要几个小时，最佳混合时间是以改性沥青的针久度、软化点、黏度达到稳定，又没有因为沥青氧化使黏度增加时的时间为佳。图3-10是沥青和SBS聚合物混合过程中软化点、黏度随时间的变化规律和最佳混合时间的示意图。对于不稳定的体系，改性沥青在使用以前要进行连续搅拌。

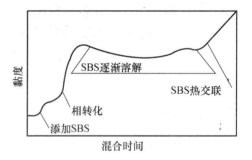

图3-10 沥青和SBS体系的最佳混合时间

### 3.3.5 聚合物改性沥青的生产工艺

改性沥青的性质受到内因和外因两个方面因素的影响：内因就是沥青的化学组成与结构、聚合物的化学组成与结构以及它们的配伍性和相容性，这些因素属于配方设计时应充分考虑的问题。影响改性沥青质量的外因就在于它的加工过程，包括聚合物的颗粒大小、混合温度和聚合物颗粒的剪切作用，这些因素均有待于生产工艺来解决。

改性剂与基质沥青的组成与性质的差别很大，沥青是石油中相对分子质量最大、化学组成最复杂的部分，而且又具有胶体结构的特性，而多数改性剂则是高相对分子质量聚合物，其分子结构随聚合物类型的不同有很大的差异，若要使这两类材料成为均匀的、稳定的可供工程实用的材料的确不是一件容易事。为此有关工程技术人员开发出了多种制备技术。由于不同的制备技术制备出的改性沥青的性质是有差异的，故应根据改性剂的种类（矿物填料、合成材料、添加剂）和形态（块料、粒料、粉料、胶乳）的不同，选用不同的制备方法，其主要制备工艺有直接投料法、混炼法、溶剂法、母料法、乳液法等多种。用合成材料对沥青改性的制备方法尤其复杂，特别是对于高分子聚合物的块料或粒料是很难直接在沥青中熔融分散的，故防水卷材主要是采用直接混溶法等工艺。

1. 直接投料法

采用矿物填料和添加剂对沥青进行改性，其制备方法较为简单，只要将改性材料直接投入并均匀分散到沥青中即可。其具体制备方法通常是将沥青加热到 $160 \sim 180℃$，在有机械搅拌的调合罐或专门的均化器中加热搅拌，达到均匀分散，就可以得到改性产品，加热温度切忌过高，搅拌时间不能过长，并应避免带入空气，以免沥青出现热氧化而影响使用性能，一些粉状合成材料也可以采用直接投料法来制备改性沥青。

2. 直接混溶法

直接混溶法是将块状聚合物用挤塑机或炼胶机使其经搓揉、撕拉、挤压、剪切和热的作用下成为黏流态，再与热沥青混合，在强力搅拌下达到均匀，制成改性沥青。粉状聚合物可采用喷射器直接喷入热沥青中，再强力搅拌均化。胶乳型聚合物也可以直接加入热沥青中，但要在加压釜中搅拌脱水均化，以防止因脱水发泡引起冒罐，而脱水则要增加能耗，因此最好是制备成改性沥青乳液。

直接混溶法使用的改性沥青设备主要有高速剪切式和胶体磨式两大类，目前我国主要采用胶体磨法。

采用高速剪切方式生产改性沥青在我国也不失为一个简单高效办法，其中最关键的设备高速剪切混炼机已有不同型号的国产产品可供选用，其他配套设备生产单位可以自行设计加工，这些设备一般都是立式的，属于单罐单批的间隙式生产方式，生产一罐所需的剪切搅拌时间一般不超过 $20 \sim 30min$。

比利时 PetroFine 石油集团开发生产的热塑性弹性体苯乙烯－丁二烯－苯乙烯嵌段共聚物 SBS 改性沥青其制备方法有两种方式：第一种方法是将预先称量的 SBS 弹性体直接加入到沥青搅拌机中拌合，工艺较简单，投资不大，但必须选用粉状 SBS 产品，而且其 SBS 的加入量不能超过 4%，这种方法使得改性的效果受到一定的限制；第二种方法是在工厂内制备改性沥青，在低剪切工序中，用一个简单的推进刮板搅拌沥青和 SBS 碎粒机，使之彻底分散，若采用的改性剂为粉状 SBS 则可缩短其搅拌时间，也可采用一个低剪切混炼器搅拌 3h，或用一个高剪切混炼器搅拌 1h，或者将低剪切混炼器和高剪切混炼器联用，其总分散时间则可以缩短至 1h。其混炼工艺示意流程如图 3-11 所示。

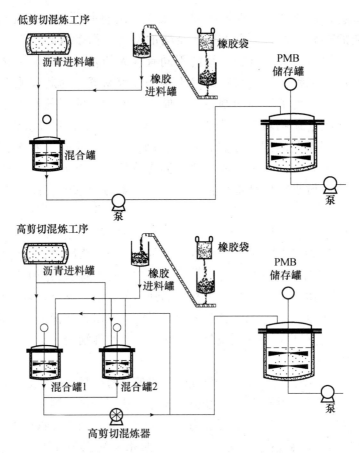

图 3-11　使用剪切混炼器生产改性沥青流程

　　由于聚合物分子量和化学结构的不同，与沥青的溶解速度差别很大，对于 SBS 等改性剂，不宜用螺旋叶片搅拌机生产改性沥青，而对于 APP（APAO，APO）这样容易被沥青溶解的树脂类聚合物，则可以采用螺旋叶片搅拌机搅拌的方法来生产改性沥青。

　　对于不宜使用螺旋搅拌法生产改性沥青的聚合物，则需要采用胶体磨将聚合物研磨成很细的颗粒以增加沥青与聚合物改性剂的接触面积从而促进沥青与聚合物的溶解，这种生产改性沥青的工艺可以在改性沥青生产厂生产改性沥青，也可以将设备运到施工现场边生产边施工（这种工艺特别适合于不能得到稳定性好的改性沥青的情况）。

　　用胶体磨法生产高聚物改性沥青的加工原理和工艺流程如图 3-12 所示。沥青经导热油加热后，经泵 $B_1$、阀门 $L_1$、流量计 S、阀门 $F_1$ 进入搅拌罐 A，从 A 的上方加入已经精确计量的改性剂，经过一定时间的混溶，打开阀门 $F_2$，使混合体系进入胶体磨 M 进行第一次研磨，然后经过阀门 $L_2$、$F_3$ 再次进入搅拌罐 A，再经过阀门 $F_4$ 进入 B 罐，经过 A-A、A-B、B-C 多次研磨，进入产品罐 C。对于 EVA 等较易分散的改性材料，也可以经过 A-C 一次流程，并且胶体磨的间隙可以根据需要进行调整。

　　图 3-12 的工艺流程示意图中，胶体磨是改性沥青设备的核心，它处于高温、高速运转的环境下，胶体磨的外层为夹套结构，设有循环保温体泵，同时起着减振和降低噪声的作用，胶体磨内部为带有一定数量齿槽的环状动盘和环状定盘磨刀，其间隙可以调整，物

料粒度的均匀性和胶溶效果由齿槽的深度、宽度及磨刀的数量、形成结构的特定工作区域来决定。随着动盘的高速旋转，改性剂受到强大的剪切和碰撞而不断分散，将颗粒磨细，与沥青形成混溶的稳定体系，达到均匀共混的目的。

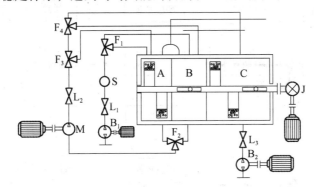

图 3-12　改性沥青加工流程示意图

M—胶体磨；A、B—搅拌罐；C—成品罐；$L_1$、$L_2$、$L_3$—两通阀门；

$F_1$、$F_2$、$F_3$、$F_4$—三通阀门；$B_1$、$B_2$—沥青泵；S—沥青流量计；J—减速器

采用高剪切混炼器法或胶体磨法生产改性沥青，一般都需要经过聚合物的溶胀、分散磨细、继续发育 3 个过程。每一个阶段的工艺流程和时间随改性剂、沥青以及加工设备的不同而异，聚合物经过溶胀后，其剪切分散效果才会更好，剪切分散好的改性沥青还需要储存一定时间使之继续发育，对不稳定的改性沥青体系，在发育过程中要继续搅拌。

对于热塑性橡胶可以采用直接混溶法，首先将橡胶切成小块，直接加入到熔融的沥青中，在机械和温度的作用下，橡胶发生溶胀，溶解作用形成均匀分散的体系，使沥青具有橡胶的某些特性，对于热塑性的丁苯橡胶、聚氨酸橡胶都可以采用直接混溶法工艺制造橡胶沥青防水涂料。采用这种工艺方法生产改性沥青防水涂料可加入较多数量的橡胶。再生橡胶沥青防水涂料也可以采用直接混溶法工艺，再生橡胶粉在熔融的沥青中，借助机械、温度和压力的作用，发生脱硫，产生溶胀和粘接，从而制得性能较好的再生橡胶沥青防水涂料。

以上两种工艺流程已广泛应用，橡胶类改性沥青的制造如没有胶体磨是比较困难的，需要在配方上给予一定的调整。

3. 溶剂法

SBS、SBR 改性材料都可以找到相近的溶剂将其事先溶解或溶胀，改性沥青在使用胶体磨之前，溶剂法的使用是十分广泛的。

采用溶剂法生产改性沥青，其设备简单、投资少，是小型生产改性沥青企业首选的工艺流程，以 SBR 改性沥青为例，其生产工艺流程如图 3-13 所示。

随着科技的发展，我国溶剂的生产已发生了很大的变化，现在选用能够和橡胶相容的溶剂已不是很困难了，对于普通橡胶具用良好溶胀作用的溶剂以石油馏分为主，这些溶剂可以在混合料制备过程中非常稳定，对沥青的低温柔性并没有造成不良的影响，具有良好的溶胀作用的溶剂和普通的橡胶碎片共同混合，降低了橡胶的内聚力，然后将这些混合物

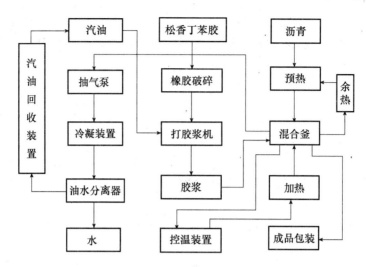

图 3-13　溶剂法橡胶沥青生产流程示意图

送入橡胶密炼机进行混合密炼，在密炼过程中加入沥青，以这种工艺可以制得浓度超过50%的橡胶改性沥青。不过，这一工艺方法已不完全是溶剂法工艺了。

4. 母料法

母料制作法是将浓度很高的改性沥青预先在工厂中制作好，运到施工现场稀释后方可使用的一类改性沥青生产工艺，在防水材料工业中很少采用。

5. 乳液法

此工艺主要用于制造改性沥青乳液。

### 3.3.6　自粘型卷材自粘层的制备

自粘型防水卷材是一类极具发展前景的新型防水卷材，其与常规型防水卷材的主要技术区别在于自粘层。

1. 自粘层各组分材料的选择

自粘层性能的好坏，关键在于其组成材料的选择，过去生产自粘卷材，其自粘层的制备往往是在常规型的 SBS 改性沥青防水卷材的涂盖材料配方的基础上添加松香等天然粘结剂而制成的，其自粘层的粘结性能则较差，因此我们在制备自粘层的材料时，应从分析自粘层的粘接机理入手，正确选择组分材料，合理设计配方，方可取得具有良好粘结、剥离、剪切性能的自粘层材料。

自粘型改性沥青防水卷材有无胎和有胎之分，无胎卷材和有胎卷材的自粘层（为方便论述，我们权且将此两者统称为自粘层）其基本组成包括基料、增塑剂、增韧剂、稀释剂、填料以及其他助剂等。

（1）基料的选择

基料又称粘料，是自粘层的主要成分，一般要求其具有良好的粘附性和润湿性，合理的粘结体系在受力破坏时，大多数应出现自粘层的内聚破坏，自粘层的粘接性能在很大程度上是取决于基料的粘接性能，而对基料粘接性能起主要影响的因素可归纳为下列几个方面。

①基料的极性（也可用内聚能密度的大小来表示）与表面能有密切的关系。基料的极性大，对于高表面能被粘物来讲，其粘接强度则越大，但对于低表面能被粘物而言，则往往相反。

②基料的聚合物分子量也是一个重要的参数。以直链聚合物为例，在粘接体系均为内聚破坏的情况下（即在粘接界面外断裂），其粘接强度随分子量的增大而升高，并逐渐趋于定值，若分子量增大到使自粘层的内聚力接近界面粘结力时，将会发生混合破坏（内聚破坏和界面破坏共存）即出现界面和界面处断裂。

③分子链中的单键和孤立双键对于提高分子链的柔性有好处，同时可使基料更易浸润被粘接物体，此有助于提高粘接强度，分子结构中的侧链越少，体积越小，间隔越大，则其粘接强度越大。

④聚合物经交联至一定程度后，才存在大分子链整体运动，而在此之前，在保障粘接体系呈充分浸润状态的情况下，通过交联提高自粘层内聚力是提高粘接强度的有效方法。

⑤基料的结晶性在粘结前后对粘结性能的影响是不同的，基料在粘结前结晶能使粘结性能下降而在粘结后其结晶则可使粘结强度上升。

自粘型聚合物改性沥青防水卷材的基料是基质沥青和改性剂，沥青是一类热塑性材料，有较强的温度敏感性，采用 SBS 作改性剂是目前改性沥青较为成功的一条技术途径。根据上述粘接机理，选用 SBS 为改性剂，配以一定量的增粘剂、增塑剂、填充剂等，可作为配制自粘层材料的一条技术线路。

1）基质沥青的选择

根据沥青的特性，随着沥青针入度的减小，体系的相容性降低，改性效果降低，且可影响自粘卷材的初粘性，故在制备自粘层时，应选用标号稍高一些的石油沥青，其耐热性则可通过改性剂得以改善，但也不宜太高，否则将增加改性剂的用量。

2）改性剂的选择

SBS 按其分子结构可分为线型结构和星型结构；按其充油与否可分为充油型和非充油型，生产 SBS 改性沥青防水卷材，应选择非充油型 SBS。考虑到自粘层对基质材料的润湿性、快粘性、初粘性、粘结强度均有较高要求的特性，应选择 $S/B$ 值较小、线型结构、分子量较小的 SBS 做主改性剂。但粘结强度往往与前三者是相互矛盾的，仅靠 SBS 则很难兼具。因此，还可选用一种非硫化粉末状聚合物作辅助性改性剂，该聚合物和 SBS 一样均可与沥青形成网络结构，同时在一定添加量的情况下较 SBS 还具有软化点高、针入度大以及延度大特点，通过主辅改性剂的合理搭配，则可使自粘层具有优异的粘附特性。

用作自粘沥青的 SBS 尚有如下特殊要求。

①新型 SBS 因其侧链既长且多，有时可导致分子间的纠缠，不利于分子内旋发生，使聚合物的柔性及粘结性降低，故不宜采用。

②宜选用熔融指数相对较大的 SBS，因其作基料，其粘结强度要好一些。

③苯乙烯含量低的 SBS 在相同工艺条件下粘结强度要大于苯乙烯含量高的 SBS。

④SBS 必须要经过特殊工艺加工处理，方能达到生产自粘卷材自粘层材料的要求。

此外，SBS 若和 SBR 混用，则可增加改性沥青的粘结性。在沥青中加入 SBS、SBR

后，两者在沥青中油质分子的作用下，先是彼此分开，进而相互粘结，最终可联结形成或分散均匀的网状结构，在此网状结构中，SBS、SBR同沥青牢固地结合在一起，大大降低了沥青材料的感温性。

（2）增塑剂的选择

应根据相似相容的原理来选择增塑剂，应选用环己烷油来溶解SBS，改善粘结材料的低温柔性，不能用芳烃油（如某些废导热油）来溶解SBS，因为其可损坏粘结材料的抗拉性能，降低其耐热度。

增塑剂的掺加量要合适，掺加量小，则不足以溶解SBS，掺加量大，则有析油现象，影响高温性能和粘结强度。

（3）增韧剂的选择

增韧剂要能和SBS网状体系进行适当的反应，适度提高SBS的交联度和粘结的内聚力，从而提高粘结强度，增韧剂的用量约占总质量的1%～2%。

2. 自粘改性沥青的共混工艺

根据聚合物共混理论，在通常的改性沥青体系中，沥青呈连续相，改性剂呈分散相，SBS、SBR分散相的状态是宏观分散，微观聚集。共混工艺的参数为：

温度：180～200℃。

时间：6～10h。

搅拌速率：60～120r/min。

搅拌形式：叶浆式强力搅拌。

共混工艺：将石油沥青装入熔化锅中，升温至180～200℃，将已称量的溶胀好的SBS改性剂加入到熔化锅中，在搅拌过程中应保温，待SBS改性剂完全熔化后，将混合料通过胶体磨抽入共混锅，再将增粘剂、防老剂、增塑剂、填充料等计量后，先后加入到共混锅中进行共混改性，改性完成后，降温至150～170℃，存入贮存罐中，自粘层材料共混体系在5h内仍能保持较好的状态，但仍应争取尽快使用完毕，若一旦出现体系交联（即黏度骤增）的情况，就无法生产出合格的自粘卷材，增韧剂一般在生产卷材前半小时投入即可。

## 3.4 改性沥青防水卷材的制造工艺

高聚物改性沥青与传统的氧化沥青相比，其使用温度区间扩展了50℃，采用其生产的防水卷材光洁柔软，高温不流淌，低温不脆裂，且可做成4～5mm厚，可以单层使用，具有20年可靠的防水效果。

### 3.4.1 改性沥青防水卷材的基本制造工艺

合成高分子聚合物改性沥青防水卷材的生产可分为两大部分，即改性沥青涂盖材料的制备和制毡（主生产线工艺）。

改性沥青涂盖料是将沥青加热至一定的温度后，加入SBS、APP、SBR、胶粉等改性剂，经高速搅拌、研磨，使改性剂得到熔胀并经机械破碎后分散于沥青中，再加入填充材料，搅拌均匀即可使用。其工艺流程为先将沥青和改性剂加入搅拌罐中进行搅拌，然后再进入胶体磨中进行循环研磨，之后将经过循环研磨后制成的改性沥青打入另一只搅拌罐，并放入填充材料进行搅拌，制备成改性沥青涂盖料，再送入涂油槽内备用。

制毡（主生产线）工艺的流程包括胎基的展开、接头、干燥、浸渍涂盖、撒砂或覆膜、冷却、卷取、包装等。

### 3.4.2　改性沥青防水卷材的原材料选用

改性沥青防水卷材涉及改性沥青、胎体材料、覆面材料和辅助材料，原材料的好坏是生产的重要保证，材料质量高低对产品质量好坏起着重要因素，因此必须着重于原材料的选用。

（1）沥青改性剂的选择

沥青改性剂有 SBS、APP、APO、APAO、SBR 等，现选择 SBS 和 APP 两种，SBS（苯乙烯—丁二烯—苯乙烯）合成橡胶为热熔性弹性体，易与橡胶共混，其耐热度可达 90～100℃，低温柔度可达 -15～-25℃，在低温情况下特别适合；在南方地区天气炎热，可选用 APP 作改性剂，可适应 100～130℃ 的高温。改性沥青以氧化沥青为主料，加入 SBS（APP）改性剂、助溶剂、填充料等可生产出合格产品。

（2）胎体材料

胎体决定改性沥青防水卷材的强度和延伸率，没有好的胎体是不可能生产出优质产品来的。目前使用的有聚酯胎、玻纤胎、聚乙烯胎、黄麻布胎、复合胎等，现生产中主要采用聚酯胎、玻纤胎和无纺布网格布复合胎三种，能够生产出不同档次的防水卷材，以满足市场的不同需求。

（3）覆面材料

覆面材料主要采用聚乙烯膜覆面，或一面聚乙烯膜，一面彩砂覆面。

### 3.4.3　高分子聚合物改性沥青防水卷材生产工艺规程

生产工艺规程是管理工作的核心，它对卷材的质量保证、体系建立、完善起着极为重要作用，是生产质量控制的重要方法，是卷材生产和操作的准则与纲领。生产工艺规程对提高生产水平、效率、安全生产有着重要的意义。工艺按以下规程执行。

1. 原材料质量控制规程

原材料质量控制指标，须按技术部门提供的规格、型号、性能、指标进行采购。

各原材料的入库，必须执行工厂入库规定，所购原材料必须有检验报告、合格证，原材料必须有质检部门检验合格负责人签字方可入库，出库使用必须有质检部门检验报告，不合格材料必须有明显标记，另行放置，杜绝使用。

2. 浸涂材料制备工艺规程

将沥青中的杂质去除，投入计量脱水罐，加热升温至规定的数值，保温 3～5h，待沥青油面发亮，无明显气泡即可使用。沥青脱水后，加入计量好的改性剂以及其他助剂，温度控制在规定的数值；保温搅拌 2h，取样检测。

滑石粉在使用前应保持干燥，检测合格后方可投入使用，改性沥青经检测合格后，称量加入滑石粉，温度控制在规定数值内，混合搅 2h，取样检测合格后，送至涂油槽使用，涂油送至涂油槽，使用过程中通过 6～8 目网过滤，并根据生产需要及时调整涂油流量。

沥青计量误差控制在 ±5kg，改性剂及助剂计量误差控制在 ±0.2kg。

### 3. 胎基放送工艺规程

胎基应经烘干器充分干燥后进入涂油槽，含水率不得大于 0.5%，胎基连接过程中，应认真操作，以免胎基折伤，搭接部位要牢固，防止在生产中断裂。

在生产过程中，应对胎基外观质量进行检查，发现胎基薄厚不均匀、起皱、粘结不牢，以及胎基出现含水率高等问题，必须及时调换。

### 4. 浸涂工艺规程

根据生产品种、规格、气温调整涂油槽的涂油温度、辊距、速度，涂油温度范围为 170~190℃，生产时温度波动幅度不得大于 10℃。

生产过程中根据卷材的质量及时调整辊距油温，确保卷材外观质量、卷材厚度，胎基应渗透，不应有浅色斑点。

生产结束后，应将辊表面的涂油清理干净，以保证下一次生产的正常运行。

### 5. 贴膜工艺规程

贴膜过程中，应保证薄膜粘结平整、牢固，不得出现漏贴现象，及时调整贴膜速度、张力，防止出现皱折现象。薄膜使用过程中，要认真观察，发现薄膜厚、薄不均匀，造成烫膜起皱，严重的应及时调换。

冷却水用泵送入冷却塔、冷却水槽，循环导流水温控制在 20℃以下，确保循环水冷却效果，满足生产要求。

### 6. 卷毡、包装工艺规程

卷毡时应严格按照品种、规格，计量成卷，长度计量误差应控制在 ±0.1m。

包装时应将批号、生产日期、型号、等级打印清楚，不合格的包装不使用，型号不同的包装不混用。

按标准要求，严格检查卷材外观质量，不得有大于 1cm 的疙瘩、裂纹、孔洞、未浸透品、斑点，否则按不合格产品处理。

### 7. 搬运入库工艺规程

入库前应由质检员抽样检测，未检测产品不得入库。搬运入库时，应保证包装不损坏，各品种型号卷材分类明确，堆放整齐，不得横放、挤压。

### 8. 检验规则判定

检验结果符合各项指标时，应判该批材料为合格品，若有一项指标不符合要求，允许加倍取样，单项复检，达到要求时，材料亦为合格品，复检仍不合格，该批材料不合格。

成品检验按出厂检验标准进行，成品持有厂内质检部门检验合格证，才可出厂。

## 3.5 改性沥青卷材生产线

我国从 20 世纪 80 年代逐步引进了十几条改性沥青防水卷材生产线，通过多年来的消化吸收，现已完全掌握了这些技术，并自己设计开发了多条性能比较完备的多功能改性沥青防水卷材生产线。

### 3.5.1 改性沥青防水卷材生产设备的基本要求

APP、SBS 改性沥青防水卷材，自粘聚合物改性沥青聚酯胎防水卷材生产线的设备年生产能力新上设备应不低于 1000 万平方米（按 250 天/年，两班制 16h 生产，产品厚度 3.0mm 计算）；沥青复合胎柔性防水卷材生产线的设备年生产能力新上设备应不低于 1000 万平方米（按 250 天/年，两班制 16h 生产，产品厚度 3.0mm 计算）；自粘橡胶沥青防水卷材生产线的设备年生产能力新上设备不应低于 300 万平方米（按 250 天/年，两班制 16h 生产，产品厚度 1.5mm 计算）；改性沥青聚乙烯胎防水卷材生产线的设备年生产能力新上设备应不低于 500 万平方米（按 250 天/年，两班制 16 小时生产，产品厚度 3.0mm 计算）。

国家质量监督检验检疫总局于 2013 年 4 月 26 日公布 2013 年 5 月 1 日实施的《建筑防水卷材产品生产许可证实施细则》（X）XK08—005 对聚合物改性沥青防水卷材必备生产设备提出的要求见表 3-65；《防水卷材生产企业质量管理规程》JC/T 1072—2008 建材行业标准对聚合物改性沥青防水卷材生产设备提出的基本要求见表 3-66。

表 3-65　聚合物改性沥青防水卷材必备生产设备

| 产品单元 | 设备名称 | 规格要求 | |
| --- | --- | --- | --- |
| | | 既有企业 | 新建企业 |
| 胶粉改性沥青类 | 密闭式沥莆储罐 | 有效容积≥500m³ | 有效容积≥1000m³ |
| | 原材料储存装置和输送管道（液体、粉料） | 密闭 | 密闭 |
| | 密闭式保温配料罐 | 有效总容积≥35m³，不少于 4 台，具有计重功能的装置 | 总有效容积≥80m³；具有计重功能的搅拌装置不少于 4 台 |
| | 沥青计量设备 | 计置罐或流量计或电子秤，精度 ≤1.5% | 计量罐或流番计或电子秤，精度 小≤1.5% |
| | 导热油炉 | ≥100 万大卡（1.2MW） | ≥150 万大卡（1.75MW） |
| | 浸油池（槽） | 浸油池（槽）密闭 | 浸油池（槽）密闭 |
| | 涂油池（槽） | 涂油池（槽）密闭 | 涂油池（槽）密闭 |
| | 卷材厚度控制装置 | | |
| | 胎基展卷机 | | |
| | 胎基烘干机 | | |
| | 撒砂机及供砂装置或覆膜装置 | | |
| | 牵引压实机组 | | |
| | 水槽式或辊筒式冷却机 | | |
| | 成品停留机 | | |
| | 调偏装置 | | |
| | 卷毡机 | | |
| | 烟气、粉尘分离装置 | | |
| | 生产能力（车速） | ≥21m²/min | ≥42m²/min |

续表

| 产品单元 | 设备名称 | 规格要求 | |
|---|---|---|---|
| | | 既有企业 | 新建企业 |
| 改性沥青类 | 密闭式沥青储存罐 | 有效容积≥500m³ | 有效容积≥1000m³ |
| | 原材料储存装置和输送管道（液体、粉料） | 密闭 | 密闭 |
| | 密闭式保温配料罐 | 有效总容积≥35 m³，不少于4台，具有计重功能的装置 | 总有效容积≥80m³；具有计重功能的搅拌装置不少于4台 |
| | 胶体磨 | 总能力≥20m³ | 总能力≥40m³ |
| | 沥青计量设备 | 计量罐或流量计或电子秤，精度 ≤1.5% | 计量罐或流量计或电子秤，精度≤1.5% |
| | 导热油炉 | ≥100 万大卡（1.2MW） | ≥150 万大卡（1.75MW） |
| | 浸油池（槽） | 浸油池（槽）密闭 | 浸油池（槽）密闭 |
| | 涂油池（槽） | 涂油池（槽）密闭 | 涂油池（槽）密闭 |
| | 卷材厚度控制装置 | | |
| | 胎基展卷机 | | |
| | 胎基搭接机 | | |
| | 胎基停留机 | | |
| | 胎基烘干机 | | |
| | 撒砂机及供砂装置或覆膜装置 | | |
| | 牵引压实机组 | | |
| | 水槽式或辊筒式冷却机 | | |
| | 成品停留机 | | |
| | 调偏装置 | | |
| | 卷毡机 | | |
| | 烟气、粉尘分离装置 | | |
| | 生产能力（车速） | ≥21m²/min | ≥42m²/min |
| 自粘沥青类 | 密闭式沥青储存罐（有胎型） | 有效容积≥500m³ | 有效容积≥1000 m³ |
| | 成型线厚度自控仪 | 不少于2台 | 不少于2台 |
| | 原材料储存装置和输送管道（液体、粉料） | 密闭 | 密闭 |
| | 密闭式保温配料罐 | 有效总容积≥35m³，不少于4台，具有计重功能的装置 | 总有效容积≥80m³；具有计重功能的拢拌装置不少于4台 |
| | 胶体磨 | 总能力≥20m³ | 总能力≥40m³ |

续表

| 产品单元 | 设备名称 | | 规格要求 | |
|---|---|---|---|---|
| | | | 既有企业 | 新建企业 |
| 自粘沥青类 | 沥青计量设备 | | 计量雄或流量计或电子秤，精度 ≤1.5% | 计量罐或流量计或电子秤，精度 ≤1.5% |
| | 导热油炉 | | ≥100 万大卡（1.2MW） | ≥150 万大卡（1.75MW） |
| | 有胎型 | 胎基展卷机 | | |
| | | 胎基搭接机 | | |
| | | 胎基停留机 | | |
| | | 胎基烘干机 | | |
| | | 浸油池（槽） | 密闭 | 密闭 |
| | 涂油池（槽） | | 涂油池（槽）密闭 | 涂油池（槽）密闭 |
| | 卷材厚度控制装置 | | | |
| | 撒砂机及供砂装置或覆膜装置 | | | |
| | 牵引压实机组 | | | |
| | 水槽式或辊筒式冷却机 | | | |
| | 成品停留机 | | | |
| | 调偏装置 | | | |
| | 卷毡机 | | | |
| | 烟气、粉尘分离装置 | | | |
| | 生产能力（车速） | | ≥21m²/min | ≥42m²/min |
| 改性沥青聚乙烯胎类 | 密闭式沥青储罐 | | 有效容积≥500m³ | 有效容积≥1000m³ |
| | 原材料储存装置和输送管道（液体、粉料） | | 密闭 | 密闭 |
| | 密闭式保温配料罐 | | 有效总容积≥35m³，不少于 4 台，具有计重功能的装置 | 总有效容积≥80m³；具有计重功能的搅拌装置不少于 4 台 |
| | O、M 类产品 | 沥青氧化塔或釜 | 年生产能力≥2 万吨 | 年生产能力≥4 万吨 |
| | P 类产品 | 胶体磨 * | 总能力≥20m³ | 总能力≥40m³ |
| | 导热油炉 | | ≥100 万大卡（1.2MW） | ≥150 万大卡（1.75MW） |
| | 沥青计量设备 | | 计量罐或流量计或电子秤，精度 ≤1.5% | 计量罐或流量计或电子秤，精度 ≤1.5% |
| | 胎基展卷机 | | | |
| | 胎基搭接机 | | | |
| | 浇注装置 | | 密闭 | 密闭 |

续表

| 产品单元 | 设备名称 | 规格要求 | |
|---|---|---|---|
| | | 既有企业 | 新建企业 |
| 改性沥青聚乙烯胎类 | 卷材厚度控制装置 | | |
| | 冷却装置 | | |
| | 成品停留机 | | |
| | 调偏装置 | | |
| | 卷毡机 | | |
| | 烟气、粉尘分离装置 | | |
| | 生产能力（车速） | ≥21m²/min | ≥42m²/min |

注：生产能力（车速）以产品标准规定的最小厚度产品连续生产1h，生产出的产品数量核查。

**表3-66 聚合物改性沥青防水卷材生产设备基本要求**（JC/T 1072—2008）

| 序号 | 类别 | 设备项目名称 | 规格要求 | 备注 |
|---|---|---|---|---|
| 1 | APP、SBS改性沥青防水卷材自粘聚合物改性沥青聚酯胎防水卷材道桥用改性沥青防水卷材 | 密闭式沥青储存罐 | 有效容积≥500m³ | 其他配套设备包括：展卷机、胎基搭接机、胎基停留机、胎基烘干机、卷材厚度控制装置、撒砂机、供砂装置、覆膜装置、牵引压实机组、水槽式或辊筒式冷却机、张力反馈装置、成品停留机、自动调偏机、自动卷毡机 |
| | | 保温配料罐 | 有效容积≥8m³ 不少于4台或≥10m³的不少于3台，总容积≥30m³ | |
| | | 胶体磨 | 标准配备≥20m³/h | |
| | | 沥青计量设备 | 计量罐、流量计或电子秤，精度≤50‰ | |
| | | 导热油炉 | 标准配备≥1200kW | |
| | | 浸油池（槽） | 应能浸透胎基（250g厚聚酯胎） | |
| | | 涂油池（槽） | 应能控制胎体上下涂盖层厚度 | |
| | | 其他配套设备* | 满足生产线自动连续生产要求 | |
| | | 生产线车速 | ≥21m/min | |
| 2 | 沥青复合胎柔性防水卷材 | 密闭式沥青储存罐 | 有效容积≥500m³ | |
| | | 保温配料罐 | 有效容积≥8m³ 不少于4台，总容积≥30m³ | |
| | | 沥青计量设备 | 计量罐、流量计或电子秤，精度≤50‰ | |
| | | 导热油炉 | 标准配备≥1200kW | |
| | | 浸油池（槽） | 应能浸透胎基 | |
| | | 涂油池（槽） | 应能控制胎体上下涂盖层厚度 | |
| | | 其他配套设备 | 同1 | |
| | | 生产线车速 | ≥21m/min | |

续表

| 序号 | 类别 | 设备项目名称 | 规格要求 | 备注 |
|------|------|-------------|----------|------|
| 3 | 自粘橡胶沥青防水卷材 | 密闭式沥青储存罐 | 有效容积≥200m³ | 其他配套设备包括：展卷机、胎基搭接机、胎基停留机、胎基烘干机、卷材厚度控制装置、覆膜装置、牵引压实机组、水槽式或辊筒式冷却机、张力反馈装置、成品停留机、自动调偏机、自动卷毡机 |
| | | 保温配料罐 | 有效容积≥4m³ 的不少于 4 台，总容积≥16m³ | |
| | | 胶体磨 * | 标准配备≥20m³/h | |
| | | 沥青计量设备 | 同 1 | |
| | | 导热油炉 | 标准配备≥1000kW | |
| | | 成型设备 | 对辊成型或涂覆成型 | |
| | | 成型线厚度自控仪 | 不少于 2 台 | |
| | | 其他配套设备 | 满足生产线自动连续生产要求 | |
| | | 生产线车速 | ≥12.5m/min | |
| | | 沥青脱水熔化罐 | 50m³ 不少于 2 台 | |
| 4 | 改性沥青聚乙烯胎防水卷材 | 密闭式沥青储存罐 | 有效容积≥500m³ | 生产 P 类产品应配备胶体磨，其他配套设备包括：浮动床、自动切割机、自动卷毡机、撒料装置、水冷装置、浇注装置等 |
| | | 配料罐 | 有效容积≥10m³ 不少于 3 台 | |
| | | 沥青氧化塔或釜 | 年生产能力≥2 万吨 | |
| | | 胶体磨 * | 标准配备≥20m³/h | |
| | | 导热油炉 | 标准配备≥1200kW | |
| | | 沥青计量设备 | 计量罐、流量计或电子秤，精度≥5‰ | |
| | | 其他配套设备 * | 满足生产线自动连续生产要求 | 沥青氧化塔或釜，仅针对氧化沥青产品 |
| | | 生产线车速 | 21m/min | |

* 应在相关工序配备相应除尘、除烟等环境保护装置。

### 3.5.2　改性沥青防水卷材生产设备的技术要求

#### 1. 一般要求

改性沥青防水卷材成套生产设备应符合相关标准提出的要求，并按照规定程序批准的技术文件进行制造。

成套设备的传动系统其外露旋转部分应加设安全防护装置，非加工面涂漆焊接件、成套设备及配件等均应符合相关标准的规定，统一制造厂生产的相同型号的产品，其零部件应具有互换性，螺栓孔应准确钻制，并应清除孔边的毛刺，铆钉孔亦应准确冲制或钻制，并应清除孔边的毛刺。

设备的电路系统应走向分明，连接牢固，绝缘可靠，其电线的颜色应有区别；电气控制设备应符合 GB/T 3797《电气控制设备》标准的规定，箱内元件应排列有序，壳体必须有可靠的接地或接零措施，电网输入电压的波动范围在±5%的条件下，成套设备应能正常运转，气动和液压系统应布管整齐，走向分明，连接可靠。

运动部件的润滑点，应使用规定的润滑剂润滑，产品出厂前，润滑点应加满润滑剂；成套设备的配套机械装置工作效能不得低于主机的生产能力；设备的布置应合理，使用维修方便，便于清理；机架浸油池、涂油池、搅拌罐体等的对接处应采用连续焊接工艺，其最小的焊缝厚度不应小于被焊件的壁厚；浸油池、涂油池等池体外壁应焊制导热油保温盘管；烘干机体内应通导热油供热；焊制成型后的辊应进行退火处理，辊在粗加工后应整体找平衡。

成套设备的传动轴等的配合尺寸公差应达到《公差与配合　总论　标准公基本偏差》GB 1800 标准中基轴制 7 级精度（h7）；形位公差应符合《形状和位置公差　未注公差的规定》GB/T 1184 标准中 6 级精度；表面粗糙度、精度等级等应达到《产品几何技术规范（GPS）技术产品文件中表面结构的表示法》GB 131 标准中 $\overset{3.2}{\nabla}$ 的要求。

成套设备用电气仪表应符合《电气设备安全设计导则》GB 4064 标准中的规定；应根据工艺要求选用空气压缩机和配套气动元件；成套设备所采用的阀门、管线、保温等零部件的质量应符合相关标准的规定；低压控制柜应符合《低压成套开关设备和控制设备》GB 7251 标准的规定。

2. 性能要求

改性沥青防水卷材生产工艺流程符合图 3-14 提出的要求。

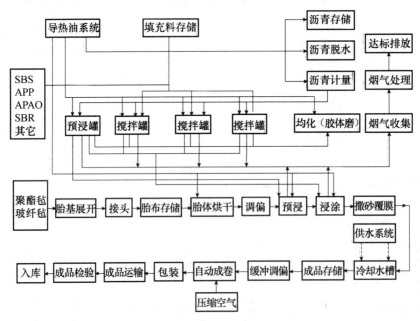

图 3-14　改性沥青防水卷材的生产工艺流程

改性沥青防水卷材成型系统设备的技术性能要求见表 3-67；改性沥青防水卷材原材料储存装置、涂盖料制备系统设备的技术性能要求见表 3-68；改性沥青防水卷材生产线环保系统设备的技术性能要求见表 3-69。

表 3-67　改性沥青防水卷材成型系统设备的技术性能要求

| 序号 | 设备名称 | 技术性能要求 |
|---|---|---|
| 1 | 胎基展卷机 | 应具备机动上胎基、调偏和张力调节等功能 |
| 2 | 胎基接头机 | 应包括胎基热压接头、胎基制动和导向辊组等装置 |
| 3 | 胎基停留机 | 胎基储量不应少于 80m；<br>活动辊组框架在导向装置引导下，应始终处于水平状态，并可自动升降 |
| 4 | 胎基烘干机 | 应由导热油供热，温度应可调节，烘干应满足要求 |
| 5 | 预浸机组 | 预浸池夹套内应通导热油保温；<br>预浸辊应具备升降装置；<br>挤干压辊组采用气动加压，压力应可调节 |
| 6 | 涂盖机组 | 涂盖池夹套内应通导热油保温；<br>定厚辊组应可调节；<br>卷材厚度应可显示，<br>胎基上下涂盖料厚度应可调节 |
| 7 | 撒砂系统 | 撒砂系统应配备上砂和回砂机组，撒砂量可调节。砂仓内应安装料位显示仪 |
| 8 | 覆膜装置 | 覆膜装置应具备调偏对中和张力调节功能 |
| 9 | 压纹机 | 宜配备卷材上、下压纹机，压力应可调节 |
| 10 | 张力自动调节装置 | 应配备浮动辊组和测速电机发讯，由可编程控制器（PLC）控制和调节前后的变频调速系统的速度，使卷材前后张力保持一致 |
| 11 | 冷却系统 | 宜采用循环水方式冷却，冷却效果应达到工艺要求 |
| 12 | 成品停留机 | 卷材储量应不小于 60m；<br>活动辊组框架在卷毡机牵引下应可自由升降；<br>卷材张力应可调节 |
| 13 | 缓冲装置 | 缓冲装置应采用光电开关，由可编程控制器（PlC）控制 |
| 14 | 交流变频调速系统 | 交流变频调速系统的多机同步无级调速范围应为 0～45m/min |
| 15 | 自动卷毡机 | 应由编程控制器（PLC）控制卷杠的自动定位、卷取、卷材计长、切断，并自动实现胶条包装、退毡等工序；<br>每卷 10m 的卷材收卷能力不应低于 4.5 卷/min |

表 3-68　改性沥青防水卷材原材料储存装置、涂盖料制备系统设备的技术性能要求

| 序号 | 设备名称 | 技术性能要求 |
|---|---|---|
| 1 | 原材料储存装置 | 原材料储存系统包括沥青、改性剂、填充料等储存装置。<br>沥青储罐应符合《钢制立式圆筒形固定储罐系列》HG 21502.1 的规定，总容积不应小于 1000m³。<br>填充料宜罐装，罐内应配置导热油升温盘管等装置，采用管道输送。<br>改性剂宜采用螺旋输送或袋装 |

| 序号 | 设备名称 | | 技术性能要求 |
|---|---|---|---|
| 2 | 涂盖料制备系统 | 总要求 | 涂盖料制备系统的配套设备总功率不应低于370kW。<br>涂盖料制备应设置预浸料搅拌罐。<br>涂盖料制备应设置计量装置，准确计量 |
| | | 改性沥青搅拌罐 | 罐总容积不应小于80m³。<br>电机功率应满足搅拌要求。<br>搅拌轴宜为螺旋式或桨式 |
| | | 胶体磨 | 规格：不应小于20m³/h、132kW。<br>数量不应少于2台 |
| | | 沥青泵 | 流量不应小于20m³/h。<br>数量不应少于3台 |
| | | 改性材料上料系统 | 不应少于1套 |
| | | 导热油炉 | 规格：不应小于1800kW。<br>数量不应少于1台 |
| | | 冷却水循环系统 | 冷却水循环系统可采用冷却水池、冷却塔或制冷机，制冷效果应符合工艺要求。<br>流量为60m³/h、扬程为30m以上的冷却水泵不应少于2台。<br>冷却水循环水池的有效容积不应小于240m³ |

**表3-69　改性沥青防水卷材生产线环保系统设备的技术性能要求**

| 序号 | 设备名称 | | 技术性能要求 |
|---|---|---|---|
| 1 | 除尘 | | 应符合《生产性粉尘作业危害程度分级》GB 5817的规定。<br>粉尘扬尘点收尘方式宜采用以纤维织物作滤料的袋式除尘器 |
| 2 | 油烟回收 | 油烟的排放 | 应符合《大气污染物综合排放标准》GB 16297的规定 |
| | | 油烟回收方式 | 根据生产设备工艺和现场安装条件，在浸涂装置上方应安装吸烟罩吸收烟气，制作加工方式均采用封闭式结构，可利用负压吸抽的方式，采用直接对接法与总收集管分别对接相连接，在对接处均设有灵活可靠的调节装置，在烟气处理过程中根据现场实际操作情况，应分别收集处理，通过总管输送至处理设备中进行净化处理，抽吸量不应小于烟气量 |
| | | 油烟处理方式 | 采用粉尘收集，冷凝吸附及活性炭过滤装置、引风机、排放烟囱等设备；<br>采用高压静电除尘装置 |

3. 改性沥青防水卷材生产线的标志、包装、运输及贮存

（1）应在主机明显位置处固定产品标牌，产品标牌的基本内容包括：

①制造厂名。

②产品名称。

③商标。

④产品型号或标记。

⑤制造日期及生产批号。

⑥产品主要参数。

（2）成套设备的包装应符合《建筑机械与设备　包装通用技术要求》JG/T 5012 的规定。

（3）成套设备的随机技术文件。

①产品合格证。

②产品使用说明书。

③易损件清单。

④装箱单。

⑤随机备附件清单。

⑥安装图。

⑦主要配套件技术文件。

（4）贮存。

①电器中的元部件、电子元件等应有防潮、防碰撞等措施。

②气动、液动元部件在出厂前应有采取防锈措施。

③成套设备存放露天场地时，应有防雨、防潮等措施。存放在仓库时，室内应保持通风、干燥。

④拆下的零部件、外购件应有防水、防腐、防磕碰等措施。防锈有效期自发货日起不应少于一年。

4. 改性沥青防水卷材生产线工程设计的要点

（1）规模：弹性体（SBS）改性沥青防水卷材和塑性体（APP）改性沥青防水卷材均为年产 1000 万平方米以上，车速不小于 42m/min。

按两班 16h 生产、产品厚度 3mm、年生产 250d 计。

（2）按选定的厂区位置、面积和周围环境、自然条件规划设计，本着节约用地的原则合理布置，满足交通运输和消防的需要。

（3）供电：因生产规模、产品种类的不同，总装机容量不小于 560kVA。

（4）供水：应配备冷却水循环系统，气候炎热地区宜配置冷冻水系统，并与冷却水循环系统可相互切换。

（5）厂房：成型生产线厂房总面积不宜小于 900m²，净高不低于 7.5m。辅助生产设备厂房总面积不宜小于 450m²，净高不低于 7m。

（6）工艺设计：工艺布置要使流程合理顺畅，工艺管线的布置要简洁合理。所有的沥青管线都要有导热油夹套管加热保温。导热油管线要清晰，各系统便于单独控制。导热油系统管线阀门的设计要符合要求，要能够满足高温热载体的工作要求和正常的使用寿命。要有基本的换热计算，以保证正常生产的热量需要，必要时设置专用的热交换器。

（7）环保设计。设计中要尽量减少扬尘点和沥青烟气排放点，要有专门的除尘系统和沥青烟气处理系统，排放应符合《生产性粉尘作业危害程度分级》GB 5817 和《大气污染物综合排放标准》GB 16297 的规定。

（8）导热油炉排出的烟气应符合《锅炉大气污染物排放标准》GB 13271 的规定。

（9）职业安全卫生应符合《生产过程安全卫生要求总则》GB 12801 的规定。

（10）风机、沥青泵、空压机等应符合《工业企业噪声控制标准》GBJ 87 的规定。

（11）沥青储罐、导热油炉烟囱等较高构筑物要符合《建筑物防雷设计规范》GB 50057 的规定，并配置避雷针等防雷装置。

（12）厂区的消防设计应符合《建筑设计防火规范》CBJ 16 的规定，并配置灭火器材。

（13）节能设计：沥青储罐、搅拌罐、浸涂池、沥青浸料输送泵、管道和阀门等，必须用导热油升温、保温。不得用明火烧烤的方法为用热设备和管道等升温、保温。所有用热设备和管线在通过热试后要做外保温。鼓励选用沥青节能储罐等高效节能设备，厂区和车间照明一定要选用节能灯。

### 3.5.3　年产 1000 万平方米高聚物改性沥青防水卷材生产线

本生产线由苏州非金属矿工业设计研究院防水材料设计研究所凭借自己在建筑防水领域内的技术优势，经过科研人员多年努力开发而成的。已帮助全国各地建成了多条生产线，其优良性能得到了用户的一致好评。

1. 生产规模

通过该卷材生产线及有关配套设施的建设形成年产玻纤毡或聚酯毡为胎体材料，SBS、APP 高聚物改性沥青为浸涂材料的不同品种、不同规格的防水卷材 500 万平方米。

其 1000 万平方米改性沥青防水卷材以开工天数 250d，二班制计算。

本项目工程可生产多品种、多规格的防水卷材。

2. 执行标准

本项目产品均执行国家发布的 GB 18242—2008《弹性体改性沥青防水卷材》、GB 18243—2008《塑性体改性沥青防水卷材》国家标准。

以主导产品 25 号、35 号、45 号 SBS 改性沥青纤为例，其物理性能见表 3-2、表 3-4 的要求。

其外观应符合以下规定：

（1）成卷卷材应卷紧卷齐，端面时进出外出不得超过 10mm。

（2）成卷卷材在环境温度为柔度规定的温度以内时应易于展开，不应有距卷芯1000mm 外长度在 10mm 以上的裂纹和破坏表面 10mm 以上的粘结。

（3）胎基必须浸透，不应有未被浸渍的浅色斑色。

（4）卷材表面必须平整，不允许有孔洞、缺边和裂口。撒布材料的颜色和粒度应均匀一致，并紧密地粘附于卷材表面。

（5）每卷卷材的接头处不应超过 1 个，较短的一般不应少于 2500mm，接头处应剪切整齐，并加长 150mm。

3. 工艺设计

（1）SBS 改性沥青工艺：该工艺路线目前主要分为溶剂法与热融共混法两种。

溶剂法是将改性剂（SBS）先溶解于溶剂油中后与沥青混合制成改性沥青。其优点是改性剂在溶剂中溶解好；对机械设备的要求小，设备投资小。其缺点是溶剂易挥发，且产品质量难以保证，成本较高。

热融共混法是将沥青加热至一定温度，改性剂 SBS 直接加沥青中，在强烈的机械剪切下，SBS 在沥青中溶解成为均匀的共混体系，经胎体磨反复研磨得到改性沥青。其优点是产品质量稳定，产品成本较低。缺点是对机械设备要求较高。近几年来，我们国家引进设备消化吸收，尤其是关键设备胶体磨，国内制造厂已能生产且效果良好，故我们采用热融共混法工艺。

（2）APP 改性沥青工艺。

APP 改性沥青是将 APP 直接加入一定温度的热沥青中，通过搅拌，再加入适量的 IPP 即能得到所需的 APP 改性沥青。

（3）生产方法与工艺流程。

①改性沥青的制备。

沥青用泵送入改性搅拌罐，温度升至 185℃ 左右时，将改性材料加入搅拌罐进行充分混合一定时间后，通过胶体磨研磨与搅拌罐进行循环，待改性材料与沥青充分混合后，加入一定量的填充料（滑石粉），充分搅拌从而制得合格的改性沥青。

②SBS、APP 改性沥青防水卷材生产方法。

从胎体展开至成品是在一条连续的新型的卷材生产线上，胎体展开后经浸渍池、涂油槽、撒砂、覆膜、压花、冷却、储存、缓冲、卷毡、包装直至成品入库。

③改性沥青卷材生产线工艺流程如图 3-15 所示；改性沥青制备工艺流程如图 3-16 所示。

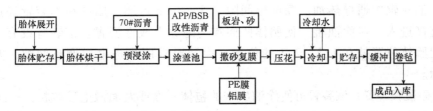

图 3-15　改性沥青卷材生产线工艺流程图

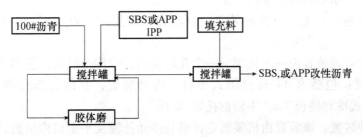

图 3-16　改性沥青制备工艺流程图

4. 生产线主要设备及说明

（1）防水卷材生产线

这是一条消化吸收国外先进技术的改性卷材生产线，靠单边操作，操作控制设计在生产线的中部，设计最高线速度为 45m/min 无级可调。该生产线根据成熟的工艺及工艺参数进行设计，并吸收了国内外卷材行业的先进技术和成熟经验，采用了导热油保温，温度参数采用数显仪表及现场显示结合。全线采用单机传动，通过多台变频器，实行无级同步调速。

（2）卷材生产线流程

胎体展开装置→浸油装置→涂油池→撒砂覆膜装置→压花→冷却装置→储存缓冲装置→卷毡装置。

（3）生产线单机简述

①胎体展开装置：供胎体定位及展开用，主要由机架与辊筒组成。胎体可做轴向移动，以防止跑偏，有阻尼机构，胎体上架用气动装置，双功位。

②胎体贮存装置：是供胎体拼接、贮存架上释放、贮存，从而使生产线连续生产的装置，其由机架、固定辊筒与移动辊筒架组成，配有配重箱，机架上有牵引电动，并配超越离合器，以防止胎体突然断裂移动辊筒架快速下移，造成生产事故。

③胎体烘干装置：由 2 个直径为 800mm 采用导热油加热的辊筒组成，其成 S 型布置，辊筒由电机驱动，该装置不仅能烘干胎体，还能起牵引胎体的作用。

④浸油装置：由浸油槽、浸油对辊、二套升降辊、传动装置等组成，槽体采用导热油进行保温，浸油对辊中通入导热油，胎体在此装置经过浸油升降辊，在浸油中一面排除胎体中的水分，一面使胎体充分地浸渍，在经过浸油对辊时，把胎体所吸收的多余浸油挤压出来，然后进入涂油装置。

⑤涂盖装置：由涂油槽、涂油对辊、升降辊、传动装置等组成。槽体采用导热油保温，涂油对辊中通导热油。涂油辊间隙 1.5～5mm 可调。胎体在本装置经过涂油升降辊后直接进入一对涂油辊，使胎体两面均匀地涂上改性沥青。该装置设有二次涂油机构，使胎体位置处在 1/3、2/3 的位置。涂油对辊用步进电机调整间隙，并在操作台上显示。

⑥撒砂覆膜装置：该装置可使涂油出来的毡体一面或两面撒上砂粒料，一面覆上 PE 膜，砂料由斗式提升机送至上、下储料箱，然后通过分配辊，由调节闸板使其均匀适量地撒于胎体表面，多余砂料可自动回收。

该装置主要包括：上、下撒砂装置，自动回砂装置，一对"S"形冷却辊，覆膜装置等。

⑦压花装置：该装置由一个光辊、一个花辊组成，带传动机构，使 PE 膜产生压花纹。

⑧冷却装置：包括有 17 只封闭式冷缸，传动装置，并附有操作平台，冷缸直径 $\phi$800mm。悬浮式冷却槽长 7m，不锈钢托辊 20 根。

⑨贮存缓冲装置：该装置由机架固定托辊与浮动托辊及平衡机构组成。卷材经冷却机冷却后送入该装置，一面继续在空气中冷却，一面保持一定的贮存，以便卷毡机工作时快速送毡，浮动架靠平衡机构保持自动浮动。

⑩卷毡装置：卷长进入该装置，自动计长、卷取、切割、自动脱毡送入下一工序，该装置用一台小型空压机，并用 PC 机控制。

⑪电气及仪表：包括变频器及电气控制操作柜等，温度显示采用数显仪表集中显示及现场显示相结合。

5. 主要配套系统

（1）简述：配套系统是指为生产服务的系统，主要包括：导热油炉系统、沥青配制系统、冷却水系统、烟气处理系统。

（2）导热油炉系统：该系统负责整个装置加热供热。

①100 号沥青升温，改性沥青配制的供热。

②生产线中浸，涂油装置的加热、保温。

③所有的管线、泵、阀门的保温等。根据计算，整个装置供热选用 YYW-1800 型导热油炉即可满足要求，其额定供热量为：1.8MW/h，热效率不小于 73%，最高工作温度 350℃，最高使用压力 0.6MPa。该系统为成套定型产品。

（3）沥青配制系统：该系统是整个装置的重要组成部分，负责主生产线所有涂油的制备，特别是涂油所需的改性沥青的配制，系统流程参见沥青制备工艺流程图（图 3-16）。该系统主要包括：填充料搅拌罐、中间贮存罐、改性沥青搅拌罐、胶体磨、泵等。现分述如下：

①100 号沥青贮油罐 100 号沥青为主要原材料，选用 2 个贮油罐，每个 $500m^3$，导热油保温，$6m^3$ 卸油罐 1 个。

②改性沥青搅拌罐：按每年产 500 万 $m^3$ 卷材计算，每班需用涂盖油 42t，设计选用 $\phi 2000 \times 1800$ 搅拌罐 6 个，设计容积为 $10m^3$，按有效容积 80% 考虑，涂盖油密度为 $1.28t/m^3$，则每罐可生产涂盖油 11.56t，满足生产要求。该搅拌罐为吸收消化西德茹莫公司技术研制而成，其搅拌桨叶共分五层，其中三层为活动桨叶，二层为固定桨叶，桨叶为倾斜式安装，具有极强的剪切力。搅拌罐功率 18.5kW，设计线速度 3.2m/s。

③填充料搅拌罐：$\phi 2000mm \times 1800mm$，搅拌功率 7.5kW，数量 2 个。

④胶体磨：流量 $13m^3/h$，功率 55kW，该胶体磨配合改属于沥青搅拌罐使用，具有较好混合效果。

⑤涂盖料贮存罐：考虑可三班连续进行，故设涂盖料贮存罐 1 个，结构同填充料，搅拌罐设计容量为 $10m^3$。

⑥泵：共有 5 台沥青输送泵，其中 3 台型号为 LCB-6 流量 $6m^3/h$，1 台型号为 LCB-10 流量 $10m^3/h$；另有 1 台作为循环扫线用。所有泵均采用导热油夹套保温。

沥青配制系统中填料的加入由人工投料。

（4）冷却水系统：该系统是为生产线中冷却装置及撒砂装置中的 17 个封闭冷缸配套的，其工艺流程如图 3-17 所示。

该系统主要包括：水泵 2 台，型号 IS80-65-125，水池一座、6000mm × 3000mm × 2500mm，冷却塔一个，型号 CLN-100。

图 3-17　冷却水系统工艺流程图

（5）烟气处理系统：在沥青配制及油毡生产过程中有沥青烟气发生，生产线上每个烟气排放的设备上配吸烟罩，负压吸烟。沥青配制中的排入点由管路统一引至总吸烟管路，统一进行处理。本设计采用过滤法，就是利用多层不锈钢丝网结构，使金属网与沥青烟气中的粒子相碰撞而使之吸附下来，从而达到烟气净化的目的。经过计算，本设计采用 $\phi$1200 丝网除沫罐一只，丝网除沫器 $H=100$ 二个，配以大量引风机，型号 GC4-1 处理量为 8600m³/h。

### 6. 设备汇总表

（1）卷材生产线

| | |
|---|---|
| 胎体展开台 | 1 台 |
| 胎体贮存装置 | 1 台 |
| 胎体烘干装置 | 1 台 |
| 浸渍装置 | 1 台 |
| 涂盖装置 | 1 台 |
| 撒砂覆膜装置 | 1 台 |
| 压花装置 | 1 台 |
| 冷却装置（$\phi$600，内冷式） | 1 台 |
| 贮存装置 | 1 台 |
| 调偏装置 | 1 个 |
| 卷毡机 | 1 个 |
| 电气及控制系统 | 1 套 |

（2）沥青改性配制系统

| | |
|---|---|
| 10 号沥青贮罐 500m³ | 2 座 |
| 填充料搅拌罐 10m³ | 1 个 |
| 沥青改性搅拌罐 10m³ | 4 个 |
| 改性沥青中间贮存罐 10m³ | 1 个 |
| 胶体磨 JTM20/0.1 | 1 台 |
| 沥青输送泵（LCB-6、LCB-10） | 4 台 |
| 沥青卸油罐 6m³ | 1 个 |
| 工艺管线及平台 | 1 套 |
| 电气及控制 | 1 套 |

（3）导热油加热炉系统

| | |
|---|---|
| YYW-1800 型燃油加热炉 | 1 台 |
| YYW-1800 型加热炉配套 | 1 套 |
| （热油泵、高低位槽、烟囱、阀门） | |
| 电气控制 | 1 套 |

（4）冷却水循环系统

| | |
|---|---|
| 玻璃钢冷却塔 CLN-100 | 1 座 |
| 冷却水泵 IS-80-65-125 | 2 台 |

| | |
|---|---|
| 工艺管线及电气控制 | 1 套 |
| （5）烟气处理系统 | |
| 除沫罐 $\phi 1200 \times 2000$ | 1 台 |
| 大风量引风机 GC-4-1 | 1 台 |
| 工艺管线及电气控制 | 1 套 |
| （6）测试仪器 | |
| 拉力机 XL-1000N | 1 台 |
| 延伸仪 XYD-4508 | 1 台 |
| 软化点仪 SYE 2801 | 1 台 |
| 针入仪 TSD 4202-1 | 1 台 |
| 透水仪 TSY-8 | 1 台 |
| 烘箱 X-101-A | 1 台 |
| 天平 TG 328-A | 1 台 |
| 电炉及调压器 1kW | 1 台 |
| 四孔水浴 | 1 台 |
| 玻璃仪器（萃取器） | 3 套 |

7. 车间布置

（1）设计原则

①平面布置符合生产工艺流程，便于原材料和成品的运输。

②力求平面布置紧凑，主车间及配套用房布局合理，满足防火、卫生和绿化要求。并考虑到发展余地，生产装置及办公生活区分区规划。

（2）平面布置根据生产性质，防火、卫生和运输等要求，划分为主车间、改性沥青制备区、导热油系统装置区、冷却水及烟气治理装置区等几块进行布置。

①改性沥青制备区主要包括：搅拌罐、沥青温罐、涂盖贮存罐、胶体磨及泵、仪表房等。设在主车间左侧跨。

②导热油系统装置区包括导热油炉房，烟囱及高低位槽等。

③冷却水及烟气治理装置区，该装置区为整个系统的辅助系统，统一布置在车间一侧。

（3）平面布置图

聚合物改性沥青防水卷材生产线工程平面布置如图 3-18 所示。

### 3.5.4　年产 1200 万平方米高聚物改性沥青防水卷材生产线

由苏州中材非金属矿工业设计研究院有限公司在多年消化吸收国外先进工艺技术的基础上，为埃及现代防水公司设计的 1200 万平方米/年改性沥青防水卷材生产线已于 2008 年 12 月建成投产。

| 序号 | 代号 | 名称 |
|---|---|---|
| 34 | D3 | 生产线控制柜 |
| 33 | G | 卷取装置 |
| 32 | F | 成品贮存装置 |
| 31 | E | 冷却装置 |
| 30 | D | 撒砂覆膜装置 |
| 29 | C | 图盖池 |
| 28 | B | 浸渍池 |
| 27 | A | 开卷装置 |
| 26 | D2 | 仪表控制柜 |
| 25 | P7 | 回油泵 |
| 24 | T1 | 冷却塔 |
| 23 | G8 | 冷却水罐 |
| 22 | P6/1.2 | 冷却水泵 |
| 21 | Y3 | 烟囱 |
| 20 | J2 | 引风机 |
| 19 | D1 | 引风机电机 |
| 18 | G7 | 涂沫罐 |
| 17 | G6 | 沥青改行罐 |
| 16 | M1 | 胶体磨 |
| 15 | G5 | 涂攺料配制罐 |
| 14 | P5 | 输油泵 |
| 13 | G4 | 涂攺料贮存罐 |
| 12 | P4 | 输油泵 |
| 11 | G3 | 升温罐 |
| 10 | P3 | 热油循环泵 |
| 9 | P2 | 低位油罐 |
| 8 | P2 | 输油泵 |
| 7 | P1 | 卸油池 |
| 6 | Y2 | 原料沥青贮罐 |
| 5 | G2 | 原料沥青罐 |
| 4 | J1 | 引风机 |
| 3 | Y1 | 烟囱 |
| 2 | R1 | 除尘器 |
| 1 | L1 | 导热油加热炉 |

单位：mm

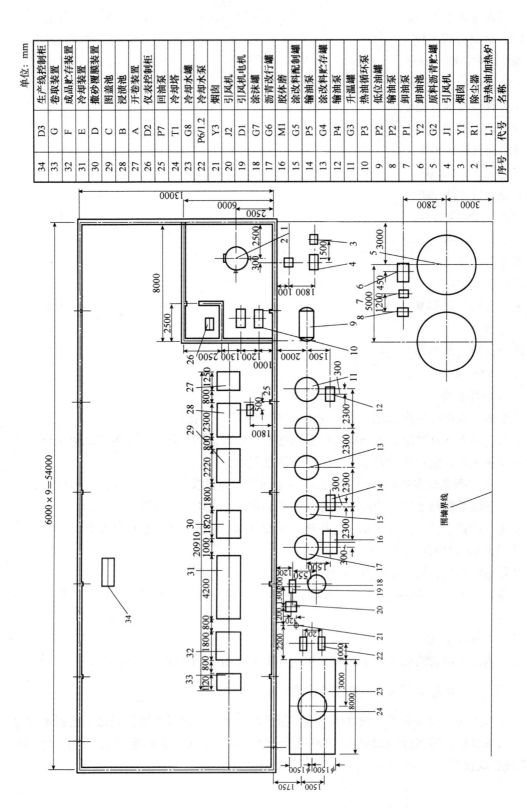

图3-18 聚合物改性沥青防水卷材生产线工程平面布置图

为国外设计改性沥青防水卷材生产线，还需考虑所在国的具体情况，他们主要的特点是：能源电力供应丰富且价格低廉，故采用的导热油加热炉均为燃油型或燃气型，搅拌罐容量大，一般为 8~10m³，电机功率高达 67kW，这样能提高效率。为了提高生产线速度，且考虑到埃及天气炎热的具体情况，采用了强制冷冷却水循环系统；为了提高生产效率，节约劳动力，在生产线成卷后，我们设计了自动码跺系统，为产品的包装与运输提供了方便，该生产线投产后深受外商与客户的赞许。现将该生产线的设计参数及设备描述如下：

1. 生产线技术参数

①规模：1200 万平方米/年 SBS、APP 改性沥青防水卷材，年生产天数 250d，每天 3 班、每班 8h，产品 2~5mm 厚。

②胎体：聚酯胎和玻纤胎。

③改性材料：SBS、APP。

④覆面材料：砂、片岩、PE 膜、铝箔，卷材的覆面可一面是 PE 膜，另一面是砂/片岩，或两面都是 PE 膜，或饰以花纹或平面（铝箔）。

⑤产品厚度：2~5mm。

⑥生产线速度：0~35m/min。

⑦燃料消耗：2330kW，热效率≥73%。

⑧压缩的空气：0.7MPa。

⑨全套设备（包括沥青配置/生产线等）装机容量：450kW。

⑩水用量：0.3t/d。

2. 原材料

①胎体材料

聚酯胎无纺布 180g/m²，200g/m²（GB/T 17987—2000）。

玻纤胎 C-DH-C90（90g 加筋）。

②改性剂：SBS、APP。

③覆面材料：

PE 膜：宽 1.08m，厚 0.007mm，耐温 160℃。

铝箔：金属铝箔或镀锌铝箔。

彩砂：830μm、380μm。

片岩：0.5mm。

④添加剂：109μm 滑石粉。

滑石粉是作为填充材料加入到改性沥青中去的，其作用是改善沥青的耐候性与降低成本的。

3. 电器设备

电器元器件均选用施耐特（法国）或西门子（德国）产品，变频器选用日本三菱公司产品，生产线采用 PLC 集中控制，能全线同步启动同步调速，也可单机微调，生产线设张力控制系统及自动对中系统，电器与电机使用电压为 380/220V，50Hz。

4. 工厂设计指标

①主车间长×宽×高要求为 60m×12m×8m。

②全套设备装机容量：450kW。

③配套的工厂变压器容量为560kVA，60Hz。

④冷却水要求：0.2MPa，冷却水流量50m³/min，供水温度≤20℃，制冷机制冷功率230kW（20万大卡），冷却塔为CLN系列，型号CLN-100，$\Delta T = 7℃$。

5. 设备汇总表见表3-71。

表3-71　1200万 m²/年 SBS、APP 改性沥青卷材生产线设备汇总表

| | 设备名称 | 数量 | 描述 |
|---|---|---|---|
| 卷材生产线部分 | 胎体展开装置 | 1 | 双工位、气动上胎基、阻尼装置、手动调偏对中装置 |
| | 胎全拼接装置 | 1 | 电加热、气动、温控、接头时间可调、电气控制 |
| | 胎体贮存装置 | 1 | 机架：2600×1680×4500、贮量50M、φ127×1200不锈钢辊筒15件、蜗轮减速机、配重箱、电气控制 |
| | 胎体烘干机牵引装置 | 1 | 导热油烘干、φ800×1200辊筒2件、摆线针轮减速机 |
| | 纠偏装置 | 1 | 红外线自动控制 |
| | 预浸装置 | 1 | φ190×1200挤干辊筒2件、φ130×1200浸油辊3件、集烟罩、摆线针轮减速机、涂油池以导热油加热保温 |
| | 涂油装置 | 1 | φ190×1200涂油辊筒2件、φ130×1200浸油辊1件、φ60×1200摆动辊1件、集烟罩、摆线针轮减速机、刮刀、厚度控制、厚度显示、涂油池以导热油加热保温 |
| | 撒砂装置 | 2 | φ156×1200撒砂辊、贮砂斗、撒砂斗、φ600×1200冷却辊、斗式提升机、摆线针轮减速机 |
| | 覆膜装置 | 2 | PE膜展开装置、涨膜辊 |
| | 覆边膜装置 | 2 | PE膜展开装置、涨膜辊 |
| | 砂料回收装置 | 3 | 皮带输送机 |
| | 冷却装置 | 1 | 悬浮冷却水槽7m、φ76×1200不锈钢辊20件、水位调节板、φ600×1200冷却辊11件 |
| | 压花装置 | 1 | φ190×1200光辊、花辊各1件 |
| | 成品贮毡装置 | 1 | 2800×1680×4500、贮量50M、φ190×1200辊筒11件、蜗轮减速机、配重箱、电气控制 |
| | 纠偏装置 | 1 | 红外线自动控制 |
| | 缓冲装置 | 1 | φ200×1200缓冲辊1件、张力反馈装置、电气控制系统 |
| | 膜边卷齐装置 | 1 | |
| | 全自动卷毡装置 | 1 | φ190×1200牵引辊2件、气缸式压辊装置、定长计数、电子计数器、托辊、自动插杠、自动定位、自动缠绕胶带、辊道、空气压缩机、PLC自动控制、变频调速、摆线针轮减速机 |
| | 自动码跺机 | 1 | 自动排队站立、托板输送、热缩膜装置 |
| | 生产线平台 | 1 | 楼梯、操作台、防护栏 |
| | 传动部分 | | 配套、多机同步变频调速 |
| | 电气及控制柜组 | | 配套 |

| | 设备名称 | 数量 | 描述 |
|---|---|---|---|
| 沥青配制系统 | 100# 沥青输送装 | 1 | 泵、管道阀门及辅助设施 |
| | 100# 沥青贮存罐 | 2 | 500m³、导热油盘管加热、保温层 |
| | 沥青齿轮泵 | 4 | 25m³/h |
| | 热交换器 | 2 | $\phi 600 \times 53000$，导热油加热 |
| | 改性沥青搅拌罐 | 4 | 10m³ 立式锥底搅拌、导热油盘管加热、保温层、双速电机 67/47kW |
| | 计量罐 | 1 | 6m³、导热油盘管加热、保温层、配套罗杆泵 |
| | 胶体磨 | 1 | 25m³/h，电机 132kW |
| | 涂盖料输送泵 | 1 | 25m³/h |
| | 卧式搅拌罐 | 1 | 15m³ 15kW 带保温系统 |
| | 提升装置 | 1 | IT 电动葫芦、电机 0.55kW |
| | 电子称重系统 | 1 | |
| | 工艺管线及平台 | | |
| | 管线、阀门、保温 | | |
| | 电气及控制柜组 | | |
| 烟气处理系统 | 离心通风机 | 1 | 25000m³/h，280mmH₂O，18.5kW |
| | 滤油除味器 | 1 | 活性炭、不锈钢滤网 |
| | 吸收塔 | 1 | |
| | 烟囱及管道 | 1 | 主管线直径中 $\phi 600$、配套 |
| | 电气及控制柜组 | 1 | 配套 |
| 冷却水系统 | 冷却塔 | 1 | $\Delta T = 7℃$ CNL100，100t |
| | 冷却水泵 | 2 | 电机 5.5kW 其中一台备用 |
| | 模块风冷式制冷机 | 2 | 10 万大卡 ×2 |
| | 工艺管线 | | 配套 |
| | 电气及控制柜组 | | 配套 |
| 导热油加热系统 | 200 万大卡燃气加热炉 | 1 | QXS-200 |
| | 循环热油泵 | 2 | 其中一台备用 |
| | 阀门、管线 | | 配套 |
| | 电气及控制柜组 | | 配套 |

## 3.5.5　"耐博"多功能改性沥青防水卷材生产线

北京市某公司是国内从事新型建筑防水材料生产设备研发、制造与销售的专业机构。多功能改性沥青防水卷材生产线系在充分吸纳国外同类产品先进技术精华，根据我国国情加以国产化研制开发而成的。该生产线的配置参如图 3-19 所示。

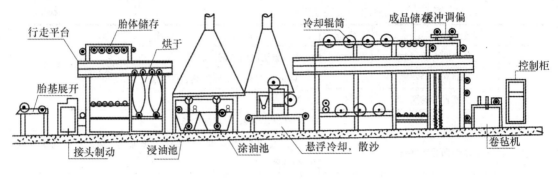

图 3-19　"耐搏"多功能改性历青防水卷材生产线配置图

该生产线的组成如下：

导热油加热系统：锅炉、管线、阀汀。

改性沥青配制系统：容积 100m³ ～ 200m³ 沥青储罐、搅拌锅、10m³ ～ 20m³/h 胶体磨、管线、阀门、泵、提升装置、操作平台、控制柜、计量装置。

冷却系统：冷却塔、水管线、阀门。

保温系统：搅拌罐、管线、用矿棉板、管。

环境保护系统：采用过滤、吸附装置消除沥青烟气。

生产线：开卷机、接头制动、胎体贮存、烘干、自动调偏、浸油池、涂油池、悬浮冷却、撒砂、覆膜、水池冷却、压花、滚筒冷却、切边、成品储存、自动调偏、卷毡机、传动装置、中央控制柜等。

该设备技术工艺接近国际先进水平，具有合理的性能价格比，与国内同类产品相比，有多项关键技术处于领先水平。

产品主要技术参数、性能

成型生产线规格：长 28 ～ 40m，宽 2.5 ～ 2.7m，高：最高处 3.5 ～ 5m。

成品卷材规格：厚 2 ～ 4m、宽 1000mm。

生产线速度：3 ～ 18m/min。

胎体：聚酯胎、玻纤胎、复合胎。

改性剂：SBS、APP、APAO、SBR、胶粉。

覆面材料：页岩、彩砂、铝箔、PE 膜。

胶体磨流量：10m³/h ～ 20m³/h。

导热油加热炉功率：40 - 60 - 80 万 kcal/h；470kW - 700kW - 930kW。

产品性能标准：GB 18242—2000、GB 18243—2000、JC/T 690—98。

本生产线的生产工艺流程如图 3-20 所示。

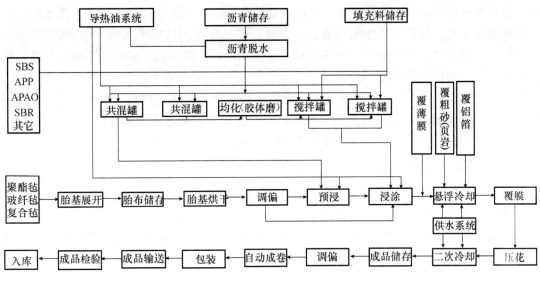

图 3-20　"耐博"多功能改性历青防水卷材生产线生产工艺流程图

## 3.6　沥青基防水卷材生产过程中的质量控制

防水卷材生产过程中的质量控制其一般规定，生产过程中使用的检测设备，生产过程中的质量缺陷处理等见 7.1.4 节。

### 3.6.1　SBS、APP 改性沥青生产过程中的质量控制

SBS 改性沥青应符合 GB/T 26528—2011《防水用弹性体（SBS）改性沥青》国家标准提出的技术要求：SBS 改性沥青采所用的改性剂应为苯乙烯—丁二烯—苯乙烯（SBS）热塑性弹性体，不允许采用废胶粉等其他材料替代；应采用直接熔融法将 SBS 加入到热沥青中，溶胀后经高速搅拌和胶体磨研磨，研磨应不少于两次循环。

APP 改性沥青应符合 GB/T 26510—2011《防水用塑性体改性沥青》国家标准提出的技术要求；生产防水卷材时应按照无规聚丙烯（APP）原材料的质量指标、确定掺入沥青中的最佳配比量、温度、搅拌时间和均匀性，并应控制。改性剂也可用非晶态 α - 聚烃烯（APAP、APO）等材料。

### 3.6.2　石油沥青纸胎油毡生产过程中的质量控制

石油沥青纸胎油毡的生产应执行相关的生产工艺规程。达到浸渍材料饱和，涂盖材料均匀致密。注意撒布及二次撒布，采用湿法上粉工艺生产时，应控制粉浆的浓度及温度，防止出现外观质量缺陷。

### 3.6.3　沥青基防水卷材料生产过程中的质量控制

沥青基防水卷材料的生产工艺包括沥青的制备（沥青的储存、沥青的加热、搅拌、计量生产改性沥青卷材所用的沥青改性处理，沥青输送）和卷材的生产系统（胎基展开、胎基搭接、胎基储存、烘干、预浸、浸渍、调偏、散热、涂盖、冷却、覆膜撒砂、压纹、冷却、成品储存、调偏、计量、卷毡、成卷包装）。在生产过程的关键工序应建立质量控制

点，各控制点应有明确的控制方法、指标、责任人、定时、定点控制、记录。质检部门应有巡检抽查记录，保证质量控制点的运行有效。产品在生产过程中若改变品种，型号时，应调整各关键工序。APP 卷材和 SBS 卷材若互换品种时，则应彻底清理所有影响产品质量的相关工序，包括输送管线。

生产改性沥青防水卷材，涂盖材料的温度应按生产工艺规程控制，胎基在浸渍、涂盖池（槽）的停留时间、温度和液位应有明确的控制指标。在进入覆膜（撒砂）、压纹、冷却、卷毡工序时，应按防水卷材外观标准进行控制。

### 3.6.4　导热油炉的控制

应制定导热油炉的操作规程，导热油炉的出口温度可根据导热油的规格、型号在确保安全的情况下进行调整和控制，各设备的使用温度应满足生产工艺参数要求。各工序点温度的稳定性是确保防水卷材质量的关键，提高导热油炉岗位操作水平是保证各使用点温度的关键环节，导热油炉操作人员应持证上岗。

# 第4章 合成高分子防水卷材

合成高分子防水卷材亦称高分子的防水片材，是以合成橡胶、合成树脂或二者的共混体为基料，加入适量的化学助剂、填充剂等，采用混炼、塑炼、压延或挤出成型、硫化、定型等橡胶或塑料的加工工艺所制成的无胎加筋或不加筋的弹性或塑性的片状可卷曲的一类建筑防水材料。

合成高分子防水卷材在我国整个防水材料工业中处于发展、上升阶段，仅次于聚合物改性沥青防水卷材，其生产工艺、产品品种、生产技术装备、应用技术和应用领域正在不断的提高和完善。

合成高分子防水卷材具有以下特点。

（1）拉伸强度高。合成高分子防水卷材的拉伸强度都在3MPa以上，最高的拉伸强度可达10MPa左右，可以满足施工和应用的实际要求。

（2）断裂伸长率大。合成高分子防水卷材的伸长率都在100%以上，最高达500%左右，可以适应建筑工程防水基层伸缩或开裂变形的需要，确保防水质量。

（3）撕裂强度好。合成高分子防水卷材的撕裂强度都在25kN/m以上。

（4）耐热性能好。合成高分子防水卷材一般都在100℃以上的温度条件下，不会流淌和产生集中性气泡。

（5）低温柔性好。一般都在－2℃以下，如三元乙丙橡胶防水卷材的低温柔性在－45℃以下，因此，选用高分子防水卷材可在低温条件下施工，可延长冬期施工的周期，提高施工效率。

（6）耐腐蚀性能好。合成高分子防水卷材具有耐臭氧、耐紫外线、耐气候等性能，耐老化性能好，延长防水耐用年限。

（7）施工工序简易。合成高分子防水卷材适宜于单层、冷粘法铺贴，具有工序简易、操作方便等特点，克服了传统沥青卷材的多叠层、支锅熬沥青、烟熏火燎的热施工等难度，减少了施工环境污染，降低了施工劳动强度，提高了施工效率。

## 4.1 合成高分子防水卷材的主要品种

许多橡胶和塑料都可以用来制作高分子卷材，且还可以采用两种以上材料来制作防水卷材，因而合成高分子防水卷材的品种也是多种多样的。

高分子防水卷材按其是否具有特种性能可分为普通高分子防水卷材和特种高分子防水卷材；按其是否具有自粘功能可分为常规型和自粘型；按其基料的不同可分为橡胶类、树脂类、橡胶（橡塑）共混类，然后可再进一步细分；按其加工工艺的不同可分为橡胶类、塑料类，橡胶类还可进一步分为硫化型和非硫化型；按其是否增强和复合可分为均质片、复合片和点粘片。合成高分子防水卷材的分类及执行标准参见图4-1。

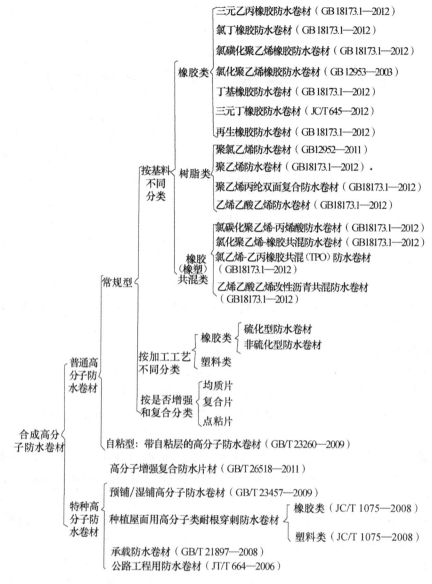

图4-1 合成高分子防水卷材的分类及执行标准

### 4.1.1 高分子防水片材

高分子防水片材是指以高分子材料为主材料，以挤出或压延等方法生产的用于各种工程防水、防渗、防潮、隔汽、防污染、排水等的均质片材（简称均质片）及以高分子材料复合（包括带织物加强层）的复合片材（简称复合片）、异型片材（简称异型片）、自粘片材（简称自粘片）、点（条）粘片材［简称点（条）粘片］等。高分子防水片材主要用于建筑物屋面防水及地下工程防水。均质片是指以高分子合成材料为主要材料，各部位截面材质均匀一致的防水片材；复合片是指以高分子合成材料为主要材料，复合织物等为保护或增强层，以改变其尺寸稳定性和力学特性，各部位截面结构一致的防水片材；自粘片是指在高分子片材表面复合一层自粘材料和隔离保护层，以改善或提高其与基层的粘接性能，各部位截面结构一致的防水片材；异型片是指以高分子合成材料为主要材料，经特殊工艺加工成表面为连续凸凹壳体或特定几何形状的防（排）水片材；点（条）粘片是指均质片材与织物等保护层多点（条）粘接在一起，粘接点（条）在规定区域内均匀分布，利用粘接点（条）的间距，使其具有切向排水功能的防水片材。此类产品现已发布了GB 18173.1—2012《高分子防水材料　第1部分：片材》国家标准。

1. 产品的分类和标记

片材的分类见表4-1。

**表 4-1　高分子片材的分类**

| 分类 | | 代号 | 主要原材料 |
|---|---|---|---|
| 均质片 | 硫化橡胶类 | JL1 | 三元乙丙橡胶 |
| | | JL2 | 橡塑共混 |
| | | JL3 | 氯丁橡胶、氯磺化聚乙烯、氯化聚乙烯等 |
| | 非硫化橡胶类 | JF1 | 三元乙丙橡胶 |
| | | JF2 | 橡塑共混 |
| | | JF3 | 氯化聚乙烯 |
| | 树脂类 | JS1 | 聚氯乙烯等 |
| | | JS2 | 乙烯醋酸乙烯共聚物、聚乙烯等 |
| | | JS3 | 乙烯醋酸乙烯共聚物与改性沥青共混等 |
| 复合片 | 硫化橡胶类 | FL | （三元乙丙、丁基、氯丁橡胶、氯磺化聚乙烯等）/织物 |
| | 非硫化橡胶类 | FF | （氯化聚乙烯、三元乙丙、丁基、氯丁橡胶、氯磺化聚乙烯等）/织物 |
| | 树脂类 | FS1 | 聚氯乙烯/织物 |
| | | FS2 | （聚乙烯、乙烯醋酸乙烯共聚物等）/织物 |
| 自粘片 | 硫化橡胶类 | ZJL1 | 三元乙丙/自粘料 |
| | | ZJL2 | 橡塑共混/自粘料 |
| | | ZJL3 | （氯丁橡胶、氯磺化聚乙烯、氯化聚乙烯等）/自粘料 |
| | | ZFL | （三元乙丙、丁基、氯丁橡胶、氯磺化聚乙烯等）/织物/自粘料 |
| | 非硫化橡胶类 | ZJF1 | 三元乙丙/自粘料 |
| | | ZJF2 | 橡塑共混/自粘料 |
| | | ZJF3 | 氯化聚乙烯/自粘料 |
| | | ZFF | （氯化聚乙烯、三元乙丙、丁基、氯丁橡胶、氯磺化聚乙烯等）/织物/自粘料 |

| 分类 | | 代号 | 主要原材料 |
|---|---|---|---|
| 自粘片 | 树脂类 | ZJS1 | 聚氯乙烯/自粘料 |
| | | ZJS2 | （乙烯醋酸乙烯共聚物、聚乙烯等）/自粘料 |
| | | ZJS3 | 乙烯醋酸乙烯共聚物与改性沥青共混等/自粘料 |
| | | ZFS1 | 聚氯乙烯/织物/自粘料 |
| | | ZFS2 | （聚乙烯、乙烯醋酸乙烯共聚物等）/织物/自粘料 |
| 异形片 | 树脂类（防排水保护板） | YS | 高密度聚乙烯，改性聚丙烯，高抗冲聚苯乙烯等 |
| 点（条）粘片 | 树脂类 | DS1/TS1 | 聚氯乙烯/织物 |
| | | DS2/TS2 | （乙烯醋酸乙烯共聚物、聚乙烯等）/织物 |
| | | DS3/TS3 | 乙烯醋酸乙烯共聚物与改性沥青共混物/织物 |

产品应按下列顺序标记，并可根据需要增加标记内容：

类型代号、材质（简称或代号）、规格（长度×宽度×厚度）。

标记示例如下：

长度为 20.0m，宽度为 1.0m，厚度为 1.2mm 的均质硫化型三元乙丙橡胶（EPDM）片材标记为：JL1-EPDM-20.0m×1.0m×1.2mm。

2. 技术要求

（1）规格尺寸

片材的规格尺寸及允许偏差见表4-2和表4-3，特殊规格由供需双方商定。

**表4-2　片材的规格尺寸**

| 项目 | 厚度/mm | 宽度/m | 长度/m |
|---|---|---|---|
| 橡胶类 | 1.0, 1.2, 1.5, 1.8, 2.0 | 1.0, 1.1, 1.2 | ≥20 |
| 树脂类 | >0.5 | 1.0, 1.2, 1.5, 2.0, 2.5, 3.0, 4.0, 6.0 | |

注：橡胶类片材在每卷 20m 长度中允许有一处接头，且最小块长度应≥3m，并应加长 15cm 备作搭接；树脂类片材在每卷至少 20m 长度内不允许有接头；自粘片材及异型片材每卷 10m 长度内不允许有接头。

**表4-3　允许偏差**

| 项目 | 厚度 | | 宽度 | | 长度 |
|---|---|---|---|---|---|
| 允许偏差 | <1.0mm | ≥1.0mm | <1.0mm | ≥1.0mm | 不允许出现负值 |
| | ±10% | | ±1% | | |

（2）外观质量

1）片材表面应平整，不能有影响使用性能的杂质、机械损伤、折痕及异常粘着等缺陷。

2）在不影响使用的条件下，片材表面缺陷应符合下列规定。

①凹痕深度，橡胶类不得超过片材厚度的 20%；树脂类片材不得超过 5%。

②气泡深度，橡胶类不得超过片材厚度的 20%，每 $1m^2$ 内气泡面积不得超过 $7mm^2$；树脂类片材不允许有。

（3）片材的物理性能

1）均质片的性能应符合表 4-4 的规定。

2）复合片的性能应符合表 4-5 的规定。对于聚酯胎上涂覆三元乙丙橡胶的 FF 类片材，拉断伸长率（纵／横）指标不得小于 100%，其他性能指标应符合表 4-5 的规定。对于总厚度小于 1.0mm 的 FS2 类复合片材拉伸强度（纵／横）指标常温（23℃）时不得小于 50N／cm，高温（60℃）时不得小于 30N／cm；拉断伸长率（纵／横）指标常温（23℃）时不得小于 100%，低温（-20℃）时不得小于 80%；其他性能应符合表 4-5 规定值要求。

3）自粘片的主体材料应符合表 4-4、表 4-5 中相关类别的要求，自粘层性能应符合表 4-6 规定。

**表 4-4　均质片的物理性能**（GB 18173.1—2012）

| 项目 | | 指标 | | | | | | | | |
|---|---|---|---|---|---|---|---|---|---|---|
| | | 硫化橡胶类 | | | 非硫化橡胶类 | | | 树脂类 | | |
| | | JL1 | JL2 | JL3 | JF1 | JF2 | JF3 | JS1 | JS2 | JS3 |
| 拉伸强度/MPa | 常温（23℃），≥ | 7.5 | 6.0 | 6.0 | 4.0 | 3.0 | 5.0 | 10 | 16 | 14 |
| | 高温（60℃），≥ | 2.3 | 2.1 | 1.8 | 0.8 | 0.4 | 1.0 | 4 | 6 | 5 |
| 拉断伸长率/% | 常温（23℃），≥ | 450 | 400 | 300 | 400 | 200 | 200 | 200 | 550 | 500 |
| | 低温（-20℃），≥ | 200 | 200 | 170 | 200 | 100 | 100 | — | 350 | 300 |
| 撕裂强度/（kN/m）　≥ | | 25 | 24 | 23 | 18 | 10 | 10 | 40 | 60 | 60 |
| 不透水性（30min） | | 0.3MPa 无渗漏 | 0.3MPa 无渗漏 | 0.2MPa 无渗漏 | 0.3MPa 无渗漏 | 0.2MPa 无渗漏 | 0.2MPa 无渗漏 | 0.3MPa 无渗漏 | 0.3MPa 无渗漏 | 0.3MPa 无渗漏 |
| 低温弯折 | | -40℃ 无裂纹 | -30℃ 无裂纹 | -30℃ 无裂纹 | -30℃ 无裂纹 | -20℃ 无裂纹 | -20℃ 无裂纹 | -20℃ 无裂纹 | -35℃ 无裂纹 | -35℃ 无裂纹 |
| 加热伸缩量/mm | 延伸　≤ | 2 | 2 | 2 | 2 | 4 | 4 | 2 | 2 | 2 |
| | 收缩　≤ | 4 | 4 | 4 | 4 | 6 | 10 | 6 | 6 | 6 |
| 热空气老化（80℃×168h） | 拉伸强度保持率/%，≥ | 80 | 80 | 80 | 90 | 60 | 80 | 80 | 80 | 80 |
| | 拉断伸长率保持率/%，≥ | 70 | 70 | 70 | 70 | 70 | 70 | 70 | 70 | 70 |
| 耐碱性［饱和 Ca(OH)$_2$溶液 23℃×168h］ | 拉伸强度保持率/%，≥ | 80 | 80 | 80 | 80 | 70 | 70 | 80 | 80 | 80 |
| | 拉断伸长率保持率/%，≥ | 80 | 80 | 80 | 90 | 80 | 70 | 80 | 90 | 90 |

| 项目 | | 指标 | | | | | | | | |
|---|---|---|---|---|---|---|---|---|---|---|
| | | 硫化橡胶类 | | | 非硫化橡胶类 | | | 树脂类 | | |
| | | JL1 | JL2 | JL3 | JF1 | JF2 | JF3 | JS1 | JS2 | JS3 |
| 臭氧老化<br>(40℃×168h) | 伸长率40%，<br>500×10⁻⁸ | 无裂纹 | — | — | 无裂纹 | — | — | — | — | — |
| | 伸长率20%，<br>200×10⁻⁸ | — | 无裂纹 | — | — | — | — | — | — | — |
| | 伸长率20%，<br>100×10⁻⁸ | — | — | 无裂纹 | — | 无裂纹 | 无裂纹 | — | — | — |
| 人工气候老化 | 拉伸强度<br>保持率/%，≥ | 80 | 80 | 80 | 80 | 70 | 80 | 80 | 80 | 80 |
| | 拉断伸长率<br>保持率/%，≥ | 70 | 70 | 70 | 70 | 70 | 70 | 70 | 70 | 70 |
| 粘结剥离强度<br>（片材与片材） | 标准试验条件/<br>（N/mm），≥ | 1.5 | | | | | | | | |
| | 浸水保持率<br>(23℃×168h)/%，≥ | 70 | | | | | | | | |

注：1. 人工气候老化和粘结剥离强度为推荐项目。

    2. 非外露使用可以不考核臭氧老化、人工气候老化、加热伸缩量、60℃拉伸强度性能。

**表4-5 复合片的物理性能**（GB 18173.1—2012）

| 项目 | | | 指标 | | | |
|---|---|---|---|---|---|---|
| | | | 硫化橡胶类 | 非硫化橡胶类 | 树脂类 | |
| | | | FL | FF | FS1 | FS2 |
| 拉伸强度/（N/cm） | 常温（23℃） | ≥ | 80 | 60 | 100 | 60 |
| | 高温（60℃） | ≥ | 30 | 20 | 40 | 30 |
| 拉断伸长率/% | 常温（23℃） | ≥ | 300 | 250 | 150 | 400 |
| | 低温（-20℃） | ≥ | 150 | 50 | — | 300 |
| 撕裂强度/N | | ≥ | 40 | 20 | 20 | 50 |
| 不透水性（0.3MPa，30min） | | | 无渗漏 | 无渗漏 | 无渗漏 | 无渗漏 |
| 低温弯折 | | | -35℃<br>无裂纹 | -20℃<br>无裂纹 | -30℃<br>无裂纹 | -20℃<br>无裂纹 |
| 加热伸缩量/mm | 延伸 | ≤ | 2 | 2 | 2 | 2 |
| | 收缩 | ≤ | 4 | 4 | 2 | 4 |

续表

| 项目 | | | 指标 | | | |
|---|---|---|---|---|---|---|
| | | | 硫化橡胶类 FL | 非硫化橡胶类 FF | 树脂类 | |
| | | | | | FS1 | FS2 |
| 热空气老化 (80℃×168h) | 拉伸强度保持率/% | ≥ | 80 | 80 | 80 | 80 |
| | 拉断伸长率保持率/% | ≥ | 70 | 70 | 70 | 70 |
| 耐碱性［饱和 Ca（OH）$_2$ 溶液 23℃×168h］ | 拉伸强度保持率/% | ≥ | 80 | 60 | 80 | 80 |
| | 拉断伸长率保持率/% | ≥ | 80 | 60 | 80 | 80 |
| 臭氧老化（40℃×168h），200×10$^{-8}$，伸长率 20% | | | 无裂纹 | 无裂纹 | — | — |
| 人工气候老化 | 拉伸强度保持率/% | ≥ | 80 | 70 | 80 | 80 |
| | 拉断伸长率保持率/% | ≥ | 70 | 70 | 70 | 70 |
| 粘结剥离强度 （片材与片材） | 标准试验条件/（N/mm） | ≥ | 1.5 | 1.5 | 1.5 | 1.5 |
| | 浸水保持率（23℃×168h）/% ≥ | | 70 | | 70 | |
| 复合强度（FS2 型表层与芯层）/MPa | | ≥ | — | | | 0.8 |

注：1. 人工气候老化和粘结剥离强度为推荐项目。

2. 非外露使用可以不考核臭氧老化、人工气候老化、加热伸缩量、60℃拉伸强度性能。

**表 4-6　自粘层性能**（GB 18173.1—2012）

| 项目 | | | 指标 |
|---|---|---|---|
| 低温弯折 | | | −25℃无裂纹 |
| 持粘性/min | | ≥ | 20 |
| 剥离强度/（N/mm） | 标准试验条件 | 片材与片材　≥ | 0.8 |
| | | 片材与铝板　≥ | 1.0 |
| | | 片材与水泥砂浆板　≥ | 1.0 |
| | 热空气老化后（80℃×168h） | 片材与片材　≥ | 1.0 |
| | | 片材与铝板　≥ | 1.2 |
| | | 片材与水泥砂浆板　≥ | 1.2 |

4）异型片的物理性能应符合表 4-7 规定。

**表 4-7　异型片的物理性能**（GB18173.1—2012）

| 项目 | | | 指标 | | |
|---|---|---|---|---|---|
| | | | 膜片厚度 <0.8mm | 膜片厚度 0.8~1.0mm | 膜片厚度 ≥1.0mm |
| 拉伸强度/（N/cm） | | ≥ | 40 | 56 | 72 |
| 拉断伸长率/% | | ≥ | 25 | 35 | 50 |

续表

| 项目 | | 指标 | | |
|---|---|---|---|---|
| | | 膜片厚度 <0.8mm | 膜片厚度 0.8～1.0mm | 膜片厚度 ≥1.0mm |
| 抗压性能 | 抗压强度/kPa ≥ | 100 | 150 | 300 |
| | 壳体高度压缩50%后外观 | 无破损 | | |
| 排水截面积/cm² ≥ | | 30 | | |
| 热空气老化 (80℃×168h) | 拉伸强度保持率/% ≥ | 80 | | |
| | 拉断伸长率保持率/% ≥ | 70 | | |
| 耐碱性［饱和 Ca(OH)₂ 溶液23℃×168h］ | 拉伸强度保持率/% ≥ | 80 | | |
| | 拉断伸长率保持率/% ≥ | 80 | | |

注：壳体形状和高度无具体要求，但性能指标须满足本表规定。

5）点（条）粘片主体材料应符合表4-4中相关类别的要求，粘接部位的性能应符合表4-8的规定。

**表4-8　点（条）粘片粘接部位的物理性能**（GB 18173.1—2012）

| 项目 | | 指标 | | |
|---|---|---|---|---|
| | | DS1/TS1 | DS2/TS2 | DS3/TS3 |
| 常温（23℃）拉伸强度/(N/cm) | ≥ | 100 | 60 | |
| 常温（23℃）拉断伸长率/% | ≥ | 150 | 400 | |
| 剥离强度/(N/mm) | ≥ | 1 | | |

### 4.1.2　三元乙丙橡胶防水卷材

三元乙丙橡胶（EPOM）是以乙烯、丙烯以及非共轭二烯烃的三元共聚物。

三元乙丙橡胶防水卷材是以三元乙丙橡胶或在三元乙丙橡胶中掺入适量的丁基橡胶为基本原料，加入软化剂、填充剂、补强剂、硫化剂、促进剂、稳定剂等，经精确配料、密炼、塑炼、过滤、拉片、挤出或压延成型、硫化、检验、分卷、包装等工序加工而成的可卷曲的高弹性防水卷材。

产品有硫化型和非硫化型两类，非硫化型系指生产过程不经硫化处理的一类。硫化型三元乙丙防水卷材代号为JL1，非硫化型三元乙丙防水卷材代号为JF1。

广泛采用的硫化型三元乙丙防水卷材有以下的特点：（1）产品的耐老化性能好，使用寿命长，三元乙丙橡胶分子结构中的主链上没有双链，是饱和的，也是比较稳定的，当其遇到紫外光、氧和臭氧、热和气温变化以及水和温度变化时，主链上不易发生断裂，故采用三元乙丙橡胶为主体制成的卷材做防水层，是经得起长期风吹雨淋日晒考验的；（2）产品的拉伸强度高，大于或等于8MPa，拉断伸长率大于或等于450%，回弹性能好，抗裂性极佳，能较好地适应基层伸缩或开裂变形的需要，可确保建筑防水工程的质量；（3）耐高低温性能好，能在严寒或酷热环境中长期使用，产品的冷脆温度和柔性温度在 -45℃ 以下，而且耐热性能良好，可达 16℃ 以上，因此，可以在较低的气温条件下施工，并可在严寒或酷热的气候环境中长期使用。由于它具有上述特点，且可以单层施工，因此在国内外发展很快，产品在国内属于高档防水材料。

本类产品适用于屋面、楼房地下室、地下铁道、地下停车站的防水，桥梁、隧道工程防水，排灌渠道、水库、蓄水池、污水处理池等方面的防水隔水等。

三元乙丙橡胶防水卷材的物理力学性能应符合 GB 18173.1—2012 国家标准中提出的相关要求。

### 4.1.3　氯丁橡胶防水卷材

氯丁橡胶防水卷材是以氯丁橡胶基料，加入硫化剂、防老化剂、抗氧剂、促进剂、防护剂、填充料等组分，经塑炼、混炼、压延而成的一类防水材料。

本类产品有较好的耐候性、耐油性，但拉伸强度、断裂伸长率及耐温性逊于三元乙丙橡胶防水卷材。本类产品适用于建筑物屋面，化工厂耐酸墙体、炼钢厂厂房、桥梁、公路、人行道、运动场跑道、地下室、贮水池、冷库、管道等的防潮及防水工程。

氯丁橡胶防水卷材的主要技术性能要求应符合 GB 18173.1—2012 国家标准中提出的相关要求。

### 4.1.4　氯磺化聚乙烯防水卷材

氯磺化聚乙烯防水卷材是以氯磺化聚乙烯橡胶为主料，掺入适量的软化剂、稳定剂、硫化剂、促进剂、着色剂和填充剂，经过配料、混炼、挤出或压延成型、硫化、冷却、检验、分卷、包装等工序加工制成的弹性防水卷材。

本品由于具有耐臭氧、耐老化、耐酸碱、拉伸强度高、延伸率大等特点，应用已越来越广泛。

本品由于氯磺化聚乙烯的分子结构中，是不含双键的高度饱和的特种橡胶，以它为主体制成的防水卷材的耐臭氧、耐紫外光、耐气候老化等性能突出，是任何含有双键结构的橡胶或塑料制品不可比拟的新型防水材料。本品延伸率较大，弹性较好，对防水基层伸缩或开裂变形的适应性较强，易于保证防水工程质量。氯磺化聚乙烯本身的含氯量高，（一般在 29% ~ 43% 之间），故具有很好的阻燃性能，在燃烧过程中，当火焰离开后，防水卷材本身的火苗则可以自行熄灭。氯磺化聚乙烯以及所选用的助剂均为浅色材料，因此可根据设计或使用单位的要求，选用不同颜色制成不易褪色的防水卷材，用这种彩色卷材做屋面防水层，可起到美化环境的作用。氯磺化聚乙烯防水卷材的耐高低温性能较好，可在 -25 ~ 90℃ 范围内长期使用，并能保持较好的柔韧性。该材料对酸、碱、盐等化学药品性能稳定；耐腐蚀性能优良。氯磺化聚乙烯防水卷材采用冷施工，施工工艺简便，对环境的污染小。

氯磺化聚乙烯防水卷材适用于各种屋面、地下工程的防水；也可用于地面、桥梁、隧道、水库、水渠、蓄水池、污水处理池等的防水，特别适用于有腐蚀介质影响的部位（如化工车间等）做建筑防腐及防水处理。

氯磺化聚乙烯防水卷材的主要技术性能要求应符合 GB 18173.1—2012 国家标准中提出的相关要求。

### 4.1.5 丁基橡胶防水卷材

丁基橡胶防水卷材是以优质的合成丁基橡胶为主要基料，加入复合胶及防老剂、促进剂、填充料等助剂，经混炼、压延、硫化等工艺而制成的一种可卷曲的片状高分子防水卷材。

丁基橡胶防水卷材有较好的耐候性、拉伸强度和延伸率，但耐低温性能低于三元乙丙橡胶防水卷材，产品采用冷粘剂施工，故十分方便。产品对基层伸缩、开裂、变形的适应性较强，适用于屋面、地下等建筑物的防水工程和防潮工程。

丁基橡胶防水卷材的主要技术性能要求应符合 GB 18173.1—2012 国家标准中提出的相关要求。

### 4.1.6 再生橡胶防水卷材

再生橡胶合成防水卷材系以再生橡胶为主要原料，添加软化剂、填充剂、抗老化剂、抗腐蚀剂和脱模剂等辅助材料，在常温下，投入炼胶机中，经塑化、混炼、碾压、最后挤压而成的无胎防水卷材。

本品具有优良的弹塑性、抗拉伸、抗老化、抗腐蚀能力，及优良的低温柔韧性、热稳定性；施工时采用胶浆粘胶进行冷粘贴，既简易方便又牢固可靠，属中档防水卷材。

再生橡胶合成防水卷材，主要用于屋面、楼地面、地下工程、水槽、贮水池等防水、防渗、防潮，此外，还适用于混凝土旧屋面翻修以及做浴室、洗衣室、冷库等处的蒸汽隔离层和刚性层的防水层。

再生橡胶防水卷材的主要技术性能要求应符合 GB 18173.1—2012 国家标准中提出的相关要求。

### 4.1.7 高密度聚乙烯卷材

高密度聚乙烯（HDPE）卷材是以高密度聚乙烯为基料所制成的防水材料。本品由大约97.5%的聚合物、2.5%的炭黑以及抗氧化剂和热稳定物质组成。

该卷材具有高度的韧性和优良的耐化学侵蚀、抗老化性能，不易腐蚀，暴露在野外严酷的自然环境中，使用保证期为20年，实际寿命更长。卷材接缝采用自动热合机连接，更增加了防渗漏的保证性。

本品广泛用于环保、冶金、建筑、市政、水利、化工、电力以及航天等部门的防污染、防渗漏及水处理等工程。建筑工程中适用于工业与民用建筑的平屋面、上人屋面、蓄水屋面、屋顶花园等的防水；可用于有酸碱或毒品等侵害的场所进行防腐蚀、防毒、防渗工程；适用于基层结构有振动或较大沉降的屋面；适用于地铁、人防地下室、水库、污水池、清水池等防水工程。

本品部分规格的应用范围如下：厚0.5mm，用于工业与民用建筑平屋面防水；厚1.0mm，用于地下主要工程或地上工程；厚1.0~1.5mm，用于有毒的防水池、防腐蚀的地面或池，以及防渗垃圾场等工程。

本品主要技术性能要求应符合 GB 18173.1—2012 国家标准中提出的相关要求。

### 4.1.8 聚乙烯丙纶双面复合防水卷材

聚乙烯丙纶双面复合防水卷材，又称乙丙复合卷材，为表面增强式结构，系由两个增强的表面层与夹在中间的高分子主防水层复合制成。其两个表面层则由强度很高的新型丙纶长丝无纺布构成，中间主防水层可以是单组分片材，也可以使用共混片材，中间主防水层是用新型树脂加入抗老化剂、稳定剂、助粘剂等制成的。

本品具有良好的综合技术性能，机械强度高、耐化学性、耐候性、柔韧性好，线胀小，摩擦系数大，稳定性好，适应温度范围宽，最突出的特点是表面粗糙均匀，易粘接，适合与多种材料粘合，如可与水泥等材料在凝固过程中直接粘合，这是其他防水防渗材料所不具备的性能。因此它可以直接设计使用在水泥材料结构中，也可以直接埋设于砂土中，具有足够的稳定性。

本品可以在环境温度为 −40~60℃ 范围内长期稳定使用；可以在有水的情况下施工敷设；可以应用在建筑屋面防水、地面防潮、保温隔汽、内墙防水装修等；还可以应用在水利堤坝防渗、渠道防渗、池库防渗，以及应用在冶金、化工防污染、防渗、管道防水、矿井防水等。

本品的质量及主要技术性能指标要求应符合 GB 18173. 1—2012 国家标准中提出的相关要求。

### 4.1.9　聚氯乙烯（PVC）防水卷材

聚氯乙烯（PVC）防水卷材是指适用于建筑防水工程用的，以聚氯乙烯（PVC）树脂为主要原料，经捏合、塑化、挤出压延、整形、冷却、检验、分类、包装等工序加工制成的可卷曲的片状防水材料。产品包括无复合层、用纤维单面复合及织物内增强的聚氯乙烯防水卷材。产品已发布了 GB 12953—2011《聚氯乙烯（PVC）防水卷材》国家标准。

本类卷材具有拉伸强度较高、延伸率较大、耐高低温性能好的特点，而且热熔性能好，卷材接缝时，既可采用冷粘法，也可以采用热风焊接法，使其形成接缝粘结牢固、封闭严密的整体防水层。

PVC 树脂可以通过改变增塑剂的加入量被制成软质和硬质 PVC 材料，一般来说，增塑剂加入量 40% 以上（以树脂量计），则为软质制品（当然还与填料的加入量有关）。

PVC 防水卷材目前在世界上是应用最广泛的防水卷材之一，仅次于三元乙丙防水卷材而居第二位。

早期的 PVC 卷材，低温柔性和抗老化性能较差，在低温条件下容易变硬，经长期使用，增塑剂挥发散失，就会随着硬化的同时发生收缩，故往往会导致防水的失败，通过改进增塑剂，添加稳定剂等技术措施，上述问题已得到解决。

软质 PVC 卷材的特点是防水性能良好，低温柔性好，尤其是以癸二酸二丁酯作增塑剂的卷材，冷脆点低达 −60℃。由于 PVC 来源丰富，原料易得，故在聚合物防水卷材中价格比较便宜。PVC 卷材的粘结采用热焊法或溶剂（如四氢呋喃 THF 等）粘结法。无底层 PVC 卷材收缩率较高，达 1.5%~3%，故铺设时必须在四周固定，有增强层类型的 PVC 卷材则无需在四周固定。

本类卷材适用于大型屋面板、空心板做防水层，亦可作刚性层下的防水层及旧建筑物混凝土构件屋面的修缮，以及地下室或地下工程的防水、防潮、水池、贮水槽及污水处理池的防渗，有一定耐腐蚀要求的地面工程的防水、防渗。

1. 产品的分类

聚氯乙烯防水类卷材按其组成分为均质卷材（H）、带纤维背衬卷材（L）、织物内增强卷材（P）、玻璃纤维内增强卷材（G）、玻璃纤维内增强带纤维背衬卷材（GL）。

2．技术要求

（1）尺寸偏差

长度、宽度应不小于规定值的99.5%，厚度不应小于1.20mm，厚度允许偏差和最小单值参见表4-9。

表4-9　聚氯乙烯防水卷材的厚度允许偏差和最小单值

| 厚度/mm | 允许偏差/% | 最小单值/mm |
|---|---|---|
| 1.20 | | 1.05 |
| 1.50 | −5，+10 | 1.35 |
| 1.80 | | 1.65 |
| 2.00 | | 1.85 |

（2）外观

卷材的外观要求其接头不应多于1处，其中较短的一段长度不应少于1.5m，接头应剪切整齐，并加长150mm。卷材其表面应平整，边缘整齐，无裂纹、孔洞、粘结、气泡和疤痕。

（3）理化性能

聚氯乙烯防水卷材的理化性能要求见表4-10。

表4-10　聚氯乙烯防水卷材的理化性能指标（GB 12952—2011）

| 序号 | 项目 | | | 指标 | | | | |
|---|---|---|---|---|---|---|---|---|
| | | | | H | L | P | G | GL |
| 1 | 中间胎基上面树脂层厚度/mm | | ≥ | — | | 0.40 | | |
| 2 | 拉伸性能 | 最大拉力/（N/cm） | ≥ | — | 120 | 250 | — | 120 |
| | | 拉伸强度/MPa | ≥ | 10.0 | — | — | 10.0 | — |
| | | 最大拉力时伸长率/% | ≥ | — | — | 15 | — | — |
| | | 断裂伸长率/% | ≥ | 200 | 150 | — | 200 | 100 |
| 3 | 热处理尺寸变化率/% | | ≤ | 2.0 | 1.0 | 0.5 | 0.1 | 0.1 |
| 4 | 低温弯折性 | | | −25℃无裂纹 | | | | |
| 5 | 不透水性 | | | 0.3MPa，2h不透水 | | | | |
| 6 | 抗冲击性能 | | | 0.5kg·m，不渗水 | | | | |
| 7 | 抗静态荷载[a] | | | — | | 20kg 不渗水 | | |
| 8 | 接缝剥离强度/（N/mm） | | ≥ | 4.0 或卷材破坏 | | 3.0 | | |
| 9 | 直角撕裂强度/（N/mm） | | ≥ | 50 | — | — | 50 | — |
| 10 | 梯形撕裂强度/N | | ≥ | | 150 | 250 | — | 220 |
| 11 | 吸水率（70℃，168h）/% | 浸水后 | ≤ | 4.0 | | | | |
| | | 晾置后 | ≥ | −0.40 | | | | |

| 序号 | 项目 | | 指标 | | | | |
|---|---|---|---|---|---|---|---|
| | | | H | L | P | G | GL |
| 12 | 热老化（80℃） | 时间/h | | | 672 | | |
| | | 外观 | | 无起泡、裂纹、分层、粘结和孔洞 | | | |
| | | 最大拉力保持率/%　≥ | — | 85 | 85 | — | 85 |
| | | 拉伸强度保持率/%　≥ | 85 | — | — | 85 | — |
| | | 最大拉力时伸长率保持率/%　≥ | | | | 80 | |
| | | 断裂伸长率保持率/%　≥ | 80 | 80 | — | 80 | 80 |
| | | 低温弯折性 | | | −20℃无裂纹 | | |
| 13 | 耐化学性 | 外观 | | 无起泡、裂纹、分层、粘结和孔洞 | | | |
| | | 最大拉力保持率/%　≥ | — | 85 | 85 | — | 85 |
| | | 拉伸强度保持率/%　≥ | 85 | — | — | 85 | — |
| | | 最大拉力时伸长率保持率/%　≥ | | | | 80 | |
| | | 断裂伸长率保持率/%　≥ | 80 | 80 | — | 80 | 80 |
| | | 低温弯折性 | | | −20℃无裂纹 | | |
| 14 | 人工气候加速老化[c] | 时间/h | | | 1500[b] | | |
| | | 外观 | | 无起泡、裂纹、分层、粘结和孔洞 | | | |
| | | 最大拉力保持率/%　≥ | — | 85 | 85 | — | 85 |
| | | 拉伸强度保持率/%　≥ | 85 | — | — | 85 | — |
| | | 最大拉力时伸长率保持率/%　≥ | | | | 80 | |
| | | 断裂伸长率保持率/%　≥ | 80 | 80 | — | 80 | 80 |
| | | 低温弯折性 | | | −20℃无裂纹 | | |

a 抗静态荷载仅对用于压铺屋面的卷材要求。

b 单层卷材屋面使用产品的人工气候加速老化时间为 2500h。

c 非外露使用的卷材不要求测定人工气候加速老化。

## 4.1.10　氯化聚乙烯防水卷材

氯化聚乙烯防水卷材是指适用于建筑防水工程用的，以含氯量为 30%～40% 的氯化聚乙烯树脂为主要原料，掺入适量的化学助剂和大量的填充材料，采用塑料或橡胶的加工工艺，经过捏合、塑炼、压延、卷曲、检验、分卷、包装等工序，加工制成的弹塑性防水卷材。其产品包括无复合层、用纤维单面复合及织物内增强的氯化聚乙烯防水卷材。这类卷材由于具有热塑性弹性体的优良性能，加之原材料来源丰富，价格较低、生产工艺较简单，施工方便，故发展迅速，目前在国内属中高档防水卷材。其产品已发布了 GB 12953—2003《氯化聚乙烯防水卷材》国家标准。

本类产品的主要原料是聚乙烯经过氯化改性制成的新型树脂——氯化聚乙烯树脂。该树脂在聚乙烯分子中引入氯原子后，使其结晶度和软化点下降，当含氯量为 30%～40%

时，它不但具有合成树脂的热塑性能，而且还具有橡胶状的弹性。由于氯化聚乙烯分子结构本身的饱和性以及氯原子的存在，使其具有优良的耐候性、耐臭氧和耐油、耐化学药品以及阻燃性能，同时也是一种便于粘结成为整体防水层的可冷粘的新型防水卷材。

氯化聚乙烯一般通过对聚乙烯氯化而成，由于氯化是不规则的，故其可视为乙烯、氯乙烯和二氯乙烯的不规则共聚物，整个分子链都以 σ 键联结，宏观上表现为高弹性。分子链上不含双键，这就决定了其制品的耐臭氧、耐气候性能极佳，因此该类卷材具有优异的耐热、耐老化、耐腐蚀等性能。

氯化聚乙烯防水卷材既具有合成树脂的热塑性，还具有橡胶状弹性体的特征。由于本品具有热塑性的特征，故可采用热风焊施工，粘结力强、不污染环境。

氯化聚乙烯防水卷材适用于各种工业和民用建筑物屋面，各种地下室，其他地下工程以及浴室、卫生间和蓄水池、排水沟、堤坝等防水工程。由于氯化聚乙烯呈塑料性能，耐磨性能很强，故还可作为室内装饰地面的施工材料，兼有防水与装饰作用。

氯化聚乙烯防水卷材适用于屋面作单层外露防水，也适用于有保护层的屋面、地下室或水池等工程的防水。

1. 产品的分类和标记

产品按照有无复合层进行分类，无复合层的为 N 类，用纤维单面复合的为 L 类，织物内增强的为 W 类。每类产品按理化性能分类 I 型和 II 型。

卷材长度规格为 10m、15m、20m；厚度规格为 1.2mm、1.5mm、2.0mm；其他长度、厚度规格可由供需双方商定，但厚度规格不得低于 1.2mm。

产品按其产品名称（代号 CPE 卷材）、外露或非外露使用、类、型、厚度、长×宽、标准号的顺序进行标记，示例，长度 20m、宽度 1.2m、厚度 1.5mm II 型 L 类外露使用的氯化聚乙烯防水卷材的标记为：

CPE 卷材、外露 L II 1.5/20×1.2 GB 12953—2003

2. 技术要求

（1）尺寸偏差

其长度、宽度不小于规定值的 99.5%，厚度偏差和最小单值参见表 4-11。

表 4-11　厚度

| 厚度/mm | 允许偏差/% | 最小单值/mm |
|---|---|---|
| 1.2 | ±0.10 | 1.00 |
| 1.5 | ±0.15 | 1.30 |
| 2.0 | ±0.20 | 1.70 |

（2）外观

卷材的外观，要求其接头不多于 1 处，其中较短的一段长度不少于 1.5m，接头应剪切整齐，并加长 150mm。卷材其表面应平整、边缘整齐、无裂纹、孔洞和粘结，不应有明显的气泡、疤痕。

（3）理化性能要求

N 类无复合层的卷材理化性能应符合表 4-12 的规定；L 类纤维单面复合及 W 类织物

内增强的卷材其理化性能应符合表 4-13 的规定。

**表 4-12　氯化聚乙烯 N 类卷材理化性能**（GB 12953—2003）

| 序号 | 项目 | | I 型 | II 型 |
|---|---|---|---|---|
| 1 | 拉伸强度/MPa， | ≥ | 5.0 | 8.0 |
| 2 | 断裂伸长率/%， | ≥ | 200 | 300 |
| 3 | 热处理尺寸变化率/%， | ≤ | 3.0 | 纵向 2.5<br>横向 1.5 |
| 4 | 低温弯折性 | | −20℃无裂纹 | −25℃无裂纹 |
| 5 | 抗穿孔性 | | 不渗水 | |
| 6 | 不透水性 | | 不透水 | |
| 7 | 剪切状态下的粘合性/（N/mm）　≥ | | 3.0 或卷材破坏 | |
| 8 | 热老化处理 | 外观 | 无起泡、裂纹、粘结与孔洞 | |
| | | 拉伸强度变化率/% | +50<br>−20 | ±20 |
| | | 断裂伸长率变化率/% | +50<br>−30 | ±20 |
| | | 低温弯折性 | −15℃无裂纹 | −20℃无裂纹 |
| 9 | 耐化学侵蚀 | 拉伸强度变化率/% | ±30 | ±20 |
| | | 断裂伸长率变化率/% | ±30 | ±20 |
| | | 低温弯折性 | −15℃无裂纹 | −20℃无裂纹 |
| 10 | 人工气候加速老化 | 拉伸强度变化率/% | +50<br>−20 | ±20 |
| | | 断裂伸长率变化率/% | +50<br>−30 | ±20 |
| | | 低温弯折性 | −15℃无裂纹 | −20℃无裂纹 |

注：非外露使用可以不考核人工气候加速老化性能。

**表 4-13　氯化聚乙烯 L 类及 W 类理化性能**　（GB 12953—2003）

| 序号 | 项目 | | I 型 | II 型 |
|---|---|---|---|---|
| 1 | 拉力/（N/cm） | ≥ | 70 | 120 |
| 2 | 断裂伸长率/% | ≥ | 125 | 250 |
| 3 | 热处理尺寸变化率/% | ≤ | 1.0 | |
| 4 | 低温弯折性 | | −20℃无裂纹 | −25℃无裂纹 |
| 5 | 抗穿孔性 | | 不渗水 | |
| 6 | 不透水性 | | 不透水 | |
| 7 | 剪切状态下的粘合性/（N/mm） | L 类 | 3.0 或卷材破坏 | |
| | | W 类 | 6.0 或卷材破坏 | |

| 序号 | 项目 | | | I 型 | II 型 |
|---|---|---|---|---|---|
| 8 | 热老化处理 | 外观 | | 无起泡、裂纹、粘结与孔洞 | |
| | | 拉力/(N/cm) | ≥ | 55 | 100 |
| | | 断裂伸长率/% | ≥ | 100 | 200 |
| | | 低温弯折性 | | −15℃无裂纹 | −20℃无裂纹 |
| 9 | 耐化学侵蚀 | 拉力/(N/cm) | ≥ | 55 | 100 |
| | | 断裂伸长率/% | ≥ | 100 | 200 |
| | | 低温弯折性 | | −15℃无裂纹 | −20℃无裂纹 |
| 10 | 人工气候加速老化 | 拉力/(N/cm) | ≥ | 55 | 100 |
| | | 断裂伸长率/% | ≥ | 100 | 200 |
| | | 低温弯折性 | | −15℃无裂纹 | −20℃无裂纹 |

注：非外露使用可以不考核人工气候加速老化性能。

### 4.1.11 三元丁橡胶防水卷材

三元丁橡胶防水卷材系以废旧丁基橡胶为主要原料，加入丁酯作改性剂，丁醇作促进剂加工制成的高分子合成橡胶无胎卷材，简称三元丁卷材。该卷材的性能稳定，具有质量轻、弹性大、耐高低温、耐化学腐蚀及绝缘性能好等优点，用其维修旧的油毡屋面，可以不拆除原防水层而直接粘贴该类卷材，施工方便，工程造价也较低，适用于工业与民用建筑及构筑物的防水，尤其适用于寒冷及温差变化较大地区的防水工程。该产品已发布了JC/T 645—2012建材行业标准。

1. 产品的分类

产品规格见表4-14。

**表4-14　三元丁橡胶防水卷材的规格尺寸（JC/T 645—2012）**

| 厚度/mm | 宽度/mm | 长度/m |
|---|---|---|
| 1.2, 1.5 | 1000 | 20, 10 |
| 2.0 | 1000 | 10 |

注：其他规格尺寸由供需双方协商确定

产品按物理力学性能分为I型和II型。

2. 一般要求

产品不应对人体、生物与环境产生有害影响，所涉及生产与使用有关的安全与环保要求应符合我国国家标准和规范的规定。

3. 技术要求

（1）产品尺寸允许偏差

产品尺寸允许偏差应符合表4-15的规定。

表 4-15　尺寸允许偏差（JC/T 645—2012）

| 项目 | 允许偏差 |
|---|---|
| 厚度/mm | ±0.1 |
| 长度/m | 不允许出现负值 |
| 宽度/mm | 不允许出现负值 |

注：1.2mm 厚规格不允许出现负偏差。

（2）外观质量

1）成卷卷材应卷紧卷齐，端面里进外出不得超过 10mm。

2）成卷卷材在环境温度为低温弯折性规定的温度以上时应易于展开。

3）卷材表面应平整，不允许有孔洞、缺边、裂口和夹杂物。

4）每卷卷材的接头不应超过一个。较短的一段长度不应少于 2.5m，接头处应剪整齐，并加长 150mm。

（3）物理力学性能

物理力学性能应符合表 4-16 的规定。

表 4-16　物理力学性能（JC/T 645—2012）

| 序号 | 项目 | | | 技术指标 | |
|---|---|---|---|---|---|
| | | | | Ⅰ型 | Ⅱ型 |
| 1 | 不透水性 | | | 0.3MPa，90min 不透水 | |
| 2 | 拉伸性能 | 纵向拉伸强度/MPa | ≥ | 2.0 | 2.2 |
| | | 纵向断裂伸长率/% | ≥ | 150 | 220 |
| 3 | 低温弯折性 | | | −30℃，无裂纹 | |
| 4 | 耐碱性[饱和 Ca(OH)₂，168h] | 纵向拉伸强度保持率/% | ≥ | 80 | |
| | | 纵向断裂伸长率保持率/% | ≥ | 80 | |
| 5 | 热老化处理（80℃，168h） | 纵向拉伸强度保持率/% | ≥ | 80 | |
| | | 纵向断裂伸长率保持率/% | ≥ | 70 | |
| 6 | 热处理尺寸变化率/% | 收缩 | ≤ | 4 | |
| | | 伸长 | ≤ | 2 | |
| 7 | 人工加速气候老化（594h） | 外观 | | 无裂纹，无气泡，不粘结 | |
| | | 纵向拉伸强度保持率/% | ≥ | 80 | |
| | | 纵向断裂伸长率保持率/% | ≥ | 70 | |
| | | 低温弯折性 | | −20℃，无裂纹 | |

#### 4.1.12 氯化聚乙烯-橡胶共混防水卷材（CPBR）

氯化聚乙烯-橡胶共混防水卷材是以氯化聚乙烯树脂和合成橡胶共混为主体，加入适量的硫化剂、促进剂、稳定剂、软化剂和填充剂等，经过素炼、混炼、压延（或挤出）成型、硫化、检验、分卷、包装等工序加工制成的高弹性防水卷材。

这种防水卷材兼有塑料和橡胶的特点，它不但具有氯化聚乙烯所特有的高强度和优异耐臭氧、耐老化性能，而且具有橡胶类材料的高弹性、高延伸性以及良好的低温柔韧性能。

本类防水卷材的主要特征如下：

（1）耐老化性能优异。氯化聚乙烯-橡胶共混防水卷材具有优异的耐老化性能，在 $10cm^3/m^3$ 的高浓度臭氧环境中，使卷材处于拉伸100%的受力状态下，经165h处理后，试件仍无裂纹出现。

（2）具有良好的粘结性能和阻燃性能。采用含氯量为30%～40%的氯化聚乙烯树脂作为共混改性体系的主要原料，由于氯原子的存在，大大提高了共混卷材的粘结性能和阻燃性能，使该卷材本身成为一种易粘结材料。多种氯丁系胶粘剂均可实现卷材与卷材、卷材与基层之间的粘结，便于形成弹性整体的防水层，提高了防水工程的可靠程度。

（3）拉伸强度高、伸长率大。此类卷材属硫化型橡胶类弹性体防水卷材，具有拉伸强度高、伸长率大的特性。因此，对基层伸缩或开裂变形的适应性较强，为提高防水工程质量和延长防水层的使用寿命，创造了条件。

（4）具有良好的高低温特性。此类卷材能在 $-40\sim80℃$ 温度范围内正常使用，高低温性能良好。

（5）稳定性好，使用寿命长。氯化聚乙烯分子结构的主链上以单键连接，属高饱和稳定结构，不易受紫外光影响，也不易和大气中的臭氧、化学介质起反应。故此类卷材具有良好的耐油、耐酸碱、耐臭氧等性能，在大气中稳定性好，使用寿命长。

（6）施工方便简单。此类卷材采用冷粘法施工，配套材料少，工艺简单，操作方便，安全、工效高，施工质量易于保证。

氯化聚乙烯-橡胶共混防水卷材最适宜用单层冷粘外露防水施工法作屋面的防水层，也适用于有保护层的屋面或楼地面、地下、游泳池、隧道、涵洞等中高档建筑防水工程。

目前，我国已发布了适用于氯化聚乙烯-橡胶共混、无织物增强的硫化型防水卷材的JC/T 684—1997建材行业标准《氯化聚乙烯-橡胶共混防水卷材》。

1. 产品的分类和标记

产品按物理力学性能分为S型、N型两种类型。

其规格尺寸见表4-17。

表4-17 规格尺寸

| 厚度/mm | 宽度/mm | 长度/m |
|---|---|---|
| 1.0, 1.2, 1.5, 2.0 | 1000, 1100, 1200 | 20 |

产品按下列顺序标记：产品名称、类型、厚度、标准号。

标记示例：

厚度 1.5mm S 型氯化聚乙烯 – 橡胶共混防水卷材标记为：

CPBR S 1.5 JC/T 684

2. 技术要求

（1）外观质量

表面平整，边缘整齐。

表面缺陷应不影响防水卷材使用，并符合表 4-18 的规定。

表 4-18　外观质量（JC/T 684—1997）

| 序号 | 项目 | 外规质量要求 |
|------|------|------|
| 1 | 折痕 | 每卷不超过 2 处，总长不大于 20mm |
| 2 | 杂质 | 不允许有大于 0.5mm 颗粒 |
| 3 | 胶块 | 每卷不超过 6 处，每处面积不大于 4mm$^2$ |
| 4 | 缺胶 | 每卷不超过 6 处，每处不大于 7mm$^2$，深度不超过卷材厚度的 30% |
| 5 | 接头 | 每卷不超过 1 处，短段不得少于 3.0m，并应加长 150mm 备作搭接 |

（2）尺寸偏差

应符合表 4-19 的规定。

表 4-19　尺寸偏差（JC/T 684—1997）

| 厚度允许偏差/% | 宽度与长度允许偏差 |
|------|------|
| +15<br>−10 | 不允许出现负值 |

（3）物理力学性能

应符合表 4-20 的规定。

表 4-20　物理力学性能（JC/T 684—1997）

| 序号 | 项目 | | 指标 | |
|------|------|------|------|------|
| | | | S 型 | N 型 |
| 1 | 拉伸强度/MPa | ≥ | 7.0 | 5.0 |
| 2 | 断裂伸长率/% | ≥ | 400 | 250 |
| 3 | 直角形撕裂强度/(kN/m) | ≥ | 24.5 | 20.0 |
| 4 | 不透水性（30min） | | 0.3MPa 不透水 | 0.2MPa 不透水 |
| 5 | 热老化保持率<br>（80℃±2℃，168h） | 拉伸强度/% ≥ | 80 | |
| | | 断裂伸长率/% ≥ | 70 | |

续表

| 序号 | 项目 | | 指标 | |
|---|---|---|---|---|
| | | | S 型 | N 型 |
| 6 | 脆性温度/℃ ≤ | | −40 | −20 |
| 7 | 臭氧老化 500pphm，168h×40℃，静态 | | 伸长率40%<br>无裂纹 | 伸长率20%<br>无裂纹 |
| 8 | 粘结剥离强度<br>（卷材与卷材） | kN/m ≥ | 2.0 | |
| | | 浸水 168h，保持率/% ≥ | 70 | |
| 9 | 热处理尺寸变化率/% ≤ | | +1<br>−2 | +2<br>−4 |

### 4.1.13 氯磺化聚乙烯–丙烯酸（CSM-MMA）防水卷材

氯磺化聚乙烯–丙烯酸（CSM-MMA）防水卷材是以氯磺化聚乙烯、丙烯酸酯为基料，经混炼压延而成的防水卷材。

该卷材可耐高温100℃，低温 −30℃不脆裂，耐老化，应变性好。具有造价低、施工方便、无污染等优点。适用于建筑物屋面、炼钢厂房、化工厂耐酸墙体、桥梁、公路、人行道、运动场跑道、地下室和一般性防腐、管道、伸缩缝及较大工程的防水、防潮。

氯磺化聚乙烯–丙烯酸防水卷材采用单组分胶粘剂为基层胶粘剂，以丙烯酸白色或彩色涂料做保护层，以机械法施工。

### 4.1.14 TPO 防水卷材

TPO 防水卷材是以三元乙丙橡胶和聚乙烯或聚丙烯等原料为基料，采用机械共混，动态硫化等工艺制成的一种热塑性聚烯烃片状防水材料。其产品已发布了 GB 27789—2011《热塑性聚烯烃（TPO）防水卷材》国家标准。

TPO 防水卷材的性能特点是，采用先进的聚合技术和特殊配方，不加任何增塑剂，可保持制品长期的耐候性；在制品的面层和底层间加入一层聚酯纤维来增强，则具有高断裂强度、撕裂强度和抗刺穿强度；该材料在加热情况下呈塑性，可采用塑料加工的设备和工艺来制造，在使用温度范围内呈橡胶状弹性防水片材；该卷材中含有一定量的三元乙丙橡胶，故具有良好的耐臭氧和耐老化性能，使用寿命长，可以冷施工，低温柔性好，在 −30℃条件下，仍具有柔韧性，故可以在较低温度环境下进行施工，质量轻，施工简便，价格比三元乙丙片材便宜30%；产品采用热焊接工艺，能形成优于采用其他卷材拼接工艺形成的接缝，其焊接缝表面光滑、连续、均匀；白面黑底和灰黑底增强卷材，具有较高的反射率，卷材由于不含氯化聚合物和氯气，因而有利于环境保护和施工的安全。

TPO 防水卷材适用于作屋面工程的单层外露防水层，也适用于有保护层的屋面、地下室、蓄水池等建筑工程的防水。

TPO 防水卷材的长度、宽度不应小于规格值的99.5%，厚度不应小于1.20mm，厚度允许偏差和最小单值见表4-21。卷材的外观质量要求：卷材的接头不应多于1处，其较短的一段长度不应少于1.5m，接头应剪切整齐，并应加长150mm；卷材表面应平整，边缘整齐，无裂纹、孔洞、粘结、气泡和疤痕，卷材耐候面（上表面）宜为浅色卷材。技术性能指标见表4-22。

**表4-21　厚度允许偏差**（GB 27789—2011）

| 厚度/mm | 允许偏差/% | 最小单值/mm |
|---|---|---|
| 1.20 | | 1.05 |
| 1.50 | −5，+10 | 1.35 |
| 1.80 | | 1.65 |
| 2.00 | | 1.85 |

**表4-22　技术性能指标**（GB 27789—2011）

| 序号 | 项目 | | | 指标 | | |
|---|---|---|---|---|---|---|
| | | | | H | L | P |
| 1 | 中间胎基上面树脂层厚度/mm | | ≥ | — | — | 0.40 |
| 2 | 拉伸性能 | 最大拉力/（N/cm） | ≥ | — | 200 | 250 |
| | | 拉伸强度/MPa | ≥ | 12.0 | — | — |
| | | 最大拉力时伸长率/% | ≥ | — | — | 15 |
| | | 断裂伸长率/% | ≥ | 500 | 250 | — |
| 3 | 热处理尺寸变化率/% | | ≤ | 2.0 | 1.0 | 0.5 |
| 4 | 低温弯折性 | | | −40℃无裂纹 | | |
| 5 | 不透水性 | | | 0.3MPa，2h不透水 | | |
| 6 | 抗冲击性能 | | | 0.5kg·m，不渗水 | | |
| 7 | 抗静态荷载[a] | | | — | — | 20kg不渗水 |
| 8 | 接缝剥离强度/（N/mm） | | ≥ | 4.0或卷材破坏 | 3.0 | |
| 9 | 直角撕裂强度/（N/mm） | | ≥ | 60 | | |
| 10 | 梯形撕裂强度/N | | ≥ | — | 250 | 450 |
| 11 | 吸水率（70℃×168h）/% | | ≤ | 4.0 | | |
| 12 | 热老化（115℃） | 时间/h | | 672 | | |
| | | 外观 | | 无起泡、裂纹、分层、粘结和孔洞 | | |
| | | 最大拉力保持率/% | ≥ | — | 90 | 90 |
| | | 拉伸强度保持率/% | ≥ | 90 | — | — |
| | | 最大拉力时伸长率保持率/% | ≥ | — | — | 90 |
| | | 断裂伸长率保持率/% | ≥ | 90 | 90 | — |
| | | 低温弯折性 | | −40℃无裂纹 | | |

续表

| 序号 | 项目 | | | 指标 | | |
|---|---|---|---|---|---|---|
| | | | | H | L | P |
| 13 | 耐化学性 | 外观 | | 无起泡、裂纹、分层、粘结和孔洞 | | |
| | | 最大拉力保持率/% | ≥ | — | 90 | 90 |
| | | 拉伸强度保持率/% | ≥ | 90 | — | — |
| | | 最大拉力时伸长率保持率/% | ≥ | — | — | 90 |
| | | 断裂伸长率保持率/% | ≥ | 90 | 90 | — |
| | | 低温弯折性 | | −40℃无裂纹 | | |
| 14 | 人工气候加速老化 | 时间/h | | 1500[b] | | |
| | | 外观 | | 无起泡、裂纹、分层、粘结和孔洞 | | |
| | | 最大拉力保持率/% | ≥ | — | 90 | 90 |
| | | 拉伸强度保持率/% | ≥ | 90 | — | — |
| | | 最大拉力时伸长率保持率/% | ≥ | — | — | 90 |
| | | 断裂伸长率保持率/% | ≥ | 90 | 90 | — |
| | | 低温弯折性 | | −40℃无裂纹 | | |

a 抗静态荷载仅对用于压铺屋面的卷材要求。

b 单层卷材屋面使用产品的人工气候加速老化时间为2500h。

增强的TPO膜可采用压延层合法、挤出层合法或挤出涂布法制造，在所有的TPO制造方法中，混料都应加热到高温以便进行成型和增强，多数TPO膜是以聚酯、玻纤或两者复合增强的，也有非增强的。

### 4.1.15 带自粘层的合成高分子防水卷材

在表面覆以自粘层的冷施工的一类防水卷材称其为带自粘层的防水卷材，根据其材质的不同，可分为带自粘层的聚合物改性沥青防水卷材和带自粘层的合成高分子防水卷材。此类产品已发布了GB/T 23260—2009《带自粘层的防水卷材》国家标准。带自粘层的合成高分子防水卷材的产品分类和标记、产品的技术要求等详见3.1.4节。

### 4.1.16 特种合成高分子防水卷材

特种合成高分子防水卷材是指其具有某些特种性能的一类防水卷材。

#### 4.1.16.1 预铺/湿铺高分子防水卷材

预铺/湿铺防水类卷材是指采用后浇混凝土或采用水泥砂浆拌合物粘结的一类防水卷材，根据其主体材料的不同，可分为沥青基聚酸酯防水类卷材和高分子防水卷材。此类产品已发布了GB/T 23457—2009《预铺/湿铺防水类卷材》国家标准。预铺/湿铺高分子防水类卷材的产品分类、规格和标记、产品的技术要求等详见3.1.6节。

#### 4.1.16.2 种植屋面用高分子类耐根穿刺防水卷材

种植屋面用耐根穿刺防水卷材是一类适用于种植屋面使用的具有耐根穿刺能力的防水卷材，根据其材质的不同可分为改性沥青类、塑料类和橡胶类（高分子类）。此类产品已发布了 JC/T 1075—2008《种植屋面用耐根穿刺防水卷材》建材行业标准。种植屋面用塑料类和橡胶类（高分子类）耐根穿刺防水卷材的产品分类和标记，产品的技术要求等详见3.1.13 节。

### 4.1.16.3 承载防水卷材

承载防水卷材是指以水泥材料与工程主体混凝土粘合，粘合结构耐久稳定，并能够承受工程的切向剪切力、法向拉力、侧向剥离力的复合高分子防水卷材。主要用于地下防水、隧道防水、路桥防水、衬砌工程、屋面防水等。承载防水卷材是近几年发展成型的一种具备承载功能的新型防水材料，该产品已发布 GB/T 21897—2008《承载防水卷材》国家标准。

该类产品的技术要求如下：

（1）产品规格尺寸及允许偏差见表4-23，特殊规格则由供需双方商定。

表4-23 规格尺寸及允许偏差（GB/T 21897—2000）

| 项目 | 厚度 | 宽度 | 长度/m |
| --- | --- | --- | --- |
| 公称尺寸 | ≥1.0mm | ≥1.0m | |
| 允许偏差 | ±10% | ±1% | 不允许出现负值 |

（2）卷材每卷块数允许有两块，最小块长度应不小于10m。

（3）卷材外观质量要求表面应平整，色泽均匀（漫射光照），为黑色，表面不能有影响使用性能的杂质、机械损伤、折痕及异常粘着等缺陷。

（4）物理性能要求应符合表4-24提出的要求。

表4-24 承载卷材的物理性能 （GB/T 21897—2008）

| 序号 | 项目 | | | 指标 |
| --- | --- | --- | --- | --- |
| 1 | 断裂拉伸强度（纵/横）/(N/cm) | | ≥ | 60 |
| 2 | 拉断伸长率（纵/横）/% | | ≥ | 20 |
| 3 | 不透水性（30min，0.6MPa） | | | 无渗漏 |
| 4 | 撕裂强度（纵/横）/N | | ≥ | 75 |
| 5 | 承载性能 | 正拉强度/MPa | ≥ | 0.7 |
| | | 剪切强度/MPa | ≥ | 1.3 |
| | | 剥离强度/MPa | ≥ | 0.4 |
| 6 | 复合强度/(N/mm) | | ≥ | 1.0 |
| 7 | 低温弯折（纵/横） | | | −20℃，对折无裂纹 |
| 8 | 加热伸缩量（纵/横）/mm | 延伸 | ≤ | 2 |
| | | 收缩 | ≤ | 4 |
| 9 | 热空气老化（纵/横）（80℃×168h） | 断裂拉伸强度保持率/% | ≥ | 65 |
| | | 拉断伸长率保持率/% | ≥ | 65 |

| 序号 | 项目 | | 指标 |
|---|---|---|---|
| 10 | 耐碱性（纵/横）<br>[10% Ca(OH)$_2$，<br>23℃×168h] | 断裂拉伸强度保持率/% ≥ | 65 |
| | | 拉断伸长率保持率/% ≥ | 65 |
| 11 | 粘接剥离强度/(N/mm) ≥ | | 2.0 |

## 4.2 合成高分子防水卷材的常用原材料

### 4.2.1 基料（合成橡胶、合成树脂）

**1. 乙丙橡胶**

乙丙橡胶是以乙烯和丙烯为主要单体定向共聚的高分子弹性体，有二元乙丙橡胶和三元乙丙橡胶两大系列。二元乙丙橡胶是乙烯和丙烯的共聚体，其分子链段结构如下：

$$\sim\sim\sim CH_2-\underset{\underset{CH_3}{|}}{CH}-CH_2\sim\sim\sim$$

二元乙丙橡胶结构完全是饱和的，与天然橡胶、丁苯橡胶、顺丁橡胶等不饱和橡胶相比，二元乙丙橡胶不能用硫磺体系进行硫化，只能用过氧化物进行硫化。由于它的这种结构，使得二元乙丙橡胶具有卓越的耐候性、耐臭氧性、耐热性、耐日光性、耐紫外线性和化学稳定性；又由于为非极性橡胶，它还具有良好的耐水性、电绝缘性等。

三元乙丙橡胶除乙烯和丙烯外，还加入了少量的二烯烃类的单体，比如乙叉降冰片烯、双环戊二烯、1，4–己二烯等。双环戊二烯型三元乙丙橡胶（DCPD-EPDM）的结构式如下：

$$-\!\!\left[(CH_2-CH_2)_x\ CH-CH_2\right)_y\ (CH-CH)_x\right]_n-$$
$$\underset{CH_3}{|}$$

由结构式可以看出，三元乙丙橡胶虽然增加了第三单体，但是其主链仍然是完全饱和的，其不饱和度是很低的，所以三元乙丙橡胶克服了二元乙丙橡胶不能硫化的缺点，且仍保留了二元乙丙橡胶的卓越的性能。但是由于不饱和度较低，其硫化速度无法与二烯烃类橡胶材相比。

目前三元乙丙橡胶已被大量用于防水片材，而二元乙丙橡胶则主要用作沥青改性材料。三元乙丙橡胶的特点是耐气候性、耐氧化性、耐臭氧性、耐水性及绝缘性能优良，但缺点是抗撕裂性差，硫化速度慢。为此，常常在二元乙丙橡胶中掺入丁基橡胶，还有可将乙丙橡胶进行改性以得到性能更优异的改性乙丙橡胶。其改性方法主要是将乙丙橡胶进行溴化、氯化、氯磺化、接枝丙烯腈或丙烯酸酯等。

溴化乙丙橡胶是用溴化物对乙丙橡胶进行改性而得，经过溴化的乙丙橡胶可以使硫化速度加快，粘结性能增加。氯化乙丙橡胶是将气态氯通入三元乙丙橡胶溶液而制得的，氯的引入提高了橡胶的粘结性能、耐油性、耐燃性，力学性能提高，硫化速度增加。氯磺化乙丙橡胶是将三元乙丙橡胶溶于四氯化碳中，在引发剂的作用下，加入氯气和二氧化硫而制得，可以提高乙丙橡胶的粘结性、耐油性、耐燃性、力学性能等。丙烯腈或丙烯酸酯改性的乙丙橡胶在耐油、耐化学腐蚀、耐老化、耐高低温性能及加工性等方面均有改善。

2. 氯丁橡胶

氯丁橡胶是由 2-氯丁二烯在乳液状态下聚合而成的。其分子量随不同的品种而异，一般在 20000～950000 之间。氯丁二烯在聚合过程中生成反式-1，4 及/顺式 – 1，4、顺式-1，2、顺式-3，4 四种结构的聚合体。

氯丁橡胶由于分子链中含氯，因而具有极性，其极性在通用橡胶中仅次于丁腈橡胶。它具有耐老化、耐热、耐油及耐化学腐蚀性好的特点。氯丁橡胶的耐老化性能是很优越的，主要表现在其有良好的耐候性及耐臭氧性；氯丁橡胶的耐热性也很好，能在 150℃ 下短期使用，在 90～110℃ 能使用 4 个月之久。其耐燃性能也相当好。

氯丁橡胶也有一些自身的缺点，比如：由于氯丁橡胶分子结构的规整性，无论生胶或硫化胶在低温下都具有明显的结晶倾向，致使变硬而无法使用，但是温度升至 60～70℃ 时，其结晶现象就会消失，氯丁橡胶的另一缺点是贮存稳定性差，在贮存过程中它会逐渐"自流"，硫化速度加快，且有发臭现象出现。

根据制造中采用的调节剂、橡胶的结晶程度、门尼黏度及污染程度可将氯丁橡胶分为粘接型氯丁橡胶、氯丙橡胶、高反式氯丁橡胶、膏状氯丁橡胶等。

粘接型氯丁橡胶具有良好的粘合性能，一般为褐色片状，其结晶程度高，结晶速度快，内聚力较大，有较高的粘合强度，胶膜硬度高，但热稳定性差。室温硫化的粘接型氯丁橡胶，可用 NA-22 或二苯基硫橡胶作硫化剂，硫化速度较快；另外，促进剂 808 或 833 也可以作胶浆的硫化剂，不过硫化速度较慢。补强填充剂能提高胶浆的强度和耐热性能，常用的补强剂有炭黑、陶土、碳酸钙、白炭黑等。粘接型橡胶微溶于丙酮、甲乙酮、醋酸丁酯和醋酸戊酯等有机溶剂。

氯丙橡胶是 2-氯-1，3-丁二烯和丙烯腈的非硫调节共聚物，丙烯腈含有量为 10% 和 20% 两种，通常称为氯丙 – 10 和氯丙 – 20 橡胶，其保留了氯丁橡胶的特性，又增强了耐油性能。

反式结构的氯丁橡胶结晶度非常高，常温下硬度很大，但是 100℃ 后的门尼黏度平均在 20～30 之间，且加工方便。其可与苯酚树脂、萜烯树脂、古巴隆等树脂并用。

膏状氯丁橡胶在 54℃ 以下因结晶而为固体，但温度稍微升高就迅速变为液体，这种氯丁橡胶主要用作其他氯丁橡胶的粘结剂等。

3. 氯磺化聚乙烯橡胶

氯磺化聚乙烯为白色海绵状固体，是聚乙烯的衍生物。将聚乙烯溶于 $CCl_4$ 中，在一定温度下，用 $Cl_2$ 和 $SO_2$ 混合气体进行氯化和氯磺酰化后，其结构的规整性被破坏，而变为在常温下柔软而有弹性的氯磺化聚乙烯橡胶，其结构式如下：

$$\left[\ \left[\ (CH_2)_m\ \underset{Cl}{CH}\ \right]_x\ \underset{SO_2Cl}{CH}\ \right]_n$$

式中 $x$ 值约为 12，$n$ 值约为 17。氯和亚磺酰氯基主要加成到仲碳上，而且大多数相隔两个或两个以上的—$CH_2$—基上，但有时也有其他类型的加成情况。

氯磺化聚乙烯橡胶的性能决定于原料聚乙烯的分子量、氯和硫的相对含量。其中聚乙烯的分子量对氯磺化聚乙烯的性能影响较大：分子量过低则成品的黏着性大，扩张强度低；氯磺化聚乙烯的物理机械性能随着聚乙烯的分子量的增加而提高，但是当聚乙烯的分子量增加到一定程度后对氯磺化聚乙烯的性能影响甚微。因此，一般采用的聚乙烯的分子量在 2 万~10 万之间。聚乙烯的分子结构中引入了氯，在保持了聚乙烯的优良的性能的同时，消除了分子结晶性，得到了柔软且易加工的弹性体。氯磺化聚乙烯的氯含量在 27%~45% 之间，弹性最好时的含氯量一般为 37% 左右。二氧化硫在其中的作用也很大，它可与氯结合，在氯磺化聚乙烯中形成亚磺化酰氯基，以便借助这个基团形成交联结合，所以硫的含量对胶料的硫化性能有很大的影响，其含量一般在 1.5% 以下。

氯磺化聚乙烯橡胶是一种强度低、有黏性的聚合物，其密度约为 $1.1 g/cm^3$，易溶于芳香烃及氯代烃，在酮、酯、环醚中的溶解度较低，不溶于酸、脂肪烃、一元醇和二元醇。其虽然可以在潮湿的热空气中贮存半年之久，但是在 121℃ 或更高的温度下连续加热数小时，亚磺酰氯基会发生裂解，使聚合物溶解度增大，并使硫化胶性能降低。所以生胶最好贮存在干燥的环境中。

氯磺化聚乙烯橡胶与其他橡胶相比，有两个基本特点：氯磺化聚乙烯橡胶有较大的热塑性，因此它可用普通设备加工，且不必进行塑炼；氯磺化聚乙烯橡胶的化学结构是完全饱和的，结构的饱和性使其具有许多特性，其硫化机理也有所不同。

其优良性能有：抗臭氧性能优异，用其所得的制品不需要添加任何抗臭氧剂；耐热性能好，只要添加适当的防老剂其耐热温度可达 150℃；耐化学性能良好，其耐化学药品性能见表 4-25；耐候性能十分优良，特别是在配用适当紫外线遮蔽剂的场合；低温性能好，在 -40℃ 下能保持一定的屈挠性能，在 -56℃ 以下才开始变硬；物理机械性能良好，其不用炭黑补强即具有 $200 kg/cm^2$ 以上强度；耐燃性好，由于其中含有氯，故不会延燃，是一种仅次于氯丁橡胶的耐燃胶。

**表 4-25 氯磺化聚乙烯的耐化学药品性能**

| 化学药品 | 浓度，质量分数/% | 温度/℃ | 化学药品 | 浓度，质量分数/% | 温度/℃ |
|---|---|---|---|---|---|
| 氨 | 液态、无水 | 室温 | 甲醇 | — | 室温 |
| 金属铬液 | — | 60 | 矿物油 | — | 室温 |
| 铬酸 | 50 | 93 | 马达油（SAE₁₀） | — | 室温 |
| 铬酸 | 浓 | 室温 | 硝酸 | ≤20 | 70 |
| 棉油 | — | 室温 | 硝酸 | 70 | 室温 |
| 癸二酸二乙酯 | — | 室温 | 硝酸 | 85 | 93 |
| 甲醚 | — | 室温 | 酰洗液 | 硝酸 20%，氢氟酸 4% | 70 |
| 乙二醇 | — | 70 | 氢氧化钾 | 浓 | 室温 |
| 氯化铁 | 15 | 93 | 重铬酸钠 | 20 | 室温 |
| 氯化铁 | 饱和 | 室温 | 氢氧化钠 | 20 | 93 |

续表

| 化学药品 | 浓度，质量分数/% | 温度/℃ | 化学药品 | 浓度，质量分数/% | 温度/℃ |
|---|---|---|---|---|---|
| 甲醛 | 37 | 室温 | 氢氧化钠 | 50 | 70 |
| 氟利昂-12 | — | 室温 | 次氯酸钠 | 20 | 93 |
| 盐酸 | 37 | 50 | 氯化亚锡 | 15 | 93 |
| 盐酸 | 48 | 70 | 二氧化硫 | 液态 | 室温 |
| 过氧化氢 | 50 | 100 | 硫酸 | ≤50 | 93 |
| 过氧化氢 | 88.5 | 室温 | 硫酸 | ≤80 | 70 |

4. 氯化聚乙烯橡胶

氯化聚乙烯是一种白色颗粒状的弹性体，可采用水相悬浮法、溶液法和固相法使聚乙烯氯化得到，亚乙基链节中，氢被一个氯或两个氯所取代的聚合物，其结构式如下：

$$\left[\hspace{-0.2em}+CH_2\hspace{-0.2em}\right]_n \left[\begin{array}{c} CH \\ | \\ Cl \end{array}\right]_m$$

氯化聚乙烯按其原料聚乙烯的结构、分子量、含氯量等的不同，以及结晶程度的不同，可以得到不同物性的品种。作为弹性体的氯化聚乙烯的含氯量在25%~45%之间。由于氯化聚乙烯是主链上没有双键的含氯聚合物，故其具有的良好的耐候性、抗臭氧性、阻燃性、抗冲击性、耐化学药品性和耐油性等。

氯化聚乙烯价格低廉、应用广泛，它可以与各种橡胶并用：可与天然橡胶并用，改善天然橡胶撕裂强度、定伸应力、硬度等力学性能，同时可以提高耐臭氧性和耐油性；与丁苯橡胶并用，可提高其硫化胶的耐臭氧、耐热老化、耐磨耗及耐油性能；与三元乙丙橡胶并用，改善了压出、粘合等加工性能，提高了拉伸强度和耐磨耗性能；与氯磺化聚乙烯并用，可以降低生产成本；与氯丁橡胶并用可以提高耐臭氧性能、力学性能，降低成本。

近年来还出现了许多氯化聚乙烯的新品种，如甲基丙烯酸甲酯-氯化聚乙烯-苯乙烯共聚物、丙烯腈-氯化聚乙烯-甲基丙烯酸甲酯共聚物、丙烯腈-氯化聚乙烯-苯乙烯共聚物等。这些共聚改性品种都在不同程度上改善了单一聚合物性能上的不足，得到了广泛的应用。

5. 丁基橡胶

丁基橡胶是黄白色黏弹固体，是以异丁烯和少量异戊二烯为单体，采用三氯化铝或三氟化硼作催化剂，在低温下（-95℃）进行聚合的共聚物，其结构式如下：

$$n\underset{CH_3}{\overset{CH_3}{C}}\!\!=\!CH_2+mCH_2\!\!=\!\underset{}{\overset{CH_3}{C}}\!\!-\!CH\!=\!CH_2 \xrightarrow{AlCl_3或BF_3} \sim\sim\left(\!\!\underset{CH_3}{\overset{CH_3}{C}}\!\!-CH_2\right)_{\!m}\!\!\left(CH_2\!-\!\underset{}{\overset{CH_3}{C}}\!=\!CH_2\!-\!CH_2\right)_{\!m}\!\!\sim\sim$$

共聚物中异戊二烯的含量只为异丁烯的1.5%~4.5%，所以丁基橡胶的饱和度较高，因此丁基橡胶具有极好的耐候性、耐热性、耐臭氧性、耐化学腐蚀性。又由于丁基橡胶的分子链中侧甲基的密集排列，使其呈现出极好的气密性，但是链的柔顺性较小，弹性较差。分子链中的少量的异戊二烯不饱和双键，使得丁基橡胶易硫化加工，但是硫化速度较慢。为了提高其物理机械性能，在炼胶的过程中可以加入炭黑补强剂、填料、改性剂及防老剂等。

另外，还有一种氯化丁基橡胶，其除具有丁基橡胶的特性外，还解决了丁基橡胶硫化速度慢和黏性差的缺点，而且进一步改善了丁基橡胶的耐热性和耐候性。其结构式如下：

$$\left[\begin{matrix}CH_3\\|\\C-CH_2\\|\\CH_3\end{matrix}\right]_n\left[\begin{matrix}CH_3\\|\\CH_2-C=C-CH_2\\|\\Cl\end{matrix}\right]_m\right]_x$$

### 6. 聚乙烯树脂

聚乙烯是目前世界上合成树脂中产量很大的一个品种，是由乙烯单体聚合而得的高聚物。其原料乙烯是石油馏分经裂解、分离和精制而制得的。其链段结构式如下：

$$\sim\sim\sim(CH_2-CH_2)_n\sim\sim\sim$$

人们习惯上按密度和分子量进行分类和选择聚乙烯，即低密度聚乙烯、中密度聚乙烯、高密度聚乙烯、线型低密度聚乙烯、低分子量聚乙烯、超高分子量聚乙烯。建筑上一般使用前四种。低密度聚乙烯的密度为 $0.910 \sim 0.925 g/cm^3$，其具有良好的延伸性和电绝缘性，但是机械强度和透气性较差；线型低密度聚乙烯在拉伸强度、刚性、耐低温性能、耐冲击、耐撕裂等方面均高于低密度聚乙烯；中密度聚乙烯的密度为 $0.926 \sim 0.940 g/cm^3$，其具有较好的刚性、低温性能、拉伸强度，耐热性也较好，但目前生产量较少；高密度聚乙烯的密度为 $0.941 \sim 0.965 g/cm^3$，其具有较高的刚性和韧性，优良的机械强度和较高的使用温度，透水蒸气性、耐应力开裂性也较好。

生产聚乙烯的方法也有不同，有高压法、中压法和低压法三种，而且不同的生产方法所获得的聚乙烯的化学结构也不同。高压法产物一般为低密度聚乙烯，低压法产物一般为高密度聚乙烯或超高分子量聚乙烯，中压法产物分子量和密度一般处于高压法与低压法之间。

不管怎样得到的聚乙烯具有以下几个共同性质：室温下不溶于任何有机溶剂，在较高的温度下，可溶于脂肪烃、芳香烃和卤代烃中；具有较好的耐酸、耐碱性能，但是不耐浓硝酸的腐蚀；具有良好的介电性能，适合于作高频电绝缘材料；产品为乳白色、半透明至不透明热塑性树脂，无毒、无味，吸水性能低，一般小于 $0.005\%$，具有优良的耐低温性能。聚乙烯还具有缺陷，就是长期在光、热和氧化物的作用下会逐渐老化，因此，为了防止老化需要在聚乙烯中加入防老剂或抗紫外线吸收剂。另外，不同密度的聚乙烯熔融后密度是相同的，所以密度越高，凝固后的收缩率越大。

### 7. 聚氯乙烯树脂

聚氯乙烯是建筑材料常用的树脂，是由聚乙烯单体经过加成聚合而成热塑性树脂，其分子链段结构如下：

$$\sim\sim\sim\left[\begin{matrix}CH_2-CH\\|\\Cl\end{matrix}\right]_n\sim\sim\sim$$

从上分子链结构可以看出聚氯乙烯是一种线型结构的聚合物，分子中的每个链节中都含有氯原子，由于 C—Cl 键的偶极影响，其分子间的作用力比聚乙烯的大，所以它的玻璃化温度和软化点都比聚乙烯高。

按照聚合工艺，聚氯乙烯可采用悬浮、乳液、溶液、本体等聚合方法。其中悬浮聚合法占总产量的 85% ~ 90%，产品为白色无定形粉末，密度 1.35 ~ 1.46g/cm³，不溶于水、酒精、汽油，在醚、酮、氯化脂肪烃和芳香烃中能溶胀或溶解，在常温下耐酸、碱、盐。另外，由于聚氯乙烯分子中含有大量的氯，有很好的阻燃性，但是往往因增塑剂的加入，使其阻燃性降低。

聚氯乙烯有一最大的缺点就是热稳定性差和软化点低，易分解、脆性大、加工困难。为了改善这一性能的不足，目前已经研究出了许多改性聚氯乙烯的新品种。如聚偏二氯乙烯、氯化聚氯乙烯、氯乙烯 – 醋酸乙烯共聚物、氯乙烯橡胶共聚物、氯乙烯和其他聚合物的共混物等。

聚偏二氯乙烯通常是以偏二氯乙烯为主要单体的一种共聚物，其化学稳定性好，耐油，还具有特别优异的阻隔性，对氧、二氧化碳等气体以及水蒸气有好的阻隔。氯化聚氯乙烯俗称过氯乙烯，是将聚氯乙烯溶于氯苯或四氯乙烷中通氯气进行反应制得的含氯61% ~ 68% 的聚合物，其基本性能和聚氯乙烯相似，但在耐热性、耐老化性、耐化学腐蚀性方面优于聚氯乙烯，可将其用于要求更高更苛刻的环境中。氯乙烯 – 醋酸乙烯共聚物是将氯乙烯和醋酸乙烯进行悬浮聚合反应制得的线型共聚物，由于醋酸乙烯在共聚物中起了内增塑的作用，从而改善了其加工性能，具有了柔软性好、尺寸稳定性好等优良性能。另外，氯乙烯 – 丙烯腈共聚物的耐燃性、化学稳定性等均比聚氯乙烯有所改善，氯乙烯 – 乙烯共聚物具有内增塑性、易加工，但耐热性较差。

### 4.2.2　助剂

助剂是高分子材料合成的主要原料之一，了解助剂的性质并加以合理地使用是十分重要的。

1. 硫化剂

橡胶硫化剂的作用是将橡胶分子进行交联，使它由线型结构转变为体型结构，这样才具有良好的弹性和其他许多优异的性能。硫化剂即是橡胶工业中使用的交联剂，因为最早使用硫磺作为交联剂，所以人们习惯上把橡胶工业中使用的交联剂叫做硫化剂。硫化剂的品种很多，按化学结构分类可分为：硫磺类、金属氧化物、有机过氧化物、胺类、有机硫化物、醌类、树脂类等。

硫磺是最早使用的硫化剂，直到目前为止，仍是橡胶大分子链进行硫化的主要方法。工业上用的硫磺的品种很多，有硫磺粉、不溶性硫、胶体硫磺、沉淀硫磺、升华硫磺、脱酸硫磺等。但是单纯用硫磺来硫化橡胶时，硫磺的用量高，硫化时间长，硫化橡胶的性能不好，因此工业上一般不单单使用硫磺来硫化，还要加入一些硫化促进剂、活性剂等，这些在后面详述。

金属氧化物通常是作为硫化活性剂来使用的，但是对于氯丁橡胶、氯化丁基橡胶等也可以作为硫化剂来使用。常用的金属氧化物有氧化锌、氧化镁、一氧化铅和四氧化铅等。

硫磺和金属氧化物统称为无机硫化剂，下面介绍一些有机硫化剂。

（1）有机过氧化物

有机过氧化物中，按照过氧基所连的基团不同，可以有很多有机过氧化物，作为硫化剂的有机过氧化物约有 40 种左右。常见的有机过氧化物硫化剂见表 4-26，有机过氧化物一般可用适当的化合物与过氧化氢来制备。

**表 4-26　常用的有机过氧化物硫化剂**

| 名称 | 结构式 | 外观 | 沸点/℃ | 熔点/℃ | 分解温度/℃ | 用途 |
|---|---|---|---|---|---|---|
| 叔丁基过氧化氢 | | 微黄色液体 | 38 | | 100~120 | 聚合物引发剂，天然橡胶硫化剂 |
| 二叔丁基过氧化物（DTBP） | | 微黄色液体 | 111 | | 100~120 | 聚合物引发剂，硅橡胶硫化剂 |
| 过氧化二异丙苯（DCP） | | 无色结晶 | 42 | | 120~125 | 不饱和聚酯硬化剂，天然橡胶、合成橡胶硫化剂，聚乙烯树脂交联剂 |
| 2,5-二甲基-2,5双（叔丁基过氧基）己烷（双25） | | 淡黄色油状液体 | | 8 | 140~150 | 硅橡胶、聚氨酯橡胶、乙丙胶硫化剂，不饱和聚酯硬化剂 |
| 过氧化苯甲酰（BPO） | | 白色粉末 | | 103~106 | 103~106 | 聚合用引发剂，不饱和聚酯硬化剂，橡胶硫化剂 |
| 双（2,4-二氯过氧化苯甲酰）（DCBP） | | 白至浅黄色粉末 | | | 45 | 硅橡胶硫化剂 |
| 过苯甲酸叔丁酯 | | 浅黄色液体 | | 8.5 | 138~149 | 硅橡胶硫化剂，不饱和聚酯硬化剂 |

有机过氧化物在受热时，容易分解产生自由基，此种自由基可以引发自由基反应，因此在化学合成时常用来作为引发剂，在用它作硫化剂时，实际上也是利用它引发高分子进行自由基交联反应。

有机过氧化物的活性常常用半衰期来衡量，所谓半衰期是指在给定的温度下，有机过氧化物中活性氧含量下降 50% 所需的时间。半衰期越短，有机过氧化物的分解速度越快，活性越高。但作为硫化剂，要求在存放和加工操作期间安全、不分解且不引起焦烧，而在达到一定温度时，则要求分解速度快、硫化效率高。这就要求我们选择适当的有机过氧化物硫化剂。

（2）胺类

胺硫化剂主要是含有两个或两个以上氨基的胺类，发生硫化反应时，这些氨基会与高分子化合物作用。这类硫化剂主要用在氟橡胶、聚氨酯橡胶的硫化。常用的胺类硫化剂有三乙烯四胺、四乙烯五胺、己二胺、4，4′-次甲基双（2-双氯苯胺）等。

（3）有机硫化物

有机硫化物常常用在橡胶中作为硫化剂，它们的特点是在硫化温度下能够释放出活性硫或含硫游离基，实际上是释放出的活性硫或含硫游离基使橡胶进行的硫化，因此它们又被称为活性硫给予体。使用这类有机硫化物时，在较低的温度下不发生硫化反应，只有当温度升到含有机硫化物分解出活性硫后，才会发生硫化反应。有机硫化物可单独使用进行硫化，也可与硫磺并用。常用的有机硫化物硫化剂有二硫化吗啡啉、脂肪族醚的多硫化物等。

（4）醌类、树脂类

有些醌类也常常用作橡胶的硫化剂，较常用的醌类硫化剂有对醌二肟、对二苯甲酰苯醌二肟。

树脂类硫化剂是橡胶有效的硫化剂，特别适用于丁基橡胶，常用的有对叔丁基苯酚甲醛树脂和对叔辛基苯酚甲醛树脂。如果将树脂中的羟甲基换成溴甲基，得到的溴甲基烷基苯酚甲醛树脂的硫化活性更大，硫化效果更好。

还有一些其他的硫化剂，比如马来酰亚胺等也可用于橡胶的硫化。

2. 促进剂

促进剂是橡胶加工中必不可少的硫化助剂，可以提高胶料的硫化速度，缩短硫化时间，降低硫化温度，减少硫化剂的用量，同时还可以改善硫化胶的物理机械性能。最早使用的促进剂是无机化合物，如氧化锌、氧化镁等，但是它们的效能较低，现在一般已经被有机促进剂所替代。有机促进剂从化学结构来看，可以分为噻唑类、二硫代氨基甲酸盐类、秋兰姆类、次磺酰胺类、醛胺类、胍类、硫脲类及其他。其中产耗量最大的是噻唑类。常用的促进剂性能及应用见表4-27。

表 4-27　常用促进剂性能及应用

| 类别 | 名称或代号 | 性能 | 应用 |
| --- | --- | --- | --- |
| 噻唑类（酸性超速） | 促进剂 M | 淡黄色粉末，相对密度 1.42，熔点 > 170℃，硫化临界温度 125℃ | 各种橡胶常用量 1~2 份 |

| 类别 | 名称或代号 | 性能 | 应用 |
|---|---|---|---|
| 噻唑类（酸性超速） | 促进剂 DM | 淡黄色粉末，相对密度 1.50，熔点 > 155℃，硫化临界温度 130℃ | 各种橡胶，常用量 0.75 ~ 3 份 |
| 秋兰姆类（酸性超速） | 促进剂 TMTM | 黄色或淡黄色粉末，相对密度 1.37 ~ 1.40，熔点 > 100℃，硫化临界温度 121℃ | 各种橡胶、硫化胶，耐老化性优 |
| | 促进剂 TMTD | 白色或灰白色粉末，相对密度 1.29，熔点 > 136℃，易爆，有毒 | 三元乙丙、丁基、氯磺化聚乙烯，常用量 0.2 ~ 3 份 |
| 次磺酰胺类（中性超速） | 促进剂 CZ | 淡黄色粉末，相对密度 1.31 ~ 1.34，熔点 > 94℃，硫化临界温度 138℃，可燃，易爆 | 天然胶、合成胶，提高耐老化性，常用量 0.5 ~ 2 份 |
| | 促进剂 NOBS | 淡黄色粉末，相对密度 1.34 ~ 1.40，熔点 80 ~ 86℃，硫化临界温度 > 138℃，可燃，易爆 | 与 CZ 相似，常用量 0.5 ~ 2.5 份 |
| 醛胺类（慢速） | 促进剂 H | 白色至淡黄色结晶粉末，相对密度 1.3，易燃，易爆 | 橡塑并用，促进橡胶与纤维的粘合 |
| | 促进剂 808 | 棕红色黏稠液体，相对密度 0.94 ~ 0.98，硫化临界温度 120℃ | 各种橡胶，提高耐老化性，促进作用较强 |
| 硫脲类（中性准超速） | 促进剂 NA-22 | 白色结晶粉末，相对密度 1.43，熔点 > 190℃，可燃，易爆 | 氯丁橡胶、氯磺化聚乙烯、丙烯酸酯，耐水，用量 0.25 ~ 1.5 份 |
| | 促进剂 DBTU | 白色至淡黄色结晶粉末，相对密度 1.06，熔点 >60℃ | 氯丁、丁基、三元乙丙橡胶，抗臭氧，常用量 0.25 ~ 1 份 |
| 二硫代氨基甲酸盐类（酸性超超速） | 促进剂 PZ | 白色粉末，相对密度 1.65 ~ 1.74，熔点 240 ~ 255℃，硫化临界温度 100℃，易燃 | 丁基、三元乙丙，浅色制品，耐老化，常用量 0.3 ~ 1.5 份 |
| | 促进剂 ZDC | 白色或灰色粉末，相对密度 1.49，熔点 175℃，易爆 | 丁基、乙丙橡胶，连续硫化，浅色制品，自然硫化，常用量 0.1 ~ 1 份 |
| | 促进剂 $B_2$ | 乳白色粉末，相对密度 1.18 ~ 1.24，熔点 104 ~ 108℃ | 天然、合成胶，常用量 0.5 ~ 2 份 |

续表

| 类别 | 名称或代号 | 性能 | 应用 |
|---|---|---|---|
| 胍类（碱性中速） | 促进剂 D（DPG） | 白色结晶粉末，相对密度 1.13～1.19，熔点 >144℃，硫化临界温度 141℃，易燃 | 各种橡胶连续硫化，常用量主促进剂 1 份 |
| | 促进剂 DOTG | 白色粉末，相对密度 1.10～1.22，熔点 168～175℃，硫化临界温度 141℃ | 各种橡胶、氯磺化聚乙烯涂料，常用量主促进剂 0.8～1 份 |
| 其他 | 硫氢嘧啶 | 白色结晶粉末，相对密度 1.09～1.19，熔点 >250℃ | 氯丁橡胶，常用量 0.5 份以上 |
| | 促进剂 F（促进剂 D、DM 和 H 的掺合物） | 淡黄色粉末，相对密度 1.31，熔点 >140℃ | 各种橡胶，常用量 0.3～1.5 份 |

（1）噻唑类

噻唑类促进剂是最重要的通用促进剂，为强酸性促进剂。它有较快的硫化速度，能在较短的时间内使橡胶硫化，其硫化平坦性好（胶料硫化后，保持交联度稳定的性能，即保持交联度稳定的时间越长，平坦性越好），能赋予硫化胶良好的物理机械性能和防老化性能，适用于天然橡胶及多种合成橡胶，适于与炭黑配合。

（2）二硫代氨基甲酸盐类

二硫代氨基甲酸盐类促进剂很活泼，除了活化基和促进基外，它还含有一个过渡金属离子，使橡胶中的不饱和双键更容易极化，因而硫化速度快，焦烧的倾向大，常温即可硫化，硫化时容易欠硫或过硫，操作不易掌握。一般用于快速硫化或低温硫化。

（3）秋兰姆类

秋兰姆类促进剂在橡胶工业上也是广泛使用的一种。秋兰姆促进剂可分为秋兰姆一硫化物、二硫化物和多硫化物三种类型，它们一般是由二硫代氨基甲酸衍生而来的，例如：秋兰姆二硫化物是由二硫代氨基甲酸钠氧化而来的。它们都含有两个活性基和两个促进基，活性介于二硫代氨基甲酸盐类和噻唑类之间，但仍是一种超速酸性促进剂，硫化速度快，焦烧时间短。秋兰姆促进剂的硫化临界温度低，硫化平坦性差，加工安全性也较差。使用时必须用氧化锌作活性剂。秋兰姆二硫化物和多硫化物作促进剂时，它的硫基团硫化时会析出活性硫原子参与交联，可作为无硫硫化剂（即硫化时胶料中不加硫磺）使用。

（4）次磺酰胺类

次磺酰胺类促进剂与噻唑类促进剂的促进基相同，但是比噻唑类多了一个防焦基和活化基。促进基呈酸性，活化基为碱性，因此它是一种酸碱复合型的促进剂，也是硫化特性理想的促进剂。其焦烧时间长，生产安全性好，特别是它们在硫化开始时的低温阶段是没有促进效果的，而等到高温时迅速分解生成巯基苯并噻唑和胺化物，噻唑在胺的活化下促进效果极大，硫化迅速完成。此外，它的硫化平坦性好，硫化程度高，硫化综合性能好，尤其是耐老化性好，宜与炭黑配合，有利于加工。

（5）其他类

醛胺类是醛和胺的缩合产物，是一类较弱的促进剂，多与噻唑类、次磺酰胺类促进剂并用，作为助促进剂。其硫化平坦性好，耐老化性能亦好。

胍类促进剂是碱性促进剂中用量的最大的一种，是一种较慢速的促进剂。但是其有很好的操作安全性和贮存稳定性。目前一般作为第二促进剂。

硫脲类促进剂是氯丁橡胶的专用促进剂，可制得物理机械性能良好的氯丁硫化胶。

3. 活性剂和防焦剂

活性剂加入后可以增加促进剂的活性，从而减少促进剂的用量或缩短硫化时间，是硫化助剂中不可缺少的配合剂。活性剂有无机和有机两大类。

无机活化剂主要是金属氧化物，如氧化锌、氧化镁、氧化钙、氧化铅等，其中最重要的是氧化锌。氢氧化钙也常用作硫化活性剂，大量使用在再生胶胶料中。有机活化剂主要有硬脂酸、软脂酸、油酸、乙醇胺等，其中最重要的是硬脂酸，它是天然橡胶和大部分合成橡胶及胶乳广泛应用的硫化活性剂，亦可作增塑剂及软化剂使用。常用的活性剂的性能与应用见表4-28。

表 4-28　常用活性剂性能与应用

| 化学名称 | 结构 | 性质 | 应用 |
|---|---|---|---|
| 氧化锌 | ZnO | 白色粉末，相对密度 5.5～5.6，无毒 | 重要、应用最广的品种，适用于热空气硫化，常用量 3～5 份 |
| 氧化镁 | MgO | 白色粉末，相对密度 3.2～3.23，在空气中易吸水变质 | 多用于氯丁橡胶，与 ZnO 并用，可提高硫化胶拉伸强度和硬度，常用量 5 份以下 |
| 氧化铅 | PbO | 黄色粉末，相对密度 9.53，溶于酸碱，易结团 | 与 MgO 并用，可提高硫化胶耐热性，三元乙丙橡胶的醌类硫化 |
| 硬脂酸 | $CH_3(CH_2)_{16}COOH$ | 白色或微黄色颗粒或块状物，相对密度 0.9，熔点 70℃，pH 值 4～7，无毒 | 天然胶、合成胶应用最广泛（除丁基），常用量 0.5～2 份 |
| 乙醇胺 | $H_2NCH_2CH_2OH$ | 无色透明液体，碱性，密度 1.017，熔点 10.5℃ | 在丁苯橡胶中对某些促进剂有活化作用 |

胶料在贮存和加工的过程中因受热会发生过早的硫化（即焦烧）并失去流动性和再加工的能力。防焦剂就是为了解决这一问题而提出来的。它的作用在于防止胶料焦烧，提高操作的安全性，延长胶料的贮存期，同时又不影响促进剂在硫化温度下的正常作用，并且对硫化胶的物理机械性能也不应有不良影响。

通常使用的防焦剂主要有三类，即有机酸类、亚硝基化合物和硫代酰亚胺化合物。它们的代表性品种见表4-29。在这三类防焦剂中，有机酸和亚硝基化合物虽有延长焦烧时间的作用，但同时也有降低硫化速度的作用，并且对硫化橡胶的物理机械性能也有不同程度的不良影响，所以比较少用。通常使用较多的是硫代酰亚胺化合物，特别是其中的 N-环己基硫代邻苯二甲酰亚胺，它与次磺酰胺促进剂并用时，可以延长焦烧时间，但是一旦硫化过程开始，其便不再影响硫化速度。

**表 4-29　常用的防焦剂**

| 名称 | 结构式 | 性状 |
|---|---|---|
| 邻羟基苯甲酸（水杨酸） | | 白色晶体，熔点 150℃ |
| N-亚硝基二苯胺 | | 黄色或黄褐色粉末，熔点≥63℃ |
| N-环己基硫代邻苯二甲酰亚胺（防焦剂 CTP） | | 白色晶体，熔点 208℃ |

### 4. 防老剂

高分子化合物在受热、光照和氧化时，常常容易发生降解及交联反应，从而破坏高分子原来的结构而引起老化。为了解决这一问题，通常会在高分子材料中加入一定的防老剂。防老剂按其作用可以分为抗氧化剂、光稳定剂和热稳定剂等。

（1）抗氧化剂

抗氧化剂按照其作用的不同又可以分为主抗氧化剂和辅助抗氧化剂，主抗氧化剂主要是胺类和酚类化合物，辅助抗氧化剂主要是硫代酯和亚磷酸酯类化合物。

胺类抗氧化剂是使用最早的防老剂，其品种较多，防护效果好，对光、热、屈挠、有害金属的防护也很突出。但是污染、毒性、变色较大，正在被逐步淘汰，像萘胺类。目前还在使用的一般有二芳基仲胺类、醛胺类、对苯二胺类和酮胺类，其中对苯二胺类是一种相对高效、多能、低毒的防老剂。

酚类抗氧化剂的防护作用不如胺类好，但是它不变色、不污染，适用于白色、浅色的制品。由于其防护作用较弱，一般只用于对老化防护要求不高的制品。但是近年来也大量采用酚类抗氧化剂作为合成橡胶不污染的生胶稳定剂。

抗氧化剂的作用在于它能阻止自由基链式反应的进行。胺类和酚类抗氧化剂都是优良的主抗氧化剂，都能终止链自由基反应的进行。为了使链式反应更好地被截断，还要截断链的增长，故还需要一种辅助抗氧化剂，如硫代酯、亚磷酸酯类化合物等都是主要的辅助抗氧化剂。

除了上述几种抗氧化剂外，还有其他一些反应型抗氧化剂，如芳香族亚硝基化合物、马来酰亚胺衍生物、烯丙基取代酚衍生物以及丙烯酸酯衍生物等。这类抗氧化剂具有不挥发、不抽出、不污染和抗氧化效果持久等特性。常用的抗氧化剂的性能及应用见表 4-30。

**表 4-30　常用的抗氧化剂的性能及应用**

| 种类 | 名称或代号 | 性质 | 应用 |
|---|---|---|---|
| 胺类 | 防老剂 A | 黄褐色至紫色块状，相对密度 1.16～1.17，熔点 >50℃，易燃，对皮肤有刺激 | 橡、塑通用型，天然、氯丁橡胶尤适宜，常用量 1～2 份 |
| | 防老剂 D | 浅灰色至浅棕色粉末，相对密度 1.18，熔点 108℃，易燃，有毒 | 橡、塑通用型，常用量 0.5～2 份 |
| | 防老剂 H | 灰褐色粉末，相对密度 1.18～1.20，熔点 >140℃，易燃，有污染性 | 橡、塑通用，天然、氯丁橡胶尤适宜，常用量 0.2～0.3 份 |
| | 防老剂 4010 | 灰白色粉末，相对密度 1.14～1.34，熔点 110～115℃，有污染性，刺激皮肤 | 与 A、D 并用，耐臭氧优，通用型，常用量 0.15～1 份 |
| | 防老剂 4020 | 灰黑色或棕紫色固体，相对密度 0.986～1，熔点 40～45℃，污染，刺激眼睛 | 通用型，常用量 0.5～1.5 份 |
| | 防老剂 RD | 琥珀至棕色细片状，相对密度 1.06～1.10，熔点 >74℃，微污染 | 天然、氯丁橡胶、塑料，耐天候，常用量 0.5～2 份 |
| 酚类 | 防老剂 264 | 白色至淡黄色粉末，相对密度 1.02～1.05，熔点 68～70℃，微毒，易分散 | 通用型，常用量 0.5～3 份 |
| | 防老剂 SP | 浅黄至琥珀色黏液，相对密度 1.05～1.10，低污染 | 通用型，适于浅色制品，常用量 0.5～2 份 |
| 酯类 | 抗氧剂 1010 | 白色或微黄色粉末，熔点 118～125℃ | 聚氯乙烯、聚乙烯、聚氨酯，常用量 0.1～0.5 份 |
| | 防老剂 TNP | 淡黄色黏液，相对密度 0.97～0.99，无毒 | 聚氯乙烯、聚乙烯，耐热性优，常用量 0.3～1.0 份 |
| | 防老剂 DLTP | 白色结晶粉末，熔点 39～42℃，无污染，低毒 | 聚乙烯、聚氯乙烯、橡胶，与酚类并用优 |
| 其他 | 防老剂 MB | 白色或淡黄色结晶粉末，相对密度 1.40～1.44，熔点 >285℃ | 通用型，防铜害，常用量 1～1.5 份 |
| | 防老剂 MBZ | 白色粉末，相对密度 1.63～1.64，熔点 >300℃，无毒 | 同 MB，抗热氧优，常用量 2 份 |
| | 防老剂 NBC | 深绿色粉末，相对密度 1.26，熔点 >83℃ | 氯丁、氯磺化聚乙烯橡胶，常用量 1～2 份 |
| | 防老剂 CA | 白色结晶粉末，熔点 178～188℃，低毒，无污染 | 聚乙烯，聚氯乙烯，浅色制品，常用量 1～3 份 |
| | 防老剂 300 | 白色至浅灰色粉末，相对密度 1.03～1.12，熔点 150～160℃，不污染，无毒 | 聚乙烯、聚氯乙烯、橡胶，常用量 0.05～0.25 份 |
| | 防老剂 | 乳白或微黄色粉末，相对密度 1.07～1.10，熔点 115～125℃ | 通用型，耐光、热、疲劳，常用量 0.25～1.5 份 |

（2）光稳定剂

为了防止高分子材料的光老化，通常会使用光稳定剂。光稳定剂主要有紫外线吸收剂、光屏蔽剂等。

紫外线吸收剂是光稳定剂中最主要的一种。主要有水杨酸苯酯、邻羟基二苯甲酮、苯并三唑和三嗪等。水杨酸苯酯是最老的紫外线吸收剂，其优点是价格便宜，树脂的相容性较好；缺点是紫外线的吸收率低，本身对紫外线不稳定，会使制品变色。一般用于聚乙烯、聚氯乙烯等。主要品种有水杨酸（4-叔丁基苯酯）、水杨酸（4-叔辛基苯酯）、对，对′-次异丙基双酚双水杨酸酯等。

邻羟基二苯甲酮是一类重要的紫外线吸收剂。这类紫外线吸收剂又有两种类型，一种是只有一个邻位羟基，它们可以强烈吸收 290~380nm 的紫外线。另一种含有两个邻位羟基，它们强烈吸收 300~400nm 的紫外线，但也吸收一部分可见光，因而使制品变黄，故很少使用。此类紫外线吸收剂主要适用于丁苯橡胶、氯丁橡胶、氯磺化聚乙烯橡胶、三元乙丙橡胶、聚氯乙烯树脂等。主要品种有 2-羟基-4-甲氧基二苯甲酮、2，2′-二羟基-4-甲氧基二苯甲酮等。

苯并三唑类紫外线吸收剂可以强烈吸收 280~380nm 的紫外线，几乎不吸收可见光，热稳定性高，挥发性小，常用于聚氯乙烯、聚苯乙烯、聚酯、聚酰胺等塑料中。

三嗪类紫外线吸收剂的吸收范围宽，能强烈吸收 300~400nm 的紫外线，其吸收能力较苯并三唑类更强，对聚氯乙烯制品有提高寿命并有非常显著的光稳定效果，对过氧化物硫化的乙丙橡胶有优异的抗氧化性，对硫化效率影响较小。主要品种有 2，4，6-三（2′，4′-二羟基苯基）-1，3，5-三嗪等。

光屏蔽剂主要是用颜料使高分子材料着色，着色后就能反射紫外光，使之不能进入聚合物的内部，这样就可以避免光老化了。炭黑、氧化锌和其他无机颜料等都可以作为光屏蔽剂，其中效力最大的是炭黑。在橡胶中大量使用了炭黑的话，没有必要再加其他光稳定剂，光稳定性能就比较好了。由于紫外光的老化作用，主要产生在物质表面，因此也可以用加有上述颜料的涂料作为涂层来达到防护目的。

还有一种光稳定剂为能量转移剂，也叫淬灭剂。它的本身没有很强的吸收紫外光的能力，它是将吸收了的光能变为激发态分子的能量迅速转移掉，使分子回到稳定的基态，从而失去发生光化学反应的可能。它是通过分子间能量的转移来消散能量的。能量转移剂主要是一些二价镍的有机螯合剂，在纤维中较常用。

（3）热稳定剂

热稳定剂的作用主要是防止高分子材料在加工、使用的过程中因受热发生降解或硫化，以求达到延长使用寿命。特别是聚氯乙烯，加工温度比分解温度还高，热稳定剂是至关重要的添加剂。这里讲的热稳定剂主要是指聚氯乙烯以及氯乙烯共聚物加工时所添加的热稳定剂。

热稳定剂主要有碱式铅盐、脂肪酸皂、有机锡化合物、有机辅助热稳定剂以及复合热稳定剂等。

碱式铅盐热稳定剂是指带有未成盐的一氧化铅的无机酸铅和有机羧酸铅。这类稳定剂一般具有优良的耐热性和耐候性，电气性能良好，成本较低，但是透明性差，有毒，分散性差，密度大，易受硫化氢污染，目前较少使用。主要品种有碱式硬脂酸铅、碱式磷酸铅等。

脂肪酸皂又叫金属皂。它们一般是高级脂肪酸的钡、镉、铅、钙、锌、镁、锶等金属盐。常用的脂肪酸有硬脂酸、月桂酸、棕榈酸等。工业上常用的脂肪酸皂热稳定剂是硬脂酸皂和棕榈酸皂为主的混合物。它们的主要特点是能制成透明的产品，分散性好。

有机锡热稳定剂主要用于聚氯乙烯的透明制品，特别是硬质透明制品。其热稳定效果好，但有毒有味。主要品种有二甲基锡、二正丁基锡和二正辛基锡的脂肪酸盐、马来酸盐、硫醇盐、硫醇基羧酸酯盐等。

有机辅助热稳定剂一般是和脂肪酸皂或有机锡类并用，可发挥良好的协同效果，可以提高制品的耐候性和耐热性。主要品种有环氧化物、有机不饱和酸的盐和酯、亚磷酸酯等。

复合热稳定剂是近年来发展较快的一种稳定剂。它们一般具有与树脂和增塑剂混合性好，用量较少，不易析出等优点。它们主要是以钡、镉、钙、锌等金属皂为主体，再配以亚磷酸酯等有机辅助稳定剂和溶剂而组成的液体复合稳定剂。

5. 补强填充剂

补强填充剂的作用是多方面的，通过合理地选择和配合，可以明显提高硫化胶的物理机械性能如耐磨性、撕裂强度、拉伸强度、定伸应力、硬度等，还可以降低成本、节约原材料。目前，作为补强填充剂的原材料很多，有纤维或织物类的，有有机、无机类的，这里只介绍一些有机、无机类的，其中炭黑是最重要、最常用的。常见的补强填充剂性能和应用见表 4-31。

**表 4-31　常用补强填充剂性能与应用**

| 种类 | 名称或代号 | 性能 | 应用 |
|---|---|---|---|
| 炭黑 | 超耐磨炉黑 N110 | 粒径 14～20nm，比表面积（CTAB 法）126$m^2$/g，吸油值 1.13ml/g，着色温度 124℃ | 补强，耐磨性极高，耐磨制品 |
| | 低结构中超耐磨炉黑 N219 | 比表面积 107$m^2$/g，吸油值 0.78ml/g，着色温度 123℃ | 补拉伸强度，撕裂强度，伸长率 |
| | 中超耐磨炉黑 N220 | 粒径 19～30nm，比表面积 111$m^2$/g，吸油值 1.14ml/g，着色温度 115℃ | 提高耐磨性、拉伸强度 |
| | 高结构中超耐磨炉黑 N242 | 比表面积 111$m^2$/g，吸油值 1.26ml/g，着色温度 116℃ | 耐老化性好，制品表面光滑 |
| | 高耐磨炉黑 N330 | 粒径 26～35nm，比表面积 83$m^2$/g，吸油值 1.02ml/g，着色温度 103℃ | 高补强，通用性强 |
| | 新工艺高结构、高耐磨炉黑 N339 | 粒子细，比表面积 95$m^2$/g，吸油值 1.20ml/g，着色温度 110℃ | 压出性好，通用型 |
| | 通用炉黑 N660 | 粒径 50～70nm，比表面积 35$m^2$/g，吸油值 0.91ml/g | 易分散、压延性优 |
| | 混气炭黑 | 粒径 28～36nm，比表面积 80～110$m^2$/g（BET 法），吸油值 0.90～110ml/g | 涂料、塑料着色剂 |

| 种类 | 名称或代号 | 性能 | 应用 |
|---|---|---|---|
| 硅化物 | 气相法白炭黑 SiO<sub>2</sub> | 白色粉末，粒径 8～115nm，比表面积 200～380m²/g，吸油值1.5～2.0ml/g | 氯丁、三元乙丙、聚乙烯、聚氯乙烯，提高强度、耐热性 |
| | 陶土 | 浅灰色至灰黄色粉末，相对密度 2.54～2.60 | 天然、合成橡胶、树脂，提高拉伸强度、耐水性 |
| | 硅酸钙 | 亮白色针状晶体，相对密度2.9 | 聚氯乙烯、聚乙烯、聚丙烯，耐水性优 |
| | 无水硅酸铝 | 白色粉末，粒径 1～1.5μm，相对密度 2.2～2.63 | 天然、合成橡胶，树脂，填充剂，着色力强，压出性好 |
| 硫酸盐类 | 硫酸铵 | 白色或灰黄色品种，相对密度 1.769，熔点 140℃ | 天然、合成胶填充，易分散，制品坚挺 |
| | 碱式硫酸铝 | 白色粉末，相对密度 1.69 | 天然、合成胶，补强填充，拉伸强度、耐热老化性优 |
| | 硫酸钡 | 白色粉末，相对密度 4.499，粒径 2.5～25μm，pH 值 6～8 | 通用型、氯丁胶尤宜，耐热性，耐燃性，填充剂 |
| 金属氧化物 | 氧化镁 | 白色或米黄色粉末，相对密度 3.58 | 天然、合成胶，尤适于氯丁胶 |
| | 活性氧化锌 | 白色或微黄色粉末，相对密度 5.47 | 白色、浅色制品补强填充，氯丁胶硫化剂 |
| | 二氧化钛 | 白色粉末，相对密度 3.84～4.25，着色力强 | 耐曝晒，填充性优 |
| | 赤泥 | 浅红色至暗红色粉末，pH 值 9～9.5 | 耐老化性优，加工性好，尤适于聚氯乙烯 |
| 树脂 | 高苯乙烯树脂 | 乳白色或微黄色不规则颗粒 | 氯丁橡胶，提高拉伸、撕裂强度 |
| | 古马隆树脂 | 固体或液体，相对密度 1.05～1.10，软化点（℃）100、110、120 | 软化剂，丁苯胶补强优，胶料拉伸强度、伸长率提高 |
| | 酚醛树脂 | 褐色粉末或块状物，相对密度 1.14～1.19，熔点 60～95℃ | 天然、氯丁、丁苯胶补强剂，提高硬度、拉伸、耐磨性 |
| | 三聚氰胺树脂 | 浆状或粒状，相对密度 1.57，软化点 70℃ | 天然、合成胶补强；提高加工分散性、胶料拉伸强度，耐磨、耐老化、耐龟裂 |
| | 石油树脂 | 块状或片状物，相对密度 1.03～1.08，软化点（℃）70、100、115、120、130、140 | 天然、合成胶补强等多种作用 |
| 碳酸盐 | 轻质碳酸钙（沉淀碳酸钙） | 白色粉末，相对密度 2.4～2.7，粒径1～3μm | 填充剂，天然、氯丁胶，树脂，易分散 |
| | 活性碳酸钙（白艳华） | 白色粉末，相对密度 1.99～2.01，粒径 0.1μm，比表面积 25～85m²/g | 天然、合成胶，树脂，补强性优，易分散，并用性好 |
| | 轻质碳酸镁 | 白色粉末，相对密度 2.2 | 天然、合成胶，补强填充 |

6. 增塑剂

凡是添加到橡胶中能提高橡胶的塑性的物质都叫增塑剂。使用增塑剂后,高聚物的柔软温度降低,在使用温度范围内,使高聚物具有柔软性、弹性、黏着性等特性,高聚物的熔融温度或熔融黏度降低,从而使产品易于生产。较好的增塑剂应该是:与高聚物的相容性较好,增塑效果好,耐热、耐光性好,耐寒性好,耐候性好,迁移性小,挥发性小,耐水、耐油、耐溶剂,耐燃性好,耐菌性好,绝缘性好,无色、无味、无臭、无毒,价格便宜。事实上一种增塑剂不可能同时具备以上全部条件,所以在绝大多数条件下是将两种或两种以上的增塑剂同时使用。常用的增塑剂的性能与应用见表 4-32。

表 4-32  常用增塑剂的性能和应用

| 种类 | 名称或代号 | | 性能 | 应用 |
|---|---|---|---|---|
| 石油系 | 链烷烃油(液状石蜡) | | 相对密度 0.85 ~ 0.95,闪点 110 ~ 305℃,苯胺点 63 ~ 130℃ | 合成、天然胶,用于乙丙胶时性优,适浅色制品,常用量 <15 份 |
| | 石油树脂 | | 黄色至棕色树脂状固体,相对密度 0.97 ~ 1.04,软化点 60 ~ 125℃ | 丁基胶、丁苯胶,橡胶中用量约 10 份,用于聚乙烯、丙烯酸酯时耐水性优 |
| | 环烷烃油(环烷油) | | 淡黄色,闪点(开口)190℃ | 国内开发三元乙丙填充油,也可用于其他合成胶 |
| 煤焦油系 | 固体古马隆 | | 淡黄色至棕褐色固体,相对密度 1.05 ~ 1.10,软化点有 35 ~ 75℃ 和 75 ~ 135℃ 两种 | 丁苯、氯丁胶,具补强性,相容性好,物理性、老化性优 |
| 松油系 | 松焦油 | | 深褐色黏性液体,相对密度 1.01 ~ 1.06,有污染性 | 通用型,胶料耐寒性优,利用助剂分散、增黏 |
| | 氢化松香 | | 浅黄色脆性固体,相对密度 1.045,软化点 75℃ | 天然、合成胶、丁苯增黏,助于分散 |
| 脂肪油系 | 黑油膏 | | 黑褐色松散固体,相对密度 1.08 ~ 1.20 | 丁苯、氯丁胶,耐日光、耐臭氧 |
| | 硬脂酸 | | 白色或微黄色颗粒或块状物,相对密度 0.9,熔点 70 ~ 71℃ | 天然、合成胶(丁基除外),利于助剂分散、多作用 |
| 合成系 | 苯二甲酸酯类 | 增塑剂 DMP | 无色液体,相对密度 1.17,闪点 160℃ | 天然、合成氯丁、树脂,黏着性、耐水性优 |
| | | 增塑剂 DEP | 无色液体,相对密度 1.10,闪点 160℃ | 天然、合成胶、树脂 |
| | | 增塑剂 DIBP | 无色液体,相对密度 1.04 | 聚氯乙烯、氯丁胶、树脂 |
| | | 增塑剂 DHP 和 DIHP | 浅黄色液体,相对密度 0.990 ~ 1.005,闪点 188 ~ 199℃ | 氯丁、丁基、天然胶,乙丙、聚氯乙烯,耐热、耐光、耐寒 |
| | | 增塑剂 DIOP | 水白色液体,相对密度 0.982 | 氯丁、聚氯乙烯、乙烯乙酸乙酯、树脂 |
| | | 增塑剂 DINP | 浅黄色液体,相对密度 0.973,闪点 230℃ | 天然、丁苯、氯丁、丁基、乙丙胶、聚氯乙烯 |
| | | 增塑剂 BOP | 水白色液体,相对密度 0.996,闪点 188℃ | 氯化胶、聚氯乙烯、乙烯乙酸乙酯 |
| | | 增塑剂 DBEP | 无色清洁液体,相对密度 1.060 ~ 1.063,闪点 208℃ | 氯丁、丁苯胶、丙烯酸树脂,提高外观和物性 |

| 种类 | 名称或代号 | | 性能 | 应用 |
|---|---|---|---|---|
| 合成系 | 脂肪二元酸酯类 | 增塑剂 DOA | 无色液体，相对密度 0.927 | 天然、合成胶、树脂、耐热耐光、耐水性优 |
| | | 增塑剂 NODA | 无色透明液体，相对密度 0.918，闪点 205℃ | 天然、丁苯胶、耐寒性、耐热、耐光性优 |
| | | 增塑剂 DNA | 无色液体，相对密度 0.915～0.9168，闪点 202～232℃ | 聚氯乙烯、聚乙烯，耐热、耐光优 |
| | | 己二酸二[2-(2-丁氧基乙氧基)乙酯] | 浅琥珀色液体，相对密度 1.010～1.015，闪点 152～166℃ | 乙烯基树脂、聚氨酯、丙烯酸酯、聚硫橡胶，耐寒、耐热 |
| | | 增塑剂 DOZ | 无色透明液体，相对密度 0.917，闪点 227℃ | 丁苯、氯丁胶，耐热、耐光优 |
| | | 增塑剂 DIOZ | 无色透明液体，相对密度 0.918～0.920，闪点 213～219℃ | 丁苯胶、聚氯乙烯，耐光、耐热 |
| | | 增塑剂 DBS | 无色或浅黄色透明液体，相对密度 0.934～0.942，闪点 202℃ | 丁苯、氯丁、胶乳，耐光 |
| | | 增塑剂 DOS | 淡黄色或无色透明液体，相对密度 0.911～0.913，闪点 215℃ | 天然、合成胶、聚氯乙烯，耐寒性优，耐热、耐光 |
| | 磷酸酯类 | 增塑剂 TBP | 无色液体，相对密度 0.973～0.978，闪点 193℃ | 天然、合成胶，耐寒性、耐光性、难燃性优 |
| | | 增塑剂 TPP | 白色针状结晶，相对密度 1.185～1.202，闪点 225℃ | 天然、合成胶，阻燃 |
| | | 增塑剂 TXP | 无色液体，相对密度 1.130～1.145，闪点 235℃ | 天然、合成胶，耐水性优，阻燃性好 |
| | 环氧类 | 环氧大豆油 | 浅黄色油状液体，相对密度 0.985～1.000，闪点 280～310℃ | 橡胶通用型，耐热、耐光，低温柔软性好 |
| | | 环氧硬脂酸锌 | 浅黄色油状液体，相对密度 0.900～0.910，闪点 265℃ | 氯丁胶，耐低温、耐热、耐光优 |
| | 含氯类 | 氯化石蜡（42%） | 淡黄色黏稠液，相对密度 1.16 | 丁苯、氯丁、聚氨酯，不燃烧 |
| | | 氯化石蜡（48%） | 浅琥珀色黏稠液，相对密度 1.22～1.26 | 同上，易加工，物理性能高 |
| | | 氯化石蜡（50%～52%） | 浅琥珀色黏稠液，相对密度 1.22～1.26 | 天然、丁苯、氯丁，耐燃、物理性能高 |

| 种类 | 名称或代号 | 性能 | 应用 |
|---|---|---|---|
| 化学塑解剂 | 2-萘硫酚 | 浅黄色片形蜡状物，相对密度0.92，熔点约50℃，闪点116℃ | 天然、丁苯、氯丁胶 |
| | 2，4-二亚硝基间苯二酚 | 暗黄色粉末，有毒 | 丁基胶 |
| | 磺化石油产品混合物 | 液体 | 胶浆、胶糊 |

7. 橡胶溶剂

溶剂的添加主要是为了在加工工艺过程中溶解胶料、配制胶浆或涂抹胶料表面增加黏性利于成型等。选择溶剂时要考虑溶剂对橡胶的影响，比如橡胶的溶解度、稳定性等，还要考虑溶剂本身的化学稳定性、挥发性、毒性等性能是否会影响到制品的物理机械性能。

常用的橡胶溶剂有脂肪烃、芳烃、氯代烃、醇、酯、醚、酮、松节油等。常见的溶剂见表4-33。

表4-33　各种橡胶的适用溶剂

| 胶种 | 适用溶剂 | 胶种 | 适用溶剂 |
|---|---|---|---|
| 天然橡胶 | 溶剂汽油、苯、甲苯、二甲苯、环己烷、氯苯 | 丁基橡胶 | 己烷、庚烷、四氯化碳、环己烷、氯苯 |
| 丁苯橡胶 | 溶剂汽油、二甲苯、庚烷、环己烷、氯苯 | 氯磺化聚乙烯 | 苯、甲苯、乙酸乙酯、四氯化碳 |
| 氯丁橡胶 | 苯、二甲苯、丙酮、乙酸乙酯、乙酸戊酯、汽油 | 丙烯酸酯橡胶 | 甲苯、二甲苯、甲乙酮，丙酮、乙酸乙酯 |
| 三元乙丙橡胶 | 溶剂汽油、己烷、环己烷、甲基环己烷、氯苯、四氯化碳 | 硅橡胶 | 苯、二甲苯 |
| 聚硫橡胶 | 芳香烃、氯化脂肪烃、硝基烷、氯化芳香烃 | 聚氨酯橡胶 | 乙酸乙酯、丙酮、丁酮、四氢呋喃 |

8. 其他助剂

除了上述的助剂外，有时还需要加入阻燃剂、着色剂、防霉剂、偶联剂、增黏剂等特殊功能的助剂。

（1）阻燃剂

一般可将阻燃剂分为添加型阻燃剂和反应型阻燃剂两大类。添加型阻燃剂通常以液体或固体的形式，在加工的过程中混入，操作使用相对来说比较方便。常用的无机添加型阻燃剂有氧化铝、锑、硼的化合物，常用的有机添加型阻燃剂有卤代物（氯化石蜡、六溴苯等）和磷酸酯（磷酸三苯酯等和一些含有卤素的磷酸酯等）。反应型阻燃剂是在高分子聚合或缩聚过程中，作为一个组分参加反应，并以化学键的形式结合到高分子结构中去。它的优点是不易逃失且毒性小。这类阻燃剂主要是一些含卤、含磷的化合物。

（2）着色剂

凡加入高分子材料用以改变材料及制品颜色的物质，称为着色剂。加入着色剂的目的主要有二：一是使制品颜色美观，若着色适当时，还能吸收某些光线，对制品的耐候、耐老化性能也有一定的辅助作用；二是实际上的需要，一些特定的环境需要用颜色来区分或标示等。着色剂通常分为无机着色剂和有机着色剂两大类。无机着色剂一般为无机颜料，主要是某些元素的单体（如炭黑、金粉、铝粉等）以及某些金属的氧化物、硫化物、硫酸盐、磷酸盐等（如钛白粉、立德粉、铬黄、镉红等）。有机着色剂一般为有机颜料或染料，主要有偶氮化合物、酞菁类化合物、二嗪类化合物等。酞菁类化合物类颜料具有优良的耐热、耐光性，电绝缘性能也较好，多用于塑料和橡胶。

（3）防霉剂

高分子材料由于微生物（特别是霉菌）的侵蚀，常常引起表面变色，产生斑点，而且还会发生细微的穿孔。这种变质对于高分子材料的应用危害极大。防霉剂主要有有机氯化物、有机铜化物、有机锡化物和一些防菌剂等。有机氯化物主要是氯代酚及其衍生物，有机锡化物主要是三烷基锡的衍生物，它们的防霉效果比较显著。其他几种防霉剂的防霉效果也好，而且毒性较低。在使用时要考虑它们与树脂有一定的相容性和不影响材料的其他性能等。

（4）偶联剂

不少塑料和橡胶需要添加大量的无机填料。一般来说，偶联剂在结构上的最大特点是分子中通常包含有性质不同的两个基团，一个基团的性质是亲无机物的，它易与无机材料或填料起化学反应，另一基团是亲有机物的，它能与有机合成材料起化学反应。如果在塑料和橡胶当中再加入少量的偶联剂，这样就可以使树脂或橡胶与无机填料结合得更加牢固，并且可以显著改善材料的性能。目前使用的偶联剂主要是硅烷衍生物，即通常所称的硅烷偶联剂。其次是酞酸酯，此外还有铬络合物等。

（5）增黏剂

增黏剂是能增加橡胶材料表面黏性的一类助剂，适量添加增黏剂对于那些自黏性较差的合成橡胶如氯丁橡胶、丁基橡胶、三元乙丙橡胶等尤其重要。增黏剂大多是一些树脂类的物质，比如天然树脂（松香树脂、妥而油树脂、萜烯树脂等）、合成树脂（石油树脂、烷基酚醛树脂等）。

## 4.3　高分子防水卷材的配方设计

高分子防水卷材的配方设计就是根据防水卷材产品的性能要求工艺条件，合理地选用基料和助剂、填充材料，确定原材料和助剂、填充材料的用量和配比关系。总的来讲，配方设计应达到以下要求。

（1）提高和改善高分子防水卷材（橡胶或塑料卷材）的强度、弹性、韧性、抗氧化老化性、耐热耐寒性、着色性等内在性能。

（2）改善防水卷材的成型加工性能，如硫化胶弹性较好，但在加工过程中，为了增加其可塑性，则需要通过添加增塑剂或进行塑炼以降低分子量，以便进行加工；以 PVC 树脂的软化温度与其分解温度十分接近，加入稳定剂以防止加工中受热分解，以拓宽其加工温度范围等。

（3）降低成本。

据上所述，配方设计的目的是为了寻求技术上的先进，经济上的合理的工艺，确定各组分的最佳配合比，为此，设计者必须了解原辅材料的基本性质及其对制品各种性能和加工工艺的影响，从分析产品结构与性能的关系出发，对配方以及生产工艺进行设计。

### 4.3.1 配方设计的原则及步骤

一个优良的配方应该是在满足其制品的综合性能的前提下，实现经济的合理性、达到产品内在质量、产品加工工艺以及产品成本的综合平衡，这是配方设计的最基本的原则。

高分子防水卷材其聚合物基料，助剂种类甚多，各种助剂往往相互发生作用，且受加工条件的影响，因而配方设计是一个比较复杂的过程，我们在进行配方设计时，必须搞清楚配方工艺条件、原材料、生产线（生产设备）、产品结构之间存在的相互之间的关系，才能搞好配方设计工作。

橡胶和塑料防水卷材，配方中组分十分复杂，且数量较多，一般可按以下三个步骤进行配方设计。

（1）基础配方设计：基础配方设计其目的是研究基料（橡胶或塑料）和助剂的性质，通过基础配方可找出原材料对物性指标的影响规律，明确哪些原料在配方中起主要作用，哪些原材料会产生相克、协同等作用。

（2）性能配方设计：性能配方的设计其目的是使基料具有符合使用性能的要求，工艺要求，并且能提高某些方面的特性，要全面考虑配方中各组分的性能搭配，以满足卷材的使用性能和加工性能的要求。

（3）实用配方设计：实用配方的设计是在上述两种配方试验的基础上，结合实际生产条件所设计的实用投产配方。

### 4.3.2 配方设计的方法

橡胶、塑料配方设计的方法有单变量配方设计的方法和多因素变量配方设计的方法之分。

所谓的单变量配方是指只有一种助剂的加入量影响制品性能的配方，常用的是寻优方法有消去法；多因素变量配方则是按一个配方中有 2 个或 2 个以上助剂的加入量影响制品性能的配方，目前常用的多因素变量设计法主要有正交设计法、中心复合试验法等。

正交设计法其优点是可大幅度减少试验次数，可在众多试验次数中，优选出具有代表性的试验，通过尽可能少的试验，找出最佳配方，正交设计的核心是一个正交设计表，简称正交表，一个典型的正交表可由下式表示：

$$L_M(b^k)$$

式中：$L$——表示正交；

$M$——试验次数；

　　$b$——标准正交表上可安排的水平数；

　　$k$——试验中变量的数目，或称试验的因子数或列数。

常用的典型正交表为：

二水平：$L_4(2^3)$、$L_8(2^7)$、$L_{12}(2^{11})$ 等；

三水平：$L_4(3^3)$、$L_9(3^4)$、$L_{18}(3^7)$ 等；

四水平：$L_{16}(4^5)$ 等。

　　现介绍一种常见的正交表：$L_9(3^4)$ 见表 4-34。$L_9(3^4)$ 表示试验的因子数为 4；水平数为 3；试验次数为 9。

表 4-34　三水平 $L_9$（$3^4$）正交表

| 试验号 | 列号 | | | | 试验号 | 列号 | | | | 试验号 | 列号 | | | |
| --- | --- | --- | --- | --- | --- | --- | --- | --- | --- | --- | --- | --- | --- | --- |
| | 1 | 2 | 3 | 4 | | 1 | 2 | 3 | 4 | | 1 | 2 | 3 | 4 |
| 1 | 1 | 1 | 1 | 1 | 4 | 2 | 1 | 2 | 3 | 7 | 3 | 1 | 3 | 2 |
| 2 | 1 | 2 | 2 | 2 | 5 | 2 | 2 | 3 | 1 | 8 | 3 | 2 | 1 | 3 |
| 3 | 1 | 3 | 3 | 3 | 6 | 2 | 3 | 1 | 2 | 9 | 3 | 3 | 2 | 1 |

　　正交表具有以下两个特点，如正交表 $L_9$（$3^4$）有 4 个直列，9 个横行。①每个直列中，"1""2""3"出现的次数相同，均为 3 次；②任意两个直列中，其横向形成的 9 个数字对（1.1）、（1.2）、（1.3）、（2.1）、（2.2）、（2.3）、（3.1）、（3.2）和（3.3）的出现的次数相同，都是一次，表示任意两列，"1""2"和"3"之间的搭配是均衡的。基于上述重要特点，对要做的试验进行全面的考虑和整体设计，因此，可以缩短试验周期，节省试验费用，将试验的结果进行综合处理、分析，极大地减少了试验的误差。

　　正交试验的实施步骤如下：

　　（1）明确试验目的，确定考核指标。

　　（2）确定试验因素，水平及不同因素之间的交互作用，不能漏掉重要因素，否则会导致试验失败。一般而言，倾向于多考察一些因素，又可能起作用或情况不明的因素都应考虑到，但为了减少工作量，可以减少一些次要的因素，在一定的理论基础指导下，根据经验或在进行探索性试验的基础上，选择各个因素的水平，一般不同水平之间的距离要适当拉开，各个因素之间，可能会有交互作用，对其试验结果会产生影响，两个因素之间的交互作用（如 A 与 B 因素之间的交互作用可表示为 A×B）称之为一级交互作用，3 个或 3 个以上因素之间的交互作用（如 A、B、C 三因素之间的交互作用可表示为 A×B×C）称之为高级交互作用，一般情况下，只考虑两个因素之间的作用，能够省略的交互作用则可加以删除。

　　（3）正交表的选择要恰当。可根据试验的因素个数、水平数以及允许做试验的次数进行选择，正交表如选得太小，则试验的因素数、水平数安排不下，正交表如选得过大，势将使试验次数过多，会导致不必要的浪费。一般的选择原则如下。

　　①几个因素二个水平的试验，可选择：$L_4(2^3)$、$L_8(2^7)$、$L_{16}(2^{15})$ 等几种正交表。

　　②几个因素三个水平的试验，常选用 $L_9(3^4)$、$L_{27}(3^{13})$ 正交表。

　　③几个因素四个水平的试验，一般均可选用 $L_{10}(4^5)$ 正交表。

（4）表头的设计。表头上每列只能安排一个因素或一个交互作用，首先应将认为是重要的因素表如 A、B 安排在 1~2 列，假定 A 与 B 在交互作用；A×B 安排在第 3 列，然后按顺序安排其他因素，见表 4-35。正确地选择正交表，合理地设计好表头是试验计划顺利完成的保证。

各 4-35　表头设计

| 表头设计 | A | B | A×B | C |
|---|---|---|---|---|
| 列号 | 1 | 2 | 3 | 4 |

（5）确定试验方案，表头设计好后，即可以在选好的正交表上填写因素、水平，待方案确定后，就可开始进行试验了。

（6）试验结果分析，可采用直观分析法，计算每个水平几次试验所取得的指标平均值，可以根据计算结果选出直观最佳试验条件，然后再找出每个因素的最佳水平、将几个因素的最佳水平结合起来，形成最佳试验条件。其结果也许可能比由直观得出的最佳试验条件更优。此时就需要对试验进行取舍。最后，计算每个因素在不同水平条件下所得的指标之间的极差，此极差最大的因子即为对指标影响大的因素。

北京市橡胶制品设计研究院的科技人员在研制彩色氯磺化聚乙烯硫化增强型防水卷材配方时，即根据相关标准要求，结合现有工艺条件，选定对物理性能影响较大的高聚物、硫化剂、软化剂、填充剂，运用 $L_9(3^4)$ 正交试验优选、确定配方的。其具体步骤如下：

（1）选定因素及水平后，绘制出因素水平表，并按因素水平表进行排列出表 4-36。

表 4-36　正交试验因素水平表

| 水平 | A 因素　CSM/NR | B 因素　季戊四醇 | C 因素　环烷油/二丁酯 | D 因素　轻 $CaCO_3$ |
|---|---|---|---|---|
| 一 | 95/5 | 2.3 | 0/30 | 100 |
| 二 | 85/15 | 3.5 | 15/15 | 125 |
| 三 | 75/25 | 4.7 | 30/0 | 150 |

（2）据因素水平表，结合配方中的固定因素确定 9 个配方，参见表 4-37。所确定的 9 个配方其试验结果见表 4-38，为便于计算比较，对臭氧有无龟裂进行评分，无龟裂为 100 分，龟裂为 50 分。

表 4-37　正交试验配方表

| 编号 | A 因素　CSM/NR | B 因素　季戊四醇 | C 因素　环烷油/二丁酯 | D 因素　轻 $CaCO_3$ |
|---|---|---|---|---|
| 1 | 95/5 | 2.3 | 0/30 | 100 |
| 2 | 95/5 | 3.5 | 15/15 | 125 |
| 3 | 95/5 | 4.7 | 30/0 | 150 |
| 4 | 85/15 | 2.3 | 15/15 | 150 |
| 5 | 85/15 | 3.5 | 30/0 | 100 |
| 6 | 85/15 | 4.7 | 0/30 | 125 |
| 7 | 75/25 | 2.3 | 30/0 | 125 |

续表

| 编号 | A 因素　CSM/NR | B 因素　季戊四醇 | C 因素　环烷油/二丁酯 | D 因素　轻 CaCO$_3$ |
|---|---|---|---|---|
| 8 | 75/25 | 3.5 | 0/30 | 150 |
| 9 | 75/25 | 4.7 | 15/15 | 100 |

注：1. 各配方中生胶总计为 100 份。

2. 其余固定加量的配料为：氧化镁 5 份，促进剂 TT 1 份，硫磺 1.2 份，DM 1 份。

**表 4-38　正交试验胶片性能测试结果**

| 配方编号 | 1 | 2 | 3 | 4 | 5 | 6 | 7 | 8 | 9 |
|---|---|---|---|---|---|---|---|---|---|
| 硬度（邵 A） | 64 | 72 | 77 | 73 | 63 | 70 | 85 | 73 | 62 |
| 拉伸强度/MPa | 9.1 | 8.5 | 8.0 | 6.7 | 7.3 | 7.2 | 8.6 | 6.4 | 6.8 |
| 拉断伸长率/% | 486 | 506 | 344 | 380 | 467 | 410 | 94 | 399 | 485 |
| 脆性温度/℃ | -46.3 | -34.8 | -32.5 | 34.5 | -32 | -32 | -18 | -45 | -41 |
| 拉断永久变形率/% | 34 | 34 | 14 | 16 | 24 | 32 | 2 | 26 | 26 |
| 耐臭氧老化（1000×10$^{-8}$，40℃，168h，40% 伸长） | 无龟裂 | 无龟裂 | 无龟裂 | 无龟裂 | 无龟裂 | 无龟裂 | 龟裂 | 166h 龟裂 | 无龟裂 |
| 吸水率（室温 72h）/% | 9.30 | 6.87 | 5.74 | 6.26 | 6.04 | 9.65 | 3.2 | 7.07 | 6.30 |

（3）通过分析诸因素各水平对胶片的硬度，拉伸强度，拉断伸长率、拉断永久性变形，脆性温度、耐臭氧老化、吸水率等各项性能的影响趋势（试验结果略），初学确定 A 因素取一水平；C 因素取二水平；D 因素取一水平；根据 B 因素的作用，考虑到工艺的安全性，选用二水平。

（4）为保证工艺的实施，在不同因素试验水平的范围内可做适当的调整，进行复试、中试。试验表明，CSM、NR 虽然极性存在一定的差异，但采用相应的工艺措施后可以实现工艺相容。

（5）正交试验优化的配方通过复试，检验其各项指标的重复性，再经少量因素变量试验后，对配方进行局部的调整，最终确定其生产配方。

（6）确定产品生产采用四辊延机进行一次连续硫化的工艺线路，其具体工艺流程如图 4-2 所示。

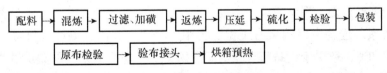

图 4-2　彩色氯碳磺化聚乙烯硫化增强型防水卷材工艺流程图

## 4.4 高分子防水卷材的制造工艺

### 4.4.1 高分子防水卷材的基本制造工艺

高分子防水卷材的基本制造工艺主要包括胶料的制备（塑炼、混炼等）、胶片的成型（压延成型或挤出成型）和硫化等工序。胶料的制备方法与一般橡塑制品的加工方法基本相同，而卷材产品的成型和硫化方法则有多种。

1. 塑炼

高分子防水卷材多为橡胶或树脂。橡胶加工工艺对生胶的可塑度有一定的要求。例如混炼一般需生胶门尼黏度在 60 左右，否则无法操作。有些生胶很硬，黏度很高，缺乏基本的必需的工艺性能——良好的可塑性。为了使生胶便于加工，则必须进行塑炼以提高生胶的可塑度。塑炼能降低橡胶的黏度，这样就有利于配合剂的加入，有利于加工。

塑炼常用开炼机、密炼机或螺杆塑炼机进行，这三种各有优缺点。开炼机塑炼的胶料质量好，收缩小，适用于胶料变化多和耗胶量少的工厂塑炼天然橡胶；密炼机塑炼的生产能力大，劳动强度低，耗电少，适用于耗胶量大、胶种变化少的工厂塑炼天然橡胶和大多数合成橡胶；螺杆机塑炼与密炼机塑炼大致相同，产率高、耗电少、设备成本低。

（1）塑炼前的准备工艺

生胶塑炼前一般需要烘胶、切胶、选胶和破胶等处理。

常温下生胶的黏度很高，特别是在冬季，生胶甚至会冻结、硬化和结晶，这样的生胶是不易切割或进一步加工的，需要进行烘胶处理。烘胶在烘房中进行，不同的橡胶有不同的烘胶温度和时间，比如氯丁橡胶的烘胶温度为 $24 \sim 40℃$，时间为 $4 \sim 6h$；天然橡胶的烘胶温度为 $50 \sim 60℃$，时间为 $24 \sim 36h$，冬季的烘胶时间还应适当放长。

切胶是指把烘胶后的大块生胶用切胶机切成小块，质量因品种不同而不同，且切胶同时清除杂质进行选胶。

经过烘胶、切胶、选胶处理的橡胶块还需要用破胶机进行破胶处理，以便于塑炼。破胶时辊距一般为 $2 \sim 3mm$，辊温应控制在 $45℃$ 以下。如有需要可用开炼机破胶，但应将挡板适当调窄，并在靠大牙一端操作，辊距一般为 $1.5 \sim 2mm$，温度控制在 $45 \sim 55℃$。

（2）开炼机塑炼

开炼机塑炼的关键是降低橡胶的温度。因此，影响温度的一些工艺条件都是影响塑炼效果的重要因素。这些主要因素有辊温、辊距、时间、速比、辊速、塑解剂和人员操作等。其中辊速和速比取决于设备特性，为不变因素，其他因素则是在塑炼过程中可以改变的。常用开炼机的辊速、速比见表4-39。

表 4-39　常用开炼机规格

| 型号 | 辊筒直径/mm | | 辊筒长度/mm | 辊速/(m/min) | | 速比 |
| --- | --- | --- | --- | --- | --- | --- |
| | 前 | 后 | | 前 | 后 | |
| XK-560 | 560 | 510 | 1530 | 27.7 | 33.24 | 1:1.2 |
| XK-550 | 550 | 550 | 1500 | 27.5 | 33 | 1:1.2 |
| XK-400 | 400 | 400 | 1000 | 19.24 | 23.6 | 1:1.227 |
| φ-450 | 450 | 450 | 1200 | 25.4 | 32.2 | 1:1.27 |

　　开炼机塑炼的温度对可塑度影响很大，温度越低，塑炼效果越好。所以为充分利用设备提高塑炼效果，就应在允许的条件下加强辊筒冷却，严格控制辊温，辊温最好在 25 ~ 30℃。但是温度太低，橡胶有可能结晶、黏度过大，这样将不利于塑炼的进行，甚至会损坏机器。因此开炼机塑炼的辊温实际上是控制在 45 ~ 55℃。

　　在实际生产中，辊温冷却受到各种条件的影响，如果辊筒的导热性差、冷却水温容易降下来，从而达不到理想的塑炼效果，所以采用冷却胶片的方法是提高塑炼效果的一种重要的措施。使用胶片循环爬架装置、薄通塑炼和分段塑炼均属于这一措施。

　　各种橡胶用开炼机塑炼的辊温见表 4-40。

表 4-40　橡胶塑炼常用辊温范围

| 胶种 | 辊温范围/℃ | 胶种 | 辊温范围/℃ |
| --- | --- | --- | --- |
| 天然橡胶 | 45 ~ 55 | 顺丁橡胶 | 70 ~ 80 |
| 通用型氯丁橡胶 | 40 ~ 50 | 丁苯橡胶 | 45 左右 |
| 54-1 型氯丁橡胶 | 40 ~ 50 | 异戊橡胶 | 50 ~ 60 |

　　随着辊距的缩小，剪切力增大，同时胶片变薄，易于冷却，冷却后生胶变硬，所受的机械剪切力增大，塑炼效果随之增大。因此辊距愈小，塑炼效果愈好。在实际使用中薄通塑炼时辊距一般为 0.5 ~ 1mm，在允许条件下愈小愈好。

　　开炼机塑炼时间是显著影响生胶可塑度的重要因素之一。在塑炼最初的 10 ~ 15 分钟生胶可塑度会迅速增加，黏度显著降低，随后由于生胶经轧炼温度升高变软化，就会变化趋于平缓。因此，为了提高塑炼效果，可将塑炼过程分成若干段来进行，即分段塑炼。每段塑炼后生胶需要充分停放冷却后再进行下一段。

　　速比是使生胶在塑炼时产生机械摩擦和分子链断裂的主要因素。速比愈大塑炼效果也愈好，但是速比增大，生胶升温加快，所以速比也不易过大，一般为 1:1.15 ~ 1:1.27。常用开炼机的速比见表 4-39。

　　开炼机不同装胶容量也有所不同，同时还应该考虑操作的安全、电的损耗、劳动强度等方面，所以一般情况下，一次塑炼的容量应该根据实际情况确定。各种规格的开炼机的装胶容量可参考表 4-41。

表 4-41　各种规格开炼机的参考装胶容量

| 型号 | 装胶容量/kg | 型号 | 装胶容量/kg |
|---|---|---|---|
| XK-360 | 16～22 | XK-550 | 45～62 |
| XK-400 | 22～32 | XK-650 | 90～136 |
| XK-450 | 50 以下 | | |

为了提高塑炼效率，常常使用一些助剂。比如增塑剂、促进剂等。使用这些助剂可以提高塑炼的效果，缩短塑炼时间，节省电力，减少弹性复原，减轻胶料收缩。开炼机塑炼时用助剂主要有萘硫酚、五氯硫酚锌盐、促进剂 M、促进剂 D 等。

生胶在开炼机上采用薄通塑炼时，应先将辊距调到 1mm 以下，并开冷水使辊筒冷却，在塑炼中尽可能保持较低的辊温。将破胶胶卷在靠大牙轮一端投入，使之通过辊筒间隙，让胶片直接落入接盘。辊筒上无堆积胶时，将盘内胶片扭转 90°重新翻入辊筒间隙，继续薄通。助剂或母胶一般在薄通 1～2 次后加入。塑炼达到规定的时间或次数后，放厚辊距，使胶料包辊，并左右割刀一次。然后卷取下料。

分段塑炼的塑炼胶应根据混炼时容量打成短卷。

塑炼后，天然橡胶一般停放 4h 后才能混炼。

开炼机操作时应该注意安全，特别要遵守各类安全防护规定：上机台操作时应该注意检查一下各项安全防护工作；工作时不得在辊筒上方传递物件，更不能倚坐在接料盘上；不要在运转着的炼胶机辊筒冷却水出口处洗手或洗涤其他东西；胶料上车后，发现辊筒上有杂物，不能用手拿取，应该停车处理；胶料包辊应到后辊去切割，切刀应在辊筒挡板下角处下刀，刃口不应向着腿；填胶料时手不可以进入两个辊筒垂直中心线之间；开车前应按要求检查机台；上下班时要做好清洁保养工作等。

（3）密炼机塑炼

密炼机塑炼属于高温塑炼。温度一般在 120℃以上，生胶在密炼机受高温和强机械作用产生剧烈氧化，短时间内即可获得所需要的可塑性。

影响密炼机塑炼效果的因素有温度、助剂、转速、容量和压力等。时间也是一影响因素，可塑度在一定范围内随塑炼时间增大而增大。

密炼机塑炼的关键是控制适当的温度。温度太低，达不到塑炼效果，温度太高，会导致橡胶的物理机械性能下降，甚至产生分解或凝胶。密炼机塑炼时的温度需视胶种具体特性而定，有的高，有的低。天然橡胶塑炼时的温度一般不超过 155℃为宜。

增塑剂在密炼机高温塑炼中比在开炼机中更有效、更合理、更普及，因为温度升高促进了增塑剂的增塑效果。在高温塑炼中广泛应用的助剂有二硫化物和促进剂 M 等。在密炼机中用增塑剂塑炼时，塑炼和混炼可以合并进行，称为一段工艺。它的优点是耗能低、时间短、有利于炭黑分散。

密炼机塑炼时塑炼胶的可塑度在一定范围内随转子转速增加而增大。转子转速对密炼机塑炼效果的影响见表 4-42（用实验密炼机测试）。

**表 4-42　转子转速对密炼机塑炼效果的影响**

| 转速（r/min） | 时间（min） | 威氏可塑度试验压缩后的高度（$h_1$）/mm | | | | | |
|---|---|---|---|---|---|---|---|
| | | 39℃ | 50℃ | 65℃ | 94℃ | 121℃ | 150℃ |
| 25 | 30 | 3.27 | 3.43 | 4.30 | 4.51 | 4.00 | 2.90 |
| 50 | 15 | 3.73 | 3.77 | 4.41 | 4.09 | 3.45 | 2.60 |
| 75 | 10 | 3.91 | 4.02 | 4.27 | 3.79 | 3.17 | 2.50 |

用密炼机塑炼时，必须有正确的装胶容量。容量过小，生胶会在密炼室内打滚，不能进行有效塑炼；容量过大，会使设备超负荷运转，损坏设备。各种规格密炼机的装胶容量（或工作容量）一般为密炼室容量的 48% ~ 62%（此百分比为体积系数）。密炼机长期使用后，密炼室体积会因磨损而增大，装胶容量可稍微增加。

密炼机塑炼效果在一定范围内会随压力的增大而增大，因此，密炼机塑炼时上顶栓必须加压，压力在 0.5MPa 以上即可获得良好的塑炼效果。

（4）螺杆机塑炼

采用螺杆机进行物料塑炼，能使橡胶在机内受螺杆与机筒壁摩擦搅动和高温氧化作用而获得塑炼效果。

用螺杆机塑炼，温度较高，亦属于高温塑炼，温度过低不能获得良好的塑炼效果，过高会影响橡胶的质量。填料速度也会影响塑炼效果，过快易造成塑炼不均，出现夹生现象。生胶和工作螺杆都要进行预热，以免损伤设备和影响塑炼效果。

（5）几种橡胶的塑炼特性

氯丁橡胶一般不需要单独进行塑炼，但是在贮存期内可塑度会降低，尤其是通用型氯丁橡胶超过半年后可塑度有时由 0.6 降至 0.3 以下。因此，氯丁橡胶仍需塑炼。氯丁橡胶是一种极性、易结晶的橡胶，对温度很灵敏。低温放置容易出现结晶、变硬，加工前先加热处理以消除结晶。采用薄通塑炼对氯丁橡胶塑炼效果显著，一般的操作方法是：辊温 30 ~ 35℃，先以 5 ~ 6mm 辊距通过 3 ~ 4 次，使之受热变软，再以 3 ~ 4mm 辊距通过 3 ~ 4 次，此后以小辊距薄通 10 ~ 15 分钟，最后以 5 ~ 6mm 辊距下压片。氯丁橡胶也可以用密炼机塑炼，但是温度控制较难。

丁基橡胶的门尼黏度在 38 ~ 75 之间，一般不需要塑炼，但是需要适当提高生胶塑性和改善加工性能时，进行塑炼就是必要的。丁基橡胶塑炼时必须注意清洁，以免混入其他不饱和橡胶残余物而影响质量。丁基橡胶低温塑炼效果不大，用密炼机进行高温塑炼的效果显著，此时的塑炼温度为 120℃ 以上，添加双（α，α - 二甲苄基）过氧化物效果更好，其有效用量为 2% 左右。

乙丙橡胶和氯磺化聚乙烯橡胶的化学性质稳定，塑炼时分子链不易断裂，塑炼效果不显著。

2. 混炼

在炼胶机上将各种配合剂加入生胶制成混炼胶的过程称为混炼，它是橡胶加工中最重要的基本工艺。混炼过程实际上是橡胶改性过程，对橡胶胶料进一步加工和制品性能具有决定性影响。混炼不好，胶料会出现配合剂分散不均、胶料可塑度过低或过高、焦烧、喷霜等现象，使压延、压出、涂胶和硫化不能正常进行，导致成品性能下降。混炼的任务就是制造性能符合要求的混炼胶。质量好的混炼胶：一是能保证成品具有良好的物理机械性能，二是胶料具有良好的工艺性能。

（1）混炼过程

混炼过程主要是各种配合剂在生胶中混合和分散的过程，可将这个过程分为预处理、混入、分散、混合、塑化等。以上这些过程往往是不能简单的独立开来，混合是贯穿于整个混炼过程的，在混炼的初期以混入为主，后以分散为主，最后是塑化调节黏度。

配合剂在混炼前需要进行预处理：固体配合剂需粉碎、干燥、筛选等，液体配合剂需脱水、过滤等，黏性配合剂需熔化、过滤等。粉碎是将较大的块状配合剂粉碎成适当的尺寸，以便混入橡胶。粉碎常用的机械由盘式粉碎机、球磨机和锤式粉碎机等。如果配合剂需要干燥的话，需要在一定的温度下进行干燥，常用的干燥设备有干燥室、干燥箱、烘箱等。筛选是除去配合物中的杂质等，可用振动筛、筛选机等。熔化、过滤、蒸发或脱水都是用有效的方法除去配合物中的杂质。

混入是指粉状和液态的配合剂附着于橡胶上，进而混入橡胶中，成为聚集体的过程，也称为浸润。混入是混炼过程中较为复杂的阶段，一般包括橡胶发生大变形或破碎、形成新界面后填料的混入和橡胶渗入以炭黑为主的填料聚集体空隙两个过程。在这两个过程中，填料表面空隙中吸附的空气逐步被橡胶所排除，所以混入过程也称为浸润。剪切应力、压力对混入起着重要的作用。随着混入的进行，填料逐渐混入，胶料的体积逐渐减小，然后趋于恒定。

除了压力和剪切应力外，填料性质、橡胶种类、设备条件、油和表面活性剂等都会影响混入的效果。炭黑是橡胶的主要补强填充剂，它比其他的白色填充剂混入较快，而且白色填充剂较易结团。橡胶的种类对混入的影响是十分明显的，即使是同一种橡胶，若是型号不同其混入时间也不相同。使用密炼机进行混入时，转子转速及形状都会影响混入：转速低时，混入时间较长，反之混入时间短；转子形状不同混入的时间也有所不同。

在机械力的作用下，混入橡胶的聚集体发生分散，被打碎成微小尺寸的细粒的过程就是分散，也称微观分散。混合又成为宏观分散，是填料和其他配合剂在胶料中均匀分布的过程。分散和混合又可统称为分散阶段。

分散是混炼过程中最困难、最关键的一个阶段，也是一个复杂的过程。粒状配合剂的分散主要是依靠较强的剪切应力来完成的。填料混入橡胶后，胶料形成碎块，然后形成整块胶料，黏度增大，产生较强的剪切力使填料有效的分散。

实践证明，凡是能提高胶料剪切应力的因素，比如提高上顶栓压力，增加转子转速和提高胶料填充系数等，都能提高填料的分散效果。填料用量增加，也会使胶料黏度升高，随之剪切应力增大，从而导致分散速度上升。

混合主要依靠胶料的剪切应变、拉伸应变和压缩形变来完成的，也是一个复杂的过程。

塑化是橡胶分子受机械－化学作用而断裂、炭黑包溶胶在分散作用下使部分吸留橡胶析出，导致胶料黏度下降的过程。

（2）最佳混炼

从混炼的过程中胶料结构的变化可知，最佳混炼就是指胶料达到胶态分散和形成凝胶等网络结构时的混炼状态。胶料的这种最佳混炼的形成是受多种条件制约的，其主要影响因素和条件有原材料特性、橡胶结构、填料用量与活性、机械作用力、混炼温度、操作方法、装料系数、冷却水温等。由于填料分散度和胶料网络结构与胶料性能是密切相关的，所以一般是由分散度或胶料性能来确定最佳混炼的。

测定胶料的最佳混炼的方法有三种方法：显微镜测定法，物理性能测定法，仪器法。显微镜测定法是通过光学显微镜直接观察粒状填料的分散程度。物理性能测定法是通过测定胶料的物理性能变化来选择混炼条件、确定最佳混炼，而且可以验证其他混炼测定方法的精确度和可靠度。

（3）最佳混炼过程的控制

为了达到最佳混炼，防止过炼，需要对混炼过程有一定的控制，控制指标主要有时间、温度、输入能量等。

时间标准：通过实验可以确定最佳混炼时间，一般采用炭黑分散度来确定，即以直径 $5\mu m$ 以下的聚集体大约达到 95% 所需的时间作为排胶时间标准。当混炼进行到最佳混炼时间时即开始排胶。使用最佳混炼时间来确定排胶，这一方法的优点是简单方便，缺点是无法考虑各批胶料混炼开始时密炼机空壁温度的变化和配合剂加料时间的差别，胶料质量波动较大，能量损耗也较大。

温度标准：通过实验可以确定最佳混炼温度，一般认为密炼机内温度停止上升达到平衡以后，在经过少许时间，分散即告完成，此时的温度即作为排胶温度标准。混炼进行到排胶温度即可排胶。此法的缺点是测温精度较难控制。

能量标准：一般由实验根据胶料性能达到拐点或平衡值来确定，将达到所需性能的输入能量作为排胶能量标准。混炼作用进行到规定能量即可排胶。此法的优点是各批胶料质量均一，可节省能量消耗和混炼时间并提高设备利用率。所有方法中以此法最优。

混炼效应标准：可由混炼时间和温度两个参数确定混炼效应，由混炼效应来确定排胶标准。这一方法的优点是胶料均匀，性能波动小，混炼时间短，并可实现混炼过程的自动控制。

（4）混炼工艺

配合剂进行过预处理后，就可以进行混炼了。

开炼机混炼是一种较老的工艺方法，与密炼机混炼相比，开炼机混炼有生产效率低、劳动强度高、环境卫生不易保持、有安全隐患等缺点，但是其灵活性大，适于小规模、小批量的生产。开炼机混炼可以分成包辊、吃粉和翻炼三个阶段：包辊是开炼机混炼的前提，为混炼提供坚实的保证，其关键是调整辊温，使胶料处于适当的状态，形成良好的紧密包辊状态；控制好辊距形成适当的堆积胶，加入配合剂进入吃粉阶段，吃粉速率先快后慢；吃粉仅是在一定厚度内进行，达不到包辊胶的深层，所以必须进行切割翻炼。影响开炼机混炼的因素有胶的包辊性、装胶容量、辊距、混炼温度、加料顺序和翻炼方法等。

在现在的生产中，主要是采用密炼机混炼。与开炼机混炼相比，密炼机混炼具有操作安全、低粉尘、机械化程度高、混炼时间短、生产效率高、劳动强度低等优点，缺点是难控制，投资大等。影响因素主要有装胶容量、加料顺序、上顶栓压力、转子速度、混炼温度和混炼时间等。

目前，我国大部分中小橡胶防水卷材的生产厂家都是采用开炼机生产混炼胶的。开炼机受自身设备限制，剪切分散作用不强，加上无轴向分布混合作用，又受人工操作因素影响，各辊混炼胶半成品之间的质量难以实现均匀一致和稳定。尤其是橡胶共混型防水卷材，更不宜使用开炼机进行混炼，混炼胶长时间与空气接触，共混中的某些成分会因氧化而变色，还会发黏影响操作。而密炼机能完全克服开炼机的不足，保证生产出的混炼胶质量均匀一致，从而保证卷材的质量。所以为了提高卷材的质量，建议不要使用开炼机进行混炼。

连续混炼是一种新型混炼工艺，其操作方式是可以连续加料、连续混合和连续排胶，实现自动化和连续化，所用设备为连续混炼机。

混炼后胶料温度仍高达 $80 \sim 90℃$，必须冷却，否则容易导致焦烧。冷却后经过停放，按要求贮存。

（5）几种橡胶的混炼特性

各种橡胶具有不同的黏弹特性和流变性能，为了达到良好的混炼效果，必须根据橡胶的特点制定合适的混炼工艺。

氯丁橡胶是结晶型橡胶，因此在混炼前需在 $70 \sim 80℃$ 下加热软化来消除结晶。氯丁橡胶应视氯丁橡胶中凝胶含量来制定相应的混炼条件，一般说来，生胶中凝胶含量越多，混炼时间应越长。在混炼初期必须破坏原来的凝胶结构，只有这样才能使配合剂在短时间内混合和分散。氯丁橡胶的混炼特性是生热大、易焦烧、易粘辊，所以混炼时间要短，辊温要低，加热顺序要恰当。

丁基橡胶的混炼加工比较复杂，这是因为丁基橡胶的化学惰性较大，与其他橡胶和填料的相容性较差。为了改善其分散性，应采取相应的加料顺序，并进行预处理（将热处理剂混入丁基橡胶中，然后在高温下对丁基橡胶进行处理）。

乙丙橡胶混炼时不易发生过炼，容易与配合剂混合，但自粘性较差，不利于混炼。

氯磺化聚乙烯橡胶在开炼机或密炼机中混炼加工时，随着胶料温度的上升，黏度迅速降低。这类橡胶性能稳定，一般不会过炼。

3. 压延

压延是橡胶工业的基本工艺之一，混炼胶料通过压延机两辊筒之间，利用辊筒间的压力使胶料产生延展变形，制成胶片或胶布半成品的过程。胶料对压延工艺及压延半成品质量影响很大，供压延的胶料应该有适当的包辊性能、胶面光滑、收缩率合适、胶层无气泡、焦烧性小等特点。

（1）压延准备

进入压延机之前必须对混炼胶料进行预热，使之达到一定的均匀可塑度，并起到补充混炼分散的作用。热炼一般在开炼机上进行。在热炼机上应装备自动供料、自动翻料、固定切刀等装置，采用连续供料且均匀连续。

进行挂胶压延的纺织物，在压延前需要烘干，一般在立式或卧式干燥机上进行。

按要求对设备进行检查。

（2）压延工艺

对于高分子防水卷材的压延主要是压片、贴合等。

压片工艺有两种典型的方法，一种是以普通的三辊压延机进行，另一种是以四辊压延机进行。压片时应注意辊温、辊速和胶料的可塑度等。适当的辊温是保证压片顺利进行的首要条件。胶料性质决定辊温，几种橡胶压延作业的辊温见表4-43。

表 4-43 几种橡胶压延作用的辊温

| 胶种 | 上辊温度/℃ | 中辊温度/℃ | 下辊温度/℃ |
|---|---|---|---|
| 氯丁橡胶 | 90～120 | 60～90 | 30～40 |
| 丁基橡胶 | 90～120 | 75～95 | 75～100 |
| 三元乙丙橡胶 | 90～120 | 65～85 | 90～100 |
| 氯磺化聚乙烯橡胶 | 80～95 | 70～90 | 40～50 |

胶料的可塑度大，流动性好，容易得到光滑的胶片，但是太大容易产生粘辊现象。辊速还应根据胶料的可塑度来决定，可塑度大的，辊速可快些，反之辊速应慢些。

在压片工艺中，由于受到压延设备的限制，无论怎样精心操作，卷材的外观都很难达到要求，往往会出现胶片致密性不好、表面和内部有气泡、厚度不均、胶片卷取垫布表面出现二次皱褶等质量问题，这些都要采取相应的措施进行预防或消除。

通过压延机将两层或两层以上的同种或异种未硫化的胶片重合成为一层胶片的过程是贴合。可用两辊压延机、三辊压延机或四辊压延机进行贴合。其中以四辊压延机贴合效率最高，质量最好，规格最精确。

贴合时要求胶料之间有粘合性，贴合胶片之间的可塑度一致，异种胶片之间的收缩率和硫化速度应相互配合适当等。

借助于压延机为纺织材料等进行橡胶涂层或使胶料渗入织物结构的过程叫贴胶和擦胶。贴胶时辊速相同，擦胶时辊速不同，经过贴胶或擦胶可使制品增强抗外力的作用，还可以提高弹性、防水性等性能。

（3）几种橡胶的压片特性

氯丁橡胶在压延工艺中收缩率较大、易焦烧、易粘辊等，为解决这些问题，氯丁橡胶压片时应对辊温进行严格控制。氯磺化聚乙烯橡胶压延操作的辊温条件随配方的不同有很大的差异，一般辊温控制在60～90℃。三元乙丙橡胶热炼时应采用低温多次回炼，这样可以将胶料中的水分除尽，不易粘辊。丁基橡胶应采用高温压延。三元乙丙橡胶和丁基橡胶最好不要采用压延压片工艺。

4. 挤出

挤出是利用挤出机，使胶料在螺杆或柱塞的推动下，连续不断地向前运动、出片成型，然后进行硫化作业的过程。挤出工艺的特点是操作简单、经济、连续，品质均匀、易变化规格，灵活机动性大，生产能力大等。

挤出机，可分为热喂料挤出机、冷喂料挤出机和排气冷喂料挤出机。挤出工艺分为热喂料挤出工艺、冷喂料挤出工艺等。

（1）热喂料挤出工艺

喂入胶料的温度超过环境温度、达到所需温度的挤出操作称为热喂料挤出。挤出机使用热喂料挤出机。目前在我国仍占主要位置。

为了提高胶料的均匀性和热塑性，使胶料易于挤出胶料在喂入挤出机前需要开炼机热炼。热炼时需要防止过炼，达到预热温度即可。然后用输送带连续供胶或人工供胶与挤出机。操作之前要预热挤出机达到所需的温度。供胶后调整挤出机并控制好温度。挤出过程中需及时清理积胶。半成品挤出后，一般需进行冷却、裁断、称量和接取等一系列的工序处理。

（2）冷喂料挤出工艺

在挤出前胶料不需要热炼，直接供以冷的胶条或胶料进行挤出的操作称为冷喂料挤出，使用冷喂料挤出机。与热喂料挤出相比，冷喂料挤出具有节省人力和设备、料温均匀而不易焦烧、应用广泛、可连续化生产的特点。

加料前，先通蒸汽加热挤出机机筒、机头，加快转速，使各部位温度迅速升高到120℃左右，然后2分钟内冷却至喂料口55℃、机筒60℃、机头65℃。然后供胶挤出。挤出过程中严格控制不同部位的温度范围。螺杆与机筒之间的温度差，对冷喂料挤出控制挤出质量具有重要意义。

（3）其他挤出工艺

除了以上两种挤出工艺外，还有排气冷喂料挤出工艺、销钉式挤出机挤出工艺等其他挤出工艺。

排气冷喂料挤出工艺与普通的冷喂料挤出工艺的基础上增加了排气部分，与冷喂料、挤出工艺相比，可以充分排除胶料中的气体，挤出质量较好，但是产量仅为非排气挤出机的50%左右。

销钉式挤出机挤出工艺与普通的冷喂料挤出工艺基本相同，只是设备改变为销钉式挤出机，操作上有所不同。与普通冷喂料挤出工艺相比，具有挤出料温低、生产能力高、单位耗能低等特点。

L型机头挤出工艺是生产无接头制品并能与连续硫化装置相连接的一种挤出工艺。这种工艺已经广泛地应用于我国挤出成型橡胶防水卷材等。此种工艺采用的是冷喂料挤出机，其主要特点是：长径比大，约为12～16；压缩比大，可达1.7～1.8；挤出压力大，约在14～15MPa。挤出机的螺杆分为三段，即喂料段、塑炼段、挤出段。胶料通过螺杆均匀塑炼后挤出，挤出效果较好。L型机头挤出的胶片流动方向与螺杆轴线成90°角，即L型流向。由于流道型腔呈锥形，挤出压力分布均匀，适合挤出宽幅薄型制品。此种工艺挤出的胶片具有致密性好、无气孔、表面光滑无皱褶、厚度均匀等优点。

（4）几种橡胶的挤出特性

氯丁橡胶可用普通橡胶挤出机进行挤出，只是混炼胶需要冷却停放8～10h。热喂料挤出时，不需要充分热炼，只要均匀加热2～3min，使之软化即可。挤出后应充分冷却。

丁基橡胶弹性大，胶料挤出膨胀率大，半成品尺寸难以控制，所以降低膨胀率是挤出丁基橡胶的关键。适当提高挤出温度可降低胶料挤出膨胀率。挤出物离开口型后，宜急速冷却，以免挤出物高温变形。

三元乙丙橡胶挤出性能良好，胶料不一定需要热炼，冷料亦可。

氯磺化聚乙烯橡胶一般情况下需热炼，否则不宜直接包辊。

5. 硫化

在前面硫化剂中已经讲述了硫化即是生胶与硫化剂发生化学反应，有线型结构交联为立体结构的大分子的过程，在这一过程中，胶料的物理机械性能及其他性能也发生了根本的变化。硫化是在一定的压力、温度和时间等条件下发生的交联反应，因此，压力、温度、时间等构成了硫化工艺条件的主要因素。所以在硫化过程中应掌握并很好地控制这些主要因素。

（1）硫化过程

硫化过程可以分为四个阶段：焦烧、热硫化、平坦硫化、过硫化。焦烧阶段相当于硫化过程中的诱导期，焦烧的时间的长短决定于胶料的配方，主要受促进剂的影响，操作过程中胶料的受热历程也是一个重要因素。热硫化阶段就是硫化反应中的交联阶段，其时间的长短也是取决于胶料的配方。硫化反应中立体网状结构形成的前期，这时交联反应已基本完成，橡胶在这一阶段中持有最佳的性能，这就是平坦硫化阶段，它的时间的长短主要取决于配方中的促进剂及防老剂等。在硫化的后期，立体网状结构已经形成，发生的主要是交联键的重排以及交联键和链段热裂解的反应，这一阶段中，胶料的拉伸性能显著下降。

在硫化过程中，胶料的各种性能随着硫化时间的变化而变化。理论上看，从胶料开始加热时起至出现平坦期，胶料的性能达到最佳。在实际的硫化操作中，应通过试验来测定这一时间，以便更好地控制硫化过程。

（2）硫化条件的确定程序

对于一特定的配方的胶料来说，制定硫化条件的步骤大致为：通过胶料的物理性能试验及工艺设备条件，确定产品的硫化温度；按照确定的硫化温度，通过试验确定硫化时间、硫化平坦时间及硫化温度系数；根据上述资料定出硫化时间及升温阶段的硫化条件；绘出硫化效应图，求出各层部位的硫化效应图；核对各层硫化效应是否位于各层胶料的平坦范围内，进行参数修改；按得出的硫化条件，进行实物硫化，通过测定修改、进行综合分析，然后确定最适宜的硫化条件，即硫化时间、硫化温度、升温方法及硫化压力等。

（3）硫化方法及工艺

硫化的方法很多，有室温硫化、冷硫化、热硫化之分。

室温硫化是指在室温和不加压的条件下进行的硫化。此种硫化方式不需要硫化设备，一般是用于硫化胶浆和腻子。冷硫化法即是一氯化硫溶液硫化法，将制品浸入含2%~5%的一氯化硫的溶液（以二硫化碳、苯、四氯化碳等为溶剂）中，经过几秒至几分钟的浸渍即可。另外也可以用氯化硫蒸汽进行硫化。因为加热可以增加反应活性、加速交联，所以热硫化法是橡胶中使用最广泛的硫化方法。

高分子防水卷材的硫化方法主要有以下四种：

①直接蒸汽硫化法

直接蒸汽硫化法将成型的胶片用垫布分成标准卷放入硫化罐内，向罐内供给0.5~0.6MPa的蒸汽进行硫化成为成品。直接蒸汽硫化的优点是传热效果好、温度分布均匀、硫化温度容易控制，但是硫化出的成品具有外观缺陷较多，物性不稳定，厚度、宽度公差大，能耗大，劳动强度大，不能自动化生产等缺点。

②二次硫化法

将成型的胶片通过单鼓硫化机进行定型硫化后，裁成标准捆，再送入硫化罐内用0.5~0.6MPa蒸汽进行二次硫化成为成品，此种方法为二次硫化法。此法是对直接硫化法的改进，使卷材的质量有了很大的提高，是我国橡胶防水卷材生产较为成熟的方法。

③多鼓硫化机硫化法

将压出的胶片直接送入多鼓硫化机加热硫化成为成品，此法为多鼓硫化机硫化法。多鼓硫化机有 10 个鼓，每个鼓的尺寸为 $\phi 1000mm \times 1600mm$，加热蒸汽压力为 1.2 ~ 1.4MPa，硫化温度为 175 ~ 185℃，运行速度为 0.4 ~ 4m/mm。此法属于无压硫化。其特点是可以连续生产，硫化程度均匀，产品外观和内在质量好，劳动强度低，环境无污染，节约能源。但是此法对配方的要求较高。

④连续硫化罐硫化法

连续硫化罐硫化法将压出的胶片直接送入硫化罐，利用加热管间接加热空气进行硫化。生产工艺为：硫化温度为 170 ~ 180℃，热空气压力为 0.18 ~ 0.25MPa，硫化速度一般为 1.5 ~ 2.0m/min。此法的特点是连续化生产，硫化程度均匀，产品质量好，劳动强度低，操作环境无污染，节约能源。

### 4.4.2 高分子防水卷材的出片成型方法

我国目前高分子防水卷材生产的出片成型方法主要有压延出片成型工艺（简称压延法）以及 L 型机头挤出出片成型工艺（简称挤出法）。

#### 4.4.2.1 压延出片成型工艺

压延法工艺是指将橡胶或塑料原材料通过一系列加热的压辊，从而使其在挤压和展延作用下连续成为片材的一种成型方法。压延设备主要采用压延机和其他辅机。根据辊筒数目的不同，压延机有双辊、三辊、四辊、五辊甚至六辊等多种，以三辊或四辊压延机使用最为常见。压延法按其生产工艺的不同，又可分为压延出片成型直接硫化法工艺，压延出片成型单鼓硫化机定型二次硫化法工艺等，其参见图 4-3 和图 4-4。

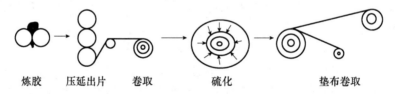

炼胶　　压延出片　　卷取　　　　硫化　　　　　　　垫布卷取

图 4-3　压延出片成型直接硫化法工艺

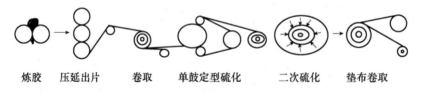

炼胶　　压延出片　　卷取　　单鼓定型硫化　　二次硫化　　垫布卷取

图 4-4　压延出片成型单鼓硫化机定型二次硫化法工艺

压延出片是采用两台开炼机将半成品胶热炼到一定程度后，供三辊或四辊压延机进行压延出片，经压延后出的片采用垫布卷成大捆存放，再按成品规格标准捆成小捆进行硫化。压延法工艺由于受到压延设备性能的限制，故其卷材制品在外观质量上存在着一定的缺陷。

#### 4.4.2.2 挤出出片成型工艺

挤出法工艺又称挤压模塑或挤塑，是在挤出机中通过加热、加压而使橡胶、塑料物料以流动状态连续通过口模成型的一种成型方法。下面以塑料防水卷材挤出成型为例，介绍其工艺过程。

塑料由料斗进入机筒后，随着螺杆的旋转而被逐渐推向机头方向，在加料段螺槽被松散的固体颗粒或粉末所充满，并逐渐被压实，当物料进入压缩段后，由于螺槽逐渐变浅以及滤网、分流板和机头的压力，在塑料中形成了较高的压力，并将物料压得很密实。同时在机筒外热和螺杆、机筒对物料的混合、剪切作用所产生的内摩擦热的作用下，塑料的温度逐渐升高。对于常规三段全螺纹螺杆来说，大约在压缩段的三分之一处，与机筒壁相接触的某一点的塑料温度达到了黏流温度，开始熔融的物料量逐渐增多，而尚未熔融的物料量则逐渐减少，大约在压缩段的结束处，全部物料已熔融而转变为黏流态。但此时各点的温度是并不均匀的，尚待经过均化段的均化作用后，方能达到设计要求，经均化后，螺杆将已熔融的物料定压、定量、定温地挤入机头。机头中的口模为成型部件，已熔融的物料通过它后截面便具有了一定的几何形状和尺寸（成型），再经过冷却定型和其他工序（如三辊压光、压花、切边、牵引、切割等），则可得到成型的制品了。塑料制品挤出成型的工艺流程如下：聚合物熔融→成型→定型→冷却→牵引→切割→包装。采用挤出成型工艺生产的产品，根据物料的特性、制品的规格、产品的技术性能要求、挤出机的类型和结构其生产工艺是有所不同的，如机头的结构形状和尺寸是按具体产品的要求设计的，冷却定型的方式是根据制品的品种和材料的性能而定的，然挤出成型的各工艺环节则是基本相同的。

采用挤出法工艺生产高分子防水卷材，其主要的生产设备是挤出成型机，挤出成型机是由加料口、挤出装置、传动机构和加热、冷却等系统以及机头、辅机所组成。挤出机可分为柱塞式挤出机和螺杆式挤出机等两种类型，柱塞式挤出机的挤出工艺是间歇式的，螺杆式挤出机的挤出工艺则是连续式的。挤出机按其是否排气可分为排气式挤出机和非排气式挤出机，生产防水片材一般都采用螺杆式挤出机。

螺杆式挤出机又可分为单螺杆和双螺杆型。以塑料卷材为例，单螺杆挤出机生产一般需经造料后方可生产，其工艺流程如图 4-5 所示。采用单螺杆挤出机生产卷材，尽管投资设备比较小，但其生产成本高，产量、生产效率则比较低，产品质量差、表面粗糙、性能较差，若采用双螺杆挤出机生产卷材，则可简化工艺流程，不需造粒而直接用粉料生产，其虽投资设备较大，但产量、产品质量均佳，一台双螺杆挤出机相当于 2～3 台单螺杆挤出机的效率，其工艺流程如图 4-6 所示。

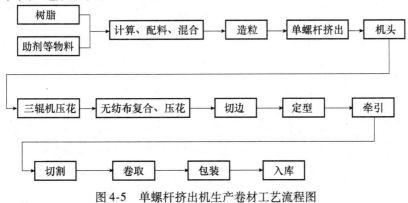

图 4-5　单螺杆挤出机生产卷材工艺流程图

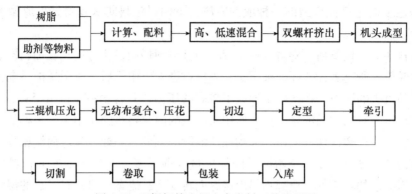

图4-6 双螺杆挤出机生产卷材工艺流程图

挤出出片成型工艺可分为挤出出片成型多鼓硫化机硫化和挤出出片成型连续硫化罐硫化两种工艺，如图4-7、图4-8所示。

图4-7 挤出出片成型多鼓硫化机硫化工艺

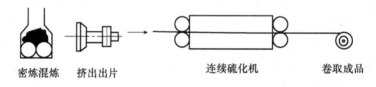

图4-8 挤出出片成型连续硫化罐硫化工艺

### 4.4.3 高分子防水卷材挤出法成型的工艺参数

高分子防水卷材若采用挤出法工艺进行生产，其生产工艺参数涉及到螺杆的转速；螺杆的背压；料筒、螺杆和机头的温度；定型装置、冷却装置的温度；牵引速度等几个方面。

1. 螺杆的转速

螺杆转速的大小直接影响到挤出机输出的物料量，也决定了由摩擦产生的热量，影响着熔体物料的流动性。螺杆的转速在挤出生产线的主机控制装置中进行调节，螺杆转速的调节随螺杆结构和所加工的材料而异，应视卷材的形状、产量以及辅机中的冷却速度而决定。

2. 螺杆的背压

背压的调节可使物料得到不同程度的混合和剪切，改变塑化质量和供料的平稳性。挤出机前的多孔板、滤网和机头上的可调节阻力元件等对熔体流动的节制作用可产生不同的螺杆背压。

3. 成型温度

热塑性聚合物固体在一定的温度条件下会产生熔融，从而转化为熔体，熔体的黏度与温度成反比，挤出机的挤出量会因物料温度的变化而受到影响，当物料被加入至挤出机的料筒内后，其受到外部加热装置提供的热量及摩擦热的综合作用，当物料到达机头，由机头外部加热装置提供的热量，均将直接关系到物料的性能。若在操作过程中，挤出物料的温度不足以把固体物料熔断（线流动性差），则产品的质量不会达到要求；若温度过高则会使聚合物过热或发生分解，温度的控制是采用挤出法工艺生产防水卷材时，生产操作中极其重要的控制因素。

（1）料筒、螺杆和机头的温度

挤出机的温度是由料筒各段，螺杆、机头各段分别设定而加以控制的。挤出机料筒各段的温度应根据物料状态变化的需要、卷材产品的技术性能要求、挤出机的特性、机头的结构形式而设定，螺杆的温度控制涉及到物料的输送率、物料的塑化、熔融质量，许多挤出机多将螺杆制造成可控制温度的结构。机头温度一般应比料筒温度稍高 5 ~ 10℃，若机头温度过低，则卷材表面无光泽、易出裂纹；若机头温度过高，则会使物料变色、分解，制品内部有气泡。比较大的机头则将加热装置分成几个区间，机头内各区间的温度分布，一般控制在中间区域低，两侧区域高，机头温度是影响高分子防水卷材厚度均匀性的重要因素，应严格控制机头各区间的温度波动，以防止因温度误差而影响卷材厚度的均匀性。

（2）三辊压光机的温度

三辊压光机是高分子防水片材冷却、压光、定厚度的设备，其工艺条件将直接影响卷材的外观质量，从机头挤出的片材温度较高，为使片材缓慢冷却，防止片材产生内应力而出现翘曲，三辊压光机的三个辊筒均要加热，并设置调温装置。若辊筒的温度过高，则会使片材难以脱辊，表面产生横向条纹；若辊筒的温度过低，则片材不易紧贴辊筒表面，片材表面易产生斑点，无光泽。辊筒温度应高到足以使熔融料和辊筒表面完全紧贴。一般控制中辊温度最高，上辊温度稍低，下辊温度最低。

4. 定型装置、冷却装置的温度

挤出机生产不同的产品，采用的定型方式和冷却方式是不同的，相关的设备品种是多样的，但其共同点是都需要控制温度。冷却介质一般为空气、水或其他液体。温度影响冷却的速度、生产效率、卷材产品的质量。冷却介质的温度和流量在操作中是可以调节的。

冷却螺杆的目的有二，其一是有利于加料段物料的输送，物料中所含气体（包括各种挥发物）能从加料斗中溢出；其二是可以控制制品的质量，防止物料因局部过热而分解。当螺杆的均化段也受到冷却时，在此段的螺槽底部就可能形成一层温度较低的熔料，此料较黏而不易流动，在一定程度上会使得均化段的螺槽变"浅"，从而使塑化效果得到提高，挤出量会下降。为此，需对螺杆进行冷却，把螺杆设计成一个冷却系统，在冷却螺杆的同时一般还要冷却加料座，以防止进料口的温度过高而影响进料。

5. 片材厚度与模唇厚度、三辊间距之间的关系

成型的片材与模唇间隙一般等于或小于片材的厚度，物料挤出后膨胀，通过牵引达到片材所设计的厚度，片材的厚度及均匀度除调整口模温度外，还可通过调整口模的阻力

块，改变口模宽度方向各处阻力的大小，从而改变流量及片材的厚度。片材的厚度若需微调，则可采用调节模唇间隙来实现，若对厚度调节的幅度较大时，则应当调节阻力调节块。为了获得厚度均匀的片材，可将模唇间隙调节或中间较小、两边较大。机头模唇流道长度与片材厚度相关，一般取片材厚度的 20～30 倍。表 4-44 列出了板（片）材厚度与模唇流道长度的关系。

**表 4-44　板（片）材的厚度与模唇流道长度的关系**

| 板（片）材的厚度/mm | 模唇流道长度/mm |
| --- | --- |
| 0.25～0.5 | 6～10 |
| 0.5～1.5 | 12～26 |
| 1.5～4.8 | 50～70 |

三辊间距一般应调节到等于或稍大于片材的厚度，应考虑物料的热收缩，三辊间距沿片材幅宽方向应调节一致，在三辊间距之间尚需有一定量存料，否则若机头出料不匀时会出现缺料、大块斑等缺陷。存料不宜过多，过多则会将冷料带入片材中而形成条纹状，影响制品质量。片材厚度还可由三辊压光机的转速来调节，片材的拉伸比不宜过大，否则会造成片材单向取向，使纵向拉伸性能提高，横向降低，形成片材的各向异性，影响片材质量，三辊速度一般控制在与挤出速度相适应，略快 10%～25%。

6. 牵引速度

牵引目的是为了使片材从冷却辊出来后连续冷却，直到切割时，一直保持"紧张"状态。若在冷却时无张力，片材则会变形，若在切割时无张力，片材则会切割不整齐，牵引张力与片材性能有着密切的关系，若张力过大，片材则会形成冷拉伸，片材产生的应力，影响到片材的使用性能，若张力过小，由于片材还未充分得到冷却，片材就会变形，不平整。

挤出机连续挤出的物料进入机头，从机头流出的物料则被牵引，进入定型、冷却装置，其牵引的速度应与挤出速度相匹配，比压光机的线速度快 5%～10%。

牵引速度还决定了片材制品的断面尺寸、冷却效果、牵引作用，还可影响制品纵向的拉伸、纵向尺寸的稳定性和制品的力学性能。有一些工艺还可以依靠牵引速度的调节以获得所需要的性能，牵引速度的挤出成型工艺操作中的调节是十分重要的。

## 4.5　高分子防水卷材生产线

高分子防水卷材按其材性，有橡胶类卷材和塑料类卷材之分。其生产工艺则由设备而定。

生产橡胶类防水卷材的设备主要包括：混合设备、过滤设备、炼胶设备、成型设备和硫化设备。生产塑料类防水卷材的设备主要有：混合或捏合设备、造粒、挤出成型或压延成型设备以及硫化设备。其中混炼和捏合、炼胶、硫化等设备均为橡胶和塑料行业的通用设备。只有冷喂料挤出成型连续硫化三元乙丙橡胶卷材生产线目前国内已视为是三元乙丙橡胶防水卷材的专用设备。

### 4.5.1　合成高分子防水卷材生产设备的基本要求

合成橡胶类高分子防水卷材生产线的设备年生产能力应不低于 100 万 $m^2$（按 250 天/

年，三班制生产，产品厚度 1.2mm 计算）；聚氯乙烯、氯化聚乙烯等塑料防水卷材生产线的设备年生产能力应不低于 200 万 m²（按 250 天/年，三班制生产，产品厚度 1.2mm 计算）；聚乙烯－丙纶复合防水卷材生产线的设备年生产能力应不低于 200 万 m²（按 250 天/年，两班制 16h 生产，产品芯层厚度 0.5mm 以上计算），聚乙烯－丙纶复合防水卷材应采用挤出复合一次成型设备生产。

国家质量监督检验检疫总局于 2014 年 3 月 3 日公布并实施的（X）XK08—055《建筑防水卷材产品生产许可证实施细则》对高分子防水卷材必备生产设备提出的要求见表 4-45；JC/T 1072—2008《防水卷材生产企业质量管理规程》建材行业标准对高分子防水卷材生产设备提出的基本要求见表 4-46。

**表 4-45　高分子防水卷材必备生产设备**

| 产品单元 | 设备名称 | | 规格要求 | |
|---|---|---|---|---|
| | | | 既有企业 | 新建企业 |
| 橡胶生产工艺类 | 密炼机 | | ≥75L 或 ≥55L 不少于两台，密闭或带罩 | |
| | 挤出法 | 滤胶机 | ≥φ200 | |
| | | 精炼工序开炼机 | ≥φ450 不少于 2 台 | |
| | | 冷喂料挤出机 | ≥φ120 | |
| | 压延成型法 | 开炼机 | ≥φ550 | |
| | | 滤胶机 | ≥φ200 | |
| | | 压延机 | ≥φ450×1200 | |
| | 硫化类产品 | 连续硫化装置 | | |
| | | 单鼓硫化机 或 | ≥φ700×1200 不少于 2 台 | |
| | | 硫化罐 | ≥10m³ | |
| 塑料生产工艺类 | 混合机（配料设备） | | 原料为粉末时需密闭或带罩 | |
| | 挤出机及成型模具 | | 挤出能力≥500kg/h，温控精度±5℃。挤出机模头需安装排烟装置 | 总挤出能力 ≥ 1000kg/h（PVC≥1200kg/h，承载防水卷材、高分子复合增强防水片材、高分子防水材料片材复合类 FS2 的产品品种 ≥ 500kg/h），温控精度±5℃。挤出机模头需安装排烟装置 |
| | 三辊压延机 | | | |
| | 复合类产品 | 复合机 | | |
| | 冷却装置 | | | |
| | 牵引机 | | | |
| | 自动卷取机 | | | |
| | 生产能力（车速） | | ≥6m²/min | ≥12.5m²/min |

注：生产能力（车速）以产品标准规定的最小厚度产品连续生产 1h，生产出的产品数量核查。

表 4-46　合成高分子防水卷材生产设备的基本要求　　　　　　JC/T 1072—2008

| 类别 | 设备项目名称 | | 规格要求 | 备注 |
|---|---|---|---|---|
| 合成橡胶类高分子防水卷材 | 挤出法 | 密炼机 | 标准配置≥75L 或≥55L 不少于两台 | 非硫化类高分子防水卷材可不配备硫化装置 |
| | | 切胶机 | — | |
| | | 混炼工序开炼机 | ≥$\phi$550 | |
| | | 滤胶机 | ≥$\phi$200 | |
| | | 精炼工序开炼机 | ≥$\phi$450 不少于两台 | |
| | | 连续挤出硫化装置 | — | |
| | 压延出片成型法 | 密炼机 | 标准配置≥75L 或≥55L 不少于两台 | |
| | | 切胶机 | — | |
| | | 开炼机 | ≥$\phi$550 | |
| | | 滤胶机 | ≥$\phi$200 | |
| | | 压延机 | ≥$\phi$450×1200，最低配置$\phi$360×1120 不少于两台 | |
| | | 单鼓硫化机或硫化罐 | ≥$\phi$700×1250 不少于五台或≥$\phi$103 硫化罐或综合硫化能力达到100 万 $m^2$/年 | |
| 聚氯乙烯等塑料防水卷材 | | 混合加热机 | ≥200L 不少于两台 | |
| | | 低速搅拌冷却机 | ≥400L 不少于两台 | |
| | | 螺杆挤出机 | 挤出能力≥500kg/h，温控精度±5℃ | |
| | | 闭式真空自动上料系统和储料罐等辅助设施 | — | |
| | | 过滤网装置 | — | |
| | | 模具 | — | |
| | | 三辊压延、定型、冷却、切边、长度计量、牵引、卷绕辅助设置 | — | |
| 聚乙烯丙纶复合防水卷材 | | 高速混合机 | — | |
| | | 真空自动加料器 | — | |
| | | 平模头单螺杆挤出机 | 温控精度±5℃ | |
| | | 三辊压延机 | — | |
| | | 冷却辊组 | — | |
| | | 牵引机 | — | |
| | | 在线印刷装置 | — | |
| | | 自动卷取机 | — | |
| | | 包装机 | — | |

注：应在相关工序配备相应除尘、除烟等环境保护装置。

## 4.5.2 高分子防水卷材生产线通用设备

### 1. 混合设备

合成高分子防水卷材生产所用的混合设备主要有密闭式炼胶机（密炼机）、捏合机，其型号及主要参数见表4-47。

**表4-47 密炼机捏合机型号及主要参数**

| 名称 | 型号或规格 | 主要参数 | 用途 |
|---|---|---|---|
| 密炼机 | XM－75/35 | 总容量75升，工作容量50升，主机功率110kW | 橡胶混炼 |
| 捏炼机 | X（S）N－75/30 | 总容量170升，工作容量75升，主机功率110kW | 树脂与橡胶混炼 |
| 捏合机 | X（S）N－55/30 | 总容量125升，工作容量55升，主机功率75kW | 树脂与橡胶混炼 |

合成高分子防水卷材生产所用的过滤设备和炼胶设备主要有挤出过滤机、开放式炼胶机等，其型号及主要参数见表4-48。

**表4-48 开炼机滤胶机型号及主要参数**

| 名称 | 型号、规格 | 主要参数 | 用途 |
|---|---|---|---|
| 开炼机 | $\phi 160 \times 320$（6″） | 一次投料0.1~2kg，功率5.5kW | 实验室小量配合 |
| 开炼机 | $\phi 360 \times 900$（14″） | 一次投料10~25kg，功率28kW | 炼胶 |
| 开炼机 | $\phi 400 \times 1000$（16″） | 一次投料20~35kg，功率40kW | 炼胶 |
| 开炼机 | $\phi 450 \times 1200$（18″） | 一次投料25~50kg，功率55kW | 炼胶 |
| 开炼机 | $\phi 550 \times 1500$（22″） | 一次投料50~70kg，功率95kW | 炼胶 |
| 滤胶机 | $\phi 200 \times 320$ | | 过滤混炼胶 |

### 2. 压延设备

合成高分子防水卷材生产所用的压延设备一般采用三辊或四辊压延机，间断硫化采用高压釜（硫化罐），这是一种以直接蒸汽为加热介质的间歇加压硫化设备，国产压延成型设备的规格及主要工艺参数见表4-49；硫化罐的规格及主要工艺参数见表4-50。

**表4-49 国产压延机的规格与主要工艺参数**

| 名称 | 辊筒排列形式 | 辊筒尺寸（mm） | 挤出厚度(mm) | 挤出宽度(mm) | 挤出线速度（m/min） | 主机功率（kW） | 外形尺寸长×宽×高（m） | 质量（t） |
|---|---|---|---|---|---|---|---|---|
| 三辊压延机 | 斜Γ型 | $\phi 360 \times 1120$（14″） | 0~10 | 500~920 | 7.3~21.9 | 最大40 | 2.88×1.78×2.0 | 8 |
| 三辊压延机 | I 型 | $\phi 450 \times 1200$（18″） | 0.12~6 | 1000 | 8.36~25 | 最大75 | 6.6×1.85×2.75 | 22 |
| 三辊压延机 | 斜Γ型 | $\phi 550 \times 1700$（22″） | 0.12~10 | 1450 | 5~50 | 50 | 7.2×2.85×2.96 | 40 |

，续表

| 名称 | 辊筒排列形式 | 辊筒尺寸（mm） | 挤出厚度(mm) | 挤出宽度(mm) | 挤出线速度(m/min) | 主机功率(kW) | 外形尺寸长×宽×高（m） | 质量（t） |
|---|---|---|---|---|---|---|---|---|
| 三辊压延机 | Ⅰ型 | $\phi 610 \times 1730$<br>(24″) | 0.2～10 | 1500 | 5.4～54 | 100 | 7×3.95×3.7 | 48 |
| 四辊压延机 | 斜厂型 | $\phi 360 \times 1120$<br>(14″) | 0.2～10 | 500～920 | 4.18～12.5 | 55 | 2.88×1.78×2.29 | 10 |
| 四辊压延机 | S型 | $\phi 550 \times 1700$<br>(22″) | 0.2～10 | 1450 | 5～50 | 50 | 8.76×3.85×3.3 | 45 |
| 四辊压延机 | 厂型 | $\phi 610 \times 1730$<br>(14″) | 0.2～10 | 1500 | 5.4～54 | 160 | 7×4×3.75 | 55 |

**表 4-50　国产通用型高压釜的主要工艺参数**

| 项目 | $\phi 1500 \times 3000$ | $\phi 1700 \times 4000$ |
|---|---|---|
| 釜体内径（mm） | 1500 | 1680 |
| 釜体长度（mm） | 3000 | 4000 |
| 釜内有效空间：长×宽×高（mm） | 3000×1160×1060 | 4000×1280×1295 |
| 釜盖厚度（mm） | 12 | 12 |
| 釜底厚度（mm） | 12 | 12 |
| 釜壁厚度（mm） | 10 | 10 |
| 导轨内侧距离（mm） | 814 | 790 |
| 釜内液压试验压力（MPa） | 1.1 | 1.1 |
| 釜内直接蒸汽压力（MPa） | 0.8 | 0.8 |
| 釜内硫化温度（℃） | 140 | 140 |
| 质量（t） | — | 4 |

3. 挤出设备

高分子卷材挤出成型的主要设备有：单螺杆挤出机或双螺杆挤出机，板片材机头、辅机。

（1）单螺杆挤出机

单螺杆挤出机是聚合物加工中最重要的一类挤出设备，一台单螺杆挤出机（主机）通常由挤压系统（由螺杆和机筒组成，是挤出机最为关键的部分）、传动系统、加料系统以及加热冷却系统等组成。在实际应用中，单螺杆挤出机还必须配备辅机和控制系统，共同组成单螺杆挤出机组，才能完成预定的任务。

单螺杆挤出机的构成如图 4-9 所示。

（2）双螺杆挤出机

双螺杆挤出机在聚合物加工中，凭借其良好的性能占据了重要的地位，其应用越来越广泛，主要应用于成型加工、物料混炼、反应挤出和废料回收等诸多方面。双螺杆挤出机的总体组成与单螺杆挤出机差不多，其也是由挤压系统、传动系统、加料系统以及加热冷却系统等组成，其也必须配备机头和辅机、控制系统等，从而组成双螺杆挤出机组，方可完成预定的任务，双螺杆挤出机的组成如图 4-10 所示。其结构特点参见表 4-51。

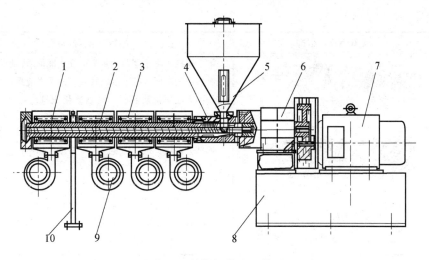

图 4-9　单螺杆挤出机简图

1—螺杆；2—机筒；3—加热器；4—料斗支座；5—料斗；6—减速器；

7—电机；8—机座；9—风机；10—支架

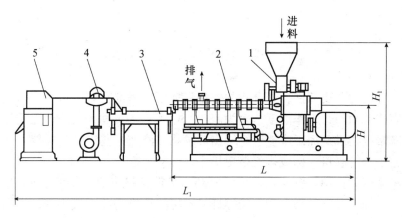

图 4-10　双螺杆水冷拉条造粒机组

1—加料斗；2—双螺杆挤出机；3—水浴槽；4—牵引装置；5—切料装置

**表 4-51　各类双螺杆的结构及其特点**

| 序号 | 各类双螺杆的结构 | 各类双螺杆的特点 |
|:---:|:---:|:---|
| 1 | | 螺杆分为三段，各段有着不同的螺距和不同的螺杆头数，可使物料经受强烈的搅拌、塑化、脱水、排气等过程。 |
| 2 | | 采用变化螺纹厚度的办法来达到必需的压缩比，可用来加工成型温度范围较宽的塑料 |
| 3 | | 螺杆为三段，每段等距等深，但直径不一，以达到所需的压缩比，适用于塑化、排气、脱水 |

续表

| 序号 | 各类双螺杆的结构 | 各类双螺杆的特点 |
|---|---|---|
| 4 | | 锥形螺杆，制造复杂，便于布置止推轴承，加料处比出口处有较高的圆周速度，混炼效果好，采用使螺杆或机筒轴向移动的方法来调节间隙，控制塑化质量，可得到较大的压缩比 |
| 5 | | 螺杆分两段，每段用变距螺杆来压缩物料，在第一段内排出水分和挥发物 |
| 6 | | 一根螺杆用变螺纹厚度的办法使容积越来越小，另一根螺杆则相反，以使物料在槽中交换运动以达到强烈的搅拌塑化的目的 |

a. 上料系统

输送器和加料器统称为上料系统，其主要有下列几种：螺旋输送器、强制加料器、双螺杆挤出机加料装置、气力输送系统。

b. 挤压系统（主机）

挤压系统主要由机筒和螺杆组成，其为挤出机的关键系统。

（a）机筒结构

机筒是挤出机的主要部件，聚合物的塑化和加压过程都在其中进行，挤出过程中机筒内的压力可高达 55MPa，工作温度一般为 180～300℃，因此机筒可看作是受压和受热的容器。为了适应聚合物成型加工中能连续排出挥发物或添加某些组分的需要，还可在机筒上开设一个或若干个排气口，构成排气挤出机。

由于轴承系统和传动系统的结构比较复杂，双螺杆挤出机是很难从后部装拆螺杆的，对于锥形螺杆，加料段直径加大的变径螺杆又不可能从机筒前方拔出螺杆，因此双螺杆挤出机常采用向前部脱出机筒的方法来装卸螺杆。一般双螺杆挤出机螺杆长径比较小，机筒不大，故拆卸并无太大困难。在机筒与基座连接处设计有易于拆卸的结构即可，至于机筒加热器的电源线及加料器的设置位置等则均应设计预留适合机筒拆卸移位的空间。

（b）螺杆结构

螺杆是挤出机的核心部件，通过螺杆的转动，机筒内的聚合物才能发生移动，并被增压和获得部分热量（摩擦热），螺杆的几何参数如直径和长径比，螺杆各段的长度及螺槽深度，以及螺旋角和螺棱宽度，螺杆头部的形态等对螺杆的工作特性均有极大的影响。

双螺杆挤出机所用的螺杆其结构有整体及组装两种类型，整体式螺杆是由不可拆卸的基本元件组成一个整体，组装式螺杆是由若干个单独结构元件拼装成一个组合体，每个单独元件均可根据需要进行任意组合，一杆多用。双螺杆挤出机所用的螺杆一般由下列基本元件组成。

①输送元件：此部件的主要功能是输送物料，给物料一定的推力，使物料能够克服流道阻力，输送元件又可分为全啮合式及普通啮合式等两种。

②混炼元件：物料在螺杆中的混炼过程，是剪切和混合的结合，剪切促进混合，混合必有剪切，根据混炼元件结构的不同是有所侧重的。

捏合块是在混炼元件中采用较多的一种类型，在两螺杆同向旋转时，由输送元件送来的物料，被挤拉入捏合块和机筒内壁之间的空腔中，空腔容积由大到小变化，以适应不同加工要求的不同形状的（如菱形捏合块或三角形捏合块）捏合块，将剪切力和正应力强制传给物料，使物料不仅环绕螺杆轴形成环流，并在两螺杆之间形成交换流。每一个捏合块里还可以组装成若干个捏合片，每片之间以一定的角度偏转长紧，在每个捏合块内部都有多级捏合。改变偏转角、捏合片厚度和捏合块里捏合片的数目，可以使高聚物物料彻底而均匀地塑化，从而可获得多种剪切与混合的效果，特别以不同的偏转角串联的捏合块能形成料流中强烈的轴向分散和径向分散效果。

齿形混合盘则主要起搅乱料流作用，以混合为主的一类混合元件。其可使物料加速均化，能使物料浓度很低的添加剂混合均匀，齿形混合盘的齿数、齿形可根据其加工对象选用，齿数越多，混合作用则越强。

c. 传动系统和推力系统

在双螺杆挤出机中，传动系统比单螺杆挤出机中显得更为重要：因其应当为两根螺杆提供最大的扭矩和一定范围内的可变速度，具有最大的可靠性和尽量长的寿命，此外，还必须能够将扭矩等量地分配到两根螺杆上去。异向双螺杆挤出机的传动系统较为简单，是通过一系列齿轮，最后将力矩均匀地分配到驱动螺杆的轴上，并使螺杆做异向旋转，这种系统的特点是两轴中心距小，为保证齿轮承载能力，除了选用优质和适当热处理的斜齿轮外，还要加大齿轮的宽度；同向双螺杆挤出机的传动系统则比较复杂，采用内啮合传动结构紧凑，但较复杂，一般采用外啮合传动较多，其齿轮系类似于一个行星轮系，每一根螺杆同时被一中心齿轮和空心齿轮所驱动。

双螺杆挤出机由于两根螺杆轴向间距较小，且又要承受强大的轴向推力，故其机械系统设计最大的难度是选用和布置推力轴承系统。目前其设计，一根螺杆的轴向力部分由串联的小型向心推力球轴承受，余下的一部分轴向力，则通过斜齿轮传递到装有大型向心推力球面滚珠轴承的另一根轴上，此类结构改善了轴承的工作条件，易于保证轴承系统的正常工作。

d. 加热冷却系统

双螺杆挤出机加工的物料范围较广，其所需热量主要由外加热供给，但物料的温度也随螺杆的转速增加而增加，既要得到加工需要的热量，又要避免过热，故对各种物料的温度控制尤其重要，对物料温度控制除了通过改变螺杆转速之外，主要仍是通过机筒与螺杆的温度控制系统来调节。

对于挤出量较小的双螺杆挤出机，螺杆的温度控制可采用密闭循环系统，其温度控制系统是在螺杆内孔中密封冷却介质，利用介质的蒸发、冷凝来进行温度控制。对于大多数双螺杆挤出机，螺杆和机筒的温度控制还多采用强制循环温控系统，其是由一系列管道、阀、泵所组成，其结构复杂，温控效果好，温度稳定。

双螺杆挤出机机筒的加热方法主要依靠电加热、其类型有电阻加热、电感应加热以及载体加热。双螺杆挤出机机筒的冷却方法有强制空气冷却、水冷却以及蒸汽冷却。

e. 排气装置

双螺杆挤出机一般都设排气装置，用于将在挤出过程中物料内的空气、残留单体、低分子挥发物、溶剂及反应生成物内的气体排除。

f. 压力调节装置

在挤出过程中，沿螺杆轴线主向的压力分布是挤出过程的操作因变量之一，其会影响能量的转换和混合效果。沿螺杆轴线方向的压力分布与物料的特性，螺杆的类型以及操作条件均有关。在一般情况下，为了获得良好的挤出特性，应根据被加工物料不同的黏度，将螺杆拆卸进行重新组合，以获得适合于被加工物料特性的沿螺杆轴线方向的压力分布。

大规格的挤出机螺杆拆卸是非常麻烦的，对于黏度变化不大的相近配方的物料挤出，可采用在沿螺杆轴线方向某一位置的相应机筒上设置调压阀的方法，通过连续调节调压阀的开度来获得所希望的沿螺杆轴线方向的压力分布，而不必通过拆卸螺杆来进行螺杆组合。

（3）校（片）材机头

校（片）材挤出成型其机头主要成型板、片和膜，其可以成型 0.02～20mm 的薄膜、片材和板材，图 4-11 为板（片）材机头的典型结构；部分片材挤出机头的类型和特点参见表 4-52。

**表 4-52　部分片材挤出机头的类型与特点**

| 名称 | 结构图 | 特点说明 |
|---|---|---|
| 鱼尾形板（片）材机头 | <br>图 4-2　鱼尾形板（片）材机头<br>1—鱼尾形流道；2—固定螺孔；3—定位孔；4—加热圈；5—上机头体；6，9—调节螺钉；7—阻流块；8—模唇；10—固定螺钉；11—下机头体；12—热电偶；13—挤出机 | ①该机头是一种传统的鱼尾形板（片）材机头结构，形状扁平，靠凸出的阻流块 7 分流熔料，也称之为"T"形机头。<br>②鱼尾形机头设有流道支管，内部呈流线型，流动畅通。机头内容积较小，使物料在机头内停留的时间较短。<br>③该机头适合使用 PE、PP 塑料，也适用于 PVC、ABS 等。<br>④"鱼尾形"部分的扩张角不能太大，一般以 90°～100° 为宜，否则厚薄不均。<br>⑤此机头幅宽不能调整，一般只能生产幅宽为 500mm 左右、厚度为 1～2mm 的板（片）。<br>⑥机头设计了可调阻力器（调节螺钉 6 和阻流块 7），阻流块 7 凸出高 0.5mm 即可。<br>⑦设置了可调式口模和一定的口模长度（即定型长度），对口模的调整采用微量弹性变形调节装置，口模长度以 50～70mm 为宜，过长则易产生"张嘴"现象。<br>⑧口模间隙为制品厚度的 1.5～2.5 倍 |

续表

| 名称 | 结构图 | 特点说明 |
|------|--------|----------|
| 衣架形板（片）材机头 | 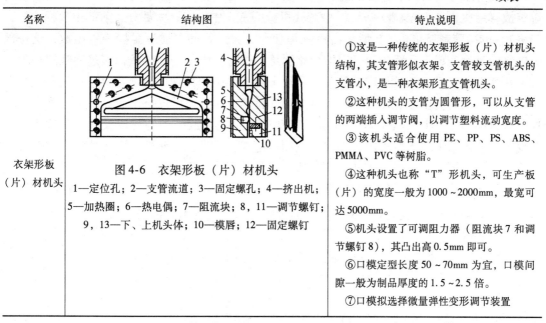<br>图 4-6　衣架形板（片）材机头<br>1—定位孔；2—支管流道；3—固定螺孔；4—挤出机；<br>5—加热圈；6—热电偶；7—阻流块；8，11—调节螺钉；<br>9，13—下、上机头体；10—模唇；12—固定螺钉 | ①这是一种传统的衣架形板（片）材机头结构，其支管形似衣架。支管较支管机头的支管小，是一种衣架形直支管机头。<br>②这种机头的支管为圆管形，可以从支管的两端插入调节阀，以调节塑料流动宽度。<br>③该机头适合使用 PE、PP、PS、ABS、PMMA、PVC 等树脂。<br>④这种机头也称"T"形机头，可生产板（片）的宽度一般为 1000～2000mm，最宽可达 5000mm。<br>⑤机头设置了可调阻力器（阻流块 7 和调节螺钉 8），其凸出高 0.5mm 即可。<br>⑥口模定型长度 50～70mm 为宜，口模间隙一般为制品厚度的 1.5～2.5 倍。<br>⑦口模拟选择微量弹性变形调节装置 |

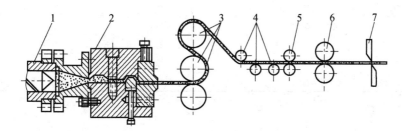

图 4-11　校（片）材机头典型结构

1—挤出机；2—机头；3—压光辊；4—导辊；5—切边装置；6—牵引装置；7—切割装置

（4）辅机

与挤出机配套的辅机有定型装置，冷却装置，牵引装置，切割装置，收卷装置等。

### 4.5.3　挤出法连续硫化橡胶防水卷材生产线

以三元乙丙橡胶（EPDM）为主的高分子防水片材是一种新型的建筑防水材料，已被世界公认的最高档次的防水材料之一，其生产线装置已于 20 世纪 90 年代实现了国产化。

橡胶防水卷材挤出法连续硫化生产线采用了当今世界生产橡胶防水卷材最先进的"L型机头出片"和"连续硫化"的生产工艺和生产技术。"L型机头出片"工艺可以使半成品胶片致密性好，无气泡，表面光滑；采用"连续硫化"工艺则可适用于大规模连续化生产，且可以得到稳定的产品质量，加之此生产线属于机电一体化高科技产品，能连续完成从自动投料到制成卷材的全部加工过程，因此此生产线已成为生产橡胶防水卷材最为理想的设备。

　　橡胶防水卷材挤出法连续硫化生产线是由挤出压片机组、连续硫化机组以及辅助机组等组成（参见图4-12及表4-53）。生产线可分为前、中、末三大部分。前部由长径比较大（14:1）的冷喂料挤出机，L型挤出机机头和专为其设计的多通道温控装置组成，这一部分的目的是要完成把已经按照一定配合比混炼、过滤、压制好的胶条，通过冷喂料挤出机和L型机头挤出符合设计要求的胶片。利用L型机头挤出的橡胶防水片材，不仅可使高分子防水胶片具有高密度、无气泡、表面光滑等特点，而且还可以挤出压延机无法生产的一些胶种制品（如丁基胶板等）。L型机头可生产三元乙丙胶防水卷材以及各种配方不同的防腐衬里。冷喂料挤出机采用可控硅声流调速电视，大长径比螺杆，硬齿面减速机等国内先进技术，由于胶料在挤出机和L型机头中对温度反应特别敏感，为此配备了五通道自动温度控制系统，采用电加热、密闭循环、自动调节等先进技术，使温控精度可达±1℃。

**表4-53　橡胶防水卷材挤出连续硫化生产线设备组成**

| 序号 | 设备名称 | 结构型式 | 特点 | 备注 |
|---|---|---|---|---|
| 1 | 挤出机 | 立式硬齿面减速机冷喂料结构 | 强制喂料装置，直流电机 | XJW–120 |
| 2 | 机头 | L型机头锥形流道设节流板 | 宽幅挤出，厚度可调 | 设机头支架 |
| 3 | 接取装置 | 接取、印花、测厚整体移动式 | 夹套冷却，链条齿轮传动 | 百分表测厚 |
| 4 | 切边装置 | 圆盘切刀，滚子丝杠结构 | 切幅宽度可调 | 切刀可更换 |
| 5 | 硫化机组 | 卧式结构，列管式换热器 | 连续硫化，上下导带传动 | 胶滚动密封 |
| 6 | 冷却装置 | 滚筒式结构 | 滚面转动冷却 | 滚径800mm |
| 7 | 调节装置 | 浮动滚框架结构 | 浮动存贮，触点开停 | |
| 8 | 卷取装置 | 卷取轴，链传动 | 触点式自动开停 | |
| 9 | 控制系统 | 台式结构 | 手动与自动操作 | 可带微机控制 |

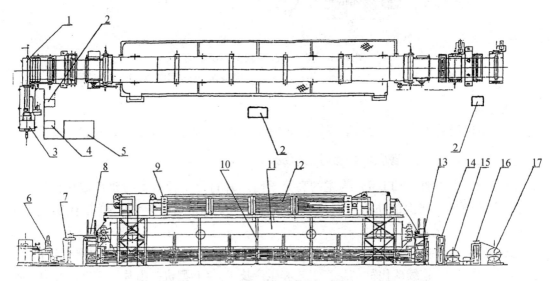

图4-12　橡胶防水卷材挤出连续硫化生产线

1—L型机头；2—控制台；3—冷喂料挤出机；4—挤出机电控柜；5—温控柜；
6—接取、测厚及压花；7—切边；8—罐头机架组；9—上支架；10—下支架；
11—罐体；12—导带；13—罐尾机架组；14—第一调节装置；15—冷却；
16—第二调节装置；17—卷取

胶片从机头口型出来之后，经接取、测厚压花、切进装置，然后进入 18m 长的热风硫化罐，接取辊、测厚辊、压花辊等设备均由接取电机牵引转动，内通冷却水。测厚辊上部设 14 块带轮子的百分表，随机监测出片厚度，压花辊采用气动升降，附设一套气动控制回路，切边采用辊刀式或口型吸附式。这部分的关键是通过接取电机的调速精度来实现胶片的厚度要求。

防水卷材生产线的中部为热风硫化罐，罐内由换热器加热和充压缩空气保压，热源既可以是蒸汽加热，也可以是导热油加热，前后设罐头罐尾架，上下设导带运行机架，罐的进出口设动密封装置，由密封辊和密封板组成，密封辊与密封板均可移动，用手工调节辊与辊之间，板与板之间的间隙，这种间隙调整工作特别重要，间隙小了会加大密封辊的转矩，使其无法正常转动，甚至会损坏密封辊与密封板，而间隙稍大又会使罐内泄压，达不到硫化的要求，罐内设若干组列管式换热器，热源介质蒸汽为 1.2MPa（导热油为 0.4MPa）。温度控制由一个闭环的自控系统来实现。控制矩则采用智能型仪表，通过测温信号的收集，与实现温度值的分析对比；指令汽调节阀的开闭，来使罐内温度的自动控制，罐内的压力介质为压缩空气，设计压力 0.6MPa，最大使用压力为 0.3MPa，使用压力、温度及运行时间可以靠手动调节，也可用微机统一控制。胶片由上下两条传导带夹持通过密封辊进入硫化罐，片材表面的花纹是靠导带上的花纹压上去的，两条导带分别长 150m 和 180m，宽 1.4m，由聚酯材料按特殊要求纺织而成。导带由罐头罐尾两个电机牵引，为了使导带运行保持一定的张力，两个电机除了要与接取电机速度协调之外，还要始终保持一定的速差，这两台电机的速度控制也是靠一套闭环的自控系统来完成的，导带在罐外的散热运行中，设有自动张紧和自动调偏装置，导带的设计运行速度为 1～4m/min，实际运行速度由胶片的硫化工艺条件确定，主要与胶片的厚度和配方有关。

生产线的末端是冷却、计数、存储、卷曲装置，胶片从罐内出来以后，马上与导带分离，经过第一调节装置，进入冷却鼓上冷却，冷却鼓的直径为 800mm，内通循环冷却水，冷却鼓由一台调速电机驱动，转速由手动调节，第一调节装置设上、上两个行程开关，当调节棍触动下面的行程开关时，启动冷却鼓驱动电机，当触动上面的行程开关时，该电机停止，冷却鼓上方设长度计数器，除记载每班的产量外，还可设定每捆卷材的长度，达到设定长度对自动投警，该冷却鼓可使刚出罐时 160℃ 左右的胶片直接冷却至室温以下，之后进入第二调节装置，这个调节装置也没有上下两个行程开关，用以控制卷曲电机的开关，胶片最后进入卷曲装置被包装成卷材出厂。

整个三元乙丙橡胶防水卷材挤出连续硫化生产线该机组的温度、速度均由 PLC 控制并由一台计算机来完成整条生产线的监控以及管理。

### 4.5.4 双螺杆挤出成型聚氯乙烯防水卷材生产线

生产聚氯乙烯防水卷材的工艺方法分压延法（S）与挤出法（P）两种，采用压延法生产聚氯乙烯防水卷材，产品质量难以稳定，尤其是产品质量比挤出法低，拉伸强度、断裂伸长率、热处理尺寸变化率等三项最主要指标都低于挤出法生产的制品。由于挤出法产品比压延法产品优越得多，加之挤出法生产线速度快、效率高、能耗低、生产成本低，故目前生产聚氯乙烯防水卷材多采用较为优秀的挤出法工艺。

1. 生产方法与工艺流程

（1）首先按配方将各种原材料，按顺序投放高速搅拌机内搅拌，待一定时间送入低速搅拌机，搅拌冷却成粉状基料备用。

卷材生产线是一条连续的流水线，粉状基料送入锥形双螺杆挤出机经板材模具，送入三辊压光机，经压花复合聚酯无纺布，经过冷却切边后可卷曲成卷。

（2）工艺流程

双螺杆挤出法生产聚氯乙烯防水卷材其工艺流程如图4-13所示。

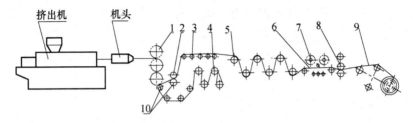

图 4-13　PVC 防水卷材工艺流程

1—三辊压延压光机　2—压花复合装置　3—预冷装置
4—双工位放卷及跟踪纠偏装置　5—冷却装置　6—检查　7—切边
8—牵引压紧　9—二工位中心卷取　10—压紧胶辊

2. 设备描述

PVC 防水卷材挤出机组平面布置如图4-14所示。

PVC 防水卷材生产线是一条使用工业程序编程器的自动化程度较高的生产流水线，它包含有物料混合搅拌工段、主挤出机、三辊压光、导热油加热及辅助机械（压花、复无纺布、纠偏、冷却、切边、卷取）等几个部分组成。

整个系统在工作中能自动显示生产线速度、各工作段的压力温度，并能自动调节。现按生产线的组成，按单机逐个分述如下：

（1）SHL. Z300/600A 混合机组

该机俗称高低搅，H、L 是英文高低的字头，300 表示：热混能力 300L；600 表示：冷混能力 600L。

按照工艺配方的要求，将各种物料如 PVC 树脂、抗氧化剂、增塑剂、老化剂、颜料，按比例配好后，就需通过热混，使各种物料均匀地搅拌在一起。各种功能剂在高温下逐步渗透到 PVC 树脂中去，故热混锅设有电加热装置。通过锅壁夹套中的导热油，使物料升温，加热温度可以自由设定，并有自动测量调节装置。但当物料高速搅拌时，物料自摩擦会产生热量使温度升高。本装置对物料温度也装有探头，能显示物料温度，并能与设定温度比较后给予控制。

当热混结束后，通过气动阀门将物料放入冷混缸内。该缸的作用是将混合好的物料迅速冷却，将物料干燥成粉末状态，能顺利进入挤出机料筒。

（2）物料输送器

ZJF300 物料输送器是为了顺利把冷却后的粉状物料送入主挤出机料斗而设置的。该机最大输送量每小时500kg，输送物料要求颗粒度＜200 目（74μm），密度＜1g/cm³，该机

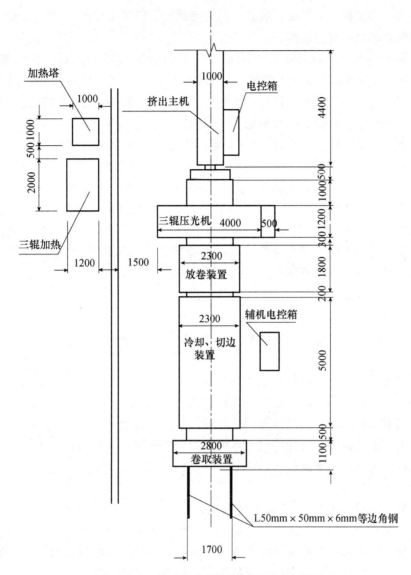

图 4-14　PVC 防水卷材挤出机组平面布置图

由下料仓、输送机、上料斗组成。由于增塑剂、老化剂等多种物料具有腐蚀性，故料仓、料斗均用不锈钢制成。输送机采用塑料管，旋转机轴用不锈钢弹簧组成。电机旋转使螺旋弹簧旋转不断地带动物料上升。采用该机构可能使物料均匀地缓慢地送入主机喂料口，使主机不产生堵塞或断料现象。

（3）双螺杆挤出机

该机是 PVC 生产线的心脏，故称为主机，型号为 SJSZCD90，每小时挤出量为 380kg。该机为双螺杆异向动作，能保证 PVC 充分塑化，并保证最大的挤出压力，使塑化的 PVC 顺利通过模颈、模头形成 PVC 片材。SJSZ 分别是塑料、挤出机、双螺杆、锥形汉语拼音的字头，90 代表机头锥螺杆小头直径。

该机有主驱动装置、定量加料装置、机筒与螺杆、机筒加热与冷却、螺杆加热冷却系统、真空排气系统及电气控制部分。

主驱动部分由 90kW 直流电机、减速齿轮箱及分配齿轮箱组成，使双螺杆能实现 3.7～37r/min；无级调速。定量加料装置是用直流电机、无机调速来实现物料均匀缓慢加入主机内，它既可与主机同步调速也可单机调速。机筒与双螺杆，当物料进入机筒后，经过双螺杆的异向运动，使物料一面塑化，一面向前运动。

为了保证 PVC 的塑化，就需机筒有一定的温度，由于物料在运动过程中，所需的温度是不一样的，故机筒设有四段电加热装置。各段温度可以自由设定与调节，为了保证充分塑化，螺杆内也设有温度加热调节系统，这是由一个单独的导热油加热冷却系统来完成的。物料在机筒内塑化时，会产生气体。若不排除，会使 PVC 片材产生气泡，故设置了真空排气系统。为了防止润滑油及机筒加热温度过高置多路冷却系统，第一路，分配箱与减速箱的润滑油冷却系统；第二路机筒的高温冷却器；第三路螺杆恒温的导热油冷却器；第四路机筒加料的冷却；第五路真空泵的水冷却系统。

电器控制柜能控制与显示主机工作的各种状态、各个参数，如电流、电压、温度、压力等，如出现过温、过压、过负荷、过电流、失压等现象能自动报警与自动停机。

工业程序控制器各参数与程序在制造过程中已设定，能保证生产出合格的产品。

（4）模具（机头）

该装置是将已塑化好的物料经过模具变成我们要求的片材，模具宽度 1400mm，模口间隙 1～5mm 可调。为了保证塑化的物料在模具内的流动性，该模具设有八段加热装置，温度根据工艺要求设定，有测温报警调节装置，并在主机控制箱反映。模颈是挤出机与模具的过渡接头，也是保证物料能均匀流入模具的主要手段，模具内设有导流板，以保证物料能在模具内均匀流动、导流板可以调节。

（5）三辊压光机

该机主要是将模具出来的 PVC 片材压光成型。模具出来的片材，进入第一条第二压光辊之间，包绕后经过第三个压光辊，物料成"S"型运动，无纺布经第三个压光辊前的托辊与片材复合，进入压花对辊。由于在压光的同时，要保持片材的温度，三个压光辊均各自通过导热油进行加热，三个压光辊的温度分别可以单独控制。

三个压光辊的距离可以通过气缸进行粗调，再经过手动手轮进行细调，以保证片材的厚度。

（6）冷却机

冷却机是将卷材逐步冷却，达到规定包装温度设置的，该机由六个镀铬内冷式滚筒与传动机构组成。冷却机后设有切边装置，使卷材达到规定的宽度，冷却机后设有主动对辊一套，这是用于牵引卷材的。

（7）无纺布放卷装置

无纺布放卷装置是安装在轨道上的小车上的，放卷有两个工位，一工位工作一工位待用，无纺布展开后经过双螺旋展开辊后，进入三辊机前的托辊与 PVC 片材复合。为了防止跑偏，设有液压边缘纠偏装置，运用光电跟踪技术，使无纺布始终在中心位置。为了保证一定的张力，无纺布展开辊上设有磁粉阻尼张力装置、使其有一定的恒张力。

（8）卷取机

卷取机是将 PVC 防水卷材卷取成卷的装置，设有卷取动力装置，计长器与裁切刀，将卷材往输运对辊送入卷取机后，先将卷材包绕在卷杆上，然后启动卷绕电机，使卷材慢慢卷绕。观察计长器，当达到规定长度后，用切割刀切断卷材，启动卷芯气缸，一卷成品就成功了。

（9）Q×D 导热油加热装置

该装置是用电加热导热油，用热油循环泵将导热油送入各需要加热的工作点，换热后，再回到电加热器加热，以此循环来保证各工作点的温度。

该装置是用于三辊压光机三个辊的加热用的。由于三个辊的温度各不相同，故该装置设有三个独立的加热系统，即有三台电加热和三台循环泵，操作台能独立显示三个辊的温度。该装置由电加热器、循环泵、过滤器、膨胀槽、操作控制台等几个部分组成。电加热器用于加热导热油，设有温度控制器，当低于控制温度时，电加热器工作，加热达到控制温度时再自动断电。加热温度控制精度为 ±1℃。热油循环泵用于热油的循环输送，过滤器是将循环过程带出的机体内杂质及导热油加热后产生的碳化物给予过滤，使之不损坏循环泵或堵塞加热设备。膨胀槽是当加热导热油产生热胀时，多余的油给予贮存，二是当加热的设备出现泄漏时给予补充，故膨胀槽要始终保持一定的液面。当低于液面时，液位计会发出警报，当高于溢流管时，应自动溢出。

3. 设备技术参数（单机）

（1）挤出机

①螺杆

材料：38 铬钼钢、表面渗碳。

锥形直径：92～188mm；

数量：2 根；

旋转方向：异向向外侧；

转速 3.7～37r/min。

②机筒

结构形式和材料：整体式，38CrMoALA 表面渗碳；

加热方法：电阻加热；

加热段数和功率：4 段 ［44kW（15/12/9/4×2kW］；

模颈加热功率：1.5kW；

温度控制范围：50～200℃；

冷却段数：机筒 4 段，模颈 1 段；

冷却介质：导热油；

冷却控制：两位两通电磁阀。

③真空排气

真空泵形式：两级水环式真空泵；

泵功率：4kW；

真空度：-0.08MPa。

④定量加料

加料方式：螺旋杆定量强制给料；

减速齿箱传动比：1:20；

螺旋杆转速：8~120r/min；

电机功率：0.75kW。

⑤螺杆恒温

电机功率：0.75KW；

油加热温控范围：50~180℃；

加热功率：9kW(3×3kW)；

泵流量：20L/min；

工作压力：0.4MPa；

热交换器介质：水。

⑥机筒冷却

电机功率：0.75kW；

油加热温控范围：50~180℃；

泵流量：20L/min；

工作压力：0.4MPa；

热交换器介质：水。

⑦减速齿轮箱及分配齿轮箱

主直流电机功率：67kW；

主驱动转速范围：220~2200r/min。

减速齿箱传动比：1:59；

分配齿箱传动比：1:1；

润滑油冷却形式：箱内装水介质的冷却蛇管。

⑧冷却水管道

冷却水段数：5路；

水质：使用低氧化钙含量的清洁水；

水耗：在压力0.15MPa，水冷15℃时耗时1.8m³/h；

进排水接口：进水R3/4，排水R1/4，真空泵排水R1/4。

⑨产量

在HPVC稳定工艺条件下，塑料从板材模具的模口间隙内挤出时用秒表计时60s切断料1次，共进行3次，取平均值，计算每小时的挤出塑料的质量即为实测产量Q，产量Q>380kg/h。

⑩装机容量

电源：三相交流，50Hz电压380V；

总功率：（不包括板材模具加热功率）126.25kW。

⑪外形尺寸及重量

外形尺寸：L×B×H为4850mm×1400mm×2300mm；

挤出水平高度：1000mm；

质量：5010kg。

（2）三辊压光机

辊直径及辊面宽度：直径 320mm×1500mm；

压光辊表面粗糙度：粗糙度 RA 值不大于 0.2mm；

中辊最大与最小中心高度：1190～1150mm；

三辊最大与最小线速度：100～8000mm/min；

永磁伺服直流电机功率：3.5kW；

辊口间隙：8～35mm；

上、下辊开口距离：30mm；

上、下辊工作油压：8MPa；

油泵电机功率：1.2kW。

（3）预热贴合装置

硅橡胶辊直径及宽度：直径 160mm×1500mm。

（4）压花复合装置

硅橡胶厚度及宽度：厚径 25mm×1500mm；

花辊直径及宽度：直径 180mm×1500mm；

电机型号及规格：Z4－112/2－1、3kW、440V。

（5）冷却装置

冷却线速度：100～8000mm/min；

辊直径及宽度：直径 320mm×1500mm；

电机型号及规格：Z4－112/2－1、3kW、440V。

（6）牵引压紧装置

光辊直径及宽度：直径 130mm×1500mm；

胶辊直径及宽度：直径 150mm×1500mm；

电机型号及规格：Z4－100－1、2.2kW、440V。

（7）卷取装置

卷取线速度：100～8000mm/min；

辊直径及宽度：直径 245mm×1500mm；

电机型号及规格：Z4－100－1、2.2kW、440V。

（8）双工位放卷及跟踪纠偏装置

（9）三辊恒温

三辊加热温度范围：50～180℃；

加热功率：18kW（3×6kW）；

每套泵流量：55L/min；

每套泵压力：1.7m$^3$；

电机功率：4.5kW（3×1.5kW）；

水质：使用低氧化钙含量的清洁水；

总水耗：在压力 1.5bar，水冷摄氏度耗量 0.15m³/h。

4. 环境保护

本工程的产品是将 PVC 树脂加入各种助剂，填充材料经双螺杆挤出机，塑化挤出成型，切边后的废料可重复使用。故生产过程中无废渣废水产生。

高速搅拌机、低速搅拌机为密闭设备，仅在投料过程有少量挥发气体逸出，不构成环境污染。

5．设备汇总表

（1）原料准备工段

| | | |
|---|---|---|
| 高速搅拌机 | | 1 台 |
| 低速搅拌机 | | 1 台 |
| 上料机 | | 1 台 |

（2）生产线工段

| | | |
|---|---|---|
| 锥形双螺杆挤出机 | SJSZ – CD80 | 1 台 |
| 塑料板材模具 | SSBM – 1400 | 1 台 |
| 复合定型压花装置 | | 1 台 |
| 双功位放卷（含纠偏装置） | | 1 套 |
| 定型冷却牵引 | 6 辊 | 1 套 |
| 横切装置 | | 1 套 |
| 单工位卷取机 | | 1 台 |
| 电控装置 | | 1 套 |

（3）辅助装置

| | |
|---|---|
| 电加热导热装置 | 1 套 |

## 4.6　高分子防水卷材生产过程中的质量控制

### 4.6.1　合成橡胶类高分子防水卷材生产过程中的质量控制

合成橡胶类高分子防水卷材是以合成橡胶为基料，在橡胶中加入各类化学助剂，经混炼塑炼，压延或挤出成型，并经硫化、定型等工序加工制成的片状可卷曲的一类防水卷材。橡胶硫化类高分子防水卷材在生产工艺中的质量控制要点如下：

1. 混炼前的处理及配料的质量控制

混炼前的处理其质量控制包括烘胶、切胶（块状胶）粉状填充料的干燥等内容。

配料工序应设专门的配料工，盛放各种原料的容器应专用，橡胶、填充料采用台秤准确计量，配合剂的计量应根据比例大小选用计量器具，准确计量。

2. 混炼胶工序的质量控制

在密炼机中进行混炼，在投料前密炼室应预热；按工艺规定的顺序进行投料，在达到工艺规定的时间后排料，排料时的混炼温度应符合工艺要求；在开炼机上进行捣炼、散热、达到规定时间时停止捣炼，应按要求取样检测门尼黏度。

3. 滤胶加硫和出条工序的质量控制

滤胶加硫：将无硫混炼胶机经滤胶机过滤后进行称量，称量众差为 ±0.2%，并严禁落地，称量后的过滤胶，在开炼机上按工艺要求顺序加硫，加促进剂，完成后出片放置备用。

出条：加硫（有硫）的混炼胶按工艺要求进行粗炼、精炼，按规格尺寸出条。

在完成上述工序后，应取样，检测黏度、硫化曲线及门尼焦烧等性能，符合要求后放置备用。

4. 硫化成型工序的质量控制

根据不同硫化设备和硫化方法，制定硫化工艺规程。硫化条件、温度、压力、时间应符合工艺要求。

### 4.6.2　聚氯乙烯防水卷材生产过程中的质量控制

1. 配料工序的质量控制

原材料和混合料应使用专用的容器并标明容器的质量。

2. 捏合工序的质量控制

捏合时应确认所投的原材料、投料量和投料次序均应正确无误。

高速加热混合机和低速搅拌冷却机的排料温度应控制在工艺要求的范围之内。

3. 挤出工艺的质量控制

控制主机电流和牵引速度，以保证卷材纵向厚度的均匀。调整模唇开合度，以保证卷材横向厚度的均匀。

应及时清理模唇和中辊等部位上的废料和杂物，以防止产品质量缺陷。

# 第5章 其他类型的防水卷材

其他类型的防水卷材包括玻纤胎沥青瓦、金属防水卷材、柔性聚合物水泥防水卷材等。

## 5.1 玻纤胎沥青瓦

玻纤胎沥青瓦简称沥青瓦，是以玻纤胎为胎基，以石油沥青为主要原料，加入矿物填料作浸涂材料，上表面覆以保护材料，采用铺设搭接法施工的一类用于坡屋面的、集防水装饰双重功能于一体的一类柔性瓦状防水片材。玻纤胎沥青瓦产品现已发布了 GB/T 20474—2006《玻纤胎沥青瓦》国家标准。

### 5.1.1 玻纤胎沥青瓦的品种及性能

1. 沥青瓦产品的品种、分类和标记

沥青瓦品种繁多，就其外形而言就有直角瓦、圆角瓦、鳞形瓦、蜂巢瓦等多种，如图 5-1 所示。

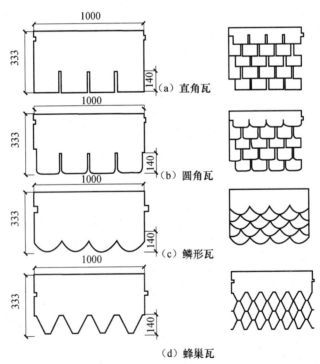

图 5-1 沥青瓦的品种

玻纤胎沥青瓦按其产品形式可分为平面沥青瓦（P）和叠合沥青瓦（L），平面沥青瓦是以玻纤胎为胎基，采用沥青材料浸渍涂盖之后，表面覆以保护隔离材料，并且外表面平整的沥青瓦，俗称平瓦；叠合沥青瓦是采用玻纤毡为胎基生产的沥青瓦，在其实际使用的外露面的部分区域，用沥青黏合了一层或多层沥青瓦材料形成叠合状的一类沥青瓦，俗称叠瓦。产品按其上表面保护材料的不同，可分为矿物料片料（M）和金属箔（C）。胎基采用纵向加筋或不加筋的玻纤毡（G），产品规格长度推荐尺寸为 1000mm，宽度推荐尺寸为 333mm，如图 5-2 所示。

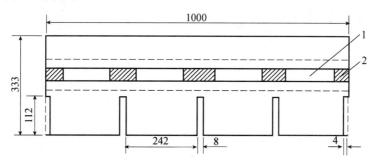

图 5-2　玻纤胎沥青瓦示意

1—防粘纸；2—自粘结点

产品按产品名称、上表面材料、产品形式、胎基和标准号顺序进行标记：如矿物粒料、平瓦、玻纤毡、玻纤胎沥青瓦的标记为：

沥青瓦 MPG GB/T 20474—2006

3）物理力学性能

沥青瓦的物理力学性能应符合表 5-1 的规定。

表 5-1　物理力学性能（GB/T 20474—2006）

| 序　号 | 项　目 | | | 平　瓦 | 叠　瓦 |
|---|---|---|---|---|---|
| 1 | 可溶物含量/（g/m²） | | ≥ | 1000 | 1800 |
| 2 | 拉力/（N/50mm） | 纵向 | ≥ | 500 | |
| | | 横向 | | 400 | |
| 3 | 耐热度（90℃） | | | 无流淌、滑动、滴落、气泡 | |
| 4 | 柔度[a]（10℃） | | | 无裂纹 | |
| 5 | 撕裂强度/N | | ≥ | 9 | |
| 6 | 不透水性（0.1MPa，30min） | | | 不透水 | |
| 7 | 耐钉子拔出性能/N | | ≥ | 75 | |
| 8 | 矿物料粘附性[b]/g | | ≤ | 1.0 | |
| 9 | 金属箔剥离强度[c]/（N/mm） | | ≥ | 0.2 | |
| 10 | 人工气候加速老化 | 外观 | | 无气泡、渗油、裂纹 | |
| | | 色差，$\Delta E$ | ≤ | 3 | |
| | | 柔度（10℃） | | 无裂纹 | |
| 11 | 抗风揭性能 | | | 通过 | |

续表

| 序　号 | 项　目 | | 平　瓦 | 叠　瓦 |
|---|---|---|---|---|
| 12 | 自粘胶耐热度 | 50℃ | 发黏 | |
| | | 75℃ | 滑动≤2mm | |
| 13 | 叠层剥离强度/N　　　　　　≥ | | — | 20 |

a 供需双方可以根据使用要求商定温度更低的柔度指标。

b 仅适用于矿物粒（片）料沥青瓦。

c 仅适用于金属箔沥青瓦。

### 5.1.2　玻纤胎沥青瓦的生产

　　在玻纤胎沥青瓦的生产过程中首先剪裁尺寸要准确，因为剪裁的尺寸其精度对沥青瓦的施工质量起着极其重要的作用，若尺寸偏差过大，则会导致施工不便，导水槽若不能成为直线，势将影响到防水的质量；其次彩砂必须紧密覆盖沥青瓦的表面；其三沥青涂盖材料中的填充料其添加量要适量，填充料虽可以增加彩砂沥青瓦的耐热度，但过高势将导致产品柔度指标的急剧下降；其四沥青瓦的厚度应保证在2.8mm以上，在相同的条件下，涂盖材料越厚，沥青瓦的抗水性和耐久性就越好，考虑到覆面材料为颗粒状材料，应避免涂盖材料厚度不足而造成颗粒材料对沥青瓦胎基的损坏，以影响沥青瓦的防水性能。

#### 5.1.2.1　玻纤胎沥青瓦的组成材料

　　各种沥青瓦其组成主要是涂盖材料、胎体材料和覆面材料三大部分。

　　1. 涂盖材料

　　沥青油毡瓦的涂盖材料主要由沥青和填充材料组成。

　　（1）石油沥青

　　石油沥青瓦所用的沥青，通常都采用石油沥青，而不采用天然沥青的煤沥青，石油沥青是生产沥青瓦的传统粘结材料，具有粘结性、不透水性、塑性、大气稳定性好等特点，而且材料的来源广泛，价格相对便宜。

　　石油沥青基是极复杂的高分子碳氢化合物和非金属衍生物的混合物，其主要成分为矿物油、沥青树脂和沥青质，其中矿物油与沥青树脂可以通过外加溶剂萃取，矿物油也可以通过蒸馏提取，得出其含量（我国沥青基防水材料质量指标中将其称之为"可溶物含量"）。矿物油在沥青瓦中起着稀释剂、增塑剂、助溶剂及防水的作用，当填充材料加入沥青时，它首先起着润湿填料的作用，使填料可以混入沥青中去，沥青中的矿物油含量低，外加填料就难以与沥青混合均匀，沥青中的矿物油含量高，则沥青的软化点低、针入度大、耐热性差，势将导致沥青瓦在包装中相互粘结在一起。沥青按其化学成分的不同，可分为石蜡沥青、沥青基沥青、混合基沥青等品种，不同的沥青不仅矿物油含量不同，其成分相差亦较大，馏程也很不一致，如果沥青中的矿物油滴点较低（沥青在蒸馏时，通过冷凝管出口落下的第一滴馏出液时的温度称滴点），则表明该产品在使用过程中容易挥发，不仅会污染沥青瓦表面的矿物粒料，而且产品的耐候性也差；沥青树脂是体现沥青性能的重要组成部分，它赋予沥青极高的延性及胶粘性，良好的耐候性及防水性，在沥青油毡瓦中，是它将所用材料牢固地粘合成一体；沥青质的主要成分是碳素，它具有优良的耐候性，赋予沥青强度及耐热性。

优良的沥青，三组分有合适的比例，延性大、粘结性强，对填料则有较高的吸纳量，制成的沥青油毡瓦亦有相当高的固体分含量，由此可见，沥青的选择需要注意矿物油的成分适量，滴点较高，沥青树脂含量多，延性及胶粘性大的沥青为优，可以选择多种沥青混合，必要时可用 SBS 或 APP 改性。实践中，10 号石油沥青虽软化点较高，但含蜡量、低温脆性均不能满足设计要求，故采用含蜡量低的 100 号石油沥青和 90 号高等级道路沥青经改性处理后获得所需的物理力学性能是一种可取的方法。

（2）填料

填料的加入可提高沥青油毡瓦的防水、耐火性能，可改善其尺寸稳定性、耐候性，降低产品的成本。常用的填料为碳酸钙，硬性填料及颗粒较粗的填料吸收矿物油性能较差，则会降低沥青油毡瓦的抗渗性及强度。

沥青油毡瓦中所用的填充材料必须干燥，典型用量范围是油毡瓦填充层质量的 55% ~ 70%。填料的用量取决于沥青特性及填料种类和粒径，超过 70%，填料将阻碍矿物粒料的有效粘结。

2. 胎体材料

聚酯毡和玻纤毡在沥青油毡瓦生产中，均可用作于胎体，是沥青油毡瓦生产的主要原材料之一。沥青油毡瓦在陡坡屋面上呈现出美观持久的几何形状，主要是胎体材料所起的作用，沥青油毡瓦的强度、耐水性、抗裂性和耐久性也与胎体材料相关，因此胎体材料材质的优劣是沥青油毡瓦质量的主要因素。目前可供选用的胎体材料主要有聚酯毡和玻纤毡两种，玻纤毡具有优良的物理化学性能，抗拉强度大，裁切加工性能良好，故与聚酯毡相比较，玻纤毡在浸涂高温熔融沥青时则能表现出更好的尺寸稳定性，因此沥青油毡瓦大都采用玻璃纤维毡作胎体材料。

3. 覆面材料

玻纤胎沥青瓦的覆面材料其功能主要是防护涂盖层，使涂盖层材料免受紫外线的直接照射，同时使沥青瓦的瓦面能呈现鲜丽多变的色彩，玻纤胎沥青瓦的覆面材料一般采用矿物粒料（俗称彩砂）。目前常用的彩砂有天然彩砂、高温陶化彩砂、粘结剂着色彩砂等多种。可采用粘结剂着色彩砂，主要是成本低、货源广、色彩均一且鲜艳，但其保色性相对较差。为了确保覆面材料全面、牢固地覆盖在涂盖层表面，对于彩砂粒径的级配亦有较高的要求。

应用于玻纤胎沥青瓦上表面外露部位的彩砂现已发布了 JC/T 1071—2008《沥青瓦用彩砂》建材行业标准。

生产彩砂的原材料宜采用玄武岩，不得采用石英砂等透光的石料与含石灰石的石料，彩砂的着色颜料宜采用无机颜料。

彩砂的外观应松散，颜色均匀、无结团、聚结。产品的级配应符合表 5-2 的规定；产品的理化性能要求应符合表 5-3 的规定。

表5-2 彩砂的级配（JC/T 1071—2008）

| 序号 | 筛孔尺寸 | 累积筛余百分率/% |
|------|---------|----------------|
| 1 | 2.36mm | 0 |
| 2 | 1.70mm | 0~10 |
| 3 | 1.18mm | 20~50 |
| 4 | 850μm | 45~90 |
| 5 | 600μm | 70~100 |
| 6 | 300μm | 98~100 |
| 7 | 150μm | 99~100 |

表5-3 彩砂的理化性能（JC/T 1071—2008）

| 序号 | 项目 | | 指标 |
|------|------|------|------|
| 1 | 松散堆积密度/（kg/m³），≥ | | 1200 |
| 2 | 表观密度/（kg/m³），≥ | | 2500 |
| 3 | 含水率/%，≤ | | 1.0 |
| 4 | 粉尘含量/%，≤ | | 0.5 |
| 5 | 压碎指标/%，≤ | | 25 |
| 6 | 流动性/s，≤ | | 15 |
| 7 | 憎水性/min，≥ | | 1 |
| 8 | 含油率/% | | 0.5~1.5 |
| 9 | 锈蚀性/个 | | 0 |
| 10 | 耐酸性/（mL/100g） | | ≤10 或呈酸性 |
| 11 | 耐沸水性 | 外观 | 无浑浊、结团 |
| | | ΔE，≤ | 4 |
| 12 | 耐高温性 | 外观 | 无浑浊 |
| | | ΔE，≤ | 4 |
| 13 | 耐紫外线光照 | ΔE，≤ | 3 |

产品标记应按产品名称、颜色和标准号顺序进行标记，例如紫红色沥青瓦用彩砂可标记为：

沥青瓦用彩砂 紫红色 JC/T 1071—2008

颜色也可采用生产商代号。

目前沥青油毡瓦普遍存在落砂问题，这给销售带来难度。如果覆面材料与涂盖层粘结不牢，那在生产、包装、运输、施工、使用等过程中就会落砂。落砂不仅影响美观，破坏装饰效果，还会使涂盖层直接裸露老化，危及产品使用寿命。经过大量试验，可采取以下措施，落砂情况将明显减少。

（1）严格控制彩砂粒径级配，粗细不同的各档彩砂在涂盖层上合理分布，有利于提高覆盖效果和粘结牢度。

（2）在涂盖料中加入少量增黏剂，并控制附着彩砂的涂盖层的合理温度。

（3）利用生产线胎体调偏装置将胎体调到稍偏下，适当增加覆盖面涂层的厚度，确保砂粒有足够的嵌入深度。

#### 5.1.2.2 玻纤胎沥青瓦的生产工艺

沥青瓦的生产是按照沥青防水卷材的生产方式进行生产后，再裁割成一定形状的片状材料，其生产工艺流程如图 5-3 和图 5-4 所示。

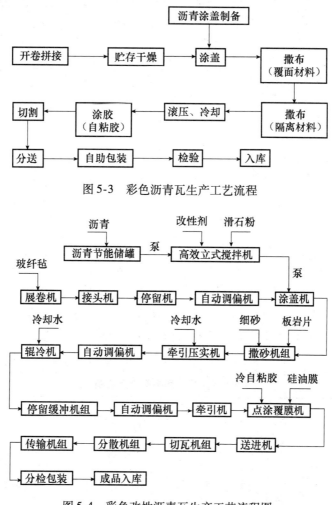

图 5-3　彩色沥青瓦生产工艺流程

图 5-4　彩色改性沥青瓦生产工艺流程图

#### 5.1.2.3 沥青瓦涂盖料的配制

为了制造出符合标准且性能理想的涂盖料，可采用改性处理和矿物填料填充的方法对沥青原料进行处理。同时为了提高涂盖料对覆面材料的粘结性，还可加入少量的增黏剂。

沥青的高温处理按常规方法进行。矿物填料填充是为了降低沥青的感温性从而增加它们的粘结力，填料一经填充即被沥青胶体所包裹而形成悬浮体，因而增加了沥青分子与分子间的摩擦力并增加了表面吸引力，故能提高沥青的软化点及粘结力。由于矿物质的热稳定性强，填入后能提高沥青的热稳定性。矿物填料一般可选择滑石粉、碳酸钙、高岭土、板岩粉、硅酸铝等品种。不同的矿物填料直接影响沥青瓦的物理化学性能，并因其改变了涂盖料的塑化范围而影响到沥青瓦成型工艺参数的确定。因此通过大量对比试验，其试验结果见表 5-4。

表 5-4　填料的填充量对涂盖料主要性能的影响

| 矿物名称 | 填充量/% | 软化点/℃ | 针入度/（1/10mm） |
|---|---|---|---|
| 某填料 | 0 | 85 | 17 |
| | 15 | 88 | 14 |
| | 30 | 93 | 12 |
| | 45 | 100 | 10 |

### 5.1.2.4　玻纤胎沥青瓦生产线

设备的年生产能力新上设备应不低于 500 万 $m^2$（按年 250 天、两班制 16h 生产，产品厚度 2.6mm 计算）。

生产彩色沥青油毡瓦的主要工艺设备包括沥青的高温处理、贮存、开卷拼接、贮存以及干燥、涂盖、撒布、冷却、涂胶、切割、包装等设备，其特点是前段工序与高聚物改性沥青防水卷材的生产设备有相似之处，但不需配备胶体磨、浸油池（槽）覆面膜和边膜装置、卷毡机等设备，但后段工序完全不相同，瓦成型系统由半成品片材成型和切瓦系统两部分组成，应有双面撒砂装置、覆隔离膜装置、沥青胶涂布装置、连续自动滚切式油毡瓦切割机组、油毡瓦分离装置、输送装置、分拣包装装置等。

国家质量监督检验检疫总局于 2014 年 3 月 3 日公布实施的（X）XK08—005《建筑防水卷材产品生产许可证实施细则》对沥青瓦必备生产设备提出的要求见表 5-5；JC/T 1072—2008《防水卷材生产企业质量管理规程》建材行业标准对玻纤胎沥青瓦生产设备提出的基本要求见表 5-6。

表 5-5　沥青瓦必备生产设备

| 产品单元 | 设备名称 | 规格要求 | |
|---|---|---|---|
| | | 既有企业 | 新建企业 |
| 沥青瓦 | 密闭式沥青储存罐 | 有效容积≥500m³ | 有效容积≥1000m³ |
| | 原材料储存装置和输送管道（液体、粉料） | 密闭 | 密闭 |
| | 密闭式保温配料罐 | 有效总容积≥35m³，不少于 4 台，具有计重功能的搅拌装置 | 总有效容积≥80m³；具有计重功能的搅拌装置不少于 4 台 |
| | 沥青计量设备 | 计量罐或流量计或电子秤，精度≤1.5% | 计量罐或流量计或电子秤，精度≤1.5% |
| | 导热油炉 | ≥100 万大卡（1.2MW） | ≥150 万大卡（1.75MW） |
| | 涂油池（槽） | 涂油池（槽）密闭 | 涂油池（槽）密闭 |
| | 卷材厚度控制装置 | — | — |
| | 胎基展卷机 | — | — |
| | 胎基搭接机 | — | — |

续表

| 产品单元 | 设备名称 | 规格要求 | |
|---|---|---|---|
| | | 既有企业 | 新建企业 |
| 沥青瓦 | 胎基停留机 | — | — |
| | 胎基烘干机 | — | — |
| | 成品停留机 | — | — |
| | 调偏装置 | — | — |
| | 撒砂装置 | — | — |
| | 覆隔离膜装置 | — | — |
| | 沥青胶涂布装置 | — | — |
| | 连续自动滚切式切割机 | — | — |
| | 烟气、粉尘分离装置 | — | — |
| | 生产能力（车速） | $\geq 21 m^2/min$ | $\geq 42 m^2/min$ |

注：生产能力（车速）以产品标准规定的最小厚度产品连续生产1h，生产出的产品数量核查。

**表 5-6　玻纤胎沥青瓦生产设备的基本要求**（JC/T 1072—2008）

| 设备名称 | 规格要求 | 备注 |
|---|---|---|
| 密闭式沥青储存罐 | 有效容积$\geq 500 m^3$ | 其他配套设备包括：展卷机、胎基搭接机、胎基停留机、沥青瓦分离装置、自动输送装置、分拣包装装置等 |
| 保温配料罐 | 有效容积$\geq 8 m^3$的不少于 4 台，或$\geq 10 m^3$的不少于 3 台，总容积$\geq 30 m^3$ | |
| 沥青计量设备 | 计量罐、流量计或电子秤，精度$\leq 5\%$ | |
| 导热油炉 | 标准配备$\geq 100$万大卡 | |
| 涂油池（槽） | 应能控制胎体上下涂盖层厚度 | |
| 双面撒砂装置 | — | |
| 覆隔离膜装置 | — | |
| 沥青胶涂布装置 | — | |
| 连续自动滚切式切割机 | — | |
| 生产线车速 | $\geq 21 m/min$ | |
| 其他配套设备 | 满足生产线自动连续作业要求 | |

注：应在相关工序配备相应除尘、除烟等环境保护装置。

## 5.2　金属防水卷材

金属防水卷材主要有铝锡锑合金防水卷材（PSS 合金卷材）和金属与橡胶或树脂复合防水卷材（如金属橡胶复合屋面卷材、LHJ 金属防水毡）等两大类别。

## 5.2.1 铝锡锑合金防水卷材

铝锡锑合金防水卷材简称 PSS 合金卷材，是以铝、锡、锑等多种金属，经浇铸、辊压加工而成的防水卷材。

目前生产的 PSS 合金卷材其厚度为 0.5～1.0mm，宽 510mm，每卷面积规格为 10m²、7.5m²。卷材表面覆有聚酯膜。其物理力学性能见表 5-7。

**表 5-7　PSS 合金卷材的物理性能要求**

| 序号 | 项目 | 指标 |
|------|------|------|
| 1 | 拉伸强度/（MPa），纵向 | ≥20 |
| 2 | 断裂伸长率/（%），纵向 | ≥30 |
| 3 | 低温柔性，−30℃ | 无裂纹 |
| 4 | 抗冲击性 | 无裂纹和穿孔<br>或焊缝处断裂 |

PSS 合金卷材采用的配套材料有焊锡、焊剂等，焊条采用松香焊丝，含锡量不小于 55%，焊剂采用饱和松香酒精溶液，焊缝上涂刷涂料或密封胶，卷材底面采用聚合物水泥浆配套粘贴。

PSS 合金卷材具有以下特点：

（1）PSS 合金卷材的防水机理是采用全金属一体化封闭覆盖的方法来达到防水的，卷材间的接缝也采用同类金属熔化连接的方式，其抗拉强度大于卷材自身的抗拉强度，故其接缝有别于其他卷材，不易受接缝媒质影响而影响其使用寿命；

（2）由于材料的特性，决定了 PSS 合金卷材具有不腐烂、不生锈、不透气、防水性能可靠、使用寿命长的特点，产品强度高、延伸大、柔软、耐久性好；

（3）在 PSS 合金卷材上面加块材或细石混凝土保护层，只要其设计与施工合理，其防水层的使用年限可与建筑物同寿命；

（4）施工方便，可焊性好，对基层要求低，施工时对基层含水率要求不高；

（5）PSS 合金卷材十分适用于种植、养殖屋面的防水要求和使用，为生态屋面的发展、普及提供了良好的防水材料；

（6）防水层相对而言成本较低，用于防水的经费年摊值最少，性能价格比优势突出，经济效益、社会效益明显，防水功能终结时，材料回收利用价值高。

### 5.2.2 金属橡胶复合屋面卷材

金属橡胶复合屋面卷材是以金属箔为面层，以橡胶材料为底层，金属与橡胶进行复合而成的一类新型防水卷材。

#### 5.2.2.1 金属橡胶复合卷材的组成

金属橡胶复合卷材是由面层金属材料、底层橡胶材料以及粘结剂三部分组成。

1. 面层金属材料

金属橡胶复合卷材的面层材料是以金属箔为宜，可供选用的金属箔主要有铝箔和铜箔，这两种金属箔均具有良好的装饰性和热反射性，尤其是铝箔的热反应射性更佳，与橡胶底层复合的铝箔厚度可为 0.1~0.15mm，而铜箔其厚度则以 0.08mm 为宜。

2. 底层橡胶材料

生产橡胶类防水卷材的橡胶类原料如三元乙丙橡胶、丁苯橡胶、氯丁橡胶、再生橡胶等均可作为金属橡胶屋面卷材的底层。但考虑到金属箔面层所具有的热反射和装饰作用，以及金属面层相当于防水卷材中的胎基，可提高无胎橡胶型防水卷材的抗拉强度，进一步增强其防水性能，则作为底层橡胶材料可选用黑色外观，机械力学性能一般，但成本低廉的橡胶原料，如再生橡胶。用于底层的橡胶材料其厚度可在 1.0~2.0mm。

3. 粘结剂

面层金属材料与底层橡胶材料的复合是金属橡胶复合屋面卷材制造的关键技术，一般可选择粘合工艺进行复合，即采用粘结剂来粘合金属和橡胶。选用何种粘结剂是至关重要的，一般要求所选用的粘结剂对金属箔和橡胶应具有适宜的粘结强度，如粘结剂的粘结强度过高，受金属面层的制约，卷材的延伸能力则得不到发挥，不能适应屋面的变形；如粘结剂的粘结强度过低，在使用过程中面层和底层则易于分离，因此，研制和选择专用的粘结剂是至关重要的，这类粘结剂应具有对金属与橡胶均符合要求的粘结性，粘结剥离强度为 15~18N/cm，50℃热水浸泡 7d 后，不产生分层。

**5.2.2.2　制造工艺**

金属橡胶复合屋面卷材的制造工艺其流程如图 5-5 所示。

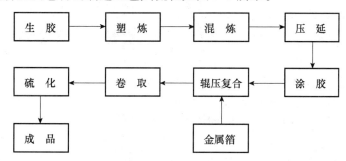

图 5-5　金属橡胶复合屋面卷材制造工艺流程

从图 5-5 中可知，金属橡胶复合屋面卷材的制造工艺中橡胶的塑炼、混炼、压延等工艺与一般橡胶型防水卷材的制造工艺相同，仅需增加涂胶与复合工序，涂胶可采用辊涂或喷涂工艺进行，涂胶后的橡胶与金属箔再经过辊压复合工艺即成产品。

**5.2.2.3　产品性能**

按照图 5-5 工艺流程，以未硫化再生胶为底层，铝箔为面层制备的铝箔再生胶复合屋面卷材其性能如下：

拉伸强度：5MPa；

断裂伸长率：60%；

直角撕裂强度：108N/cm；

低温柔韧性（-30℃，2h）：无裂纹；

不透水性（0.3MPa，30min）：不渗漏；

分层性（50±2℃，7d）：无分层。

### 5.2.3 LHJ 金属防水毡

LHJ 金属防水毡是一种复合型防水卷材，是以不老化、不透水、高温不流淌、低温不脆裂、抗拉强度和延伸率大，对基层伸缩适应性强的 LHJ 合金材料作主要防水层，在其上复合玻纤布和专用树脂加工而成的金属树脂复合卷材。

产品对基层收缩或开裂的适应性较强，采用防水性胶粘贴，冷施工，操作工艺简单，劳动强度低，可应用于工业与民用建筑的屋面防水工程，其主要技术性能见表5-8。

表 5-8　LHJ 金属防水毡的技术性能

| 项　目 | 性能指标 |
|---|---|
| 不透水性 | 动水压 0.3MPa，1h 无渗漏、淌水，100h 不透水 |
| 耐热性 | 95℃下 100h，无变化 |
| 耐低温性 | −40℃下 100h，无变化 |
| 防火性能 | 不燃 |
| 柔　度 | −40℃绕 $\phi$20mm 圆棒，无裂纹 |
| 抗拉强度 | 400N/25mm×100mm（0.16MPa） |
| 适应性 | 能适应基层和护面层结构变形及温度的变化 |
| 耐久性 | 该卷材本身不老化、不渗透水，使用耐久性取决于防护层 |

## 5.3　柔性聚合物水泥防水卷材

柔性聚合物水泥防水卷材以及配套的聚合物水泥砂浆粘结材料是一种全新概念的环保型防水材料。

### 5.3.1　柔性聚合物水泥防水卷材的性能

柔性聚合物水泥防水卷材是以 60%~70% 的水硬性水泥及超细矿物掺合料与聚合物、水、助剂等经捏合、搅拌、塑炼、压延等一系列加工工艺制成的。该体系充公发挥了水泥水化产物与高聚物各自的性能优势，使产品既具有适应基材变形的柔韧性，又具有更为耐久的老化性能、防水性能。柔性聚合物水泥防水卷材的产品物理性能见表5-9。

表 5-9　柔性聚合物水泥防水卷材物理性能

| 检测项目 | 实验条件 | 检测结果（横/纵） | |
|---|---|---|---|
| | | 彩色 | 黑色 |
| 拉伸强度/MPa | Ⅰ型裁刀（拉伸速度 250mm/min），23℃ | 3.40/3.3.1 | 2.68/3.34 |
| 断裂伸长率/% | Ⅰ型裁刀（拉伸速度 250mm/min），23℃ | 765/683 | 630/622 |

| 检测项目 | 实验条件 | 检测结果（横/纵） | |
| --- | --- | --- | --- |
| | | 彩色 | 黑色 |
| 直角撕裂强度/（N/mm） | 拉伸速度 250mm/min，23℃ | 21.4/22.6 | 20.4/22.2 |
| 低温柔性 | −30℃，90min，$\phi$10mm 棒 | 无裂纹 | 无裂纹 |
| 热处理尺寸变化率/% | 80±2℃，6h | −0.4/−0.9 | −0.3/−1.4 |
| 抗渗透性 | 0.3MPa，90min，开缝板 | 不透水 | 不透水 |

柔性聚合物水泥防水卷材经处理后的物理性能的相对变化见表 5-10。

表 5-10　柔性聚合物水泥防水卷材经处理后物理性能的相对变化

| 处理方式 | 实验条件 | 检测项目 | 彩色卷材 | | 黑色卷材 | |
| --- | --- | --- | --- | --- | --- | --- |
| | | | 横向 | 纵向 | 横向 | 纵向 |
| 热老化处理 | 80±2℃，168h | 拉伸强度相对变化率/% | 2 | 12 | 16 | 5 |
| | | 断裂伸长率相对变化率/% | −10 | −8 | −9 | −3 |
| | | 直角撕裂强度相对变化率/% | −9 | 2 | 5 | 5 |
| 碱溶液处理 | 饱和 Ca(OH)₂ 溶液中浸泡 168h | 拉伸强度相对变化率/% | 4 | 25 | 10 | 4 |
| | | 断裂伸长率相对变化率/% | −3 | 7 | 3 | 7 |
| | | 直角撕裂强度相对变化率/% | −13 | −8 | −6 | 0 |
| 盐溶液处理 | （10±2）% NaCl 溶液中浸泡 168h | 拉伸强度相对变化率/% | 3 | 20 | 12 | −1 |
| | | 断裂伸长率相对变化率/% | −4 | 4 | 2 | 0 |
| | | 直角撕裂强度相对变化率/% | 5 | 5 | −1 | 2 |
| 紫外线老化 | 500W，（45±2）℃，168h | 拉伸强度相对变化率/% | 1 | 22 | 15 | 6 |
| | | 断裂伸长率相对变化率/% | −9 | 0 | 1 | −2 |
| | | 直角撕裂强度相对变化率/% | 7 | 7 | 7 | 9 |
| 冻融循环 | −20℃，水温（20±10）℃ 下，2×2h，20 次 | 拉伸强度相对变化率/% | −5 | 1 | 6 | −7 |
| | | 断裂伸长率相对变化率/% | −1 | 2 | 11 | 5 |
| | | 直角撕裂强度相对变化率/% | −4 | −5 | −4 | −4 |
| 干湿循环 | （20±10）℃下，（水中浸泡）2×2h，20 次 | 拉伸强度相对变化率/% | −5 | 17 | 12 | −1 |
| | | 断裂伸长率相对变化率/% | 3 | 10 | 11 | 12 |
| | | 直角撕裂强度相对变化率/% | −3 | −6 | −2 | −1 |
| 水处理 | （20±10）℃下，水中浸泡 168h | 拉伸强度相对变化率/% | 0 | 16 | 13 | 0 |
| | | 断裂伸长率相对变化率/% | −7 | 4 | 7 | 5 |
| | | 直角撕裂强度相对变化率/% | 0 | 0 | 0 | −3 |

注：1. 表中各项处理方式的低温柔性（−25℃）检测结果均为无裂纹。
　　2. 热老化处理及水处理后外观质量均为无裂纹、无气泡、无粉化。

该产品采用聚合物改性水泥作为粘结材料，可在潮湿的基面上施工，基面的含水为水泥基的粘结材料提供了充分的养护条件，使基材、粘结材料和防水卷材之间的界面充分结合，避免了建筑防水工程因粘结不牢而造成的渗透现象，由于该类防水卷材以水泥为主要原料，所以该产品具有一定程度的透气性，这就使潮湿基面（或保温层）中多余的水汽可透过卷材逐步释放，从而彻底消除了防水卷材铺设施工后起鼓胀裂的隐患。

### 5.3.2 柔性聚合物水泥防水卷材的生产

#### 5.3.2.1 基本组成及各组分的作用

1. 基本组成

柔性聚合物水泥防水卷材的基本组成如下：

（1）柔性聚合物水泥防水卷材的捏合料；

（2）柔性聚合物水泥防水卷材。

2. 各组分的作用

对于柔性聚合物水泥防水卷材而言，首先考虑的是如何克服水泥材料的脆性，即水泥的刚性特征，造成材料在外界条件下产生应力集中，导致开裂的问题。采用聚合物对水泥材料的改性，是解决这一问题的有效办法。

在水泥材料中加入聚合物，对其进行改性，其目的就是对水泥进行膜化处理，使水泥凝胶粒子表面形成均匀的聚合物胶膜，以此来改善水泥的抗水渗性能及控制水泥的水化程度，形成刚柔互为补充的立体网络结构。

水泥的聚合物改性是采用高分子聚合物与水泥以及水的共混，并通过严格地控制其捏合时间、捏合温度，在机械力的作用下，获得均匀的水泥捏合料，为了进一步提高柔性聚合物水泥防水卷材的加工性能，需引入外加剂，如可以降低加工阻力，还能起到防粘保护作用的润滑剂；增强聚合物在特定加工条件下的耐高温性能，从而抑制聚合物受热分解和受机械剪切降解的稳定剂；能替代水泥，并具有潜在活性的掺合料等。

改性过程中水泥水化速度及水泥凝胶粒子的膜化处理程度取决于聚灰比、水灰比和捏合工艺条件等。捏合时间、捏合温度和捏合形式对改性水泥材料的质量有重要的影响，其直接影响到改性水泥的水化程度和再加工性能。

#### 5.3.2.2 基本工艺

柔性聚合物水泥防水卷材工艺流程如图 5-6 所示。

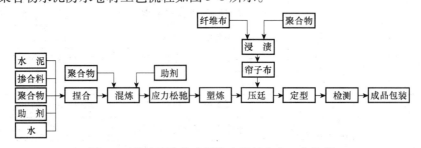

图 5-6 柔性聚合物水泥防水卷材生产工艺流程

在水泥、掺合料体系中，掺入聚合物以及水、各种助剂，采用捏合工艺使诸物料混合均匀，成为流动性好的聚合物水泥浆。聚合物颗粒均匀地分散在水泥、掺合料体系中，在加热与剪切的作用下，水泥快速水化，在此过程中，一部分水不断地被水泥所结合，存在于水泥石中；一部分水则成为可挥发水，迅速蒸发。随着水分的不断地减少，聚合物颗粒会相互融合，并与熔融的助剂均匀地涂敷在水泥凝胶颗粒表面，且牢固地结合在一起，形成黏弹性的和粘结性的柔韧的聚合物质点、网络或膜层，贯穿于水泥石骨架的孔隙中。

用适量的加工助剂与聚合物改性水泥捏合料在炼胶设备上进行混炼，混炼均匀后在下料室温下冷却，如要求生产彩色制品，则可在混炼时加入如铁红、铬绿等颜料，则可制成兼有装饰效果的彩色防水卷材。

压延成型工艺是防水卷材生产中常规的加工工艺之一，对物料的适用性强，工艺操作灵活，试验结果表明，水泥经聚合物改性后，具有较好的柔韧性，采用压延法工艺完全可以实现预期目标。

压延时，经聚合物改性的物料，先在开放式炼胶机上进行热炼，为了易于压延操作和压延的尺寸稳定性，物料应在较高的加工温度范围内热炼均匀，当物料达到一定的可塑度后，则可供压延机进行压延成型。压延机有三辊、四辊等多种形式，三辊压延机可进行无胎成型和单面覆膜成型，四辊压延机除可进行上述两种成型的方式外，还可进行中间夹胎一次成型。复胎和中间夹胎主要是增加卷材的抗拉和抗撕裂性能，以达到增加使用功能的目的。

### 5.3.2.3　配套粘结剂

鉴于柔性聚合物水泥防水卷材中含有 60% 以上的水硬性材料及环保要求，同时考虑到聚合物水泥砂浆的诸多优点，决定采用聚合物水泥砂浆为大面积铺贴用粘结剂，聚合物改性水泥为卷材搭接用粘结剂，卷材搭接用粘结剂其性能见表 5-11。

表 5-11　搭接用粘结剂性能

| 粘结剂 | 粘结强度/（N/25mm） | | 浸水保持率 | 拉伸强度 | 断裂延伸率 |
| --- | --- | --- | --- | --- | --- |
| | 14d | 28d | /% | /MPa | /% |
| 1 号 | 38.5 | 40.2 | 80 | 2.3 | 260 |
| 2 号 | 37.8 | 39.4 | 75 | 1.9 | 230 |

# 第6章 防水卷材常用的胶结材料

防水卷材所用的胶结材料有多种类型，施工时应根据不同类型的卷材选用不同类型的胶结材料，详见表6-1。

表6-1 基层处理剂、卷材胶结材料类型选用表

| 卷材类型 | | 基层处理剂 | 基层胶粘剂、卷材胶粘剂 |
|---|---|---|---|
| 普通沥青防水卷材 | 石油沥青防水卷材 | 石油沥青冷底子油或橡胶改性沥青冷胶粘剂稀释液 | 石油沥青玛瑞脂或橡胶改性沥青冷胶粘剂 |
| | 煤沥青防水卷材 | 煤沥青冷底子油 | 煤沥青玛瑞脂 |
| 聚合物改性沥青防水卷材 | | 石油沥青冷底子油或橡胶改性沥青冷胶粘剂稀释液 | 石油沥青玛瑞脂或橡胶改性沥青冷胶粘剂或卷材厂家指定产品 |
| 合成高分子防水卷材 | | 卷材生产厂家随卷材配套供应的产品或卷材生产厂家指定的产品 | |

## 6.1 沥青基防水卷材用基层处理剂（冷底子油）

沥青基防水卷材施工配套使用的基层处理剂俗称底涂料或冷底子油，此类材料现已发布了JC/T 1069—2008《沥青基防水卷材用基层处理剂》建材行业标准。沥青基防水卷材用基层处理剂按产品分为水性（W）和溶剂型（S）等二类。产品按名称、类型、有害物质含量等级和标准号顺序标记，如有害物质含量为B级的水性SBS改性沥青基层处理剂的标记为：

SBS改性沥青基层处理剂 W B JC/T 1069—2008

产品的技术性能要求如下：

（1）产品的有害物质含量不应高于JC 1066标准中B级要求。

（2）外观为均匀、无结块、无凝胶的液体。

（3）物理性能应符合表6-2的规定。

表6-2 基层处理剂的物理性能（JC/T 1069—2008）

| 项 目 | | 技术指标 | |
|---|---|---|---|
| | | W | S |
| 黏度，mMPa·s | | 规定值±30% | |
| 表干时间，h | ≤ | 4 | 2 |
| 固体含量，% | ≥ | 40 | 30 |
| 剥离强度[a]，N/mm | ≥ | 0.8 | |

280

续表

| 项　　目 | | 技术指标 | |
|---|---|---|---|
| | | W | S |
| 浸水后剥离强度a)，N/mm | ≥ | 0.8 | |
| 耐热性 | | 80℃无流淌 | |
| 低温柔性 | | 0℃无裂纹 | |
| 灰分，% | ≤ | 5 | |

a）剥离强度应注明采用的防水卷材类型。

　　冷底子油是涂刷在水泥砂浆或混凝土基层以及金属表面上作打底之用的一种基层处理剂。其作用可使基层表面与玛琋脂、涂料、油膏等中间具有一层胶质薄膜，提高胶结性能。

　　冷底子油是由沥青与溶剂（稀释剂）配制而成的，根据采用的沥青不同，冷底子油可分为石油沥青冷底子油、焦油沥青冷底子油等，配制冷底子油所用的溶剂主要有汽油、苯、煤油、轻柴油等。沥青冷底子油的配制方法有三种，参见表6-3。

表6-3　沥青冷底子油配制方法

| 配制方法 | 操作要点 |
|---|---|
| 第一种方法 | 将沥青加热熔化，使其脱水不再起泡为止。再将熔好的沥青倒入桶中（按配合量），放置背离火源风向25m以上，待其冷却。如加入快挥发性溶剂，沥青温度一般不超过110℃；如加入慢挥发性溶剂，温度一般不超过140℃；达到上述温度后，将沥青慢慢成细流状注入一定量（配合量）的溶剂中，并不停地搅拌，直至沥青加完后，溶解均匀为止 |
| 第二种方法 | 与上述一样，熔化沥青，倒入桶或壶中（按配合量），待其冷却至上述温度后，将溶剂按配合量要求的数量分批注入沥青溶液。开始每次2~3L，以后每次5L左右，边加边不停地搅拌，直至加完，溶解均匀为止 |
| 第三种方法 | 将沥青打成5~10mm大小的碎块，按质量比加入一定配合量的溶液中，不停地搅拌，直至全部溶解均匀 |

注：1. 在施工中，如用量较少，可用第三种方法，此法沥青中的杂质与水分没有除掉，质量较差。
　　2. 用第一、第二种方法调制时，应掌握好温度，并注意防火。

　　石油沥青冷底子油由石油沥青和溶剂组成，其溶剂按其挥发性分为两种，快挥发性溶剂有汽油、苯等；慢挥发性溶剂有轻柴油、煤油等。

　　涂刷于水泥砂浆平层上的快挥发性冷底子油的干燥时间为5~10h，慢挥发性冷底子油的干燥时间为12~48h。

## 6.2　沥青胶

　　沥青胶又名沥青玛琋脂，是在沥青中加入各种辅助材料如溶剂、矿物填充料（滑石粉、云母粉、粉煤灰）、改性材料（橡胶粉、热塑性弹性体）等配制而成的一类沥青基粘结剂，是沥青防水卷材、改性沥青防水卷材的粘结材料，主要应用于卷材与基层、卷材与卷材之间的粘结。

沥青胶可分为冷热两种，前者为冷沥青胶或冷玛琦脂，后者则为热沥青胶或热玛琦脂，两者又均有石油沥青胶与煤沥青胶之分，石油沥青胶适用于粘贴石油沥青类防水卷材，煤沥青胶则适用于粘贴煤沥青类防水卷材。

沥青胶的标号（即耐热度）应根据屋面坡度、当地历年室外极端最高气温来选定。沥青胶的标号及适用范围见表6-4；沥青胶的技术性能要求见表6-5。

**表6-4　沥青胶的标号（耐热度）及适用范围**

| 沥青胶种类 | 标号（耐热度） | 适用范围 | |
|---|---|---|---|
| | | 屋面坡度/% | 历年室外极端最高温度/℃ |
| 石油沥青胶 | S-60 | 1～3 | <38 |
| | S-65 | | 38～41 |
| | S-70 | | 41～45 |
| | S-65 | 3～15 | <38 |
| | S-70 | | 38～41 |
| | S-75 | | 41～45 |
| | S-75 | 15～25 | <38 |
| | S-80 | | 38～41 |
| | S-85 | | 41～45 |
| 煤沥青胶 | J-55 | 1～3 | <38 |
| | J-60 | | 38～41 |
| | J-65 | | 41～45 |
| | J-60 | 3～10 | <38 |
| | J-65 | | 38～41 |

注：1. 屋面坡度≤3%或油毡层上有整体保护层时，沥青胶标号可降低5号。
　　2. 屋面坡度>25%或屋面受其他热源影响（如高温车间等）时，沥青胶标号应当提高。
　　3. 表中"S-60"指石油沥青胶的耐热度为60℃，"J-60"指煤沥青胶的耐热度为60℃，其余以此类推。

**表6-5　沥青胶的技术要求**

| 技术要求 | 沥青胶标号 | | | | | | | | |
|---|---|---|---|---|---|---|---|---|---|
| | 石油沥青胶 | | | | | | 煤沥青胶 | | |
| | S-60 | S-65 | S-70 | S-75 | S-80 | S-85 | J-55 | J-60 | J-65 |
| 耐热度 | 用2mm厚的沥青胶粘和两张沥青油纸，在不低于下列温度（℃）中、在1:1（或45°角）的坡度上停放5h，沥青胶不应流淌，油纸不应滑动 | | | | | | | | |
| | 60 | 65 | 70 | 75 | 80 | 85 | 55 | 60 | 65 |
| 柔韧度 | 涂在沥青油纸上的2mm厚的沥青胶层，在（18±2）℃时，围绕下列直径（mm）的圆棒，以2s的均匀速度弯曲成半周，沥青胶不应有裂纹 | | | | | | | | |
| | 10 | 15 | 15 | 20 | 25 | 30 | 25 | 30 | 35 |
| 粘结力 | 将两张用沥青胶粘贴在一起的沥青油纸揭开时，从油纸和沥青胶的粘贴面的任何一面的撕开部分，应不大于粘贴面积的1/2 | | | | | | | | |

沥青胶的配制方法见表6-6，沥青胶的加热温度与使用温度见表6-7。

**表6-6 沥青胶的配制方法**

| 名　　称 | 配制方法 | 使用温度 | 备　　注 |
|---|---|---|---|
| 热沥青胶 | 先将粉状或纤维状填充料加热到105～110℃，使其脱水干燥，然后按配比缓慢加入到加热熔化、脱水不再起泡沫的热石油沥青或煤沥青中，加热温度宜控制在160～180℃左右，边加边搅拌到均匀为止 | 需在熔化状态下（约180℃）使用 | 热沥青胶的标号主要以耐热度来划分。 |
| 冷沥青胶 | 系以石油沥青或焦油沥青熔化冷却至130～140℃后，加入稀释剂（如煤油、轻柴油等），进一步冷却至70～80℃后，再加入填料搅拌而成 | 使用时，不必加热，但在低温时（低于5℃）则需加热至50～60℃方可使用。加热时需注意不能直接用火加热，以免引起冷沥青胶内溶剂中挥发气体燃烧，发生事故 | 冷沥青胶亦可将填充料先与溶剂拌和，然后再将熔好的沥青加入拌合物中搅拌而成 |

**表6-7 沥青胶的加热温度与使用温度**

| 类　　别 | 加热温度/℃ | 使用温度/℃ |
|---|---|---|
| 普通石油沥青胶或掺配建筑石油沥青的普通石油沥青胶 | 不应高于280 | 不宜低于240 |
| 建筑石油沥青胶 | 不应高于240 | 不宜低于190 |
| 焦油沥青胶 | 不应高于180 | 不宜低于140 |

冷玛琋脂和热沥青、热沥青玛琋脂的性能对比见表6-8。

**表6-8 冷玛琋脂和热沥膏、热沥青玛琋脂性能对比**

| 冷玛琋脂 | 热沥青、热沥青玛琋脂 |
|---|---|
| 冷粘结剂<br>安全、可靠、不燃、不污染环境 | 热粘结剂<br>熬制沥青时产生油烟污染，易发生火灾或烫伤事故 |
| 冷施工<br>便于精心施工，有利于提高施工质量 | 热施工<br>热粘结剂低于施工温度会影响施工质量<br>施工人员容易产生热沥青变冷而影响防水层质量的心理负担，施工时心情处于紧张状态，不易提高施工质量 |
| 施工效率高<br>连续作业，比热施工可提高约95%的施工效率 | 施工效率低<br>间歇式施工，热沥青用完后需等下一锅熬制完毕后才能接着施工，影响进度 |
| 节约材料<br>以"二毡三油"计算，每平方米仅用冷玛琋脂约3.9kg，有利于降低成本 | 费工费料<br>每平方米"二毡三油"做法需用热玛琋脂约6.9kg，汽油约0.37kg，煤约0.43kg，不利于降低成本 |

续表

| 冷玛琋脂 | 热沥青、热沥青玛琋脂 |
|---|---|
| 施工条件受限制较少 | 施工条件受限制 |
| 一年四季均可施工（负温度下不宜施工） | 冬季、寒冷气温条件下不能施工，市区不能施工 |

## 6.3 高分子防水卷材胶粘剂

高分子防水卷材胶粘剂是指适用于合成高分子防水卷材冷粘结的，以合成弹性体为基料的胶粘剂。产品已发布了 JC/T 863—2011《高分子防水卷材胶粘剂》行业标准。

1. 产品的分类和标记

高分子防水卷材胶粘剂按组分为单组分（Ⅰ）和双组分（Ⅱ）两个类型。卷材胶粘剂按用途分为基底胶（J）和搭接胶（D）两个品种。基底胶指用于卷材与防水基层粘结的胶粘剂。搭接胶是指用于卷材与卷材接缝搭结的胶粘剂。

卷材胶粘剂按产品名称、标准编号的顺序进行标记。示例：符合 JC/T 863—2011，聚氯乙烯防水卷材用，单组分的基底胶粘剂标记为：

聚氯乙烯防水卷材胶粘剂 JC/T 863—2011—I—J

标记中各要素的含义：I—单组分；J—基底胶。

2. 技术要求

（1）外观

卷材胶粘剂经搅拌应为均匀液体，无分散颗粒或凝胶。

（2）物理力学性能

卷材胶粘剂的物理力学性能应符合表 6-9 的规定。

表 6-9 高分子防水卷材胶粘剂物理力学性能（JC/T 863—2011）

| 序号 | 项目 | | | | 技术指标 | |
|---|---|---|---|---|---|---|
| | | | | | 基底胶 J | 搭接胶 D |
| 1 | 黏度/(Pa·S) | | | | 规定值[a] ±20% | |
| 2 | 不挥发物含量/% | | | | 规定值[a] ±2 | |
| 3 | 适用期[b]/min | | | ≥ | 180 | |
| 4 | 剪切状态下的粘合性 | 卷材－卷材 | 标准试验条件/(N/mm) | ≥ | — | 3.0 或卷材破坏 |
| | | | 热处理后保持率/%，80℃，168h | ≥ | — | 70 |
| | | | 碱处理后保持率/%，10% Ca(OH)₂，168h | ≥ | — | 70 |
| | | 卷材－基底 | 标准试验条件/(N/mm) | ≥ | 2.5 | — |
| | | | 热处理后保持率/%，80℃，168h | ≥ | 70 | — |
| | | | 碱处理后保持率/%，10% Ca(OH)₂，168h | ≥ | 70 | — |
| 5 | 剥离强度 | 卷材－卷材 | 标准试验条件/(N/mm) | ≥ | — | 1.5 |
| | | | 浸水后保持率/%，168h | ≥ | — | 70 |

a 规定值是指企业标准、产品说明书或供需双方商定的指标量值。

b 适用期仅用于双组分产品，指标也可由供需双方协商确定。

3. 合成高分子防水卷材常用的胶粘剂品种

合成高分子防水卷材常用的胶粘剂有：天然橡胶系胶粘剂；再生橡胶系胶粘剂；氯丁橡胶系胶粘剂；丁腈橡胶胶粘剂；聚异丁烯系胶粘剂；沥青系胶粘剂；醋酸乙烯树脂系胶粘剂；环氧树脂系胶粘剂。

合成高分子防水卷材常用的胶粘剂其特性亦各有不同之处，现介绍如下。

1. 天然橡胶系胶粘剂

具有很好的黏结性和强度。用甲苯、环己烷、汽油等溶剂，把生橡胶加以溶解，填充剂用炭黑、无水硅酸、碳酸钙等，增粘剂用香豆酮、松脂等，硫化剂用硫磺、氧化铝等，还掺入稳定剂、防老剂等。

2. 再生橡胶系胶粘剂

剥离强度比天然橡胶好。黏结层的处理简单，造价低，溶剂用汽油、石脑油、甲苯等，填充剂用石棉、碳酸钙等，防老化剂用胺类。

3. 氯丁橡胶系胶粘剂

本品硬化速度快、强度高，耐老化、耐热、耐光照、耐候、耐酸、耐油等性能都较好，溶剂用甲苯、甲乙酮、醋酸乙酯、石油、石脑油等，加入稳定剂、填充剂、酚醛树脂等，氯丁橡胶系胶粘剂用于卷材与基层的粘结。

4. 丁腈橡胶胶粘剂

本品粘结性能好，与其他系统的粘结剂的相容性良好，还具有耐油性、耐药物性、耐老化性，溶剂用丙酮、甲乙酮等，加入掺合剂。

5. 聚异丁烯系胶粘剂

本品在化学上非常稳定，耐酸、耐碱、耐水、耐寒性能良好，可溶于各种溶剂，可掺用多种填充剂。适用于抗风压的压敏胶条。

6. 沥青系胶粘剂

使用氧化沥青，软化点较高，延伸性小，针入度为 20 ~ 30，添加矿物质等填充剂、松香系树脂、天然橡胶、合成橡胶等。沥青系胶粘剂其作业性良好，但此类胶粘剂没有耐油性，故有受热后会使粘结层产生软化的缺陷。

7. 醋酸乙烯树脂系胶粘剂

本品在温度较低的条件下具有流动性好、粘结性能好等优点，但本品耐热性低，耐水性差。溶剂主要是乙醇，配合各种填充剂，与氯乙烯共聚后，性能得到改善，此时本系胶粘剂所用的溶剂为酮。

8. 环氧树脂系胶粘剂

本系列胶粘剂一般不含挥发性溶剂，在固化时收缩少。本品所采用的环氧树脂较多地使用改性焦油环氧树脂，这有利于提高耐水性，具有伸长率大的特性，可降低成本。环氧树脂与煤焦油的配比极为重要，需认真计量按程序配制。

凡合成高分子防水卷材施工用的胶粘剂的性能和卷材、基层有亲和性，各种胶粘剂的性能不同，用途则不同。胶粘剂除质量必须符合规定指标外，应有质量证明文件，并经指定的质量检测部门认证，确保其质量符合材料标准和设计要求。胶粘剂进场后，也应按规定取样复试，不合格者严禁在工程中使用。

# 第7章 防水卷材生产企业的质量管理

防水卷材生产企业应强化质量意识，树立法制观念，严格执行国家的有关法规和标准，积极采用 GB/T 19001《质量管理体系 要求》，建立质量管理体系，制定质量管理体系文件，并确保有效运行。

最高管理者是企业产品质量第一责任者，最高管理者可以任命管理者代表全权负责质量管理。质检部门主管在最高管理者或管理者代表直接领导下对产品质量具体负责。

企业应参照 GB/T 19001《质量管理体系 要求》，编制为保证质量管理体系有效运行所必需的质量手册、程序文件、作业文件及相关的记录。按 JC/T 1072—2008《防水卷材生产企业质量管理规程》要求，制订企业质量管理实施细则，编制生产过程质量控制图表和原材料、半成品、成品的内控质量指标。

## 7.1 产品标准

企业生产的防水卷材产品应执行国家标准或行业标准，不得执行低于国家标准、行业标准的其他标准；企业生产的产品没有国家标准、行业标准的，应制定企业标准，作为企业产品生产的依据，并按《中华人民共和国标准化法》的要求在当地政府标准化行政主管部门备案；已有国家标准、行业标准的，鼓励企业制定严于国家标准或行业标准的企业标准。提倡企业采用国际标准和国外先进标准，适应国际贸易的要求。

## 7.2 质量管理机构

1. 质量管理组织设置和职责

（1）质量管理组织设置

企业应设立以最高管理者或管理者代表为首的质量管理组织，具有符合《防水卷材企业检验室基本条件》（见7.7节）的质检部门（检验室）。

质量管理组织机构或人员负责企业群众性的质量管理活动，生产部门和其他相关部门设立质量管理组织，开展本部门的质量管理活动。

（2）质量管理组织职责

制定企业质量方针和质量目标；编制质量管理体系文件；监督企业质量管理体系的实施；组织企业内部质量审核；制定质量奖惩制度，协调各部门的质量责任并考核工作质量；负责重大质量缺陷的分析处理；组织开展群众性质量活动；负责新产品设计研制过程的质量管理和标准化工作。

（3）质检部门（检验室）的职责

质检部门（检验室）内设原材料检验、半成品检验、工艺检验、产品外观检查、产品物性检验和质量管理等职责，划分各项工作的检验、监督与管理的质量职能。按有关标准和规定，对原材料、半成品、成品进行检验和试验；根据产品标准要求和国家质量监督机构的要求，进行全项目产品技术指标的检验；按照规定做好记录和标识，提供检验数据，掌握质量动态，确保可追溯性。根据产品质量要求，制定原材料、半成品和成品的内控质量指标或企业标准，强化生产过程中的质量控制，运用统计方法掌握质量波动规律，采取纠正和预防措施，使生产全过程处于受控状态。应按有关标准和规定对防水卷材进行出厂质量检验，每批防水卷材出厂，应由检验部门出具产品合格证和检验报告单。用数理统计方法进行质量统计并做好分析总结和改进工作。根据产品开发和提高质量的需要开展科研工作，不断改进测试手段。防水卷材企业质检部门（检验室）可自愿按 JC/T 1072—2008《防水卷材生产企业质量管理规程》中防水卷材企业检验室考核评定办法的要求进行考核（详见 7.8 节）。

2. 质检部门（检验室）的权限

质检部门（检验室）的权限是：监督检查生产过程受控状态，制止各种违规违标行为，督促相关部门或人员采取纠正和预防措施，及时扭转质量失控状态；参与制定企业质量方针、质量目标、质量责任制及考核办法，评价生产部门的过程质量，为质量奖惩提供依据，行使质量否决权；向有关部门汇报企业质量情况，提出质量管理措施；防水卷材产品出厂决定权；质检部门（检验室）应保证检验工作的独立性和公正性。

3. 检验与试验仪器设备、化学试剂的管理

检验仪器设备应按防水卷材产品标准和 JC/T 1072—2008《防水卷材生产企业质量管理规程》中防水卷材企业检验室基本条件（参见 7.7 节）的要求配置，并应制定仪器设备的检定、校验制度和建立仪器设备档案。

检验、试验用的化学试剂应符合规定的产品等级和执行标准，相关人员应掌握常用化学试剂的使用安全和注意事项，不得使用不符合要求的化学试剂。

4. 质量管理制度

质检部门（检验室）应建立检验管理制度，主要包括：各岗位的职责、岗位责任制和作业指导书；质量缺陷报告制度；检验和试验仪器设备管理制度；化学试剂及有毒、易燃试剂管理制度；技术档案、文件管理制度；人员培训和考核制度；质量检验原始记录、台账、检验报告的填写、编制、审核制度。

5. 产品监督检验和对比验证管理

为确保检验操作准确性，企业可按相关国家标准的要求进行对比验证检验。

为确保企业检测数据在精度范围以内，质检部门应对各岗位检验人员的操作准确性组织密码抽查和操作考核。

6. 质量记录、档案、资料、报表管理

应做好技术文件的管理工作，原始记录和台账应使用规范的表格，各项检验要有完整的原始记录和分类台账。按时间段装订成册，由专人保管，保存期应不少于五年。

各项检验原始记录和分类台账的填写，应字迹端正、清晰，不得任意涂改。当笔误时，在笔误数据中央划横杠，在其上方书写更正后的数据并加盖修改人印章，涉及出厂防

水卷材检验记录和检验报告的更正应有质检部门负责人签字，方可生效。

质量检验数据应采用统计技术整理分析和利用，每月有分析小结并提出改进意见，每年应有专题总结和分析报告。

按行业协会等管理机构的要求定期填报质量报告。

7. 人员培训和考核

企业宜每年制定员工培训计划，并确保其实施的有效性。企业每年应按计划对检验人员进行质量教育和技术培训、考核，建立员工培训档案，对连续两次考核不合格者，应调离质检岗位。

## 7.3 原材料质量控制

企业应根据质量控制要求选择合格的原材料供应方，建立并保存供应方档案，采购合同应经供应部门负责人审核后实施，采购的原材料应符合规定的技术指标要求，供应部门应按原材料的质量标准和生产计划进货。

原材料应按类别和检验状态分别堆放，存放应有标志和记录，以避免混杂。企业使用的主要原材料，包括石油沥青、APP、SBS、三元乙丙橡胶、PVC树脂、聚酯胎、玻纤胎、聚乙烯膜等质量应符合要求，经检验（验证）合格后使用。初次使用时，应先经过试验，确认产品质量合格后方可进行批量使用。

企业选用的主要原材料如无国家标准或行业标准，企业应自行制定能满足产品质量的技术指标。选用进口原材料不能提供标准的，应有技术指标，企业应进行测试，达到使用要求方能使用，对进口原材料应按批进行检验（验证），不得漏检。

原材料应保持合理的库存。

## 7.4 生产过程质量控制

企业应根据产品类别、品种、规格、型号和等级制定工艺文件。对生产的任何一种产品应从原材料投入到成品入库生产全过程的生产工艺规程。其内容应包括：从原材料质量要求到每一道工序的工艺条件、工艺参数和半成品配比、投料、配料方法、控制措施等。对关键工序应建立质量责任制，包括如质检部门抽验、车间自检项目、方法和时间等。制定的工艺参数和技术指标等技术文件，应经批准后执行，质检部门应负责监督检查。

生产部门应根据下达的配料单进行配料，生产操作人员不得随意改变配方和工艺条件。配料后应检查半成品性能，如达不到要求应及时调整再次检验，直至完全满足要求后，方可进入下道工序。

沥青基防水卷材生产过程中的质量控制详见3.6节；高分子防水卷材生产过程中的质量控制详见4.6节。JC/T 1072—2008《防水卷材生产企业质量管理规程》建材行业标准中未列入的防水卷材生产工艺，企业应自行制定符合要求的生产工艺规程，并有执行生产工艺规程的工艺纪律。建筑防水卷材产品关键工序、关键控制点，见表7-1。

**表 7-1　建筑防水卷材产品关键工序、关键控制点**

| 序号 | 产品单元 | 关键工序名称 | 关键设备名称 | 关键控制点 | 特殊过程 |
|---|---|---|---|---|---|
| 1 | 沥青类 | 配料 | 密闭式保温配料罐 | 计量、配料温度 | |
| | | 预浸、涂覆 | 浸油池（槽）、涂油池（槽）（或浇注装置） | 浸、涂温度（或浇注温度） | |
| | | 研磨分散 | 胶体磨 | 研磨温度和时间 | 研磨 |
| 2 | 塑料生产工艺类 | 混料 | 混合机 | 计量、配料温度 | 注：采用单一原料的产品不考虑混料 |
| | | 挤出 | 挤出机 | 挤出温度 | 塑化 |
| 3 | 橡胶生产工艺类 | 配料、混炼 | 密炼机等混料设备 | 计量、混炼温度、混炼时间 | |
| | | 挤出或压延 | 挤出机或压延机等 | 挤出或压延温度 | |
| | | 硫化 | 硫化设备 | 硫化温度和时间（需要时压力） | 硫化（注：硫化类） |

生产过程中所使用的检测设备、仪表和计量器具应检定合格。

生产过程中的重要质量指标检测数据不合格，属于过程质量缺陷，质检部门应及时向生产部门警示，生产部门应及时纠正，并做好原始记录上报有关部门，凡达不到标准要求的应明确标志清楚。

## 7.5　生产设备的基本要求

防水卷材生产设备的配置宜参照表 2-59、表 3-66、表 4-46、表 5-6 的要求。

石油沥青纸胎油毡生产线的设备年生产能力见 2.5.1.2 节。

APP、SBS 改性沥青防水卷材，自黏聚合物改性沥青聚酯胎防水卷材，沥青复合胎柔性防水卷材，自黏橡胶沥青防水卷材，改性沥青聚乙烯胎防水卷材生产线的设备年生产能力见 3.5.1 节。

合成橡胶类高分子防水卷材，聚氯乙烯、氯化聚乙烯等塑料防水卷材生产线的设备年生产能力见 4.5.1 节。

玻纤胎沥青瓦生产线的设备年生产能力见 5.1.2.4 节。

## 7.6　出厂产品的质量管理

（1）产品投产应按相关标准在规定期限内进行型式检验。鼓励企业缩短型式检验周期。若型式检验不合格，则应整改。若在规定限期内未进行型式检验，视同出厂产品漏检项目处理。在型式检验项目全部合格的基础上进行出厂日常检验项目。

（2）出厂的防水卷材应按相关标准进行检验，在各项检验指标及包装质量符合要求时方可出厂，不合格产品不得出厂。

（3）防水卷材包装应按相关标准执行，标识应齐全，在产品外包装上应清晰标明：产品名称、注册商标、产品标记、标准号、生产厂名、生产日期及生产许可证号，并应与内在质量相符。

（4）企业应做好售后服务，建立用户档案和用户访问制度。广泛征询对防水卷材产品外观、物性、包装和运输等方面的意见。企业应建立产品应用技术服务体系，为用户提供完善的使用说明和施工技术指导，确保用户能够正确地应用本企业的产品。

## 7.7　防水卷材企业检验室的基本条件

为了完善防水卷材企业的检验条件，提高检测技术水平，确保产品质量，JC/T 1072—2008《防水卷材生产企业质量管理规程》建材行业标准对防水卷材企业检验室的基本条件提出了如下要求。

1. 环境条件

（1）企业应建立产品质量检验用的检验室、样品存放库和试剂存放柜等。对相邻区域工作互有不利影响时，应采取隔离措施。周围环境不得有粉尘、噪音、振动、有害气体和电磁辐射等影响检验工作的环境因素。

（2）检验室的面积、能源、照明（采光）、温度、湿度和通风等均应满足检验工作要求及国家标准、行业标准的规定要求。

——小型高速分散机、小型反应釜等应单独放置。

（3）检验室仪器设备应放置合理、操作方便、保证安全。

——检验室应安装通风柜（橱）罩，排除有害气体。

——拉力试验机、不透水仪等应放置于恒温试验室。

（4）检验室应保持清洁，不准带入与试验无关的物品。危险品应妥善保管。对防毒、防火、防触电和三废处理等应有具体管理措施。

（5）检验室应对工作环境条件，如温度、湿度等进行记录并妥善保存。

2. 检验室人员配备及资格条件

（1）应配备主管及检验人员，人数应满足检验工作需要，不得低于两名专职人员。

（2）检验室主管：具有工程师以上技术职称或多年从事本行业质检工作，熟悉防水卷材生产工艺、检验标准，有质量管理经验和良好职业道德，有一定组织能力，坚持原则。应取得行业协会或相关主管部门颁发的岗位培训证书。

（3）工艺技术人员：具有助理工程师以上技术职称，掌握防水卷材生产理论知识和实践经验，熟悉有关标准和规章制度，坚持原则，认真负责。

（4）检验员：具有高中（或相当于高中）以上文化水平，责任心强，熟知本岗位的操作规程、控制项目、指标范围及检验方法。应取得国家、行业或省（市）有关机构颁发的培训证书。

（5）检验室人员应相对稳定，保持业务骨干工作连续性。

3. 检验设备

（1）防水卷材生产过程检验和产品出厂检验所需设备见表7-2、表7-3，设备量程及精度要求应符合相关标准，企业可根据需要自行增添型式检验所需的设备，其性能应满足有关标准规定的技术要求。

（2）计量器具应按期检定并有有效的计量检定合格证。检验仪器应按期校准并有效的校验证书。

（3）检验室的仪器设备应列出仪器设备一览表和计量检定周期表并建立档案，档案内容包括：名称、规格、型号、生产厂家、出厂日期、出厂合格证、使用说明书及使用过程中维修、检定、校验等记录及证书，并建立仪器设备使用、维修、管理和计量校准制度。

4. 仪器设备技术要求和检定（检验）周期

仪器设备的精度要求、产品型号和检定（校验）周期宜参考表7-2和表7-3。

表7-2　沥青基防水卷材检验室主要仪器设备及技术要求、检定（校验）周期一览表

（JC/T 1072—2008）

| 序号 | 仪器设备 | 量程及精度要求 | 检定周期（年） | 备 注 |
|---|---|---|---|---|
| 1 | 台秤 | 最小分度值0.2kg | 1 | |
| 2 | 厚度计 | 接触面直径10mm，单位面积压力0.02MPa，分度值0.01mm | 1 | |
| 3 | 钢直尺 | 150mm，最小刻度1mm | 1 | |
| 4 | 钢卷尺 | 0～20m，0～3m，最小刻度1mm | 1 | |
| 5 | 天平 | 感量0.001g | 1 | |
| 6 | 不透水仪 | 压力0～0.4MPa，精度2.5级 三个透水盘，内径92mm | 0.5 | 压力表 |
| 7 | 电热鼓风干燥箱 | 不小于200℃，精度±2℃ | 1 | |
| 8 | 拉力试验机 | 测力范围0～2000N，示值精度至少2%，伸长范围能使夹具间距（180mm）伸长1倍，具有应力应变记录或显示装置 | 1 | |
| 9 | 半导体温度计 | 量程30～-40℃，精度0.5℃ | 1 | |
| 10 | 沥青延度测定器 | 最小刻度1mm | 1 | |
| 11 | 秒表 | 精度0.1s | 1 | |
| 12 | 温度计 | 0～50℃，刻度0.5℃ | 1 | |
| 13 | 温度计 | 0～150℃，刻度1℃ | 1 | |
| 14 | 温度计 | 0～200℃，刻度2℃ | 1 | |
| 15 | 千分尺 | 精度0.01mm | 1 | |
| 16 | 低温冰柜 | 0～-30℃，控温精度±2℃ | 1 | |
| 17 | 弯板 | 半径10、12.5、15、25、35mm（选择） | 1 | |
| 18 | 沥青软化点仪 | 38～180℃，最小刻度0.5℃ | 1 | |
| 19 | 沥青针入度仪 | 0～620　1/10mm，最小刻度1/10mm | 1 | |
| 20 | 标准筛 | 16、30、40、50、120、140、200目 | 使用3个月或测150个样品 | |
| 21 | 索氏萃取器 | 250～500mL | — | |

注：1. 表中1～17为通用计量器具，应送有关计量检定机构定期计量检定，其中18、19为自校验器具，按周期自校。

2. 表中20、21为一般检验仪器设备，使用中应维护和保养。

表7-3　高分子防水卷材检验室主要仪器设备及技术要求、检定（校验）周期一览表

（JC/T 1072—2008）

| 序号 | 仪器设备 | 量程及精度要求 | 检定周期（年） | 备　注 |
|---|---|---|---|---|
| 1 | 钢直尺 | 150mm，最小刻度1mm | 1 | |
| 2 | 钢卷尺 | 0～30m，0～3m，最小刻度1mm | 1 | |
| 3 | 厚度计 | 接触面直径6mm，单位面积<br>压力0.02MPa，分度值0.01mm | 1 | |
| 4 | 拉力试验机 | 测力范围0～1000N，示值<br>精度1%，伸长范围大于500mm | 1 | |
| 5 | 不透水仪 | 压力0～0.4MPa，精度2.5级<br>三个透水盘，内径92mm | 0.5 | 压力表 |
| 6 | 电热鼓风干燥箱 | 不小于200℃，精度±2℃ | 1 | |
| 7 | 游标卡尺 | 0～150mm，分度值0.02mm | 1 | |
| 8 | 温度计 | 0～200℃，刻度2℃ | 1 | |
| 9 | 读数显微镜 | 0.01mm | 1 | 针对带<br>背衬卷材 |
| 10 | 远红外温度计 | −50～400℃ | 1 | |
| 11 | 电子秤 | 精度0.01g，2kg | 1 | |
| 12 | 橡胶硬度仪 | 精度1 | 1 | |
| 13 | 冰柜 | 0～−40℃，精度±2℃ | 1 | |
| 14 | 熔体流动速率仪 | ±0.2℃ | — | |
| 15 | 橡胶门尼黏度仪 | 0～200门尼值，分度值0.1 | — | |
| 16 | 橡胶平板硫化仪 | — | — | |
| 17 | 试验用炼胶机 | — | — | |
| 18 | 橡胶冲片机 | — | — | |
| 19 | 弯折仪 | — | — | |
| 20 | 穿孔仪 | 导管刻度0～500mm，分度值10mm，<br>重锤500g，半球钢珠直径12.7mm | 1 | 自检 |
| 21 | 标准筛 | 16、40、120、140、200目 | 使用3个月或<br>测150个样品 | |

注：1. 表中1～12为通用计量器具，应送有关计量检定机构定期计量检定。

2. 表中14～21为自校验器具，按周期自校。

3. 表中10、15～17为硫化橡胶产品用，14为塑料产品用，9为单面或双面复合高分子防水卷材用。

企业应根据防水卷材产品标准或检验方法标准修订要求及时更换仪器设备。

企业生产建筑防水卷材产品所采用的重要原材料检验项目及设备要求参见表7-4；企业所生产的防水卷材产品检验项目及检验设备要求参见表7-5。

表 7-4　企业生产建筑防水卷材产品重要原材料检验项目及设备要求

| 序号 | 原材料 | | 品种 | 检验项目 | 检验设备名称 | 检验类别 |
|---|---|---|---|---|---|---|
| 1 | 沥青类 | 沥青、填充料、胎基 | SBS 改性剂 | | | 验证 |
| | | | APAO 及 APP | 软化点 | 软化点仪及电炉 | 原材料检验、验证 |
| | | | 软化油 | 闪点、黏度 | 闪点仪、黏度计 | 原材料检验 |
| | | | 沥青 | 沥青软化点、针入度、延度 | 沥青软化点仪、沥青针入度仪、沥青延度仪及电炉 | 原材料检验、过程检验、关键控制点检验 |
| | | | 胎基 | 胎基拉力、吸油率、尺寸变化率、含水率 | 自动拉力试验机、分析天平、电热鼓风干燥箱、游标卡尺 | 原材料检验 |
| | | | 填充料 | 填充料含水率、细度 | 标准筛、分析天平、电热鼓风干燥箱 | 原材料检验 |
| 2 | 橡胶生产工艺类 | EPDM 等橡胶、补强和填充材料、增强或背衬材料 | EPDM 等橡胶 | 门尼黏度、拉伸性能 | 门尼黏度计（或机）、自动拉伸试验机 | 原材料检验 |
| | | | 补强和填充材料 | 加热减量、细度 | 标准筛、分析天平、电热鼓风干燥箱 | 原材料检验 |
| | | | 增强或背衬材料 | 拉力、延伸率及内增强材料的吸水率 | 自动拉力试验机、分析天平、电热鼓风干燥箱等 | 原材料检验 |
| | | | 橡胶填充油 | 闪点、加热减量、黏度 | 闪点仪、分析天平、电热鼓风干燥箱、黏度计等 | 原材料检验 |
| | | | 硫化助剂及促进剂等 | 加热减量、细度 | 标准筛、分析天平、电热鼓风干燥箱 | 原材料检验 |
| | 塑料生产工艺类 | PE、PVC、TPO 等合成树脂、填充材料、增强或备衬材料 | 合成树脂 | 熔体流动速率（或熔融指数）、密度 | 熔体流动速率仪（或熔融指数仪）、密度天平 | 原材料检验 |
| | | | 填充料 | 填充料含水率、细度 | 标准筛、分析天平、电热鼓风干燥箱 | 原材料检验 |
| | | | 增强或背衬材料 | 拉力、延伸率及内增强材料的吸水率 | 自动拉力试验机、分析天平、电热鼓风干燥箱等 | 原材料检验 |

注：检验判定要求按企业相关工艺参数要求进行检验。验证项目必须提供每批原材料的第三方检验报告。

**表 7-5　企业生产防水卷材产品出厂检验项目及检验设备要求**

| 序号 | 产品单元（产品品种） | | 依据标准及标准条款 | 检验项目 | 检验设备名称 | 检验类别 |
|---|---|---|---|---|---|---|
| 1 | 氧化沥青类 | 石油沥青纸胎油毡 | GB 326—2007 | 外观 | 目测、钢直尺（150mm，最小刻度 1mm） | 出厂检验 |
| | | | | 卷重 | 台秤（最小分度值 0.2kg） | |
| | | | | 面积 | 钢卷尺（0～20m，0～3m，最小刻度 1mm） | |
| | | | | 浸涂材料总量 | 索氏萃取器（500mL）及加热装置、天平（感量 0.001g） | |
| | | | | 不透水性 | 不透水仪（压力 0～0.6MPa，精度 2.5 级三个透水盘，内径 92mm，量程≥0.3MPa） | |
| | | | | 吸水率 | 天平（感量 0.001g） | |
| | | | | 耐热度 | 电热鼓风干燥箱（不小于 200℃，精度 ±2℃） | |
| | | | | 拉力 | 自动拉力试验机［拉力测试值在有效量程范围内，最小分度值不大于 5N，伸长范围：能使夹具间距（200mm）伸长 1 倍，并具有应力应变图形显示］ | |
| | | | | 柔性 | 低温试验箱（0～-30℃，精度 ±2℃）、弯板（半径 10mm）、半导体温度计 | |
| 2 | | 石油沥青玻璃纤维胎防水卷材 | GB/T 14686—2008 | 外观 | 目测、钢直尺（150mm，最小刻度 1mm） | 出厂检验 |
| | | | | 尺寸偏差 | 钢卷尺（0～20m，0～3m，最小刻度 1mm） | |
| | | | | 单位面积质量 | 台秤（最小分度值 0.2kg） | |
| | | | | 可溶物含量 | 索氏萃取器（500mL）及加热装置、天平（感量 0.001g） | |
| | | | | 拉力 | 自动拉力试验机［拉力测试值在有效量程范围内，最小分度值不大于 5N，伸长范围：能使夹具间距（200mm）伸长 1 倍，并具有应力应变图形显示］ | |
| | | | | 耐热性 | 电热鼓风干燥箱（不小于 200℃，精度 ±2℃） | |
| | | | | 低温柔性 | 低温试验箱（0～-40℃，精度 ±2℃）、机械自动弯曲柔度仪（半径 10mm、12.5mm、15mm、25mm、35mm）、半导体温度计 | |
| | | | | 不透水性 | 不透水仪（压力 0～0.6MPa，精度 2.5 级三个透水盘，内径 92mm，量程≥0.3MPa） | |

续表

| 序号 | 产品单元（产品品种） | 依据标准及标准条款 | 检验项目 | 检验设备名称 | 检验类别 |
|---|---|---|---|---|---|
| 3 | 氧化沥青类 石油沥青玻璃布胎油毡 | JC/T 84—1996 | 卷重 | 台秤（最小分度值 0.2kg） | 出厂检验 |
| | | | 面积 | 钢直尺（150mm，最小刻度 1mm）、钢卷尺（0~20m，0~3m，最小刻度 1mm） | |
| | | | 外观 | — | |
| | | | 可溶物含量 | 索氏萃取器（500mL）及加热装置、天平（感量 0.001g） | |
| | | | 耐热 | 电热鼓风干燥箱（不小于 200℃，精度 ±2℃） | |
| | | | 不透水性 | 不透水仪（压力 0~0.6MPa，精度 2.5 级三个透水盘，内径 92mm，量程 ≥0.3MPa） | |
| | | | 拉力 | 自动拉力试验机〔拉力测试值在有效量程范围内，最小分度值不大于 5N，伸长范围：能使夹具间距（200mm）伸长 1 倍，并具有应力应变图形显示〕 | |
| | | | 柔性 | 低温试验箱（0~-30℃，精度 ±2℃）、机械自动弯曲柔度仪（半径 10mm、12.5mm、15mm、25mm、35mm）、半导体温度计 | |
| 4 | 铝箔面石油沥青防水卷材 | JC/T 504—2007 | 外观 | 目测、钢直尺（150mm，最小刻度 1mm） | 出厂检验 |
| | | | 卷重 | 台秤（最小分度值 0.2kg） | |
| | | | 厚度 | 厚度计（接触面直径 10mm，单位面积压力 0.02MPa，分度值 0.01mm） | |
| | | | 面积 | 钢卷尺（0~20m，0~3m，最小刻度 1mm） | |
| | | | 可溶物含量 | 索氏萃取器（500mL）及加热装置、天平（感量 0.001g） | |
| | | | 拉力 | 自动拉力试验机〔拉力测试值在有效量程范围内，最小分度值不大于 5N，伸长范围：能使夹具间距（200mm）伸长 1 倍，并具有应力应变图形显示〕 | |
| | | | 耐热 | 电热鼓风干燥箱（不小于 200℃，精度 ±2℃） | |
| | | | 柔性 | 低温试验箱（0~-30℃，精度 ±2℃）、机械自动弯曲柔度仪（半径 35mm）、半导体温度计 | |

| 序号 | 产品单元（产品品种） | | 依据标准及标准条款 | 检验项目 | 检验设备名称 | 检验类别 |
|---|---|---|---|---|---|---|
| 5 | 胶粉改性沥青类 | 沥青复合胎柔性防水卷材 | JC/T 690—2008 | 外观 | 目测、钢直尺（150mm，最小刻度1mm） | 出厂检验 |
| | | | | 单位面积质量 | 台秤（最小分度值0.2kg） | |
| | | | | 面积 | 钢卷尺（0~20m，0~3m，最小刻度1mm） | |
| | | | | 厚度 | 厚度计（接触面直径10mm，单位面积压力0.02MPa，分度值0.01mm） | |
| | | | | 不透水性 | 不透水仪（压力0~0.6MPa，精度2.5级三个透水盘，内径92mm，量程≥0.3MPa） | |
| | | | | 耐热性 | 电热鼓风干燥箱（不小于200℃，精度±2℃） | |
| | | | | 低温柔性 | 低温试验箱（0~-30℃，精度±2℃）、机械自动弯曲柔度仪（半径15mm、25mm）、半导体温度计 | |
| | | | | 最大拉力 | 自动拉力试验机（拉力测试值在有效量程范围内，最小分度值不大于5N，伸长范围：能使夹具间距（200mm）伸长1倍，并具有应力应变图形显示） | |
| 6 | | 胶粉改性沥青玻纤毡与玻纤网格布增强防水卷材 | JC/T 1076—2008 | 外观 | 目测、钢直尺（150mm，最小刻度1mm） | 出厂检验 |
| | | | | 单位面积质量 | 台秤（最小分度值0.2kg） | |
| | | | | 面积 | 钢卷尺（0~20m，0~3m，最小刻度1mm） | |
| | | | | 厚度 | 厚度计（接触面直径10mm，单位面积压力0.02MPa，分度值0.01mm） | |
| | | | | 不透水性 | 不透水仪（压力0~0.6MPa，精度2.5级三个透水盘，内径92mm，量程≥0.3MPa） | |
| | | | | 耐热性 | 电热鼓风干燥箱（不小于200℃，精度±2℃） | |
| | | | | 低温柔性 | 低温试验箱（0~-30℃，精度±2℃）、机械自动弯曲柔度仪（半径15mm、25mm）、半导体温度计 | |
| | | | | 拉力 | 自动拉力试验机［拉力测试值在有效量程范围内，最小分度值不大于5N，伸长范围：能使夹具间距（200mm）伸长1倍，并具有应力应变图形显示］ | |
| | | | | 粘结剥离强度 | 自动拉力试验机［拉力测试值在有效量程范围内，最小分度值不大于5N，伸长范围：能使夹具间距（200mm）伸长1倍，并具有应力应变图形显示］ | |
| | | | | 渗油性 | 电热鼓风干燥箱（不小于200℃，精度±2℃）、压块（1kg） | |

续表

| 序号 | 产品单元（产品品种） | 依据标准及标准条款 | 检验项目 | 检验设备名称 | 检验类别 |
|---|---|---|---|---|---|
| 7 | 胶粉改性沥青类 胶粉改性沥青玻纤毡与聚乙烯膜增强防水卷材 | JC/T 1077—2008 | 外观 | 目测、钢直尺（150mm，最小刻度1mm） | 出厂检验 |
| | | | 单位面积质量 | 台秤（最小分度值0.2kg） | |
| | | | 面积 | 钢卷尺（0~20m，0~3m，最小刻度1mm） | |
| | | | 厚度 | 厚度计（接触面直径10mm，单位面积压力0.02MPa，分度值0.01mm） | |
| | | | 不透水性 | 不透水仪（压力0~0.6MPa，精度2.5级三个透水盘，内径92mm，量程≥0.3MPa） | |
| | | | 耐热性 | 电热鼓风干燥箱（不小于200℃，精度±2℃） | |
| | | | 低温柔性 | 低温试验箱（0~−30℃，精度±2℃）、机械自动弯曲柔度仪（半径15mm，25mm）、半导体温度计 | |
| | | | 最大拉力及断裂延伸率 | 自动拉力试验机［拉力测试值在有效量程范围内，最小分度值不大于5N，伸长范围：能使夹具间距（200mm）伸长1倍，并具有应力应变图形显示］ | |
| | | | 粘结剥离强度 | 自动拉力试验机［拉力测试值在有效量程范围内，最小分度值不大于5N，伸长范围：能使夹具间距（200mm）伸长1倍，并具有应力应变图形显示］ | |
| | | | 渗油性 | 电热鼓风干燥箱（不小于200℃，精度±2℃）、压块（1kg） | |
| 8 | 胶粉改性沥青聚酯毡与玻纤网格布增强防水卷材 | JC/T 1078—2008 | 外观 | 目测、钢直尺（150mm，最小刻度1mm） | 出厂检验 |
| | | | 单位面积质量 | 台秤（最小分度值0.2kg） | |
| | | | 面积 | 钢卷尺（0~20m，0~3m，最小刻度1mm） | |
| | | | 厚度 | 厚度计（接触面直径10mm，单位面积压力0.02MPa，分度值0.01mm） | |
| | | | 不透水性 | 不透水仪（压力0~0.6MPa，精度2.5级三个透水盘，内径92mm，量程≥0.3MPa） | |
| | | | 耐热性 | 电热鼓风干燥箱（不小于200℃，精度±2℃） | |
| | | | 低温柔性 | 低温试验箱（0~−30℃，精度±2℃）、机械自动弯曲柔度仪（半径15mm，25mm）、半导体温度计 | |
| | | | 最大拉力及断裂延伸率 | 自动拉力试验机［拉力测试值在有效量程范围内，最小分度值不大于5N，伸长范围：能使夹具间距（200mm）伸长1倍，并具有应力应变图形显示］ | |
| | | | 粘结剥离强度 | 自动拉力试验机［拉力测试值在有效量程范围内，最小分度值不大于5N，伸长范围：能使夹具间距（200mm）伸长1倍，并具有应力应变图形显示］ | |
| | | | 渗油性 | 电热鼓风干燥箱（不小于200℃，精度±2℃）、压块（1kg） | |

续表

| 序号 | 产品单元<br>（产品品种） | 依据标准及<br>标准条款 | 检验项目 | 检验设备名称 | 检验<br>类别 |
|---|---|---|---|---|---|
| 9 | 改性沥青类 | 弹性体改性沥青防水卷材 | GB 18242—2008 | 外观 | 目测、钢直尺（150mm，最小刻度1mm） | 出厂检验 |
| | | | | 单位面积质量 | 台秤（最小分度值0.2kg） | |
| | | | | 面积 | 钢卷尺（0~20m，0~3m，最小刻度1mm） | |
| | | | | 厚度 | 厚度计（接触面直径10mm，单位面积压力0.02MPa，分度值0.01mm） | |
| | | | | 可溶物含量 | 索氏萃取器（500mL）及加热装置、天平（感量0.001g） | |
| | | | | 不透水性 | 不透水仪（压力0~0.6MPa，精度2.5级三个透水盘，内径92mm，量程≥0.3MPa） | |
| | | | | 耐热性 | 电热鼓风干燥箱（不小于200℃，精度±2℃）、耐热度测试装置、读数显微镜（精度0.01mm） | |
| | | | | 低温柔性 | 低温试验箱（0~-30℃，精度±2℃）、机械自动弯曲柔度仪（半径15mm、25mm）、半导体温度计 | |
| | | | | 拉力 | 自动拉力试验机〔拉力测试值在有效量程范围内，最小分度值不大于5N，伸长范围：能使夹具间距（200mm）伸长1倍，并具有应力应变图形显示〕 | |
| | | | | 断裂延伸率 | 自动拉力试验机〔拉力测试值在有效量程范围内，最小分度值不大于5N，伸长范围：能使夹具间距（200mm）伸长1倍，并具有应力应变图形显示〕 | |
| | | | | 渗油性 | 电热鼓风干燥箱（不小于200℃，精度±2℃）、压块（1kg） | |
| | | | | 卷材下表面沥青涂盖层厚度 | 电炉、厚度计（接触面直径10mm，单位面积压力0.02MPa，分度值0.01mm） | |
| 10 | | 塑性体改性沥青防水卷材 | GB 18243—2008 | 外观 | 目测、钢直尺（150mm，最小刻度1mm） | 出厂检验 |
| | | | | 单位面积质量 | 台秤（最小分度值0.2kg） | |
| | | | | 面积 | 钢卷尺（0~20m，0~3m，最小刻度1mm） | |
| | | | | 厚度 | 厚度计（接触面直径10mm，单位面积压力0.02MPa，分度值0.01mm） | |
| | | | | 可溶物含量 | 索氏萃取器（500mL）及加热装置、天平（感量0.001g） | |
| | | | | 不透水性 | 不透水仪（压力0~0.6MPa，精度2.5级三个透水盘，内径92mm，量程≥0.3MPa） | |

| 序号 | 产品单元<br>（产品品种） | 依据标准及<br>标准条款 | 检验项目 | 检验设备名称 | 检验<br>类别 |
|---|---|---|---|---|---|
| 10 | 塑性体改性沥青防水卷材 | GB 18243—2008 | 耐热性 | 电热鼓风干燥箱（不小于200℃，精度±2℃）、耐热度测试装置、读数显微镜（精度0.01mm） | 出厂检验 |
| | | | 低温柔性 | 低温试验箱（0～-30℃，精度±2℃）、机械自动弯曲柔度仪（半径15mm、25mm）、半导体温度计 | |
| | | | 最大拉力 | 自动拉力试验机［拉力测试值在有效量程范围内，最小分度值不大于5N，伸长范围：能使夹具间距（200mm）伸长1倍，并具有应力应变图形显示］ | |
| | | | 断裂延伸率 | 自动拉力试验机［拉力测试值在有效量程范围内，最小分度值不大于5N，伸长范围：能使夹具间距（200mm）伸长1倍，并具有应力应变图形显示］ | |
| | | | 卷材下表面沥青涂盖层厚度 | 电炉、厚度计（接触面直径10mm，单位面积压力0.02MPa，分度值0.01mm） | |
| 11 | 改性沥青类<br><br>预铺/湿铺防水卷材 | GB/T 23457—2009 | 外观 | 目测、钢直尺（150mm，最小刻度1mm） | 出厂检验 |
| | | | 面积 | 钢卷尺（0～20m，0～3m，最小刻度1mm） | |
| | | | 厚度 | 厚度计（接触面直径10mm，单位面积压力0.02MPa，分度值0.01mm） | |
| | | | 单位面积质量 | 台秤（最小分度值0.2kg） | |
| | | | 可溶物含量 | 索氏萃取器（500mL）及加热装置、天平（感量0.001g） | |
| | | | 最大拉力 | 自动拉力试验机［拉力测试值在有效量程范围内，最小分度值不大于5N，伸长范围：能使夹具间距（200mm）伸长1倍，并具有应力应变图形显示］ | |
| | | | 断裂伸长率 | 自动拉力试验机［拉力测试值在有效量程范围内，最小分度值不大于5N，伸长范围：能使夹具间距（200mm）伸长1倍，并具有应力应变图形显示］ | |
| | | | 最大拉力时的伸长率 | 自动拉力试验机［拉力测试值在有效置程范围内，最小分度值不大于5N，伸长范围：能使夹具间距（200mm）伸长1倍，并具有应力应变图形显示］ | |
| | | | 撕裂强度 | 自动拉力试验机［拉力测试值在有效量程范围内，最小分度值不大于5N，伸长范围：能使夹具间距（200mm）伸长1倍，并具有应力应变图形显示］、冲片机及裁刀 | |

| 序号 | 产品单元<br>（产品品种） | 依据标准及<br>标准条款 | 检验项目 | 检验设备名称 | 检验<br>类别 |
|---|---|---|---|---|---|
| 11 | 改性沥青类 | 预铺/湿铺<br>防水卷材 | GB/T 23457—2009 | 钉杆撕裂强度 | 自动拉力试验机［拉力测试值在有效量程范围内，最小分度值不大于5N，伸长范围：能使夹具间距（200mm）伸长1倍，并具有应力应变图形显示］、钉杆撕裂夹具 | 出厂检验 |
| | | | | 低温弯折性 | 低温试验箱（0～-40℃，精度±2℃）、弯折仪、半导体温度计 | |
| | | | | 低温柔性 | 低温试验箱（0～-30℃，精度±2℃）、机械自动弯曲柔度仪（半径15mm，25mm）、半导体温度计 | |
| | | | | 耐热性 | 电热鼓风干燥箱（不小于200℃，精度±2℃） | |
| | | | | 渗油性 | 电热鼓风干燥箱（不小于200℃，精度±2℃）、压块（1kg） | |
| | | | | 持粘性 | 压辊、持粘性测定仪或秒表 | |
| 12 | | 带自粘层<br>的防水卷材 | GB/T 23260—2009 | 主体材料出厂检验项目 | 同相应主体材料标准规定的检测设备 | 出厂检验 |
| | | | | 剥离强度 | 自动拉力试验机［拉力测试值在有效量程范围内，最小分度值不大于5N，伸长范围：能使夹具间距（200mm）伸长1倍，并具有应力应变图形显示］ | |
| | | | | 自粘面耐热性 | 电热鼓风干燥箱（不小于200℃，精度±2℃） | |
| | | | | 持粘性 | 压辊、持粘性测定仪或秒表 | |
| 13 | | 道桥用改<br>性沥青防永<br>卷材 | JC/T 974—2005 | 外观 | 目测、钢直尺（150mm，最小刻度1mm） | 出厂检验 |
| | | | | 尺寸偏差 | 钢卷尺（0～20m，0～3m，最小刻度1mm） | |
| | | | | 卷重 | 台秤（最小分度值0.2kg） | |
| | | | | 卷材下表面沥青涂盖层厚度 | 电炉、厚度计（接触面直径10mm，单位面积压力0.02MPa，分度值0.01mm） | |
| | | | | 可溶物含量 | 索氏萃取器（500mL）及加热装置、天平（感量0.001g） | |
| | | | | 耐热性 | 电热鼓风干燥箱（不小于200℃，精度±2℃） | |
| | | | | 低温柔性 | 低温试验箱（0～-40℃，精度±2℃）、机械自动弯曲柔度仪（半径10mm，12.5mm、15mm、25mm、35mm）、半导体温度计 | |
| | | | | 最大拉力 | 自动拉力试验机［拉力测试值在有效量程范围内，最小分度值不大于5N，伸长范围：能使夹具间距（200mm）伸长1倍，并具有应力应变图形显示］ | |

续表

| 序号 | 产品单元<br>（产品品种） | 依据标准及<br>标准条款 | 检验项目 | 检验设备名称 | 检验<br>类别 |
|---|---|---|---|---|---|
| 13 | 道桥用改性沥青防水卷材 | JC/T 974—2005 | 最大拉力及延伸率 | 自动拉力试验机［拉力测试值在有效量程范围内，最小分度值不大于5N，伸长范围：能使夹具间距（200mm）伸长1倍，并具有应力应变图形显示］ | 出厂检验 |
| | | | 盐处理（拉力保持率、低温柔性、质量增加） | 容器、自动拉力试验机［拉力测试值在有效量程范围内，最小分度值不大于5N，伸长范围：能使夹具间距（200mm）伸长1倍，并具有应力应变图形显示］、低温试验箱（0～-40℃，精度±2℃）、机械自动弯曲柔度仪（半径10mm、12.5mm、15mm、25mm、35mm）、半导体温度计、天平（感量0.001g） | |
| | | | 热老化（拉力保持率、延伸率保持率、低温柔性、尺寸变化率、质量损失） | 电热鼓风干燥箱［不小于200℃，精度±2℃］、自动拉力试验机（拉力测试值在有效量程范围内，最小分度值不大于5N，伸长范围：能使夹具间距（200mm）伸长1倍，并具有应力应变图形显示］、天平（感量0.001g）、低温试验箱（0～-40℃，精度±2℃）、机械自动弯曲柔度仪（半径10mm、12.5mm、15mm、25mm、35mm）、半导体温度计、游标卡尺 | |
| | | | 渗油性 | 电热鼓风干燥箱（不小于200℃，精度±2℃） | |
| | | | 自粘沥青剥离强度 | 自动拉力试验机［拉力测试值在有效量程范围内，最小分度值不大于5N，伸长范围：能使夹具间距（200mm）伸长1倍，并具有应力应变图形显示］、电炉 | |
| 14 | 坡屋面用防水材料聚合物改性沥青防水垫层 | JC/T 1067—2008 | 外观 | 目测、钢直尺（150mm，最小刻度1mm） | 出厂检验 |
| | | | 尺寸偏差 | 钢卷尺（0～20m，0～3m，最小刻度1mm）、厚度计（接触面直径10mm，单位面积压力0.02MPa，分度值0.01mm） | |
| | | | 单位面积质量 | 台秤（最小分度值0.2kg） | |
| | | | 最大拉力 | 自动拉力试验机［拉力测试值在有效量程范围内，最小分度值不大于5N，伸长范围：能使夹具间距（200mm）伸长1倍，并具有应力应变图形显示］ | |
| | | | 断裂延伸率 | 自动拉力试验机［拉力测试值在有效量程范围内，最小分度值不大于5N，伸长范围：能使夹具间距（200mm）伸长1倍，并具有应力应变图形显示］ | |
| | | | 耐热性 | 电热鼓风干燥箱（不小于200℃，精度±2℃） | |

| 序号 | 产品单元<br>（产品品种） | 依据标准及<br>标准条款 | 检验项目 | 检验设备名称 | 检验<br>类别 |
|---|---|---|---|---|---|
| 14 | 坡屋面用防水材料聚合物改性沥青防水垫层 | JC/T 1067—2008 | 低温柔性 | 低温试验箱（0～-40℃，精度±2℃）、机械自动弯曲柔度仪（半径10mm、12.5mm、15mm、25mm、35mm）、半导体温度计 | 出厂检验 |
| | | | 不透水性 | 不透水仪（压力0~0.6MPa，精度2.5级三个透水盘，内径92mm，量程≥0.3MPa） | |
| 15 | 种植屋面用耐根穿刺防水卷材 | JC/T 1075—2008 | 相关产品标准的规定出厂检验项目 | 同相应产品标准规定的检测设备 | 出厂检验 |
| 16 | 白粘沥青类 | 自粘聚合物改性沥青防水卷材 | GB 23441—2009 | 外观 | 目测、钢直尺（150mm，最小刻度1mm） | 出厂检验 |
| | | | 单位面积质量 | 台秤（最小分度值0.2kg） | |
| | | | 面积 | 钢卷尺（0~20m、0~3m，最小刻度1mm） | |
| | | | 厚度 | 厚度计（接触面直径10mm，单位面积压力0.02MPa，分度值0.01mm） | |
| | | | 最大拉力 | 自动拉力试验机［拉力测试值在有效量程范围内，最小分度值不大于5N，伸长范围：能使夹具间距（200mm）伸长1倍，并具有应力应变图形显示］ | |
| | | | 最大拉力及延伸率 | 自动拉力试验机［拉力测试值在有效量程范围内，最小分度值不大于5N，伸长范围：能使夹具间距（200mm）伸长1倍，并具有应力应变图形显示］ | |
| | | | 断裂延伸率（N类） | 自动拉力试验机［拉力测试值在有效量程范围内，最小分度值不大于5N，伸长范围：能使夹具间距（200mm）伸长1倍，并具有应力应变图形显示］ | |
| | | | 钉杆撕裂强度（N类） | 自动拉力试验机［拉力测试值在有效量程范围内，最小分度值不大于5N，并具有应力应变图形显示］、钉杆撕裂夹具 | |
| | | | 低温柔性 | 低温试验箱（0～-40℃，精度±2℃）、机械自动弯曲柔度仪（半径10mm、12.5mm、15mm、25mm、35mm）、半导体温度计 | |
| | | | 耐热性 | 电热鼓风干燥箱（不小于200℃，精度±2℃） | |
| | | | 卷材与铝板剥离强度 | 自动拉力试验机（拉力测试值在有效量程范围内，最小分度值不大于5N，并具有应力应变图形显示） | |
| | | | 持粘性 | 压辊、持粘性测定仪或秒表（精度±1min） | |
| | | | 自粘沥青再剥离强度（PY类） | 电炉、自动拉力试验机（拉力测试值在有效量程范围内，最小分度值不大于5N，并具有应力应变图形显示） | |

| 序号 | 产品单元（产品品种） | 依据标准及标准条款 | 检验项目 | 检验设备名称 | 检验类别 |
|---|---|---|---|---|---|
| 17 | 坡屋面用防水卷材自粘聚合物沥青防水垫层 | JC/T 1068—2008 | 外观 | 目测、钢直尺（150mm，最小刻度1mm） | 出厂检验 |
| | | | 尺寸偏差 | 钢卷尺（0～20m，0～3m，最小刻度1mm）、厚度计（接触面直径10mm，单位面积压力0.02MPa，分度值0.01mm） | |
| | | | 最大拉力 | 自动拉力试验机［拉力测试值在有效量程范围内，最小分度值不大于5N，伸长范围：能使夹具间距（200mm）伸长1倍，并具有应力应变图形显示］ | |
| | | | 断裂延伸率 | 自动拉力试验机［拉力测试值在有效量程范围内，最小分度值不大于5N，伸长范围：能使夹具间距（200mm）伸长1倍，并具有应力应变图形显示］ | |
| | | | 低温柔性 | 低温试验箱（0～-40℃，精度±2℃）、机械自动弯曲柔度仪（半径10mm、12.5mm、15mm、25mm、35mm）、半导体温度计 | |
| | | | 耐热性 | 电热鼓风干燥箱（不小于200℃，精度±2℃） | |
| | | | 垫层与铝板剥离强度（23℃） | 自动拉力试验机［拉力测试值在有效量程范围内，最小分度值不大于5N，伸长范围：能使夹具间距（200mm）伸长1倍，并具有应力应变图形显示］ | |
| | | | 持粘力 | 压辊、持粘性测定仪或秒表（精度±1min） | |
| 18 | 改性沥青聚乙烯胎类 | 改性沥青聚乙烯胎防水卷材 | GB 18967—2009 | 外观 | 目测、钢直尺（150mm，最小刻度1mm） | 出厂检验 |
| | | | 面积 | 钢卷尺（0～20m，0～3m，最小刻度1mm） | |
| | | | 单位面积质量 | 台秤（最小分度值0.21kg） | |
| | | | 厚度 | 厚度计（接触面直径10mm，单位面积压力0.02MPa，分度值0.01mm） | |
| | | | 不透水性 | 不透水仪（压力0～0.6MPa，精度2.5级三个透水盘，内径92mm，量程≥0.3MPa） | |
| | | | 耐热性 | 电热鼓风干燥箱（不小于200℃，精度±2℃） | |
| | | | 低温柔性 | 低温试验箱（0～-40℃，精度±2℃）、机械自动弯曲柔度仪（半径10mm、12.5mm、15mm、25mm、35mm）、半导体温度计 | |
| | | | 拉伸性能 | 自动拉力试验机［拉力测试值在有效量程范围内，最小分度值不大于5N，伸长范围：能使夹具间距（200mm）伸长1倍，并具有应力应变图形显示］ | |

| 序号 | 产品单元<br>（产品品种） | 依据标准及<br>标准条款 | 检验项目 | 检验设备名称 | 检验<br>类别 |
|---|---|---|---|---|---|
| 18 | 改性沥青聚乙烯胎类 | 改性沥青聚乙烯胎防水卷材 | GB 18967—2009 | 卷材下表面沥青涂盖层厚度（T） | 电炉<br>厚度计（接触面直径 10mm，单位面积压力 0.02MPa，分度值 0.01mm） | 出厂检验 |
| | | | | 卷材与铝板剥离强度（S） | 自动拉力试验机［拉力测试值在有效量程范围内，最小分度值不大于 5N，伸长范围：能使夹具间距（200mm）伸长 1 倍，并具有应力应变图形显示］ | |
| | | | | 持粘性（S） | 压辊<br>持粘性测定仪或秒表（精度 ±1min） | |
| | | | | 自粘沥青再剥离强度（S） | 电炉<br>自动拉力试验机［拉力测试值在有效量程范围内，最小分度值不大于 5N，伸长范围：能使夹具间距（200mm）伸长 1 倍，并具有应力应变图形显示］ | |
| 19 | 橡胶生产工艺类 | 氯化聚乙烯防水卷材 | GB 12953—2003 | 外观 | 目测、钢直尺（150mm，最小刻度 1mm） | 出厂检验 |
| | | | | 尺寸偏差 | 钢卷尺（0～20m，0～3m，最小刻度 1mm）、厚度计（接触面直径 6mm，单位面积压力 0.02MPa，分度值 0.01mm） | |
| | | | | 拉伸强度（拉力） | 自动拉力试验机（拉力测试值在有效量程范围内，示值精度 1%，伸长范围大于 500mm，并具有应力应变图形显示）、冲片机及裁刀 | |
| | | | | 断裂伸长率 | 自动拉力试验机（拉力测试值在有效量程范围内，示值精度 1%，伸长范围大于 500mm，并具有应力应变图形显示）、冲片机及裁刀 | |
| | | | | 热处理尺寸变化率 | 电热鼓风干燥箱（不小于 200℃，精度 ±2℃）、游标卡尺 | |
| | | | | 低温弯折性 | 低温试验箱（0～-40℃，精度 ±2℃）、弯折仪、半导体温度计 | |
| 20 | | 高分子防水材料第一部分：片材 | GB18173.1—2006 | 外观质量 | 目测、钢直尺（150mm，最小刻度 1mm） | 出厂检验 |
| | | | | 规格尺寸 | 钢卷尺（0～2m，0～3m，最小刻度 1mm）、厚度计（接触面直径 6mm，单位面积压力 0.02MPa，分度值 0.01mm）、游标卡尺、读数显微镜（精度 0.01mm） | |
| | | | | 常温拉伸强度 | 自动拉力试验机（拉力测试值在有效量程范围内，示值精度 1%，伸长范围大于 500mm，并具有应力应变图形显示）、冲片机及裁刀 | |

续表

| 序号 | 产品单元<br>（产品品种） | 依据标准及<br>标准条款 | 检验项目 | 检验设备名称 | 检验<br>类别 |
|---|---|---|---|---|---|
| 20 | 高分子防水材料第一部分：片材 | GB18173.1—2006 | 常温拉断伸长率 | 自动拉力试验机（拉力测试值在有效量程范围内，示值精度 1%，伸长范围大于 500mm，并具有应力应变图形显示）、冲片机及裁刀 | 出厂检验 |
| | | | 撕裂强度 | 自动拉力试验机（拉力测试值在有效置程范围内，示值精度 1%，伸长范围大于 500mm，并具有应力应变图形显示）、冲片机及裁刀 | |
| | | | 低温弯折 | 低温试验箱（0 ~ -40℃，精度 ±2℃）、弯折仪、半导体温度计、8 倍放大镜 | |
| | | | 不透水性能 | 不透水仪（压力 0 ~ 0.6MPa，精度 2.5 级三个透水盘，内径 92mm，量程 ≥0.3MPa） | |
| | | | 复合强度（FS2） | 自动拉力试验机（拉力测试值在有效量程范围内，示值精度 1%，伸长范围大于 500mm，并具有应力应变图形显示） | |
| 21 | 带自粘层的防水卷材 | GB/T 23260—2009 | 主体材料出厂检验项目 | 同相应主体材料产品标准规定的检测设备 | 出厂检验 |
| | | | 剥离强度 | 自动拉力试验机（拉力测试值在有效量程范围内，示值精度 1%，伸长范围大于 500mm，并具有应力应变图形显示） | |
| | | | 自粘面热性 | 电热鼓风干燥箱（不小于200℃，精度 ±2℃） | |
| | | | 持粘性 | 压辊、<br>持粘性测定仪（精度 ±1min） | |
| 22 | 再生胶油毡 | JC/T 206—1976 | 外观质量 | 目测、钢直尺（150mm，最小刻度 1mm） | 出厂检验 |
| | | | 规格尺寸偏差 | 钢卷尺（0 ~ 20m，0 ~ 3m，最小刻度 1mm）、厚度计（接触面直径6mm，单位面积压力 0.02MPa，分度值 0.01mm）、游标卡尺 | |
| | | | 抗拉强度 | 自动拉力试验机（拉力测试值在有效量程范围内，示值精度 1%，伸长范围大于 500mm，并具有应力应变图形显示）、冲片机及裁刀 | |
| | | | 断裂延伸率 | 自动拉力试验机（拉力测试值在有效量程范围内，示值精度 1%，伸长范围大于 500mm，并具有应力应变图形显示）、冲片机及裁刀 | |
| | | | 低温柔性 | 低温试验箱（0 ~ -40℃，精度 ±2℃）、弯折仪、半导体温度计 | |
| | | | 不透水性 | 不透水仪（压力 0 ~ 0.6MPa，精度 2.5 级三个透水盘，内径 92mm，量程 ≥0.3MPa） | |
| | | | 耐热性 | 电热鼓风干燥箱（不小于200℃，精度 ±2℃） | |
| | | | 吸水性 | 天平（感量 0.001g） | |

| 序号 | 产品单元<br>（产品品种） | 依据标准及<br>标准条款 | 检验项目 | 检验设备名称 | 检验<br>类别 |
|---|---|---|---|---|---|
| 23 | 三元丁橡<br>胶防水卷材 | JC/T 645—2012 | 外观 | 目测、钢直尺（150mm，最小刻度1mm） | 出厂检验 |
| | | | 规格尺寸 | 钢卷尺（0～20m，0～3m，最小刻度1mm）、厚度计（接触面直径6mm，单位面积压力0.02MPa，分度值0.01mm）、游标卡尺 | |
| | | | 不透水性 | 不透水仪（压力0～0.6MPa，精度2.5级三个透水盘，内径92mm，量程≥0.3MPa） | |
| | | | 纵向拉伸强度 | 自动拉力试验机（拉力测试值在有效量程范围内，示值精度1%，伸长范围大于500mm，并具有应力应变图形显示）、冲片机及裁刀 | |
| | | | 纵向断裂伸长率 | 自动拉力试验机（拉力测试值在有效量程范围内，示值精度1%，伸长范围大于500mm，并具有应力应变图形显示）、冲片机及裁刀 | |
| | | | 低温弯折性 | 低温试验箱（0～-40℃，精度±2℃）、弯折仪、半导体温度计 | |
| 24 | 氯化聚乙烯—橡胶共混防水卷材 | JC/T 684—1997 | 外观质量 | 目测、钢直尺（150mm，最小刻度1mm） | 出厂检验 |
| | | | 规格与尺寸偏差 | 钢卷尺（0～20m，0～3m，最小刻度1mm）、厚度计（接触面直径6mm，单位面积压力0.02MPa，分度值0.01mm）、游标卡尺 | |
| | | | 拉伸强度 | 自动拉力试验机（拉力测试值在有效量程范围内，示值精度1%，伸长范围大于500mm，并具有应力应变图形显示）、冲片机及裁刀 | |
| | | | 断裂伸长率 | 自动拉力试验机（拉力测试值在有效量程范围内，示值精度1%，伸长范围大于500mm，并具有应力应变图形显示）、冲片机及裁刀 | |
| | | | 直角形撕裂强度 | 自动拉力试验机（拉力测试值在有效量程范围内，示值精度1%，伸长范围大于500mm，并具有应力应变图形显示）、冲片机及裁刀 | |
| | | | 不透水性 | 不透水仪（压力0～0.6MPa，精度2.5级三个透水盘，内径92mm，量程≥0.3MPa） | |

续表

| 序号 | 产品单元<br>（产品品种） | 依据标准及<br>标准条款 | 检验项目 | 检验设备名称 | 检验<br>类别 |
|---|---|---|---|---|---|
| 25 | 塑料生产工艺类 | 聚氯乙烯（PVC）防水卷材 | GB 12952—2011 | 外观 | 目测、钢直尺（150mm，最小刻度1mm） | 出厂检验 |
| | | | | 尺寸偏差 | 钢卷尺（0～20m，0～3m，最小刻度1mm）、厚度计（接触面直径6mm，单位面积压力0.02MPa，分度值0.01mm）、读数显微镜（精度0.01mm） | |
| | | | | 拉伸强度（拉力） | 自动拉力试验机（拉力测试值在有效量程范围内，示值精度1%，伸长范围大于500mm，并具有应力应变图形显示）、冲片机及裁刀 | |
| | | | | 断裂伸长率 | 自动拉力试验机（拉力测试值在有效量程范围内，示值精度1%，伸长范围大于500mm，并具有应力应变图形显示）、冲片机及裁刀 | |
| | | | | 热处理尺寸变化率 | 电热鼓风干燥箱（不小于200℃，精度±2℃）、游标卡尺 | |
| | | | | 低温弯折性 | 低温试验箱（0～-40℃，精度±2℃）、弯折仪、半导体温度计 | |
| 26 | | 氯化聚乙烯防水卷材 | GB 12953—2003 | 外观 | 目测、钢直尺（150mm，最小刻度1mm） | 出厂检验 |
| | | | | 尺寸偏差 | 钢卷尺（0～20m，0～3m，最小刻度1mm）、厚度计（接触面直径6mm，单位面积压力0.02MPa，分度值0.01mm）、读数显微镜（精度0.01mm） | |
| | | | | 拉伸强度（拉力） | 自动拉力试验机（拉力测试值在有效量程范围内1 示值精度1%，伸长范围大于500mm，并具有应力应变图形显示）、冲片机及裁刀 | |
| | | | | 断裂伸长率 | 自动拉力试验机（拉力测试值在有效量程范围内，示值精度1%，伸长范围大于500mm，并具有应力应变图形显示）、冲片机及裁刀 | |
| | | | | 热处理尺寸变化率 | 电热鼓风干燥箱（不小于200℃，精度±2℃）、游标卡尺 | |
| | | | | 低温弯折性 | 低温试验箱（0～-40℃，精度±2℃）、弯折仪、半导体温度计 | |
| 27 | | 热塑性聚烯烃（TPO）防水卷材 | GB 27789—2011 | 外观 | 目测、钢直尺（150mm，最小刻度1mm） | 出厂检验 |
| | | | | 尺寸偏差 | 钢卷尺（0～20m，0～3m，最小刻度1mm）、厚度计（接触面直径6mm，单位面积压力0.02MPa，分度值0.01mm） | |

| 序号 | 产品单元<br>（产品品种） | 依据标准及<br>标准条款 | 检验项目 | 检验设备名称 | 检验<br>类别 |
|---|---|---|---|---|---|
| 27 | 热塑性聚<br>烯烃（TPO）<br>防水卷材 | GB 27789—2011 | 拉伸性能 | 自动拉力试验机（拉力测试值在有效量程<br>范围内，示值精度1%，伸长范围大于<br>500mm，并具有应力应变图形显示）、冲片机<br>及裁刀 | 出厂检验 |
| | | | 热处理尺寸<br>变化率 | 电热鼓风干燥箱（不小于200℃，精度±<br>2℃）、游标卡尺 | |
| | | | 低温弯折性 | 低温试验箱（0～-40℃，精度±2℃）、弯<br>折仪、半导体温度计 | |
| | | | 中间胎基<br>上面树脂层<br>厚度 | 读数显微镜（精度0.01mm） | |
| 28 | 承载防水<br>卷材 | GB/T 21897—2008 | 外观质量 | 目测、钢直尺（150mm，最小刻度1mm） | 出厂检验 |
| | | | 规格尺寸 | 钢卷尺（0～20m，0～3m，最小刻度<br>1mm）、厚度计（接触面直径6mm，单位面积<br>压力0.02MPa，分度值0.01mm）、游标卡尺、<br>读数显微镜（精度0.01mm） | |
| | | | 断裂拉伸<br>强度 | 自动拉力试验机（拉力测试值在有效量程<br>范围内，示值精度1%，伸长范围大于<br>500mm，并具有应力应变图形显示）、冲片机<br>及裁刀 | |
| | | | 拉断伸长率 | 自动拉力试验机（拉力测试值在有效量程<br>范围内，示值精度伸长范围大于500mm，并具<br>有应力应变图形显示）、冲片机及裁刀 | |
| | | | 不透水性能 | 不透水仪（压力0～0.6MPa，精度2.5级三<br>个透水盘，内径92mm，量程≥0.3MPa） | |
| | | | 复合强度 | 自动拉力试验机（拉力测试值在有效量程<br>范围内，示值精度1%，伸长范围大于<br>500mm，并具有应力应变图形显示） | |
| | | | 承载性能中<br>的正拉强度 | 自动拉力试验机（拉力测试值在有效量程<br>范围内，示值精度1%，伸长范围大于<br>500mm，并具有应力应变图形显示）、正拉强<br>度试验模具、水泥标准养护箱 | |
| 29 | 预锚防水<br>卷材塑料类 | GB/T 23457—2009 | 外观 | 目测、钢直尺（150mm，最小刻度1mm） | 出厂检验 |
| | | | 面积 | 钢卷尺（0～20m，0～3m，最小刻度1mm） | |
| | | | 单位面积质量 | 台秤（最小分度值0.2kg） | |
| | | | 厚度 | 厚度计（接触面直径6mm，单位面积压力<br>0.02MPa，分度值0.01mm） | |

| 序号 | 产品单元<br>（产品品种） | 依据标准及<br>标准条款 | 检验项目 | 检验设备名称 | 检验<br>类别 |
|---|---|---|---|---|---|
| 29 | 预锚防水<br>卷材塑料类 | GB/T 23457—2009 | 可溶物含量 | 索氏萃取器（500mL）及加热装置、天平<br>（感量 0.001g） | 出厂<br>检验 |
| | | | 最大拉力 | 自动拉力试验机（拉力测试值在有效量程<br>范围内，示值精度 1%，伸长范围大于<br>500mm，并具有应力应变图形显示） | |
| | | | 断裂伸长率 | 自动拉力试验机（拉力测试值在有效量程<br>范围内，示值精度 1%，伸长范围大于<br>500mm，并具有应力应变图形显示） | |
| | | | 最大拉力时<br>的伸长率 | 自动拉力试验机（拉力测试值在有效量程<br>范围内，示值精度 1%，伸长范围大于<br>500mm，并具有应力应变图形显示） | |
| | | | 撕裂强度 | 自动拉力试验机（拉力测试值在有效量程<br>范围内，示值精度 1%，伸长范围大于<br>500mm，并具有应力应变图形显示）、冲片机<br>及裁刀 | |
| | | | 钉杆撕裂强度 | 自动拉力试验机（拉力测试值在有效量程<br>范围内，示值精度 1%，伸长范围大于<br>500mm，并具有应力应变图形显示）、钉杆撕<br>裂夹具 | |
| | | | 低温弯折性 | 低温试验箱（0～-40℃，精度 ±2℃）、弯<br>折仪、半导体温度计 | |
| | | | 低温柔性 | 低温试验箱（0～-40℃，精度 ±2℃）、机<br>械自动弯曲柔度仪（半径 10mm、12.5mm、<br>15mm、25mm、35mm）、半导体温度计 | |
| | | | 耐热性 | 电热鼓风干燥箱（不小于 200℃，精度<br>±2℃） | |
| | | | 渗油性 | 电热鼓风干燥箱（不小于 200℃，精度<br>±2℃） | |
| | | | 持粘性 | 压辊、<br>持粘性测定仪或秒表 | |
| 30 | 高分子增<br>强复合防水<br>片材 | GB/T 26518—2011 | 外观质量 | 目测、钢直尺（150mm，最小刻度 1mm） | 出厂<br>检验 |
| | | | 规格尺寸 | 钢卷尺（0～20m，0～3m，最小刻度<br>1mm）、厚度计（接触面直径 6mm，单位面积<br>压力 0.02MPa，分度值 0.01mm）、读数显微<br>镜（精度 0.01mm）、游标卡尺 | |
| | | | 常温断裂<br>拉伸强度 | 自动拉力试验机（拉力测试值在有效量程范<br>围内，示值精度 1%，伸长范围大于 500mm，<br>并具有应力应变图形显示）、冲片机及裁刀 | |

续表

| 序号 | 产品单元（产品品种） | 依据标准及标准条款 | 检验项目 | 检验设备名称 | 检验类别 |
|---|---|---|---|---|---|
| 30 | 高分子增强复合防水片材 | GB/T 26518—2011 | 常温拉断伸长率 | 自动拉力试验机（拉力测试值在有效量程范围内，示值精度伸长范围大于500mm，并具有应力应变图形显示）、冲片机及裁刀 | 出厂检验 |
| | | | 撕裂强度 | 自动拉力试验机（拉力测试值在有效量程范围内，示值精度1%，伸长范围大于500mm，并具有应力应变图形显示）、冲片机及裁刀 | |
| | | | 低温弯折 | 低温试验箱（0~-40℃，精度±2℃）、弯折仪、半导体温度计、8倍放大镜 | |
| | | | 不透水性能 | 不透水仪（压力0~0.6MPa，精度2.5级三个透水盘，内径92mm，量程≥0.3MPa） | |
| | | | 复合强度 | 自动拉力试验机（拉力测试值在有效量程范围内，示值精度1%，伸长范围大于500mm，并具有应力应变图形显示） | |
| 31 | 沥青瓦 玻纤胎沥青瓦 | GB/T 20474—2006 | 外观 | 目测、钢直尺（150mm，最小刻度1mm） | 出厂检验 |
| | | | 单位面积质量 | 台秤（最小分度值0.2kg） | |
| | | | 规格尺寸 | 钢卷尺（0~20m，0~3m，最小刻度1mm）、厚度计（接触面直径10mm，单位面积压力0.02MPa，分度值0.01mm） | |
| | | | 可溶物含量 | 索氏萃取器（500mL）及加热装置、天平（感量0.001g） | |
| | | | 最大拉力 | 自动拉力试验机［拉力测试值在有效量程范围内，最小分度值不大于5N，伸长范围：能使夹具间距（200mm）伸长1倍，并具有应力应变图形显示］ | |
| | | | 耐热性 | 电热鼓风干燥箱（不小于200℃，精度±2℃） | |
| | | | 低温柔性 | 低温试验箱（0~-30℃，精度±2℃）、机械目动弯曲柔度仪（半径35mm）、半导体温度计 | |
| | | | 耐钉子拔出性能 | 自动拉力试验机［拉力测试值在有效量程范围内，最小分度值不大于5N，伸长范围：能使夹具间距（200mm）伸长1倍，并具有应力应变图形显示］、耐钉子拔出性能夹持装置 | |

## 7.8　防水卷材企业检验室的考核评定办法

为了提高防水卷材企业检测技术和检验装备的水平、推进检验室取证制度、企业可根据自愿的原则向行业协会申请检验室合格证，经依据《防水卷材企业检验室考核评定办法》审核合格的，由行业协会颁发合格证书，证书有效期三年。

《防水卷材生产企业质量管理规程》JC/T1072—2008 建材行业标准中规定了《防水卷材企业检验室考核评定办法》，此办法对企业检验室组织机构、质量体系、检验能力、人员素质、仪器设备、环境条件和管理制度等方面的要求做出了规定。

对于防水卷材企业检验室的考核和评定应按表 7-6 规定的内容进行。

**表 7-6　防水卷材企业检验室考核评定表**（JC/T 1072—2008）

| 序号和项目 | 考核内容 |
|---|---|
| 一、环境条件 | （1）检验室周围环境没有粉尘、噪音、振动、有害气体及电磁辐射等 |
| | （2）检验室面积、光线、温度、湿度能满足检验工作要求 |
| | （3）与卷材试验无关的仪器设备没有混放 |
| | （4）拉力机、不透水仪等试验过程温度能满足相关标准 |
| | （5）危害健康、安全、环保要求的物品、试剂有管理和措施，并具有停电、停水、防水等应急设施或措施，以保证检验质量 |
| | （6）检验数据结果，有工作环境温度、湿度记录 |
| 二、检验设备 | （1）按现行相关产品标准要求日常检验项目设备配备齐全 |
| | （2）检验用的计量器具有符合检定周期的合格证。检验仪器有符合校准周期的校验证书 |
| | （3）检验室仪器设备有一览表和检定周期表 |
| | （4）有内容完整的仪器设备档案 |
| | （5）有仪器设备使用、维修、管理和计量校准的管理制度 |
| 三、质检部门（检验室）职责和权限 | （1）质检部门有明确职责范围、工作责任明确 |
| | （2）原材料、半成品、成品及生产过程控制工艺参数，有完善的质量记录 |
| | （3）原材料、半成品、成品及生产过程工艺参数有标准或质量控制指标 |
| | （4）按相关标准规定每批出厂产品有齐全的检验记录，没有不合格产品出厂或不符合该型号、规格、等级的产品出厂 |
| | （5）质量数据有按期用科学的数理统计方法进行质量统计和分析总结报告 |
| | （6）为提高产品质量，开展研究、试验工作 |
| | （7）有质量否决权和出厂产品决定权，未出现未经检验部门同意的产品出厂 |
| 四、检验室人员配备 | （1）检验室有各岗位明确分工、岗位清楚、工作明确 |
| | （2）检验室主管（无论如何称谓）、工艺技术人员、检验工的文化水平、职称。检验人员满足产品质量检验要求 |

| 序号和项目 | 考核内容 |
|---|---|
| 五、质量管理制度 | （1）有企业质量管理实施细则 |
| | （2）质量管理体系运行有程序文件 |
| | （3）有岗位责任制和作业指导书 |
| | （4）质量缺陷报告制度 |
| | （5）检验和试验仪器设备、化学试剂的管理制度 |
| | （6）有毒、易燃试剂有专人管理制度 |
| | （7）有技术档案、文件管理制度 |
| | （8）有人员培训和考核制度 |
| | （9）质量检验原始记录、台账、检验报告填写、编制、审核制度 |
| 六、检验室报表管理 | （1）原始记录、台账有统一规范的表格，按规定装订成册，保存期达到五年 |
| | （2）各项检验原始记录、分类台账填写字迹端正、清晰，有涂改的地方加盖修改人印章<br>　　原始记录、台账、检验报告、报表的检验数据要正确使用法定计量单位并注意符号的正确书写，检验数据的有效位数应符合有关规定<br>　　原始记录、台账更改时不得任意涂、描、贴、刮。应执行扛改规定 |
| | （3）有月报、年度质量报表，并按规定的时间及时上报有关部门 |

注：本办法考核项目共 6 项 32 条。

# 附录一　建筑防水卷材标准题录

## 一、基础标准

　　GB 18378—2008　防水沥青与防水卷材术语

　　GB 30184—2013　沥青基防水卷材单位产品能源消耗定额

　　JC/T 1072—2008　防水卷材生产企业质量管理规程

## 二、产品标准

　　GB 326—2007　石油沥青纸胎油毡

　　GB 12952—2011　聚氯乙烯（PVC）防水卷材

　　GB 12953—2003　氯化聚乙烯防水卷材

　　GB/T 14686—2008　石油沥青玻璃纤维胎防水卷材

　　GB 18242—2008　弹性体改性沥青防水卷材

　　GB 18243—2008　塑性体改性沥青防水卷材

　　GB 18173.1—2012　高分子防水材料第 1 部分片材

　　GB 18967—2009　改性沥青聚乙烯胎防水卷材

　　GB/T 20474—2006　玻纤胎沥青瓦

　　GB/T 21897—2008　承载防水卷材

　　GB/T 23260—2009　带自粘层的防水卷材

　　GB 23441—2009　自粘聚合物改性沥青防水卷材

　　GB/T 23457—2009　预铺/湿铺防水卷材

　　GB/T 26518—2011　高分子增强复合防水片材

　　GB 27789—2011　热塑性聚烯烃（TPO）防水卷材

　　JC/T 84—1996　石油沥青玻璃布胎油毡

　　JC 206—1976（1996）　再生胶油毡

　　JC/T 504—2007　铝箔面石油沥青防水卷材

　　JC 505—1992（1996）　煤沥青纸胎油毡

　　JC/T 645—2012　三元丁橡胶防水卷材

　　JC/T 684—1997　氯化聚乙烯—橡胶共混防水卷材

　　JC/T 690—2008　沥青复合胎柔性防水卷材

　　JC 863—2011　高分子防水卷材胶粘剂

　　JC/T 974—2005　道桥用改性沥青防水卷材

　　JC/T 1067—2008　坡屋面用防水材料　聚合物改性沥青防水垫层

　　JC/T 1068—2008　坡屋面用防水材料　自粘聚合物沥青防水垫层

JC/T 1069—2008 沥青基防水卷材用基层处理剂

JC/T 1070—2008 自粘聚合物沥青泛水带

JC/T 1075—2008 种植屋面用耐根穿刺防水卷材

JC/T 1076—2008 胶粉改性沥青玻纤毡与玻纤网格布增强防水卷材

JC/T 1077—2008 胶粉改性沥青玻纤毡与聚乙烯膜增强防水卷材

JC/T 1078—2008 胶粉改性沥青聚酯毡与玻纤网格布增强防水卷材

JC/T 2054—2011 天然钠基膨润土防渗衬垫

JC/T 2112—2012 塑料防护排水板

JT/T 536—2004 路桥用塑性体（APP）沥青防水卷材

JT/T 664—2006 公路工程土工合成材料防水材料

HJ 455—2009 环境标志产品技术要求防水卷材

CJ/T 234—2006 垃圾填埋场用高密度聚乙烯土工膜

CJ/T 276—2008 垃圾填埋场用线性低密度聚乙烯土工膜

CJ/T 430—2013 垃圾填埋场用非织造土工布

JG/T 193—2006 钠基膨润土防水毯

GB/T 494—2010 建筑石油沥青

GB/T 2290—2012 煤沥青

GB/T 15180—2010 重交通道路石油沥青

SH/T 0002—1990 防水防潮沥青

NB/SH/T 0522—2010 道路石油沥青

GB/T 26510—2011 防水用塑性体改性沥青

GB/T 26528—2011 防水用弹性体改性沥青

JC/T 2218—2014 防水卷材沥青技术要求

GB 17987—2000 沥青防水卷材用基胎 聚酯非织造布

GB 18840—2002 沥青防水卷材用胎基

JC/T 841—2007 耐碱玻璃纤维网布

JC/T 1071—2008 沥青瓦用彩砂

GB/T 19208—2008 硫化橡胶粉

GB/T 24138—2009 石油树脂

JC/T 2046—2011 改性沥青防水卷材成套生产设备通用技术要求

三、方法标准

GB/T 328.1—2007 建筑防水卷材试验方法 第 1 部分：沥青和高分子防水卷材 抽样规则

GB/T 328.2—2007 建筑防水卷材试验方法 第 2 部分：沥青防水卷材 外观

GB/T 328.3—2007 建筑防水卷材试验方法 第 3 部分：高分子防水卷材 外观

GB/T 328.4—2007 建筑防水卷材试验方法 第 4 部分：沥青防水卷材 厚度、单位面积质量

GB/T 328.5—2007 建筑防水卷材试验方法 第 5 部分：高分子防水卷材 厚度、单

位面积质量

GB/T 328.6—2007　建筑防水卷材试验方法　第6部分：沥青防水卷材　长度、宽度和平直度

GB/T 328.7—2007　建筑防水卷材试验方法　第7部分：高分子防水卷材　长度、宽度和平直度

GB/T 328.8—2007　建筑防水卷材试验方法　第8部分：沥青防水卷材　拉伸性能

GB/T 328.9—2007　建筑防水卷材试验方法　第9部分：高分子防水卷材　拉伸性能

GB/T 328.10—2007　建筑防水卷材试验方法　第10部分：沥青和高分子防水卷材不透水性

GB/T 328.11—2007　建筑防水卷材试验方法　第11部分：沥青防水卷材　耐热性

GB/T 328.12—2007　建筑防水卷材试验方法　第12部分：沥青防水卷材　尺寸稳定性

GB/T 328.13—2007　建筑防水卷材试验方法　第13部分：高分子防水卷材　尺寸稳定性

GB/T 328.14—2007　建筑防水卷材试验方法　第14部分：沥青防水卷材　低温柔性

GB/T 328.15—2007　建筑防水卷材试验方法　第15部分：高分子防水卷材　低温弯折性

GB/T 328.16—2007　建筑防水卷材试验方法　第16部分：高分子防水卷材耐化学液体（包括水）

GB/T 328.17—2007　建筑防水卷材试验方法　第17部分：沥青防水卷材　矿物料粘附性

GB/T 328.18—2007　建筑防水卷材试验方法　第18部分：沥青防水卷材　撕裂性能（钉杆法）

GB/T 328.19—2007　建筑防水卷材试验方法　第19部分：高分子防水卷材　撕裂性能

GB/T 328.20—2007　建筑防水卷材试验方法　第20部分：沥青防水卷材　接缝剥离性能

GB/T 328.21—2007　建筑防水卷材试验方法　第21部分：高分子防水卷材　接缝剥离性能

GB/T 328.22—2007　建筑防水卷材试验方法　第22部分：沥青防水卷材　接缝剪切性能

GB/T 328.23—2007　建筑防水卷材试验方法　第23部分：高分子防水卷材　接缝剪切性能

GB/T 328.24—2007　建筑防水卷材试验方法　第24部分：沥青和高分子防水卷材抗冲击性能

GB/T 328.25—2007　建筑防水卷材试验方法　第25部分：沥青和高分子防水卷材抗静态荷载

GB/T 328.26—2007　建筑防水卷材试验方法　第26部分：沥青防水卷材　可溶物含

量（浸涂材料含量）

GB/T 328.27—2007　建筑防水卷材试验方法　第 27 部分：沥青和高分子防水卷材吸水性

GB/T 12954.1—2008　建筑胶粘剂试验方法　第 1 部分：陶瓷砖胶粘剂试验方法

GB/T 17146—1997　建筑材料水蒸汽透过性能试验方法

GB/T 18244—2000　建筑防水材料老化试验方法

# 附录二　防水沥青与防水卷材术语<sup>①</sup>

## B

**饱和分　saturants of asphalt**

沥青中熔于低沸点烷烃，吸附于活性氧化铝上，又为低沸点烷烃解吸附，含大量直链烷烃的组分。

**背衬　backing**

固定在高分子防水卷材的底部的合成纤维或无机纤维或其他材料的纺织或无纺布层。

**表面纹理构造　surface texture**

在高分子防水卷材一面或两面，对卷材的影响在有效厚度与全厚度之间不大于0.1mm的一种纹理形式。

**表面凸起结构　surface profile；surface structure**

高分子防水卷材表面规则性高起的区域，对卷材的影响在有效厚度与全厚度之间大于0.1mm。

**丙烷脱沥青　propane deasphalted asphalt**

用丙烷作溶剂从石油渣油中脱除蜡等油分而得到的沥青。

**玻璃纤维薄毡　glass fiber felt base**

将玻璃纤维铺压、并用胶粘剂粘结而制成的、做卷材胎基用的一种无纺织物。

**玻璃纤维毡防水卷材　glass fiber reinforced asphalt sheet**

采用玻璃纤维毡为胎基制成的沥青防水卷材。

**玻纤胎沥青瓦　asphalt shingle made from glass felt**

将玻纤毡为胎基、浸涂沥青并在上表面撒布矿物粒料的防水卷材按规定尺寸切成片状后的产品。

注：包含表面有隔离材料可单层使用的平瓦和施工面外露的部分区域粘合一层或多层沥青瓦的叠瓦。

**玻纤网格复合胎基　felt base with glass fiber net reinforcement**

以玻纤网格布对拉力达不到要求的胎基进行增强而组成的一种复合胎基材料。

**剥离区　peel off area**

屋面接缝处，柔性防水层应变量最大，最易剥离和断裂的区域。

**薄膜烘箱　thin film oven（TFO）**

检测沥青加热损失和热老化的仪器。

---

① 摘自　GB/T 18378—2008

**不透水性　water impermeability**

防水材料在一定动水压下抵抗水渗透的能力，以试验时的水压和持续时间表示。

## C

**残留沥青　straight-run asphalt**

参见直馏沥青。

**催化氧化沥青　catalytic oxidized asphalt**

在氧化沥青制得过程中加入催化剂并改变一定的工艺参数而制得的沥青。

## D

**带孔油毡　perforated asphal felt**

毡面按照规定的孔径和孔距打孔的沥青防水卷材。此类油毡用于点粘法施工的中间层。

**单层屋面　single-ply roof**

防水材料为一层的屋面防水系统。

**道路石油沥青　pavingasphal；road bitumen**

主要用于道路工程的沥青。

**倒置式屋面　surface insulating roof；up-side down roof**

绝热材料层铺盖在防水层之上的屋面。

**等黏温度　equal viscosity temperature（E. V. T）**

热熔沥青材料具有最佳涂布、施工黏度状态时的温度区间。

**地沥青　asphalt**

天然沥青和石油沥青的总称。

**低温柔性　low temperature fleexibility**

防水卷材或片状沥青试样在指定低温条件下经受弯曲时的柔韧性能。以℃表示。

**点粘法　point adhesion method**

卷材与基层做有规律点状粘结的施工法。

**叠层屋面　built-up roof**

以热沥青粘结，铺设两层以上沥青防水卷材的屋面防水系统。

**丁苯橡胶改性沥青　SBR modified asphalt**

以丁苯橡胶为改性剂制得的改性沥青。

**钉杆撕裂强度　tear strength by nail shank**

在一定温度下，以钉杆穿过防水卷材试件进行拉力试验所测得的破坏拉力。

**断裂延伸率　elongation at break**

防水材料受拉伸至断裂时伸长增量与原长之比的百分数。

## E

**恩氏黏度 Engler viscosity**
一定体积的液体在某温度下从规定直径的孔中流出的时间，与20℃时同体积的水流出的时间之比。

## F

**防水层 waterproof layer**
具有防水功能的材料层。

**防水基层 base 1ayer；substrate**
经过找平处理后待施工防水层的表面，可简称基层。

**防水卷材 waterproot sheet；roll**
可卷曲成卷状的柔性防水材料。

**芳香分 aromatics of asphalt**
沥青中可溶于低沸点烷烃，吸附于活性氧化铝上，可为甲苯解吸附的含大量芳香烃的组分。

**废橡胶粉改性沥青 crumb rubbe moditied asphalt**
以废橡胶粉为主要为改性剂制得的沥青。

**废橡胶粉改性沥青防水卷材 crumb rubber modified asphalt sheet**
用废橡胶粉改性沥青作浸涂材料制成的沥青防水卷材。

**粉毡 powder surfaced asphalt felt**
以粉状矿质材料为隔离材料的沥青防水卷材。

**复合油毡 composite malthoid**
由两种或两种以上不同种类的油毡叠合成的防水卷材。

**弗拉斯脆点 Fraas burstinhg point**
以弗拉斯脆点仪器测定的沥青由黏弹性体转变为脆性体的温度点。

**覆面材料 surfacing**
防止油毡在贮运过程中，相互粘结而覆盖在油毡表面的材料，又称隔离材料。

## G

**改性沥青 modfied asphalt**
在沥青中均匀混入橡胶、合成树脂等分子量大于沥青本身分子量的有机高分子聚合物而制得的混合物。

**改性沥青防水卷材 modified asphalt sheet**
用改性沥青作浸涂材料制成的沥青防水卷材。

**改性沥青相容性 compatibility of modified asphalt**
沥青与改性材料的共混体在易施工黏度的温度下可以稳定存在的性能。

**改性沥青研磨机 modifieda sphalt mill**

利用静磨头与动磨头之间的高剪切力，以直接混溶法将改性材料均匀分散在沥青中的密闭型合设备，又称胶体磨。

**APP（APAO）改性沥青　APP（APAO）modified asphalt**

以无规聚丙烯（或无规聚烯烃）为改性剂制得的一种塑性体改性沥青。

**APP改性沥青防水卷材**

参见塑性体改性沥青防水卷材。

**SBS改性沥青　SBS modified asphalt**

以热塑性苯乙烯－丁二烯－苯乙烯嵌段聚合物为改性剂制得的一种弹性体改性沥青。

SBS改性沥青防水卷材，参见弹性体改性沥青防水卷材。

**高分子防水卷材　high polymer waterproof sheet**

以合成橡胶、合成树脂或两者共混为基料，加入适量助剂和填料，经混炼压延或挤出等工序加工而成的防水卷材，可制成增强或不增强的。

**隔离纸　release paper**

为防止自粘结油毡在成卷和贮运时相互粘结而在表面贴的、有隔离作用的纸或薄膜。

**疙瘩　pimple**

卷材表面的不规则凸起，其下没有空穴。

## H

**合成纤维胎基　synthetic fabric base**

以合成纤维为原材料制成的作油毡胎基用的布或毡。

**湖沥青　lake asphalt**

由地表天然形成的沥青湖中取得的沥青，属天然沥青。

**划线油毡　line marked asphalt felt**

毡面按规定的距离划有线条的沥青防水卷材。

**环烷基沥青　naphthenic base asphalt**

由环烷基原油分馏出的沥青。

注：其一般含蜡量（质量分数）小于3%。

**混合沥青　pitch-asphalt**

石油沥青与煤焦油或煤沥青掺配制得的沥青。

**混合基沥青　mixed base asphalt**

由混合基原油分馏出的沥青。

注：其含蜡量介于石蜡基沥青和环烷基沥青之间，一般为3%~5%（质量分数）。

## J

**加热损失　heating loss**

以测定沥青加热后质量损失率表示的老化指标。

**建筑石油沥青　asphalt used in roofing；bitumen for building**

**建筑沥青**

主要用于建筑防水工程的沥青。

**机械固定法　mechanical fastening method**

以螺栓等机械固定件将防水卷材固定在屋面基层上的施工方法。

**焦油　tar**

由煤、油页岩、木材等有机物干馏过程中挥发的组分冷凝后得到的黏稠液体状混合物。

**焦油沥青　pitch**

焦油分馏后的残留物。其芳香烃含量多于地沥青，常温下呈固态或半固态，俗称柏油。

**金属箔防水卷材　metal foil surfaced asphalt sheet**

表面贴有金属箔的、或以金属箔为胎基所制成的沥青防水卷材。

**浸涂材料含量　impregnated and coated asphalt amount**

参见可溶物含量。

**浸渍材料　impregnating**

油毡生产过程中浸胎基用的沥青或改性沥青材料的总称。

**聚合物乳液防水涂料　emulsified polymer waterproof coating**

以水为连续相，将聚合物成膜物质分散在水中的、水包油型（O/W）防水涂料。

**聚氯乙烯防水卷材　polyvinyl chloride shet；PVC sheet**

以聚氯乙烯为基料，加入添加剂之后制得的一种塑料防水卷材。

**聚乙烯改性沥青　PE modified asphalt**

以聚乙烯为主要为改性剂制得的沥青。

**聚酯毡防水卷材　polyester fabric reinforced asphalt sheet**

采用聚酯纤维毡为胎基制成的沥青防水卷材。

**卷材长边　long edge of sheet**

与卷材的卷取方向平行的卷材边缘，即纵边。

**卷材短边　short edge of sheet**

与卷材的卷取方向垂直的卷材边缘，即横边。

**卷材上表面　top surface**

施工和应用时，卷材朝上的暴露面。

# K

**可溶质　maltene；petrolene**

沥青中溶于低沸点烷烃的组分，又称软沥青质。

**可溶物含量　dissoluble composite of membrane**

**浸涂材料含量　impewfnated and coated asphalt amount**

单位面积沥青防水卷材中可被四氯化碳等溶剂溶出的材料的质量，以 $g/m^2$ 表示。

**空铺法　ballasted method；loose-laid method**

卷材与基层仅在四周边缘处粘结的施工法。

**孔洞　hole**

贯穿卷材的整个厚度，能漏过水的穿孔。

**矿物乳化沥青　mineral powder asphalt emulsion**

以石棉、凹凸棒土、膨润土等矿物粉料为乳化剂制得的乳化沥青。

## L

**拉力　tensile strength**

在一定温度下，规定尺寸的防水卷材试件被拉断所需的力。

**蜡组分　wax composition**

沥青或渣油在冷冻时可结晶析出的、熔点在25℃以上的烃类。

**冷胶粘剂　cold adhesives**

常温下涂刷施工的、具有粘结功能的材料。

**冷粘法　cold adhesion method**

以冷胶粘剂将卷材粘于基层上的施工方法。

**冷底子油　cold primer oil**

涂刷于防水基层表面，以改善基层与卷材粘结性的沥青涂料。

**沥青　bitumen**

由高分子碳氢化合物及其衍生物组成的、黑色或深褐色、不溶于水而几乎全溶于二硫化碳的一种非晶态有机材料。分地沥青和焦油沥青两大类。

**沥青矿　asphalite**

由地下开采得到的一种天然沥青。

**沥青标准黏度计　bituminous viscometer**

计算某温度下一定体积的沥青从规定直径的孔中流过的时间，以此方式测沥青黏度的仪器。

**沥青防水卷材　bituminous sheet；asphalt sheet**

以沥青为主要浸涂材料所制成的卷材，分有胎卷材和无胎卷材两大类。

**沥青基防水涂料　asphaltic base waterproof coating**

以沥青为主要成分配制而成的水乳型或溶剂型防水涂料。

**沥青玛琋脂　asphalt masic**

一种以细粉或细纤维为填料的热溶型沥青胶粘剂。

**沥青溶解度　solubility of asphalt**

沥青在指定有机溶剂内完全溶解的部分与其初始质量之比的百分数。

**沥青酸　asphaltic acids**

沥青中游离的有机酸。

**沥青酸酐　asphaltic anhydrides**

沥青中固有的游离酸酐。

**沥青波形　corrugated bitumen sheets；bituminous tile；asphalt tile**

以沥青为粘结料和涂盖料，以纤维类材料为增强层制得的用于防水的波形瓦。

**沥青玻纤瓦**

参见玻纤胎沥青瓦。

**沥青质 asphaltene**

沥青中分子量最大，能溶于苯、二硫化碳，不熔于低沸点烷烃（如正庚烷）的组分。

**裂缝 crack**

裂纹从表面扩展到材料胎基或整个厚度，材料会在裂缝处完全断开。

**裂化沥青 cracked asphalt**

渣油经裂化工艺制取的沥青。

**裂化渣油 cracked residuum**

直馏渣油经裂化工艺提取轻质组分后所残留的重组分。

**留边 selvedge**

防水卷材表面预留的无矿物颗粒区域，或类似的帮助重叠粘合的表面层。

**裸露斑 nacked spots**

矿物粒料卷材表面的面积大于 $100mm^2$ 的无矿物粒料覆盖面。

## M

**煤沥青 coal pitch**

由煤焦油蒸馏后的残留物制取的焦油沥青。

**煤沥青纸胎油毡 paper base coal pitch felt**

用低软化点煤沥青浸渍原纸，然后用高软化点煤沥青涂盖油纸两面，再涂刷或撒布隔离材料所制成的一种纸胎沥青防水卷材。

**满粘法 fully-adhere method；complete adhesion method**

卷材与基层的全部面积粘结的施工法。

**密实的纤维背衬 substantial fibrous backing**

固定在高分子防水卷材底部，单位面积质量大于 $80g/m^2$ 的一层合成纤维纺织或无纺布。

**明显的表面纹理构造 pronounced surfacetexture**

在高分子防水卷材的一面或两面，影响卷材的厚度大于10%的一种构造形式或凸起。

## N

**耐热性 heat resistance**

在规定的时间内防水卷材经受持续规定高温不发生变化的能力，以℃表示。

**黏稠沥青 asphalt cement**

常温下为固态或半固态的沥青，又称低标号沥青。

## P

**疲劳试验 fatigue test**

323

防水材料在外力作用下反复变形至破坏的试验。

**片毡　flake surfaced asphaltfelt**

以片状矿物材料为隔离材料的沥青防水卷材。

**平整度　natness**

卷材展开在平面上，卷材表面最高处与平面的偏离程度。

**平直度　straightness**

卷材纵向与直线的偏离程度。

## Q

**气泡　blister**

卷材表面的不规则凸起，其下有空穴。

**汽提沥青　steam refined asphalt**

**蒸馏沥青**

在渣油或直蒸馏沥青中通入过热蒸汽进行汽提，以改善其技术性能而制得的沥青。

**全厚度　overall thickness**

卷材的厚度，包括任何表面结构。

## R

**燃点　fire point**

按闪点试验法，液面气体与空气混合物与火焰接触后可以稳定燃烧5s的最低温度。

**热风焊接法　hot blast weld method**

用热空气焊枪进行防水卷材粘合搭接的方法。

**热老化试验　heating aging test**

在规定条件下比较加热前和加热后沥青主要性能指标变化的老化试验法。

**热熔防水卷材　torch-applied asphalt sheet**

用热熔法施工的沥青防水卷材。

**热熔胶粘剂　heat-melting adhesives**

需加热熔化施工的、冷却后仍具有粘结功能的材料。

**热熔法　torch-applied method**

将防水卷材底层加热熔化后与基层或卷材之间粘结的施工方法。

**热粘法　hot adhesion method**

以热熔胶粘剂将卷材与基层相粘的施工方法。

**热塑性聚烯烃防水卷材　thermoplastic polyolefin sheet；flexile polyolefin sheet**

**TPO 防水卷材　TPO sheet**

两种以上热塑性聚烯烃共聚或共混制得的、可以热焊接施工的一种高分子防水卷材，又称柔性聚烯烃防水卷材。

**热塑性弹性体　thmoplastic elastomers**

具有热塑性的，又在常温下呈硫化橡胶弹性性质的高分子聚合物。

**溶剂混溶法 sohent mixing method**

用溶剂将改性材料溶化或溶胀后与沥青混合的改性沥青加工工艺。

**乳化沥青 emulsmed asphalt**

利用乳化剂使沥青微滴均匀分散在水中而形成的水包油型（O/W）乳液。

**乳化剂 emulsifiwer**

能降低沥青与水面的界面张力，从而使沥青可均匀分散在水中形成乳液的表面活性剂。

**软化点 sonening point**

温度升高时，固态或半固态沥青变为黏流态的温度，可用环球法测定。

**软化区间 softening range**

沥青的软化点与硬化点之间的温度区间。

## S

**砂面防水卷材 sand surhced asphalt sheet**

以砂为隔离材料的沥青防水卷材。

**闪点 flash point**

液面气体与空气的混合物在规定火焰掠过时瞬闪蓝光但不燃的最低温度，以开口杯法测定。

**三元乙丙防水卷材 ethylene-propylene-diene monomer rubber sheet；EPDM sheet**

以三元的乙烯–丙烯嵌段共聚橡胶为基料制得的一种橡胶防水卷材。

**石蜡基沥青 paraffinic base asphalt**

由石蜡基原油分馏出的、蜡含量较高的石油沥青。

注：其蜡含量（质量分数）一般大于5%。

**石油沥青 petroleum asphalt**

由提炼石油的残留物制得的沥青，其中包含石油中所有的重组分。

**石油沥青油纸 asphalt saturated paper**

采用低软化点石油沥青浸渍原纸所制成的一种无涂盖层的纸胎防潮材料。

**石油沥青纸胎油毡 paper base asphalyt felt**

用低软化点石油沥青浸渍原纸，然后用高软化点石油沥青涂盖油纸两面，再涂刷或撒布隔离材料所制成的纸胎沥青防水卷材。

**使用寿命 servie life**

无机械外力条件下防水材料保持其使用功能的期限。

**树脂质 resin of asphalt**

沥青中能熔于低沸点烷烃，吸附于活性氧化铝上，可为苯–乙醇解吸附的组分，又称胶质。

**撕裂强度 tear strength**

在一定温度下，侧面有直角形切口的、规定尺寸的防水卷材试件被拉断所需的力。

**似碳质 carboids**

沥青或焦油中不溶于溶剂的组分，其中大部分为碳。

**塑料防水卷材　plastic waterproof sheet**

以合成树脂为基料，加入增塑剂、稳定剂、填料等添加剂，用压延或挤出成型方法加工而成的防水卷材。

**塑性体改性沥青防水卷材　atactic polypropylene（APP）modified asphalt sheet**

**APP 改性沥青防水卷材**

用无规聚丙烯（APP）、无规聚烯烃（APAO）类材料改性的沥青作浸涂材料制成的沥青防水卷材。

**塑性体改性沥青　plastomer modified asphalt**

沥青与塑料类非弹性材料混溶而得到的混合物。

**酸渣沥青　acid-sludge asphalt**

**酸洗沥青**

石油产品经酸洗精制后所剩余的、带酸渣的沥青。

**酸值　acid content**

中和单位重量沥青中的沥青酸及沥青酸酐所用氢氧化钾的量，以 mg/g 表示。

T

**胎基材料　base materials；**

**增强材料　reinforcement material**

用于防水卷材中，作为增强层的材料。

**弹性体改性沥青　elastomer modified asphalt**

沥青与橡胶类弹性体混溶而得到的混合物。

**弹性体改性沥青防水卷材　styrene butadiene styrene（SBS）modified asphalt sheet**

**SBS 改性沥青防水卷材**

以热塑发性苯乙烯－丁二烯－苯乙烯嵌段聚合物（SBS）类材料改性的沥青作浸涂材料制成的沥青防水卷材。

**天然沥青　blended asphalt**

由地表或岩石中直接采集、提炼加工后得到的沥青。

**调配沥青　blended asphalt**

以改善技术性能为目的，将不同的石油馏分与沥青混合后调制的沥青。

**条粘法　stripy adhesion method**

卷材与基层仅做条带状粘结的施工法。

**涂盖材料　coating**

油毡生产过程中涂盖工序用的、加入填充料的沥青或改性沥青材料的总称。

W

**无机纤维胎基　mineral fabric base**

以无机纤维为原材料制成的作油毡胎基的布或毡。

**无胎沥青防水卷材 non-reinforced asphalt sheet**

以橡胶或树脂、沥青、各种配合剂和填料为原料，经热熔混合后成型而制成的无胎基的防水卷材。

## X

**稀释沥青 cutback asphalt**

以稀释剂降低沥青黏度而制得的液态沥青，又称轻制沥青。

**吸水性 water absorption**

油毡的吸水能力。以在规定的试验条件下防水材料浸泡在水中时吸水质量的百分率表示。

**氙灯老化 Xenon lamp aging**

沥青在氙灯老化仪中按要求周期进行的人工加速老化。

**橡胶防水卷材 rubber waterproof sheet**

以橡胶或热塑性弹性体为基料，加入增塑剂、防老剂、硫化剂、填料等添加剂，用压延或挤出成型方法加工而成的防水卷材。

**橡塑防水卷材 rubber plastic waterproof sheet**

以橡胶、合成树脂为基料，加入填料、增塑剂、硫化剂、防老剂、稳定剂等添加剂，用压延或挤出成型方法加工而成的防水卷材。

**蓄水屋面系统 hydrostatic roof system**

可在盛有一定量水的条件下长期使用的屋面防水系统。

## Y

**氧化沥青 oxidized asphalt**

在加热的直馏沥青或渣油中鼓入空气，使其氧化缩聚而制得的沥青。

**阳离子乳化剂 cationic emulsifier**

能在水中电离，生成憎水性阳离子基团的表面活性剂。

**阳离子乳化沥青 cationic emulsmed asphalt**

用阳离子型乳化剂为助剂制得的乳化沥青。

**岩沥青 rock asphalt**

由含沥青的多孔性岩石中取得的沥青，属天然沥青。

**延度 ductility**

沥青在一定试验条件下可被拉伸的最大长度，以 cm 表示。

**液化点 liquidizing point**

沥青由半固态转化为液体，从液化点仪测出的温度。

**页岩沥青 shale pitch**

由页岩焦油蒸馏后的残留物制取的焦沥青。

**阴离子乳化沥青 anionic emulsfied asphalt**

用阴离子型乳化剂为助剂制得的乳化沥青。

**阴离子乳化剂　anionic emulsfier**

能在水中电离，生成憎水性阴离子基团的表面活性剂。

**乙烯－醋酸乙烯聚合物防水卷材　etylene-vinyl acetate copolymer sheet；EVA sheet**

以乙烯－醋酸乙烯共聚物为基料，加入添加剂之后制得的一种塑料防水卷材。

**硬化点　hardening point**

沥青针入度 1～2 时的温度。

**有胎沥青防水卷材　reinforced asphalt sheet**

以原纸、纤维毡、纤维布、金属箔、塑料膜等材料中的一种或数种复合为胎基，浸涂沥青、改性沥青或改性焦油，并用隔离材料覆盖其表面所制成的防水卷材。

**有效厚度　effective thickness**

卷材提供防水功能的厚度，包括表面纹理构造，不包括表面结构和背衬。

**油毡　felt**

以原纸为胎基增强材料、以沥青为浸涂材料所制成的防水卷材。

注：包含石油沥青纸胎油毡（3.6）和煤沥青纸胎油毡（3.7）两类产品。

**油毡原纸　paper felt base**

以有机纤维为原材料制成的、符合相应标准的油毡胎基用纸。

## Z

**再生橡胶改性沥青　reclaimed rubber modified asphalt**

以再生橡胶为主要为改性剂制得的沥青。

**针入度　penetration**

在规定条件下，用标准针垂直刺入沥青的深度，以 1/10mm 表示。

**针入度指数　penetration index**

衡量沥青感温性的指标，以针入度及软化点组成的函数表示。

**蒸馏沥青**

参见汽提沥青。

**增强材料　reinforcement material**

参见胎基材料。

**直接混溶法　direct blending method**

用加热和高剪切力搅拌的方式将改性材料与沥青混合的改性沥青加工工艺。

**直馏渣油　straight-run residuum**

以蒸馏方式将石油中较低沸点的组分馏出后所残留的重组分。

**直馏沥青　straight-run asphalt**

**残留沥青**

原油直接蒸馏后所得的沥青。

**组分分析法　component analysis**

用选择性溶剂及吸附法对沥青的化学成分分类分析的方法，又称组成分析法。

**阻燃防水卷材　fire-retardant asphalt sheet**

延迟着火并具有自熄性的防水卷材。

**自粘法　self-adhesion method**

将具有压敏粘结功能的卷材直接压粘到基层上的施工方法。

**自粘防水卷材　self-adhesive asphalt sheet**

具有压敏粘结性能的改性沥青防水卷材。

**紫外线老化　ultravioiet ray aging**

沥青在紫外线老化仪中按要求周期进行的人工加速老化。

**中间织物　internal fabric**

在卷材中间的合成纤维和无机纤维的纺织或无纺布层，可具有增强或其他功能。

**种植屋面系统　green roof system；planted roof system**

长期有植物生长的屋面防水系统。

# 主要参考文献

[1] 中国建筑防水材料工业协会. 建筑防水手册 [M]. 北京：中国建筑工业出版社，2001.

[2] 王朝熙. 简明防水工程手册 [M]. 北京：中国建筑工业出版社，1999.

[3] 谢忠麟，杨敏芳. 橡胶制品实用配方大全 [M]. 北京：化学工业出版社，1999.

[4] 刘庆普. 建筑防水和堵漏 [M]. 北京：化学工业出版社，2002

[5] 张树培. 沥青防水卷材生产 [M]. 北京：中国建筑工业出版社，1986.

[6] 张德勤. 石油沥青的生产与应用 [M]. 北京：石化出版社，2001.

[7] 纪奎江. 实用橡胶制品生产技术 [M]. 北京：化学工业出版社，1991.

[8] 徐定宇，张英，张文芝. 塑料橡胶配方技术手册 [M]. 北京：化学工业出版社，2002.

[9] 陈长明，刘程. 化学建筑材料手册 [M]. 南昌：江西科学技术出版社，1997.

[10] 陈惠敏. 石油沥青产品手册 [M]. 北京：石油工业出版社，2001.

[11] 虎增福. 乳化沥青及稀浆封层技术 [M]. 北京：人民交通出版社，2001

[12] 王璐. 建筑用塑料制品与加工 [M]. 北京：科学技术文献出版社，2003.

[13] 黄晓明，吴少鹏，赵永利. 沥青与沥青混合料 [M]. 南京：东南大学出版社，2002.

[14] 张书香，隋同波，王惠忠. 化学建材生产及应用 [M]. 北京：化学工业出版社，2002.

[15] 张智强，杨斧钟，陈明凤. 化学建材 [M]. 重庆：重庆大学出版社，2000

[16] 本书编委会. 建筑工程防水设计与施工手册 [M]. 北京：中国建筑工业出版社，1999.

[17] 叶琳昌. 防水工手册 [M]. 第二版. 北京：中国建筑工业出版社，2001.

[18] 朱馥林. 建筑防水新材料及防水施工新技术 [M]. 北京：中国建筑工业出版社，1997.

[19] 邓钚印. 建筑工程防水材料手册 [M]. 第二版. 北京：中国建筑工业出版社，2001.

[20] 金孝权，杨承忠. 建筑防水 [M]. 第二版. 南京：东南大学出版社，1998.

[21] 赵德仁. 高聚物合成工艺学 [M]. 北京：化学工业出版社，1991.

[22] 张玉龙，颜祥平. 塑料配方与制备手册 [M]，第二版. 北京：化学工业出版社，2010.

[23] 张玉龙，张永侠. 塑料挤出成型工艺与实例 [M]. 北京：化学工业出版社，2011.

[24] 梁星宇，周木英. 橡胶工业手册 [M]. 第三分册，修订版. 北京：化学工业出版社，1992.

[25] 林孔勇，金晟娟、梁星宇. 橡胶工业手册 [M]，第六分册修订版. 北京：化学工业出版社，1993.

[26] 本书编委会. 建筑施工手册 [M]，缩印本第二版. 北京：中国建筑工业出版社，1999.

[27] 上海市建设工程质量监督总站. 上海市工程建设监督研究会. 建筑安装工程质量工程师手册 [M].
上海：上海科学技术文献出版社，2001.

[28] 孙加保. 新编建筑施工工程师手册 [M]. 哈尔滨：黑龙江科学技术出版社，2000.

[29] 沈春林，杨军，苏立荣，李芳. 建筑防水卷材 [M]. 北京：化学工业出版社，2004.

[30] 沈春林. 防水堵漏工程技术手册 [M]. 北京：中国建材工业出版社，2010.

[31] 沈春林. 化学建材配方手册 [M]. 北京：化学工业出版社，1999.

[32] 国家质量监督检验检疫总局. 建筑防水卷材产品生产许可证实施细则（x）XK08—005. 2011.

[33] 国家建材局苏州非金属矿工业设计研究院防水材料设计研究所. 聚合物改性沥青防水卷材工艺说
明书. 2010.

[34] 刘罗庆，居云龙，魏东武. 无碱玻纤胎的特性及应用 [J]. 新型建筑材料，2000（1）.

[35] 朱志远. 改性沥青防水卷材胎体浅淡 [J]. 中国建筑防水，2000（6）.

[36] 姜瑞明. 改性沥青卷材用长纤和短纤聚脂胎的比较及其应用评价 [J]. 中国建筑防水 2002（6）.

［37］刘尚乐．沥青防水材料基础知识［J］．中国建筑防水材料，1985（2）．

［38］刘尚乐．乳化沥青［J］．中国建筑防水材料，1985（4）．

［39］刘尚乐．高聚物改性沥青材料［J］．中国建筑防水材料，1985（3）．

［40］北京市建筑材料工业设计研究院．国家级重点新技术推广示范项目——年产500万 m² 改性沥青防水卷材生产技术装备示范线成套技术装备的研制［J］．中国建筑防水，2000（2）．

［41］秦雪晨，于庆展，刘裕宏．SH—高固改性沥青胶的研究［J］．中国建筑防水，2000（5）．

［42］赵荣芝，李晓溪．彩色氯磺化聚乙烯硫化增强型防水卷材［J］．中国建筑防水，2001（2）．

［43］秦雪晨，秦晓辉，秦晓博．沥青聚合物反应改性自粘防水卷材的研制［J］．中国建筑防水，2001（5）．

［44］柴景超．高耐热塑性体复合改性沥青防水卷材的研制［J］．中国建筑防水，2001（3）．

［45］邹德荣，徐宇．三元乙丙橡胶基防水材料的研制［J］．中国建筑防水，2002（1）．

［46］孟志强，许群．三元乙丙橡胶防水卷材［J］．中国建筑防水，1996（5）．

［47］朝喜忠，李明，邢雨微．压延成型与挤出成型橡胶防水卷材生产方法比较［J］．中国建筑防水，2001（6）．

［48］孔宪明，王陆．沥青油毡瓦的各称及其在中国的应用［J］．中国建筑防水，2002（4）．

［49］杨斌．沥青油毡瓦国内外标准对比分析［J］．中国建筑防水，2002（3）．

［50］朱银龙．多彩玻璃纤维油毡瓦屋面材料［J］．建材产品与应用，2002（3）．

［51］瞿建民，乐子伟．彩色沥青瓦的研制和开发［J］．中国建筑防水，2002（3）．

［52］矫恒尧．连续辊切式油毡瓦生产线的开发［J］．中国建筑防水，2002（4）．

［53］王德才．天然彩砂油毡瓦的生产与施工［J］．中国建筑防水，2002（3）．

［54］袁大伟．关于沥青油毡的思考［J］．中国建筑防水，2003（7）．

［55］历绍俊．铝锡锑合金防水卷材［J］．新型建筑材料，2000（11）．

［56］历绍俊．铅锡合金防水卷材的应用［J］．建筑防水动态，2003（4）．

［57］余剑英，王幼平．金属橡胶复合屋面卷材的开发［J］．建筑工程防水，1998（4）．

［58］周鸿明，黄建国，顾涛．金属防水毡在旧屋面维修中的应用［J］．中国建筑防水，2001（1）．

［59］于继光．柔性聚合物水泥防水卷材［J］．中国建筑防水材料工业协会：中国防水技术与市场研讨会论文集．2000．

［60］夏冬．柔性聚合物水泥防水卷材［J］．新型建筑材料，2002（2）．

［61］陈建华，张广彬，尚华胜．自粘聚合物改性沥青聚酯胎防水卷材的研制［J］．石油沥青，2007，21（2）．

［62］曹乃明．自粘型橡胶沥青防水卷材［J］．建筑工人，2007（2）．

［63］杜勇，王颖，仝保云，田金凯．浅淡自粘橡胶沥青防水卷材黏结层的配方设计思想［J］．中国建筑防水，2003（2）．

［64］许渊．自粘橡胶沥青防水卷材的研究［J］．中国建筑防水，2003（6）．

［65］孙彤彤．我国聚丙烯土工布的生产应用及发展前景．非织造布，2001，9（4）．

［66］蒋少军，李雪雁，王弟．机织土工布的性能和生产技术非织造布，2007，15（3）．

［67］郑宁来．丙纶土工布的生产现状与应用［J］．新型建筑材料，2001（8）．

［68］蒋少军．机织土工布［J］．江苏纺织，2002（12）．

［69］刘健，魏赛男，刘超颖．浅淡土工布的发展现状［J］．天津纺织科技，2006（1）．

［70］熊葳．非织造土工布的发展和应用［J］．轻纺工业与技术，2010.39（4）．

［71］计冰．浅析土工膜及土工布施工［J］．中国科技博览，2010（36）．

［72］张喜新，冯红卫．土工布施工技术的研究［J］．中国经贸，2010（10）．

**中国建材工业出版社**
**China Building Materials Press**

我们提供

图书出版、图书广告宣传、企业/个人定向出版、设计业务、企业内刊等外包、
代选代购图书、团体用书、会议、培训，其他深度合作等优质高效服务。

| 编辑部 | 宣传推广 | 出版咨询 | 图书销售 | 设计业务 |
| --- | --- | --- | --- | --- |
| 010-88385207 | 010-68361706 | 010-68343948 | 010-88386906 | 010-68361706 |

邮箱：jccbs-zbs@163.com    网址：www.jccbs.com.cn

发展出版传媒　　服务经济建设

传播科技进步　　满足社会需求

# 见证历史·竞逐未来

越 球 防 水

- ○ 非固化橡胶沥青防水涂料
- ○ SBS弹性体改性沥青防水卷材
- ○ APP塑性体改性沥青防水卷材
- ○ 沥青复合胎柔性防水卷材
- ○ 自粘聚合物改性沥青聚酯胎防水卷材

---

**苏州市越球建筑防水材料有限公司**

地址：江苏省吴江市七都镇心田湾工业区
电话：0512-63803780　　63818780
传真：0512-63817780

**安庆越球建筑防水材料有限公司**

地址：安徽省安庆市怀宁县黄墩镇工业区
电话：0556-4994899
传真：0556-4994899

# 盘锦禹王防水建材集团
## Panjin Yuwang Waterproof Building Material Group

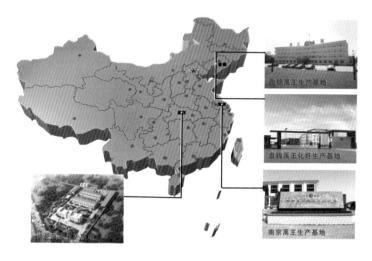

盘锦禹王生产基地

盘锦禹王化纤生产基地

南京禹王生产基地

**成立时间**：1985年
**注册资金**：1.0亿元
**总占地面积**：50万平方米
**生产装置**：7条改性沥青卷材生产线
　　　　　　　6套宽幅高分子生产装置
　　　　　　　9万吨涂料生产装置
　　　　　　　12套化纤产品生产装置
**生产能力**：沥青基卷材6000万平米/年
　　　　　　　高分子片材2400万平方米/年
　　　　　　　沥青瓦1000万平方米/年
　　　　　　　防水涂料9万吨/年
　　　　　　　聚酯无纺布2万吨/年
**施工资质**：建筑防水施工二级资质
　　　　　　　防腐保温施工三级资质
　　　　　　　特种防渗工程专业施工资质
**品质认证**：中国环境标志产品认证

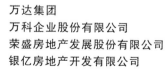

海南美兰机场隧道

首都机场

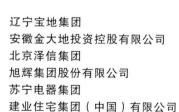

南京地铁

## 战略合作伙伴

万达集团
万科企业股份有限公司
荣盛房地产发展股份有限公司
银亿房地产开发有限公司

辽宁宝地集团
安徽金大地投资控股有限公司
北京泽信集团
旭辉集团股份有限公司
苏宁电器集团
建业住宅集团（中国）有限公司

隆基泰和实业有限公司
杭州绿城房产
辽宁兴隆大家庭商业集团
中国石油化工集团
中粮集团
中国石化集团

# 30载历程　底蕴深厚　品行百年

盘锦禹王防水建材集团
Http://www.yuwang.com.cn

全国免费服务热线：4000-88-9999
E-mail:yw@yuwang.com.cn

扫描
关注
禹微
王信

# CORPORATE
# PROFILE
# 公司简介

**专注　专业　创新**
**成就卓越客户价值**

　　春夏秋冬防水保温有限公司（以下简称"春夏秋冬"）专注于防水和保温材料的研发、生产和销售，致力于成为中国领先的建筑防水保温材料供应商和防水保温增值服务方案提供商，成为客户可信赖的防水保温工程合作伙伴。

　　"春夏秋冬"的产品包括三大类、数十个品种。"春夏秋冬"通过了ISO9001：2000质量管理体系及ISO14001：2004环境管理体系等众多专业认证。目前，"春夏秋冬"的防水材料采用世界先进水平的美国R&D公司自粘沥青防水卷材生产线，年产SBS、APP、自粘等各类防水卷材2000万平方米，环保防水涂料生产线生产，年产聚氨酯系列、水泥基系列、沥青系列等防水涂料2万吨。"春夏秋冬"科学的防水保温一体化增值服务解决方案及可靠的系统防水材料赢得了社会、用户的高度认可。

　　"春夏秋冬"鼎力构建全国性的战略布局，拥有广州、南通生产基地，重庆、福州、南宁、西安等物流仓储基地也在筹建中，这样的战略性产品和物流布局，有效地降低了客户的物流成本，极大地提高了面向客户的服务响应速度。

　　经销商和自主开发营销模式相结合，确保了重点区域核心资源的有效匹配和规模化运营的联动效应。"春夏秋冬"全力为经销商提供支持和服务，建立了互惠共赢、持续发展的良性机制。完善的营销网络，将"春夏秋冬"的产品和服务推向了全中国，使"春夏秋冬"为客户提供可靠、环保、集约的产品理念的实现成为可能。

## 产品篇 Product Part

**防水产品**

CCX—1 高分子聚乙烯丙纶、涤纶防水卷材
CCX—2 外露增强型高分子防水卷材
CCX—3 三元乙丙橡胶防水卷材
CCX—4 自粘高分子防水卷材
CCX—5 自粘橡胶沥青防水卷材
CCX—6 SBS弹性体改性沥青防水卷材

CCX—7 APP塑性体改性沥青防水卷材
CCX—11单组分聚氨酯防水涂料
CCX—12 双组分聚氨酯（911）防水涂料
CCX—16 渗透结晶型防水涂料
CCX—17 聚合物水泥基（JS）防水涂料
CCX—18 丙烯酸弹性防水涂料

**保温产品**

CCX—19 柔性瓷砖胶粘剂
CCX—20 柔性瓷砖填缝剂
CCX—21 多功能轻质泡沫混凝土
CCX—22 硬质聚氨酯泡沫塑料
CCX—23 膨胀聚苯板薄抹灰外墙外保温系统
CCX—24 无机不燃型外墙外保温系统
CCX—25 胶粉聚苯颗粒外墙外保温系统
CCX—26 增强粉刷石膏聚苯板外墙内保温系统

## 工程篇 Engineering Articles

湖北剧场　北京富力城　上海周浦万达广场　参凯豪庭　广州大学城　杭州金地自在城　金地房

**江苏春夏秋冬防水保温有限公司**

总部地址：江苏省南通市工农路 705 号
咨询专线：0513-85666252
公司邮箱：ccx@ccxcn.net

邮编：226371
传真：0513-8566252
网址：www.ccxcn.net

广州生产基地：广州市从化太平镇秋风村
广东生产基地：广东佛山市三水乐平工业区

春夏秋冬

科技创新铸就的品牌

耐渗品质
岁月见证

耐渗——一个领先的大型防水材料供应商